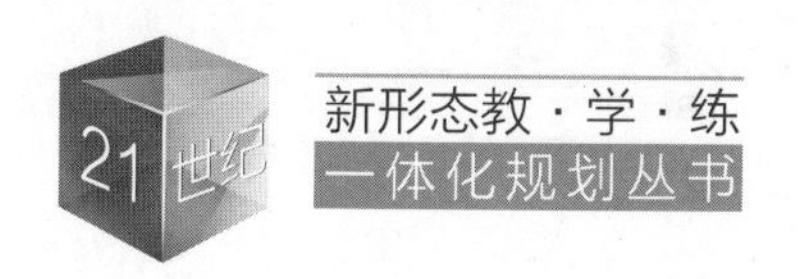

Dreamweaver CC 网页设计及前端开发边做边学

微课视频版

◎ 肖丽 袁文韬 刘珍亿 蒋继红 主编

清華大学出版社
北京

内 容 简 介

本书全面系统地讲解了应用 Dreamweaver CC 2019 工具制作网页、建设网站到发布网站的全部过程。让初学者在了解网页制作基础知识以后，通过熟悉 Dreamweaver CC 2019 软件，从简单网页的制作逐步深入学习多功能网页制作、移动端网站制作等。书中设计的任务实施步骤让读者既可以从 Dreamweaver CC 2019 的设计模式快速入门，又可以通过 HTML5 的代码模式得到提高，两种模式交替使用、灵活运用。此外，教材中的小提示和小技巧是编者多年来在教学中积累的丰富经验，可以帮助读者更好地学习。

本书内容从浅入深，从基础到提高，既讲解了使用 Dreamweaver 制作网页的传统优势，又详细讲解了 Dreamweaver CC 2019 的高级应用 jQuery UI、Bootstrap 组件、启动器模板等移动网页制作方法，让学习 Web 前端设计更简单、更专业。

书中案例循序渐进，既各自独立，又环环相扣，简单易学的实例步骤、丰富的代码、灵活多样的操作方法加上细致的微课讲解，方便教师教、学生学。本书适合作为网页制作、网站建设、Web 前端开发等课程的教材和参考书，也适合作为网页设计爱好者的自学教材。

图书在版编目(CIP)数据

Dreamweaver CC 网页设计及前端开发边做边学：微课视频版/肖丽等主编. —北京：清华大学出版社，2021.4
(21 世纪新形态教·学·练一体化规划丛书)
ISBN 978-7-302-55713-5

Ⅰ. ①D… Ⅱ. ①肖… Ⅲ. ①网页制作工具 Ⅳ. ①TP393.092.2

中国版本图书馆 CIP 数据核字(2020)第 107231 号

策划编辑：魏江江
责任编辑：王冰飞
封面设计：刘 键
责任校对：李建庄
责任印制：沈 露

出版发行：清华大学出版社
网 址：http://www.tup.com.cn，http://www.wqbook.com
地 址：北京清华大学学研大厦 A 座 **邮 编**：100084
社 总 机：010-62770175 **邮 购**：010-83470235
投稿与读者服务：010-62776969，c-service@tup.tsinghua.edu.cn
质量反馈：010-62772015，zhiliang@tup.tsinghua.edu.cn
课件下载：http://www.tup.com.cn，010-83470236
印 装 者：三河市铭诚印务有限公司
经 销：全国新华书店
开 本：203mm×260mm **印 张**：24.75 **字 数**：601 千字
版 次：2021 年 4 月第 1 版 **印 次**：2021 年 4 月第 1 次印刷
印 数：1～1500
定 价：49.80 元

产品编号：085433-01

目前，市场上的 Web 前端制作教材存在着以下几个问题：

（1）Dreamweaver 项目式教程的教材使用的软件版本太低，不太适用于移动页面的制作。

（2）Dreamweaver CC 2017、CC 2018 版本的书籍着重介绍软件的使用，实战案例很少。教师不好教，学生不好学。

（3）HTML5、VS Code 等代码编辑类的书籍会让初学者有畏难情绪，失去学习的兴趣。

因此，市场上迫切需要一本适合读者迅速入门、快速提高，有图形化操作步骤和实例演示，且适合目前最新移动端技术的 Web 页前端开发、网页设计制作类的教材。

本书从初学者的角度出发，使用 Dreamweaver CC 2019 作为工具软件，结合多位长期进行网页制作和网站建设教学，并有商业网站制作实战经验的一线专业课教师的教学实战经验，以"培养计算机应用和电商综合型人才"为目标，采用教育改革"项目引导，任务驱动"的最新教学模式编写，切合高等院校计算机、电子商务等专业的授课要求，对于 Web 前端制作爱好者自学来说是一大福音。

本书主要内容从浅入深，从基础到提高，既讲解了 Dreamweaver 制作网页的传统优势，又详细讲解了 Dreamweaver CC 2019 的高级应用 jQuery UI、Bootstrap 组件、启动器模板等移动网页制作方法，让学习 Web 前端设计更简单、更专业。书中案例也由浅入深，既各自独立，又环环相扣，简单易学的实例步骤、丰富的代码、灵活多样的操作方法加上细致的微课讲解，方便教师教、学生学，是一本既适合教学又便于自学的好教材。

本书配套资源丰富，包括教学大纲、教学课件、电子教案、程序源码、习题答案、教学进度表和配套素材；作者还精心录制了 300 分钟的微课视频。

资源下载提示

课件等资源：扫描封底的"课件下载"二维码，在公众号"书圈"下载。

素材（源码）等资源：扫描目录上方的二维码下载。

视频等资源：扫描封底刮刮卡中的二维码，再扫描书中相应章节中的二维码，可以在线学习。

本书由肖丽、袁文韬、刘珍亿、蒋继红担任主编，曾艳琼、李冬、赵丹、董亮、陈奇担任副主编，阳佑、杨盈、吴昆、唐强、王琴、李美娟、彭飞艳、杨语欣、陈枝亮、李皓婧、龙琦、杨从林、肖青、余建美共同编写，周骎、赵炜担任主审。其中，项目一、七、十二、十三由肖丽编写，项目二、三由曾艳琼编写，项目四由阳佑编写，项目五、六由袁文韬编写，项目八、九由蒋继红编写，项目十、十一由刘珍亿编写，项目十四由李冬编写，杨盈参与了项目一的编写，微课视频由袁文韬、吴昆录制，网站所用图片美工由蒋继红、唐强完成，网站设计制作由肖丽、赵丹完成，电子教案、教学课件的制作由董亮、陈奇、杨语欣、彭飞艳完成，文字订正由王琴、李美娟完成，陈枝亮、李皓婧、龙琦、杨从林、肖青、余建美参与了教学案例的设计工作。全书由肖丽、刘珍亿组稿、审稿，其他主编和所有副主编多次审稿并验证书中的任务步骤。

在本书的编写过程中得到了周云华、张翼、杨敏、周敏、浦春等多位老师的大力支持和帮助，在此表示感谢！

由于作者水平有限，书中难免存在疏漏和错误之处，也由衷希望广大读者多提宝贵意见。

编　者

2021年1月

CONTENTS

目录

源码下载

项目一

网站制作基础

学习要点

- 理解常用的专业术语；
- 了解网页色彩设计；
- 了解制作网站的基本流程；
- 了解网页布局结构和风格。

任务1：认识、欣赏网页

任务描述

对于初学者来说，做网站之前尽可能多地欣赏经典网站，观其版面设计，察其色彩搭配，分析其设计用意，有利于提高对网站设计的认知和学习网页制作的兴趣。

知识链接

1. Web服务器与Web浏览器

Web服务器从狭义上讲就是安装了服务器软件的计算机，它的主要功能是提供网上信息浏览服务。最常用的Web服务器是Apache和Microsoft的Internet信息服务器(Internet Information Services，IIS)。

Web浏览器就是用来浏览网页文件的工具，是客户端用来从服务器访问Web服务和文档的一种应用程序软件，它充当服务器和客户端之间的接口，将用户选择的Web资源呈现出来。资源的格式通常是 HTML，也包括 PDF、JPG 等其他格式。Web 浏览器有很多种，例如 Internet Explorer、Chrome、Firefox、UC、360 等。

两者之间的区别：

(1) Web 服务器用于存储网站的所有信息和数据，而 Web 浏览器用来访问和定位这些信息和数据。

(2) Web 服务器接收 HTTP 请求，生成响应，并接收客户端数据，而 Web 浏览器发送 HTTP 请求，获取 HTTP 响应，并向客户端显示 Web 文档，它充当客户端和 Web 服务器之间的接口。

Web 服务器和 Web 浏览器的区别如图 1-1 所示。

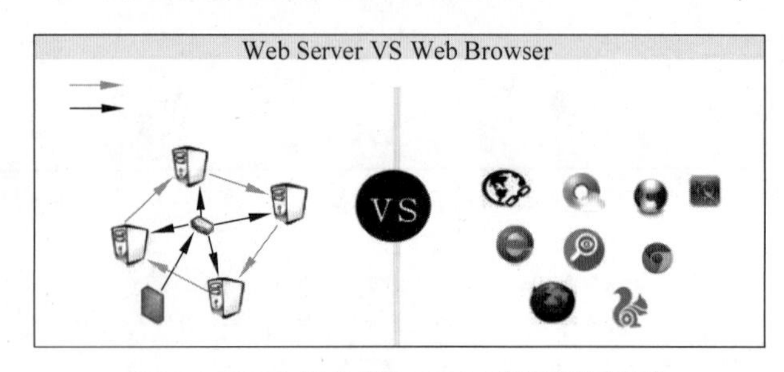

图 1-1　Web 服务器与 Web 浏览器的区别

2. 网站与网页

网站是企业或个人在 Internet 上建立的“信息中心”，它的英文名是 Website。通过网站，企业不仅可以宣传自身形象，推广产品，扩大影响力，而且能够寻求多方合作，为客户提供快速、优质的服务。网站的建设已成为人们融入现代生活、企业参与竞争、政府提高工作效率的重要手段。

网页是指平时上网浏览各个网站时看到的页面。它是一个用来传输各种信息的文档，能在网上传输并被浏览器识别和翻译成页面，然后显示在用户面前。网页中包含众多的元素，如文字、表格、图像、动画、声音、视频以及超链接等。

网站的工作原理：网站设计人员将网站制作完成后，上传到 Internet 中的某台服务器上，用户在浏览器中输入所提供的网址，客户端即向服务器发送一个请求，服务器将网页文件发送给客户端，由客户端浏览器进行解析，最终将网页呈现给用户，如图 1-2 所示。

3. 静态网页与动态网页

静态网页是指在客户端运行，没有后台数据库的 HTML 格式的网页。

动态网页是指在服务器端运行，使用程序语言设计的交互式网页。常用的网页脚本语言有 PHP、ASP、ASP. NET、JSP 等。

静态网页与动态网页的主要区别在于服务器对它们的处理方式不同：当服务器接收到静态网页的请求时，会直接将静态网页发送给客户端浏览器，不进行任何处理；当服务器接收到动态网页的请求时，则先从服务器中找到该文件，将它传递给一个被称为应用程序服

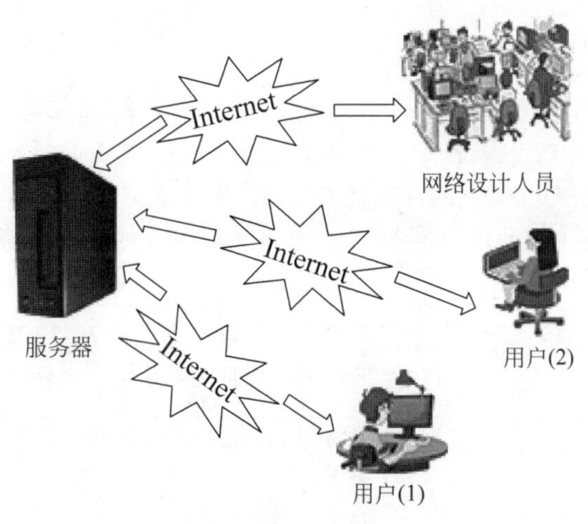

图 1-2　网站工作原理图

务器的特殊软件扩展，由它负责解释和执行网页，最后将执行后的结果传递给客户端浏览器。

4. 网页制作中的专业术语

URL(Uniform Resource Locator，统一资源定位器)是 Internet 上标准资源的地址。Internet 上的每个文件都有一个唯一的 URL，它包含的信息指出文件的位置以及浏览器处理它的方式。URL 以字符串的抽象形式来描述一个资源在万维网上的地址。一个 URL 唯一标识一个 Web 资源，通过对应的 URL 即可获得该资源，如打开新浪网的主页只须在浏览器输入“http://www. sina. com”即可。

HTTP(Hypertext Transfer Protocol，超文本传输协议)是一种详细规定了浏览器和万维网服务器之间互相通信的规则。

超链接是网站中各个页面之间链接的纽带，使用超链接可以方便、快捷地从一个页面跳转到另一个页面。

HTML(Hypertext Markup Language，超文本标记语言)是一种用于创建网页的标准标记语言，它使用标记标签来描述网页。HTML 包括一系列标签，通过这些标签可以将网络上的文档格式统一，使分散的 Internet 资源连接为一个逻辑整体。用户可以使用 HTML 来建立 Web 站点，HTML 运行在浏览器上，由浏览器来解析。需要注意的是，HTML 不是一种编程语言，而是一种标记语言。

DNS(Domain Name System，域名解析系统)是 Internet 的一项核心服务，它可以将域名和 IP 地址相互映射的一个分布式数据库，能够使用户更方便地访问 Internet，而不用去记住能够被机器直接读取的 IP 地址。例如在浏览器地址栏里输入百度的网址“www. baidu. com”，DNS 服务器会将这串字符解析为“14. 215. 177. 38”，并将这个结果告诉浏览器，浏览器转向这个 IP 地址，便可成功打开百度的网页。如果直接输入“http://14. 215. 177. 38”也能打开百度，但很少有人这么做，因为大多数人对数字的记忆能力没这么强。这就是 DNS 服务器的价值所在。

5. 网页的色彩设计

网页配色对于体现网站的整体风格具有重要作用。就视觉而言，色彩是最敏感的元素，不同的颜色给人不同的心理感觉，色彩与心理反应如表1-1所示。色彩选择的总原则是“总体协调，局部对比”，即网页的整体色彩效果和谐，局部或小范围可以有一些强烈对比。

表1-1 色彩与心理反应

颜色名称	心理反应	应用情况
红色	热情、活力、温暖、喜庆	冲击力强，极易吸引人们的眼球，在网页中广泛使用
橙色	时尚、轻快、温馨、热烈	常常用于某些时尚新潮的网站中，如时装网站、电子产品网站等
黄色	快乐、希望、明亮、乐观	营造出愉快的氛围，能够得到大部分浏览者的认可
绿色	宁静、希望、清爽、自然	浅绿、黄绿等颜色既有绿色的特点，又能表现黄色的温暖，用在网站中能够得到青年人和儿童的喜爱，如环保、奥运网站等多采用此色为主调
蓝色	凉爽、清新、理智、平静	在商业设计中，强调科技、效率的商品或企业形象，大多选用蓝色
灰色	柔和、高雅、可靠、成熟	与红色、橙色等比较有视觉冲击力的颜色相比，灰色比较低调。许多高科技产品都采用灰色传达高科技形象，如大多汽车网站就采用灰色为主调
白色	洁白、纯洁、明快、简洁	通常需要与其他色彩搭配使用，多用于网站背景色
黑色	深沉、高贵、庄严、优雅	适合于与许多颜色搭配，一些艺术类的或个人酷站也采用此色作为主色调
紫色	高贵、神秘、启发	具有强烈的女性化性格，在网页设计中，与粉红一样，多用于和女性有关的网站

小提示

在不同的节日或公司主题变化时，许多网站的色彩会有所变化。

步骤1： 启动浏览器，输入网址“https://www.sustech.edu.cn/”。这是国家高等教育综合改革试验校——南方科技大学的网站，其主页是一幅精美的图片，结构清晰，布局简单精练，引导清晰，充分体现了一所理工类以科研为主的现代创新型大学的独特魅力，如图1-3所示。

步骤2： 输入网址“https://www.harvard.edu/”。这是美国哈佛大学的网站，该网站主页以红色为主色调，红色象征着活力、火焰、力量，整个页面彰显了一所世界名校的自信与奔放的气质，如图1-4所示。

步骤3： 输入网址“http://www.boeing.com/”。这是美国波音公司的官网，该网站具有强烈的行业特色，如图1-5所示。

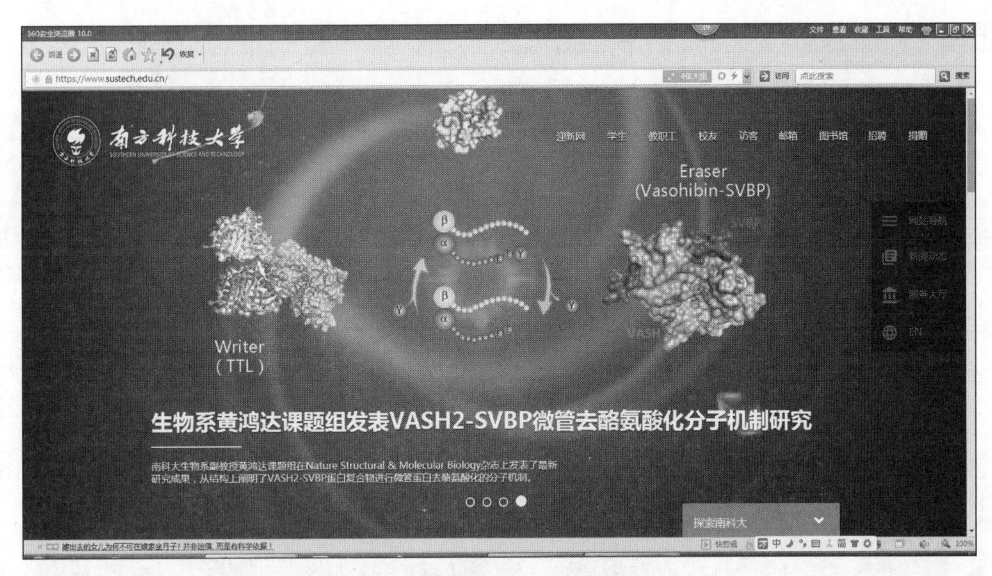

图 1-3　南方科技大学网页

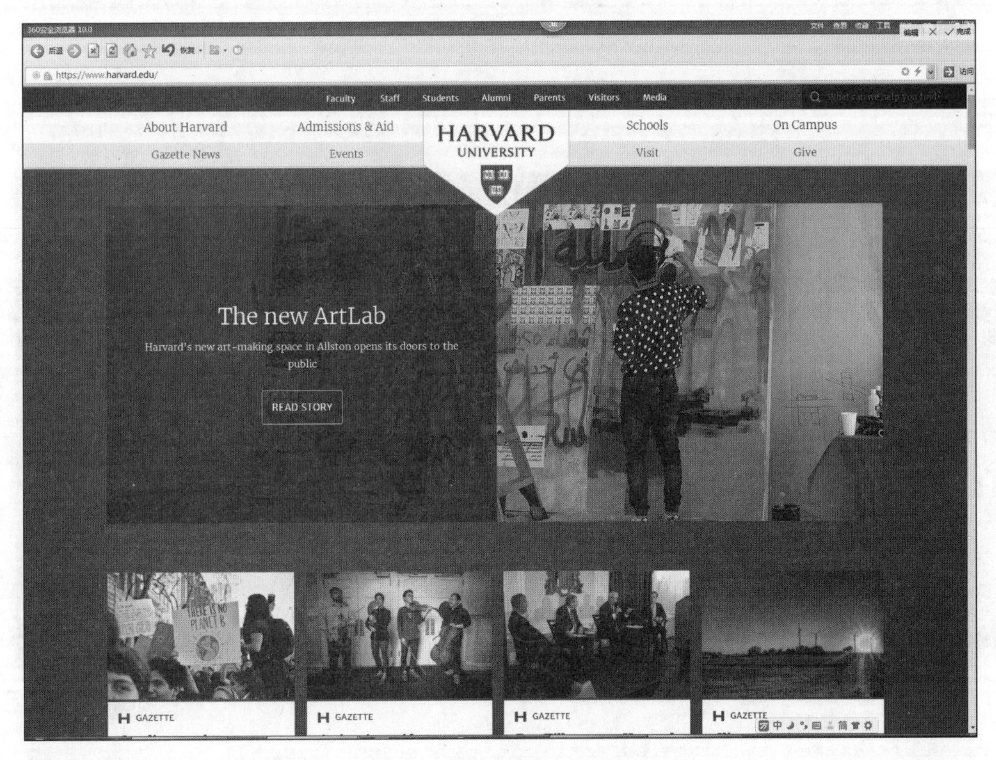

图 1-4　美国哈佛大学网页

步骤 4: 输入网址“https://www.kenzo.com/eu/en/campaign”。这是 KENZO 品牌的网页，此网站运用邻近色（色带上相邻近的颜色）和对比色（颜色视觉差异十分明显的颜色），以达到总体协调、局部对比的效果，如图 1-6 所示。

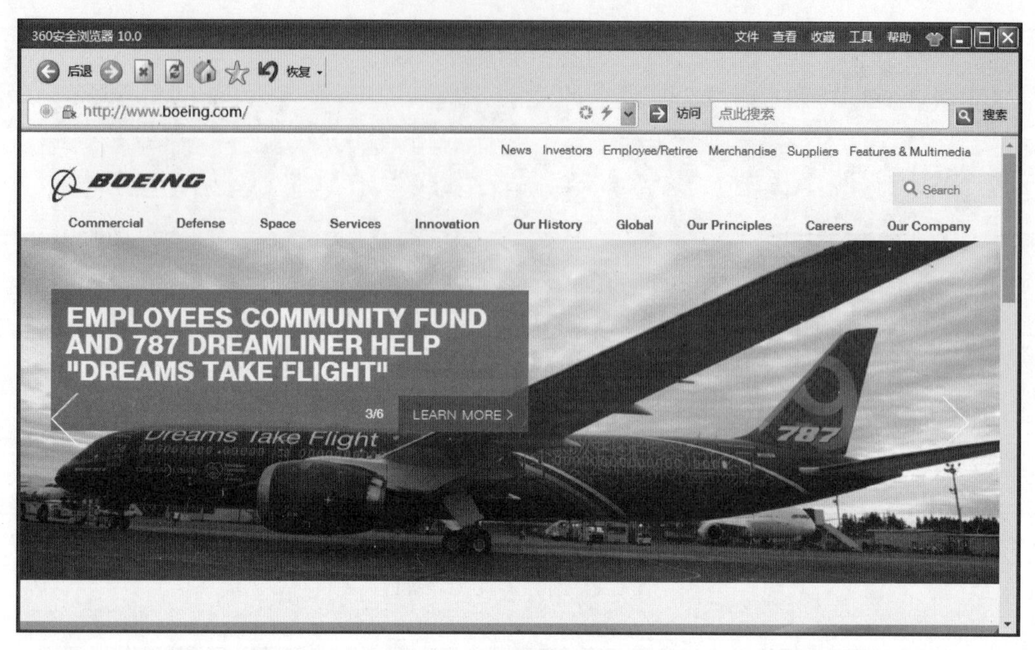

图 1-5　美国波音公司官网

图 1-6　KENZO 品牌官网

步骤 5: 输入网址“https://www.loccitane.com/”。这是欧舒丹品牌的网页,此网站运用黄色为背景色,带给人明亮、快乐的感觉,营造出了愉快的氛围,如图 1-7 所示。

图 1-7　欧舒丹官网

任务拓展

网络时代日新月异，网站风格更是百花齐放。

中国网站喜欢有概念，要求高端、大气、有品位、有内涵，例如：

昆明正曼经贸有限公司网站：http://www.kmzmjm.cn(本书实例网站)；

中国平安：http://pingan.cn/；

云南白药网站：http://www.yunnanbaiyao.com.cn/；

大益集团网站：http://www.dayitea.com。

欧美网站喜欢简洁大方、直入主题，例如：

英国牛津大学官网：http://www.ox.ac.uk/；

美国通用电气网站：http://www.ge.com/。

任务 2：网页布局及版面编排

任务描述

要做一个好的网站，网站布局是十分重要的，需要考虑网页元素该放在哪里，应该呈现出什么样的效果。合理的布局是网站排名优化的基石，应充分考虑访客需求和访客体验，网站的头部、导航、内容、底部等都要参与进去，才能完成一个整体的布局。

知识链接

网页布局是通过文字及图形的空间组合，表达出和谐与美。一个优秀的网页设计者应该知道哪段文字及某个图形该落于何处，才能使整个网页生辉。网页设计者应努力做到网页布局合理化、有序化和整体化。优秀之作善于以巧妙、合理的视觉方式使一些语言无法表达的思想得以阐述，做到既丰富多样又简洁明了。

1. 网页的布局结构

网页布局就是把网页的基本组成元素在页面内进行合理的布局。网页的基本元素包括图片、文字、视频、音频、动画等。网页布局设计既要满足审美需求，又要体现实用高效的功能。选择适当的布局，有助于使页面结构清晰明了、美观大方。Internet 上的网页多种多样，内容千差万别、组成各异，但网页的布局归纳起来大致可分为以下几种。

Logo	Banner或导航栏
导航栏或Banner	
标题 图片 链接	主体内容
版权信息	

图 1-8 “匚”字型布局结构图

1）“匚”字型布局结构

“匚”字型布局结构如图 1-8 所示。

这种布局结构通常表现为顶部是网站的 Logo、Banner，下方的左侧是菜单，右侧是网页的主要内容，最底端是版权信息。使用该布局结构的网页一般背景颜色较深，形成“匚”字型结构。图 1-9 为采用此布局结构制作的网页。

图 1-9 “匚”字型布局结构图

2）“亘”字型布局结构

“亘”字型布局结构如图 1-10 所示。

Logo　　　　Banner或导航栏
导航栏或Banner
主体内容
版权信息

图 1-10　“亘”字型布局结构图

这种布局结构通常只显示一页，适合内容较少、整个站点页面内容十分相似的网站。页面最上方通常是 Logo、Banner，最下方是版权信息，中间是主内容区域。图 1-11 为采用此布局结构制作的网页，网址为 https://www.pku.edu.cn/。

图 1-11　北京大学官网

3）“目”字型布局结构

“目”字型布局结构如图 1-12 所示。

这种布局结构是在“匚”字型布局结构的基础上稍做变动而形成的，即在其右侧增加了一个竖列，缩小了中间内容的宽度。该布局结构充分地利用了版面，包含的信息量更大，通常应用于大型的网站。图 1-13 为采用此布局结构制作的网页，网址为 https://www.suning.com/。

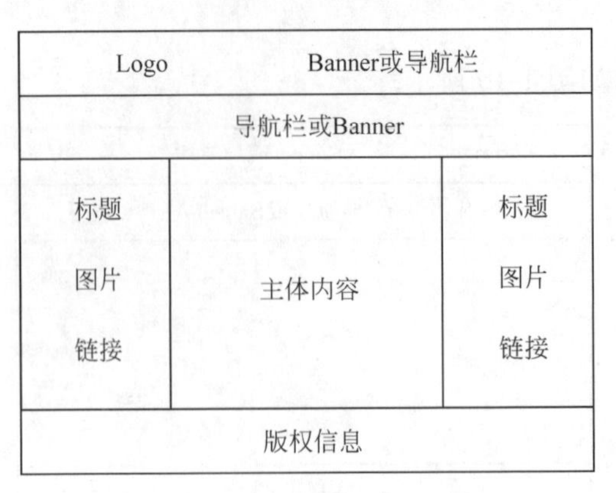

图 1-12 “目”字型布局结构图

图 1-13 苏宁易购

2. 网页的布局风格

1）POP 布局

该类布局风格适用于广告宣传类的网页，它一般以精美图片为页面的设计核心，将页面布置得如同一张宣传海报，不讲究内容，也没有固定的排版模式。个人网站和娱乐网站多采用这种布局结构。图 1-14 为采用此布局结构制作的网页，网址为 http://tv.bbcearth.com/。

图 1-14　英国 BBC earth

2）固定布局

在固定布局(Fixed Layout)中，网页的宽度必须指定为一个像素值，一般为 960px(像素)。过去，开发人员发现 960px 是最适合作为网格布局的宽度，因为 960 可以整除 3、4、5、6、8、10、12 和 15。今天在 Web 开发中还是比较普遍使用固定宽度布局，因为这种布局具有很强的稳定性与可控性。但是同时也有劣势，固定宽度布局必须考虑网站是否可以适用于不同的屏幕宽度。图 1-15 和图 1-16 为采用此布局结构制作的网页，网址为 https://www.tmall.com/。

3）流式布局

流式布局(Fluid Layout)与固定宽度布局最大的不同点在于对网站尺寸的测量单位不同。固定宽度布局使用的是像素(px)，而流式布局使用的是百分比(%)，这为网页提供了很强的可塑性和流动性。换句话说，通过设置百分比，不需要考虑设备尺寸或者屏幕宽度大小，也可以为每种情形找到一种可行的方案，因为设计的尺寸将适应所有的设备尺寸。其特点是：组件按照设置的对齐方式进行排列，不管对齐方式如何，组件均按照从左到右的方式进行排列，一行排满，转到下一行。图 1-17 和图 1-18 为采用此布局结构制作的网页，网址为 https://www.urbanoutfitters.com/home。

图 1-15　正常页面大小显示的天猫官网

图 1-16　页面缩小后的天猫官网

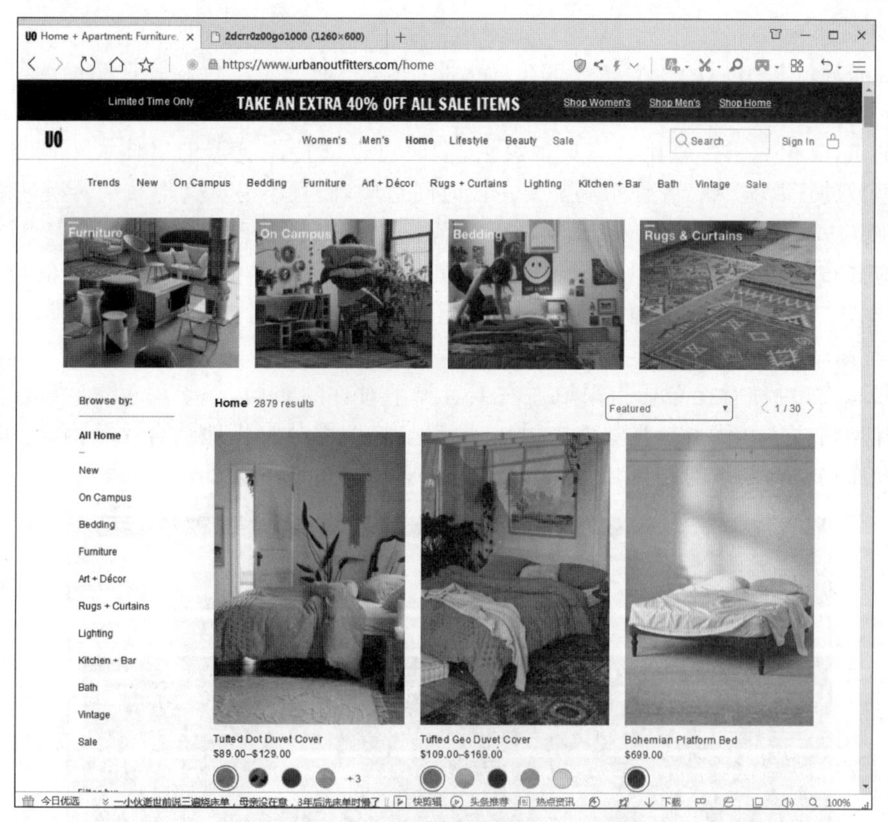

图 1-17　正常页面大小显示的 UO 官网

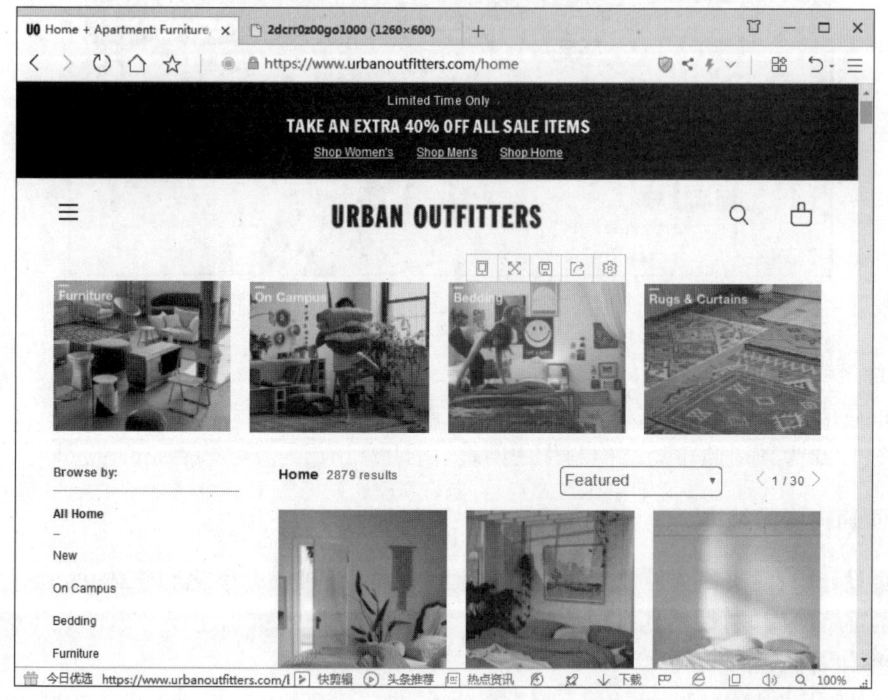

图 1-18　页面缩小后的 UO 官网

4）弹性布局

弹性布局(Elastic Layout)跟流式布局很像，主要不同的是单位。弹性布局的单位不是像素(px)或者百分比(%)，而是 cm 或者 rem，避免了像素(px)局部在高分辨率下几乎无法辨识的缺点，又相对于百分比(%)更加灵活，同时可以支持浏览器的字体大小调整和屏幕等比例缩放的正常显示。弹性布局需要一段时间适应，而且不易从其他布局转换过来。

5）响应式布局

响应式布局(Responsive Layout)使用 media 媒体查询，给不同尺寸和介质的设备切换不同的样式。优秀的响应范围设计可以给适配范围内的设备提供好的体验。

6）对称对比布局

顾名思义，对称对比布局指采取左右或者上下对称的布局，一半深色，一半浅色，一般用于设计型网站。其优点是视觉冲击力强，缺点是将两部分有机地结合比较困难。图 1-19 为采用此布局结构制作的网页，网址为 https://www.vivo.com.cn/。

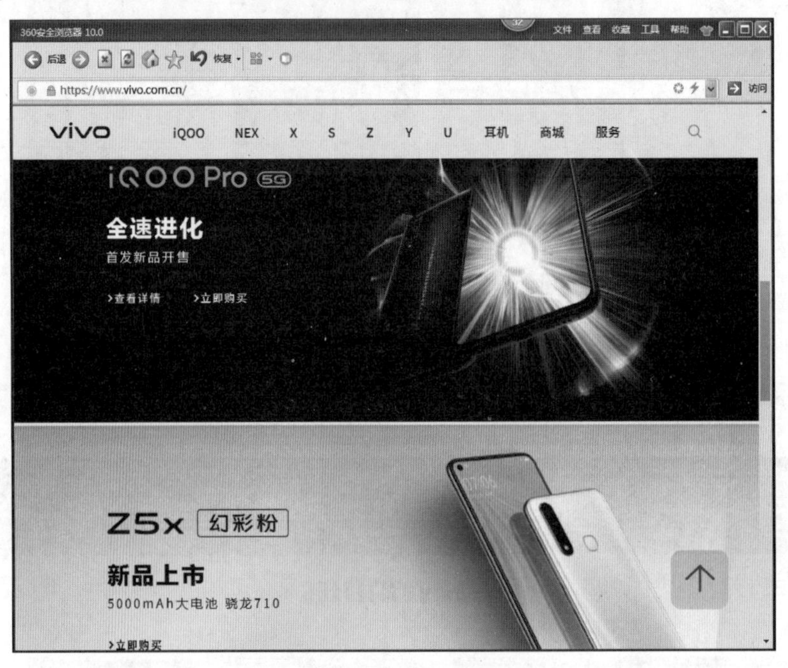

图 1-19　vivo 官网

7）综合布局

该布局结构比较复杂，可以看作是上面几种布局的结合，目前这种布局结构也被广泛采用。图 1-20 为采用此布局结构制作的网页，网址为 https://www.cam.ac.uk/。

3. 页面内容的编排

网页设计中，对页面内容的编排要力求做到布局合理化、有序化和整体化，通过充分利用有限的屏幕空间，制作出具有特色的网页。在编排页面内容时，主要考虑以下几点。

1）整体布局，和谐统一

网页的整体布局在页面设计中占据重要位置，起着主导作用。巧妙的整体布局，能全面地

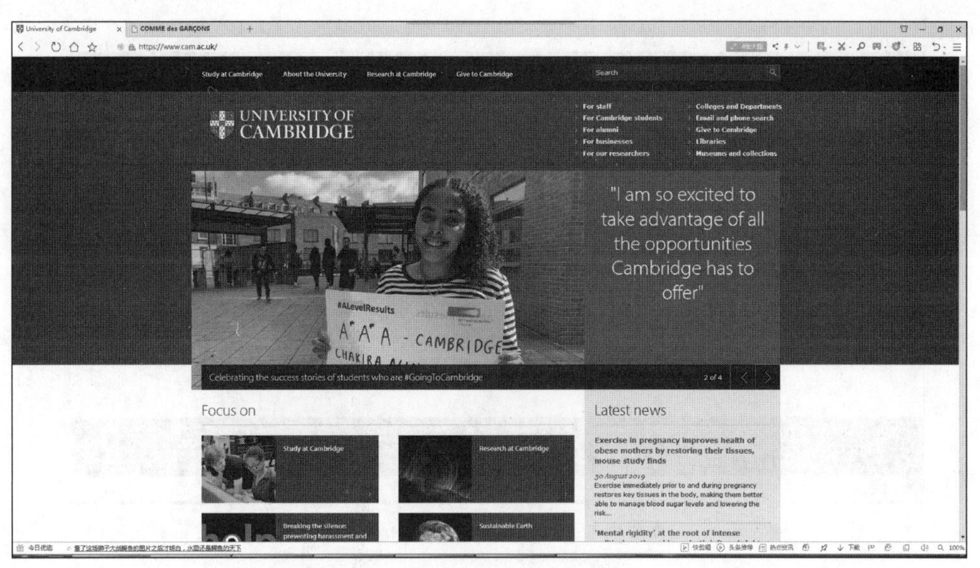

图 1-20　英国剑桥大学网站

展现出网页设计者的思想特色，给予设计者更多的灵感空间，这样的网页必定是和谐统一的。

2）主次分明，中心突出

编排页面时，要求版面分布具有条理性，页面排版要求符合浏览者的阅读习惯和逻辑认知顺序。例如将导航或目录安排在页面的上面或左面，一些重要的文章和图片安排在页面的中央，在视觉中心以外的地方安排那些次要的内容，以突出重点。

3）大小搭配，相互呼应

较长的文章、标题或较大的图片不能编排在一起，要注意设定适当的距离使它们互相错开，这样可以使页面错落有致，避免重心偏离，形成不稳定感。在内容安排上要恰当地留些空白，适当地运用空格，改变字间距和行间距等来制造变化的效果。

4）图文并茂，相得益彰

文字和图像具有相互补充的视觉关系，如果缺少文字或页面上的图像太多，就会降低页面的信息容量；而如果页面上的文字太多，则会显得无味，缺乏生气。因此，文本与图像应合理搭配，图像应起到突出主题的作用。

5）适当留空，清晰易读

留空是指空白的、没有信息仅有背景色填充的区域。适当的留空区，会给人一种高雅、时尚的心理感觉。页面过于繁杂会产生反作用，削弱整体的可读性，无法让浏览者抓住重点。页面内容的行距、字间距、段间段首的留空都是为了易于阅读。

4. 版面内容的分块

在网页中，版面的分块有三种方式。

1）利用留空和画线进行分块

利用留空和画线对版面内容进行分块，能加强网页的视觉表现力，从而呈现较好的艺术效果。直线条分块能体现挺拔、规矩、整齐、井井有条的视觉效果；曲线分块能体现流畅、轻快、富有活力的视觉效果。图 1-21 为此类效果图，网址为 https://global.ntu.edu.sg/。

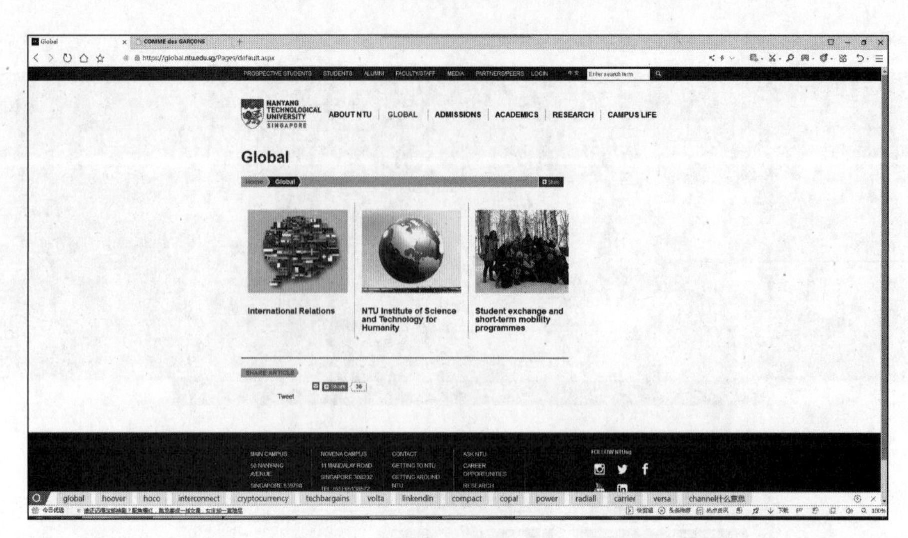

图 1-21　新加坡南洋理工大学官网

2）利用色块进行分块

利用色块进行分块不必占用有限的空间，在没有空白的版面上，也可以达到分块的效果。色块对于版面分块十分有效，同时其自身也能传达出某种信息。使用色块进行分块时，对网页整体色彩搭配要有所规划。图 1-22 为此类效果图，网址为 https://www.apple.com/。

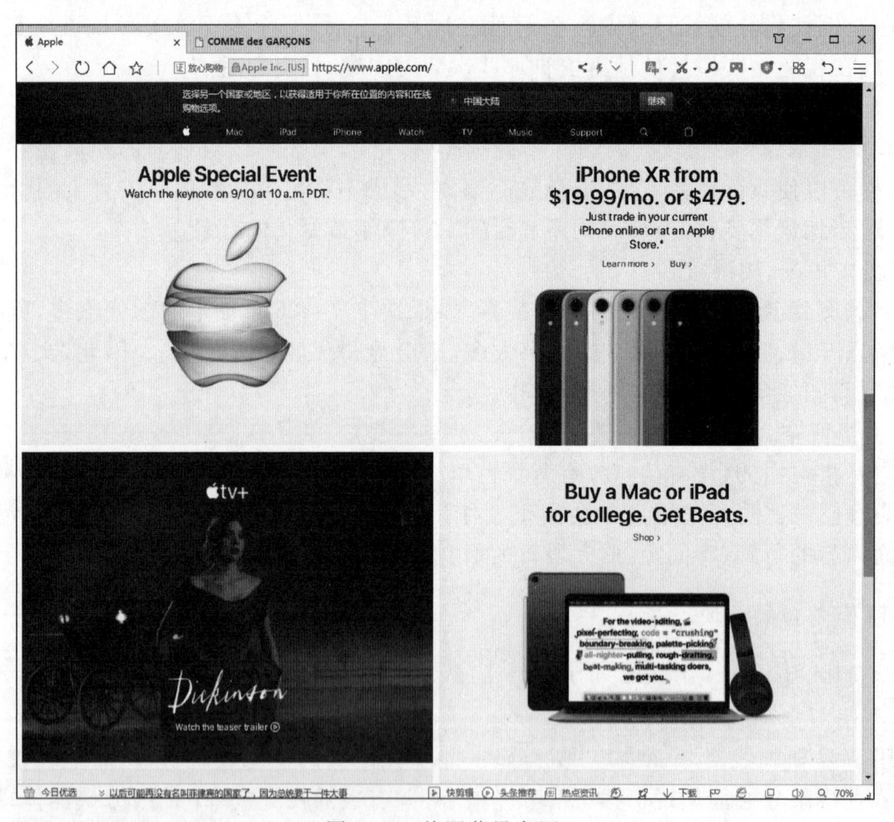

图 1-22　美国苹果官网

3）利用线框进行分块

线框分块多用在需要对版面个别内容进行着重强调。线框在页面中通常起强调和限制作用，使页面中的各元素获得稳定与流动的对比关系，反衬出页面的动感。图 1-23 为此类效果图，网址为 https://www.lamborghini.com/en-en/ownership。

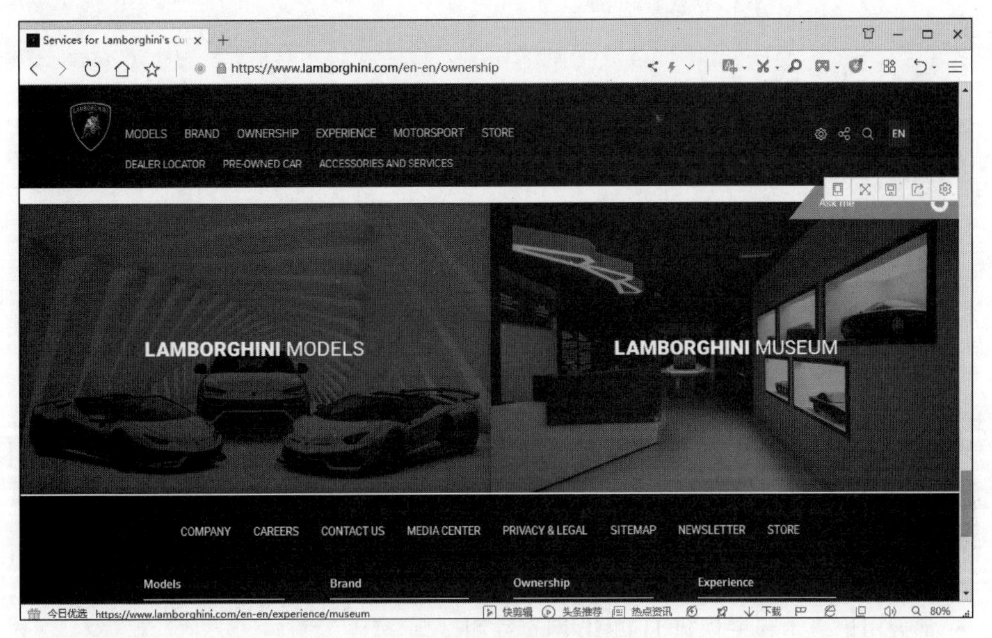

图 1-23　兰博基尼官网

项目小结

本项目通过欣赏优秀网站引出网页色彩设计、网页布局及版面编排的设计。

思考题

1. 常用的网页布局有哪几种？列举几个熟悉的网站主页对应哪种布局。
2. 搭配色彩时要考虑哪些基本原则？

项目二

Web服务器的配置和HTML基础

学习要点

- 了解 IIS 服务的构成及功能；
- 掌握 Web 服务器的配置和管理；
- 了解 HTML 基础知识；
- 掌握用记事本程序创建 HTML 网页并测试。

任务1：Web 服务器的配置与管理

任务描述

本任务主要是在 Windows 7 环境下，安装 Web 服务器(IIS)，创建 Web 站点，将要发布的信息文件放置于主目录中，实现客户端对 Web 站点的动态访问。

设计要点

- 安装 IIS 信息服务管理器组件；
- 创建 Web 站点；
- 设置 Web 站点属性；
- 发布 Web 站点。

1. IIS

IIS(Internet Information Services，Internet 信息服务器)是微软公司提供的一套Internet信息发布解决方案，其中内置了Web服务器和FTP服务器等，分别用于实现网页浏览和文件传输等网络服务功能，是架设个人网站的首选。

2. WWW 服务

WWW(World Wide Web，也称Web或万维网)是Internet上集文本、语音、动画、视频等多媒体信息于一身的信息服务系统，整个系统由Web服务器、浏览器及通信协议三部分组成。常用的WWW服务器主要有IIS、Apache等。

3. Web 站点

Web站点是指在Internet上根据一定的规则，使用HTML等技术制作的用于展示特定内容的相关网页的集合。网页是构成网站的基本元素，是承载各种网络应用的平台。用户可以通过网站来发布信息，或者提供相关的网络服务，也可以通过浏览器来访问网站，获取需要的信息。创建Web站点是对外发布信息的关键步骤，每个Web站点都具有唯一的、由三个部分组成的标识，用来接收和响应请求，分别是端口号、IP地址和主机名。

1. 安装 IIS 信息服务管理器组件

在配置Web服务器之前，首先要安装IIS服务器组件，具体步骤如下。

步骤1： 打开“控制面板”，以大图标的查看方式，双击“程序和功能”选项，打开相应窗口，单击左边导航栏的“打开或关闭Windows功能”，如图2-1所示，弹出“Windows功能”对话框；选择“Internet信息服务”复选框，如图2-2所示，然后单击“确定”按钮进行安装，出现安装进度对话框，如图2-3所示。

小提示

在图2-2中，填充的框表示仅打开该功能的一部分。

步骤2： 安装成功后，安装进度对话框会消失，然后回到“控制面板”，双击“管理工具”选项，打开“管理工具”窗口，此时可以看到“Internet信息服务(IIS)管理器”选项，如图2-4所示。

步骤3： 双击“Internet信息服务(IIS)管理器”选项，打开“Internet信息服务(IIS)管理器”窗口，如图2-5所示。将左侧列表展开后，可以看到已经创建了一个默认的Web站点，该默认站点指向了默认的网站目录。修改默认站点的属性可以发布用户自己的网站，也可以重新创建一个Web站点。如果IIS中只有一个默认站点，则端口和IP使用默认值。若在IIS中创建多个Web站点，则每个站点的端口和IP地址不能同时相同。

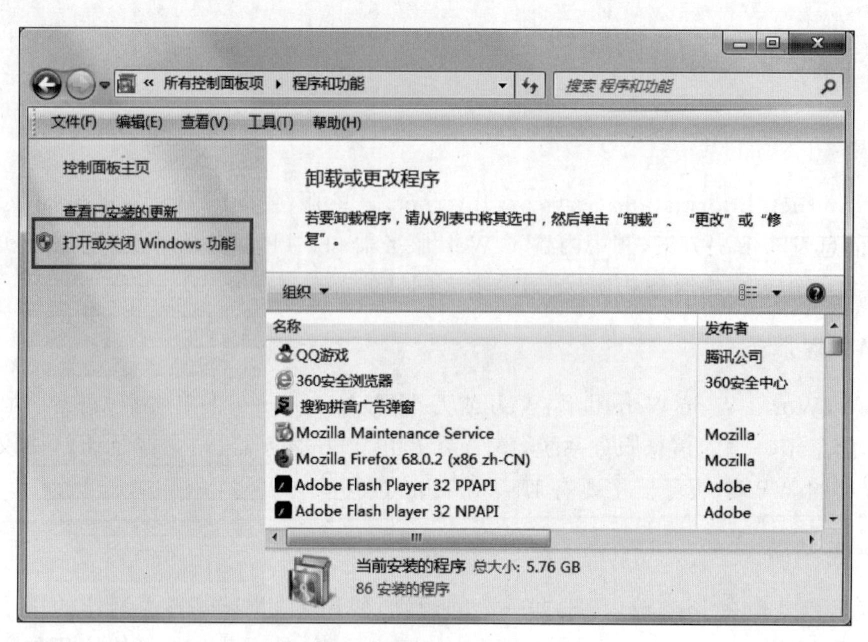

图 2-1　打开或关闭 Windows 功能

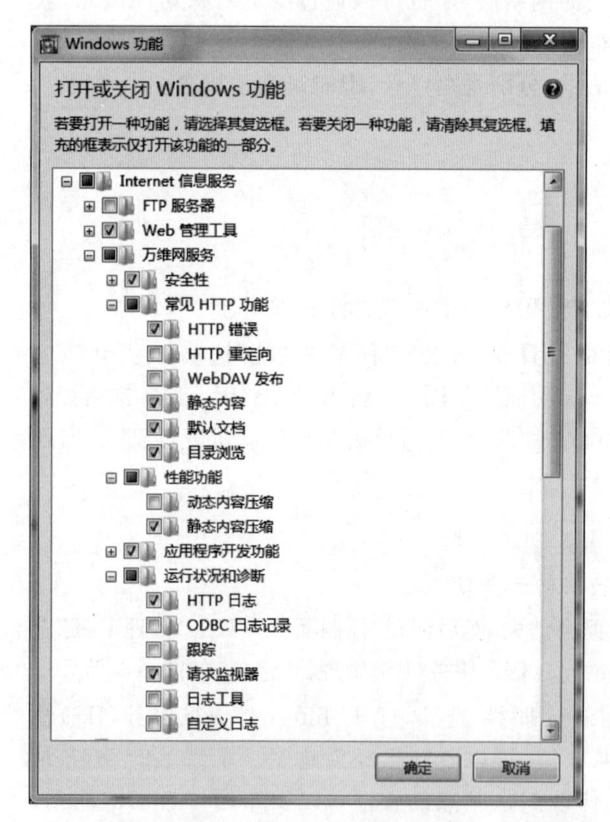

图 2-2　“Windows 功能”对话框

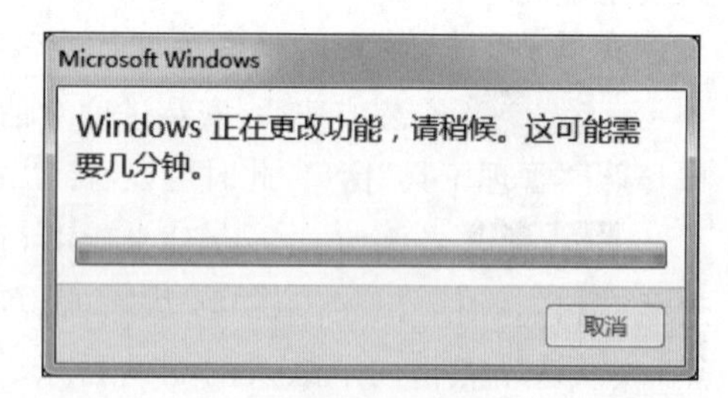

图 2-3　安装进度

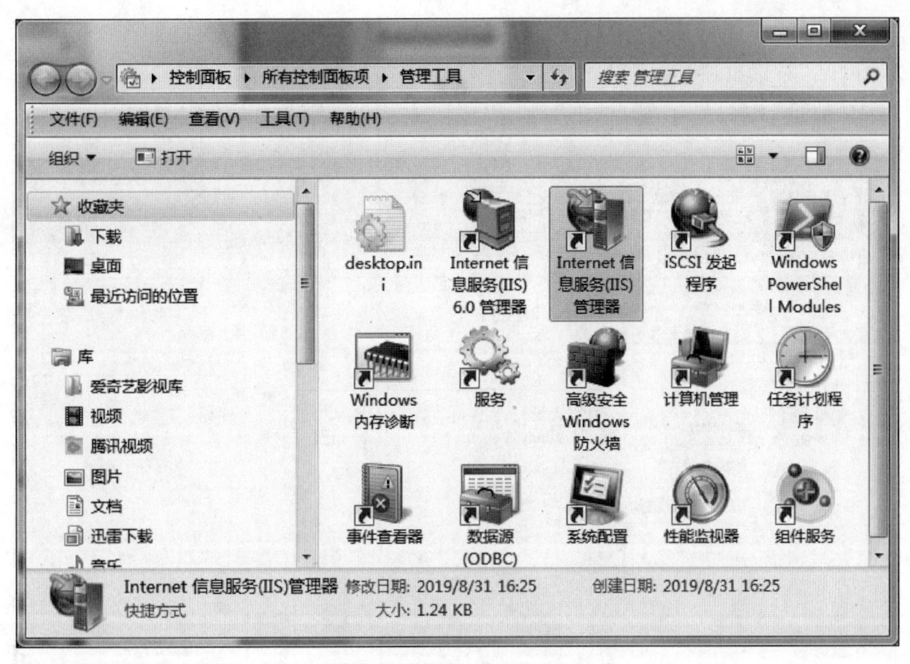

图 2-4　“管理工具”窗口

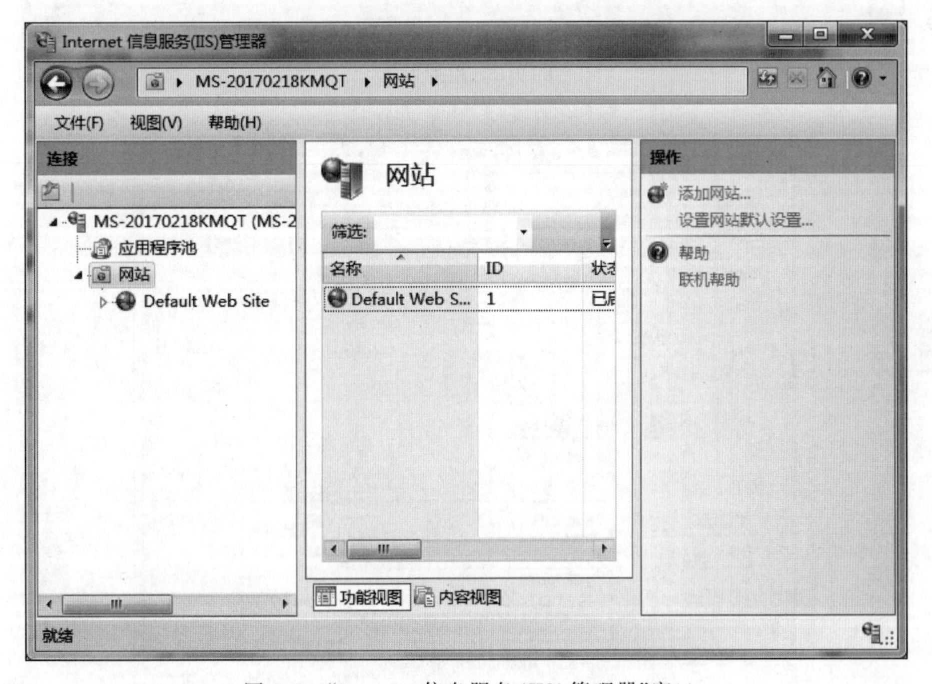

图 2-5　“Internet 信息服务(IIS)管理器”窗口

2. 创建 Web 站点

将制作好的“正曼经贸”网站放到 E 盘根目录中 mysite02 文件夹下的子文件夹 task01 中，以此文件夹作为网站的主目录，网站的首页文件为 index. html。在“Internet 信息服务

(IIS)管理器”窗口左侧列表中右击“网站”选项，选择“添加网站”选项，如图 2-6 所示。在打开的“添加网站”对话框中，输入网站名称“正曼经贸”，选择物理路径“E:\mysite02\task01”，绑定网站 IP 地址，端口号不变，单击“确定”按钮完成网站添加，如图 2-7 所示。

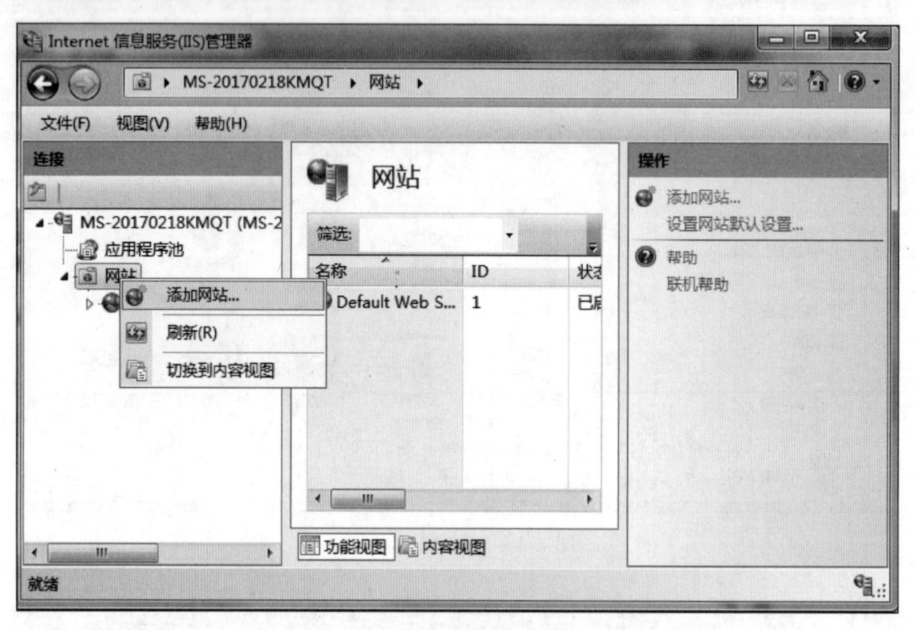

图 2-6　添加网站

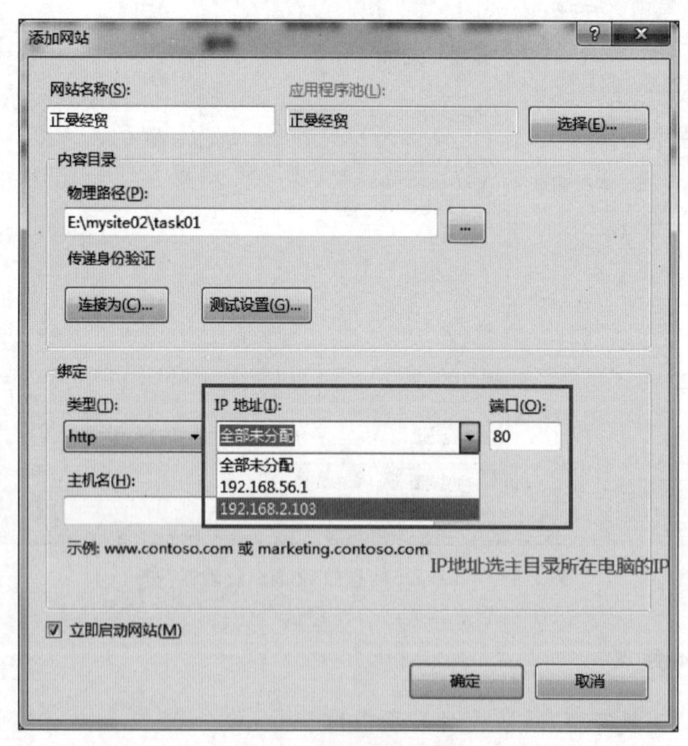

图 2-7　“添加网站”对话框

在“Internet 信息服务(IIS)管理器”窗口左侧列表中选中“正曼经贸”站点,窗口中间显示各项站点属性的设置图标,如图 2-8 所示。

图 2-8 “正曼经贸”站点属性

3. 设置站点属性

站点属性是站点创建之后的主要维护方式,下面介绍属性中的几个常用设置。

步骤 1: 设置默认文档。默认文档就是访问站点时首先要访问的那个文件。在浏览器中输入主机名或 IP 地址后,系统会自动在主目录中按顺序寻找列表中指定的文件名。如果找到第一个,就调用该文件,否则寻找并调用第二个,依次往下。如果主目录中没有此列表中的任何一个文件,则显示没有找到文件的错误信息。例如,如果设置默认文档为 index. html,网站的 IP 为 192. 168. 2. 103(主目录所在计算机的 IP 地址),用户在浏览器地址栏中输入“http://192. 168. 2. 103”时,Web 服务器会自动将 index. html 传送给浏览器。IIS 系统默认设置了默认文档,如 Default. htm、Default. asp、index. htm、index. html、iisstart. htm、default. aspx 等。这里需要指定默认文档的名称和访问顺序,因为系统访问是按照从上到下的顺序进行的。单击已创建的站点“正曼经贸”,双击中间栏“默认文档”选项,如图 2-9 所示。单击右边的“添加”选项可以进行默认文档的添加。

步骤 2: 设置 IP、端口和主机名属性。在“Internet 信息服务(IIS)管理器”窗口中,选择“正曼经贸”站点,单击右侧的“绑定”选项,如图 2-10 所示,弹出“网站绑定”对话框,如图 2-11 所示。

图 2-9 “默认文档”属性

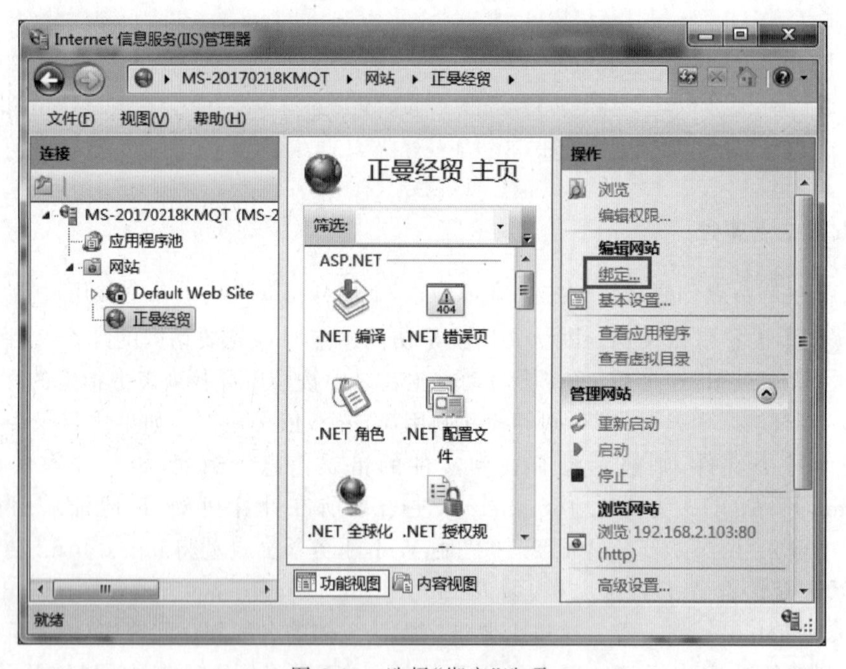

图 2-10 选择“绑定”选项

如果要对 IP 地址、端口和主机名进行修改,则选中已经设置好的端口和 IP,单击“编辑”按钮,打开“编辑网站绑定”对话框,如图 2-12 所示。如果要添加 IP 和端口,则单击“添加”按钮,打开“添加网站绑定”对话框,如图 2-13 所示。完成设置后,单击“关闭”按钮。

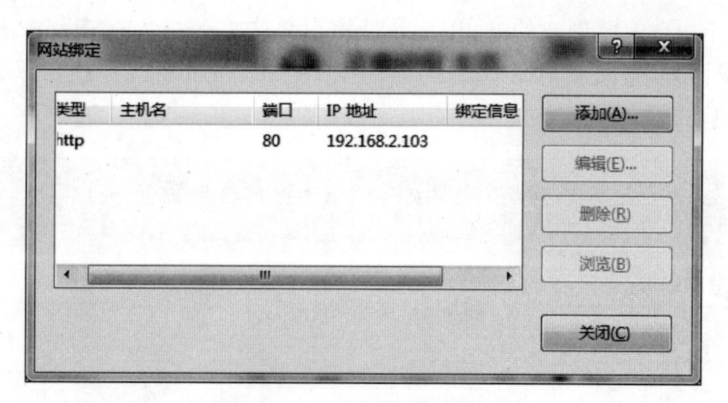

图 2-11　“网站绑定”对话框

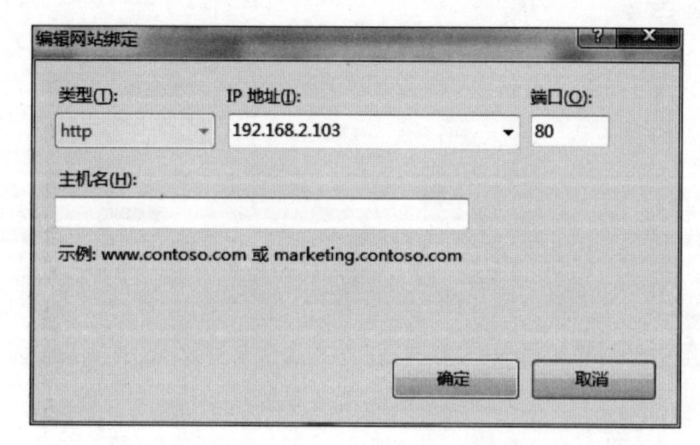

图 2-12　“编辑网站绑定”对话框

图 2-13　“添加网站绑定”对话框

小提示

网站的默认 TCP 端口号为 80，如果修改了端口号，就需要在访问的地址后面加上端口号，如 http://192.168.2.103:8080。

步骤 3: 设置主目录。IIS 默认的主目录为 C:\inetpub\wwwroot，如果只有一个站点，用户可以将站点文件放在该文件夹中进行管理；如果有多个站点，可以修改主目录的位置，更改方式如下：选中已创建的站点“正曼经贸”，单击右侧的“基本设置”选项，如图 2-14 所示，弹出“编辑网站”对话框，如图 2-15 所示；单击▭按钮重新选择主目录，单击“确定”按钮完成主目录的设置。

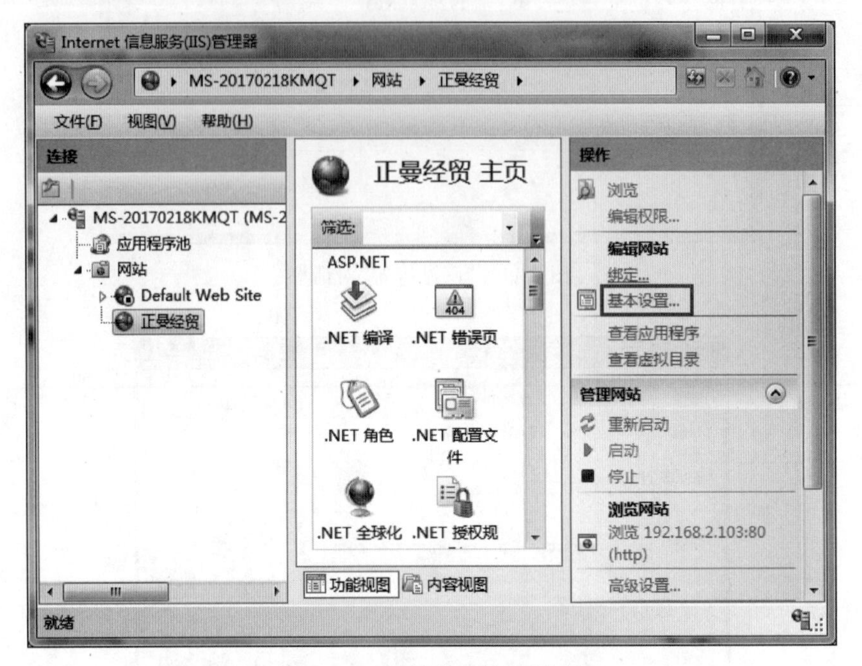

图 2-14　选择“基本设置”选项

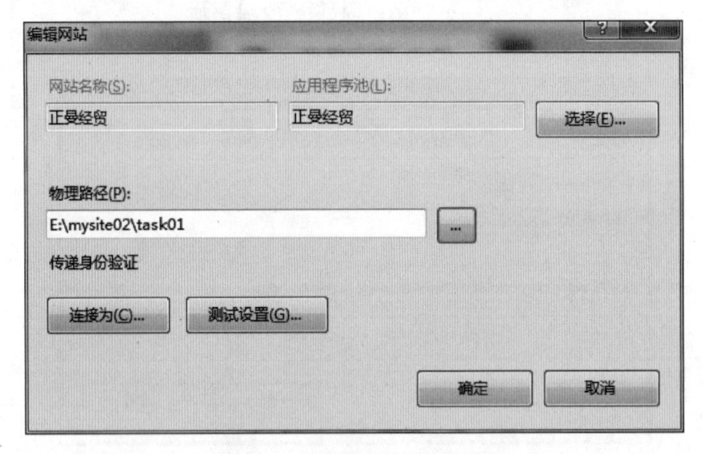

图 2-15　“编辑网站”对话框

4. 发布 Web 站点

Web 站点服务器配置完成后，就可以进行站点发布。用户在客户端浏览器的地址栏中输入主机名或 IP 地址后按 Enter 键，即可访问相关的 Web 站点。如图 2-16 所示为正曼经贸首页。

图 2-16　“正曼经贸”首页

小提示

在访问网站之前，要先启动网站。启动方法是单击已创建的站点名“正曼经贸”，在右侧的“操作”栏中单击“启动”选项。

任务 2：用 HTML 创建并测试网页

任务描述

本任务主要介绍 HTML 的基础知识，包括 HTML 的主要功能和编辑环境；HTML 的创始人、万维网和万维网联盟的介绍；让读者体验在记事本程序中用代码的方式编辑网页，并在 Web 服务器上配置相应站点，最终可以通过浏览器访问服务器的方式进行该网页的访问。

设计要点

- HTML 简介；
- HTML 基本语法；
- 用记事本程序创建 HTML 网页。

1. HTML 简介

HTML(Hypertext Markup Language,超文本标记语言)是为网页创建和其他可在浏览器中看到的信息设计的一种标记语言。HTML 于 1982 年由 Tim Berners-Lee(蒂姆·伯纳斯·李)创建,IETF 用简化的 SGML(标准通用标记语言)语法对其进行进一步发展,后来成为国际标准,由万维网联盟(W3C)维护。1990 年,蒂姆·伯纳斯·李在日内瓦的欧洲粒子物理实验室里开发出了世界上第一个网页浏览器。用户所看到的网页,是浏览器对 HTML 进行解释的结果。

1) HTML 的主要功能

HTML 语言作为一种网页编辑语言,能制作出精美的网页。利用 HTML 语言可以设置文本的格式,例如字体、字号、颜色等;利用 HTML 语言可以在页面中插入图像,设置图像的大小、边框、布局等属性;利用 HTML 语言可以创建列表,把信息用一种易读的方式表现出来;利用 HTML 语言可以在页面中加入音频、视频、动画等多媒体元素;利用 HTML 语言还可以建立表格、超链接、交互式表单等。

2) HTML 的编辑环境

使用基本的文本编辑软件就可以进行编辑,例如使用微软自带的记事本或写字板,也可以用 WPS,不过存盘时要使用.htm 或 html 作为扩展名,这样浏览器就可以直接解释执行了;Dreamweaver 是一款著名的网页设计制作软件,它能够通过鼠标拖放直接创建并编辑网页文件,自动生成相应的 HTML 代码;EditPlus 是一款小巧但是功能强大的代码编辑器,利用它可以很方便地创建和编辑网页文件。除以上编辑器外,还有很多编辑器可用,感兴趣的读者可以自己去研究。

2. WWW(万维网)

WWW(亦作 Web 或 W3,英文全称为 World Wide Web)中文名字为"万维网",由蒂姆·伯纳斯·李发明,分为 Web 客户端和 Web 服务器程序。WWW 允许用户在一台计算机上通过 Internet(客户端)存取另一台计算机上的信息(网页),也就是让 Web 客户端(常用浏览器)访问浏览 Web 服务器上的页面。

WWW 是一个由许多互相链接的超文本(文字、图像、声音、视频等)组成的系统。在这个系统中,每个有用的事物称为一种"资源",并且由一个全局统一资源定位符(URL)标识。这些资源通过超文本传输协议(Hypertext Transfer Protocol)传送给用户,用户通过单击链接来获得资源。

简单地说,万维网是无数个网络站点和网页的集合,它将多媒体用超链接的方式连接。通常通过浏览器上网观看的,就是万维网的内容。

3. W3C(万维网联盟)

万维网联盟(World Wide Web Consortium,W3C)又称 W3C 理事会,是国际著名的标

准化组织。1994 年 10 月,蒂姆·伯纳斯·李在麻省理工学院计算机科学实验室成立了该组织。至今已发布近百项万维网相关的标准,对万维网发展做出了杰出的贡献,其官方网址是 www. w3c. org。

1. HTML 初体验

步骤 1: 单击“开始”→“所有程序”→“附件”→“记事本”,打开系统自带的“记事本”。

步骤 2: 在此文档中输入如图 2-17 所示代码。

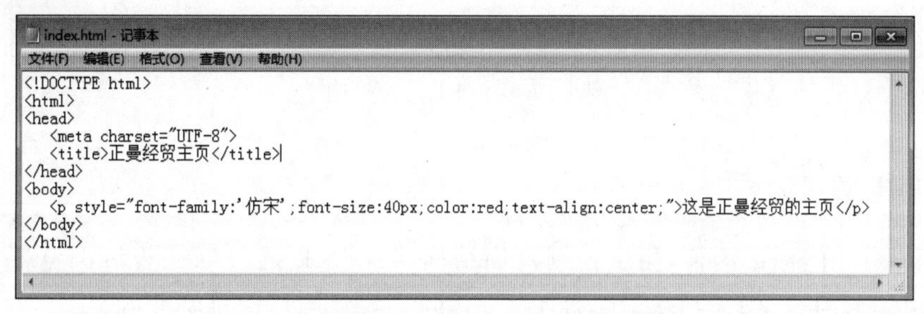

图 2-17　在记事本中编辑网页文件

步骤 3: 输入完成后,单击菜单“文件”→“另存为”,弹出“另存为”对话框,在“文件名”中输入文件名称“index. html”,在“保存类型”下拉列表框中选择“所有文件”,在“编码(E)”下拉列表框中选择 UTF-8,如图 2-18 所示,单击“保存”按钮完成设置。

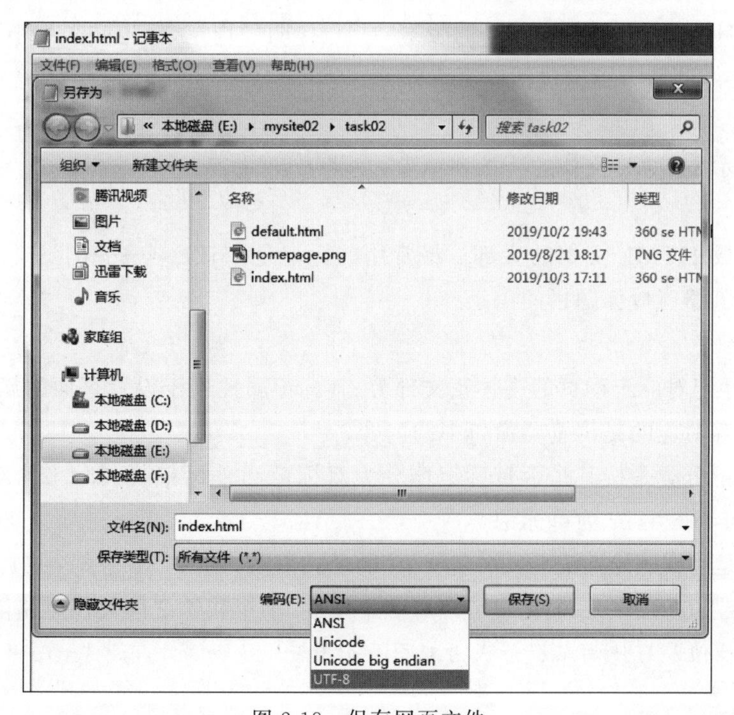

图 2-18　保存网页文件

步骤 4: 双击此文件,在浏览器中看到的页面效果如图 2-19 所示。

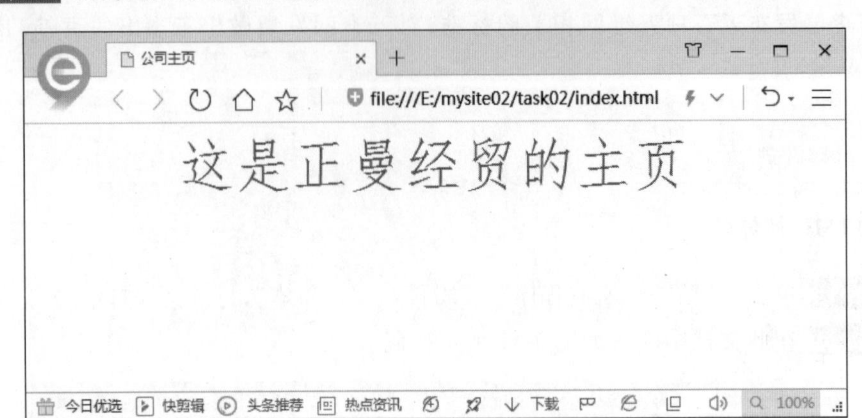

图 2-19　公司主页效果图

2. HTML 的语法

HTML 是一门标记语言,用于控制页面结构。HTML 通过标记告诉浏览器以什么方式或者结构显示内容,作为初学者掌握 HTML 的一些常用标记是必要的。

HTML 用于描述功能的符号称为"标记",如 html、body、table 等。标记是 W3C 组织定义好的并具有特定含义的符号。标记在使用时必须用尖括号"<>"括起来,而且是成对出现,无斜杠的标记表示该标记的作用开始,有斜杠的标记表示该标记的作用结束,即<开始标记>标记体</结束标记>。HTML4.0 以及之前的版本中,W3C 标准是不区分标记大小写的。但是在 XHTML 和 HTML5.0 的版本中,W3C 明确规定,标记必须用小写格式。

HTML 文件的基本结构包括以下三部分。

1) <html>…</html>

该标记表示 HTML 文档的开始和结束。

2) <head>…</head>

该标记构成 HTML 文档的头部。最常用的标记是<title>…</title>,<title>标记中的内容对应浏览器窗口标题栏的信息。

3) <body>…</body>

<body>标记对应于网页的主体正文部分,其标记属性用于设置页面的属性。<body>标记之间的内容对应的是浏览器窗口中的内容。

常用的标记分类是按其是否带标记体分为双标记和单标记,例如<p>XX</p>,p 为双标记,又例如
,br 为单标记。

标记属性是写在开始标记上,以"名=值"的形式书写,例如<img src="1.jpg" width="400" height="300"/>。一个标记可以有多个属性,多个属性之间使用空格隔开。

注意: 属性值最好使用单引号或者双引号引起来,例如<a href="http://www.baidu.com">百度</a>。

小提示

- 所有标记都要用<>尖括号括起来。
- 成对出现的标记，最好开始和结束标记同时写完。
- HTML 标记用小写。
- 标记中不要有空格。

3. 用 HTML 创建并测试主页

步骤 1: 单击“开始”→“所有程序”→“附件”→“记事本”，打开系统自带的“记事本”。

步骤 2: 在此文档中输入如图 2-20 所示代码，其中，所需的背景图片需要提前保存在该代码所在文件夹里。

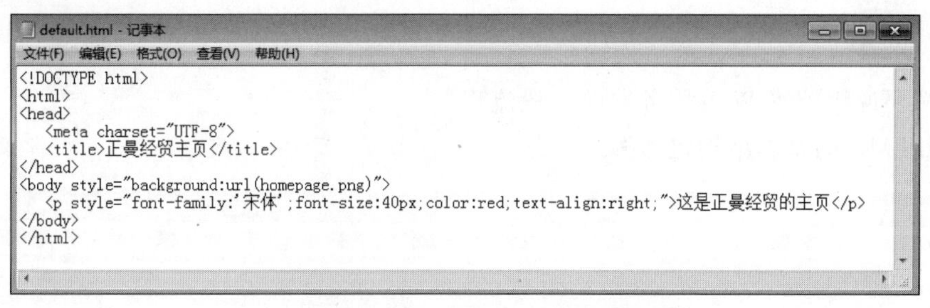


```
<!DOCTYPE html>
<html>
<head>
    <meta charset="UTF-8">
    <title>正曼经贸主页</title>
</head>
<body style="background:url(homepage.png)">
    <p style="font-family:'宋体';font-size:40px;color:red;text-align:right;">这是正曼经贸的主页</p>
</body>
</html>
```

图 2-20　HTML 编辑的公司主页代码

步骤 3: 输入完成后，选择菜单“文件”→“另存为”，弹出“另存为”对话框，在“文件名”中输入文件名称“default.html”，在“保存类型”下拉列表框中选择“所有文件”，在“编码(E)”下拉列表框中选择 UTF-8，单击“保存”按钮，保存完成。

步骤 4: 按照任务 1 的相关操作设置 Web 服务器，添加站点，如图 2-6 所示。将主目录更改为：E:\mysite02\task02，IP 地址改为主目录所在计算机的 IP，如图 2-7 所示。网站的默认文档改为 default.html，优先级顺序设置为第一，设置完成后在浏览器里输入相应的 IP 地址(Web 服务器的 IP)，执行效果如图 2-21 所示。

图 2-21　浏览器中显示的公司主页效果图

任务拓展

使用记事本制作一个网页，标题栏显示为“任务拓展 2-1”，网页中显示“这是我的第一个网页”，字体设置为“隶书”，字体颜色设置为“绿色”，字号设置为“45px”，将文件保存为index.html。

项目小结

本项目主要写在 Windows 7 环境下，安装并配置 Web 服务器(IIS)，创建 Web 站点，用 HTML 创建简单网页，并将其放置于主目录中，最终实现客户端对 Web 站点的动态访问。

思考题

1. 简要说明配置 Web 服务器的一般流程。
2. HTML 的基本结构包括哪几部分？

项目三

使用HTML制作网页

学习要点

- 掌握 HTML 常用标签及其属性；
- 掌握使用 HTML 制作简单网页的方法。

任务 1：HTML5 简介

任务描述

HTML5 是最新的 HTML 标准，它是专门为承载丰富的 Web 内容而设计的，并且无须额外插件。本任务主要从 HTML5 概述、优势、特性进行讲解，让读者对 HTML5 有个初步了解。

知识链接

1. HTML5 概述

HTML5 是 HTML 的最新修订版本。1999 年 HTML4 就停止开发了，直到 2008 年 1 月 22 日 HTML5 才公布了第一份正式草案。2010 年，HTML5 开始用于解决实际问题，各大浏览器厂商开始升级自己的产品以支持 HTML5 的新功能。2014 年 10 月由万维网联盟(W3C)完成标准制定。

对于用户和网站开发者而言，HTML5 的问世意义非凡。HTML5 实际上指的是包括 HTML、CSS 样式和 JavaScript 脚本在内的一整套技术的组合，HTML5 能够轻松实现许多的网络应用需求，减少浏览器对插件的依赖，并提供更多能有效增强网络应用的标准集。

2. HTML5 的优势

HTML5 并不是一种革命性的升级，而是一种规范向习惯的妥协，因此 HTML5 并不会带给开发者过多的冲击，从 HTML4 到 HTML5 的过渡会非常轻松。HTML5 的优势主要体现在以下几个方面。

- 跨平台。目前 HTML5 技术已日趋成熟，HTML5 可以运行在 PC 端、iOS 或 Android 移动端，只要有一个支持 HTML5 的浏览器即可运行，例如 Firefox（火狐浏览器）、IE 9 及其更高版本、Chrome（谷歌浏览器）、Safari、Opera 等，国内的傲游浏览器（Maxthon）以及基于 IE 或 Chromium（Chrome 的工程版或实验版）的 360 浏览器、搜狗浏览器、QQ 浏览器、猎豹浏览器等。
- 兼容性。HTML5 有很强的向下兼容能力。只要浏览器支持 HTML5 就能实现各种效果，开发人员不需要再写浏览器判断之类的代码。

3. HTML5 的特性

HTML5 具有以下特性。

1）语义特性

HTML5 赋予网页更好的意义和结构，能够更恰当地描述网页内容。

2）增强型表单

HTML5 拥有多个新的表单 input 输入类型。这些新特性提供了更好的输入控制和验证。

3）视频和音频支持

HTML5 提供了播放音频和视频文件的标准，即使用< audio >和< video >标签。

4）本地存储

HTML5 的本地存储功能提供两种方式：一是 key-value 方式的 Local Storage，在 IE 8 的版本之前，没有 Local Storage 的环境情况下，local-storage-js 用 cookie 替代；二是数据库方式的 Web SQL Database，JavaScript 库 Persist JS 则可从 Gears、Local Storage、Web SQL Database、Global Storage、Flash、IE、cookie 等多个存储方式逐一尝试，这样兼容性就能够最大限度地实现。

5）图形特性

基于 SVG、Canvas、WebGL 及 CSS3 的 3D 功能，用户能在浏览器中体验到惊艳的视觉效果。

6）地理定位

HTML5 Geolocation（地理定位）可用来定位用户的位置。

任务 2：使用 HTML 创建网页

任务描述

本任务主要介绍 HTML 的基本结构和语法，了解 HTML5 的 doctype 类型声明，了解 meta 元信息标签的主要功能，了解新增的语义化标签。

设计要点

- HTML5 的基本结构和语法；
- HTML5 语义化标签。

知识链接

1. 用 HTML 制作简单网页

步骤 1： 单击“开始”→“所有程序”→“附件”→“记事本”，打开系统自带的“记事本”。

步骤 2： 在此文档中输入如图 3-1 所示代码。

步骤 3： 输入完成后，选择菜单“文件”→“另存为”，弹出“另存为”对话框，在“文件名”中输入文件名称“firsthtml5. html”，在“保存类型”下拉列表框中选择“所有文件”，在“编码”下拉列表框中选择 UTF-8，如图 3-2 所示，单击“保存”按钮完成设置。

步骤 4： 双击 firsthtml5. html 文件，在浏览器中看到页面效果如图 3-3 所示。

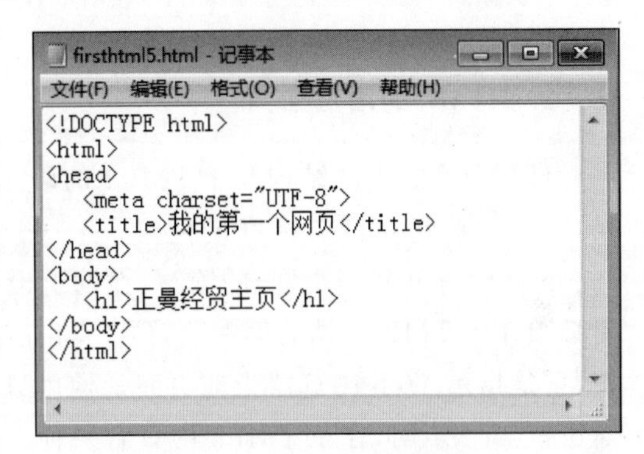

图 3-1　在记事本中编辑网页

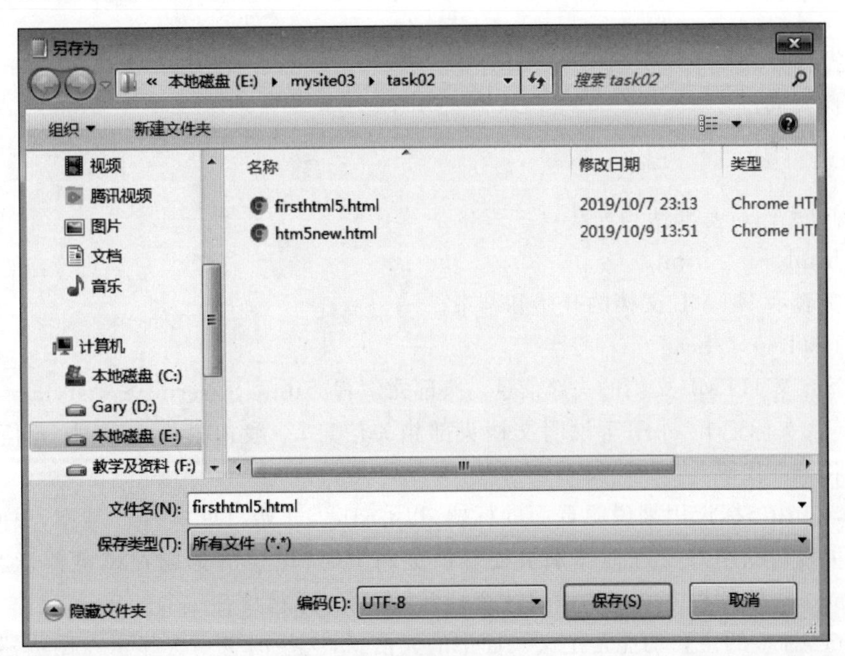

图 3-2　保存网页文件

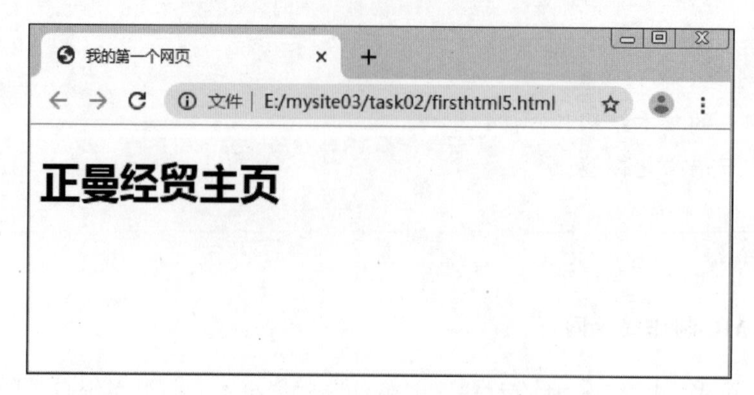

图 3-3　在浏览器中显示 HTML 文档效果

2. HTML 的语法结构

HTML5 的语法结构和 HTML4 的语法结构基本一致，文档的扩展名不变，仍为.htm 或.html。要建立符合标准的网页，doctype 声明是必不可少的关键组成部分，doctype 是 document type(文档类型)的简写，在网页设计中用来说明使用的 HTML 版本。doctype 声明必须在 HTML 文档的第一行，位于<html>标签之前。<!doctype>声明不是 HTML 标签，它是指示 Web 浏览器当前页面是使用哪个 HTML 版本编写的。在 HTML4 中有三种<!doctype>声明，在 HTML5 中只有一种：

```
<!doctype html>
```

小提示

也可以写成：

```
<!DOCTYPE html>
```

HTML 文件的基本结构包括以下三部分。

1) <html>…</html>

该标签表示 HTML 文档的开始和结束。

2) <head>…</head>

该标签定义 HTML 文档的头部信息。头部元素有<title>、<script>、<style>、<link>、<meta>等。头标记 head 用于说明文档头部相关信息，一般包括标题信息、元信息、定义 CSS 样式和脚本代码等。

其中，<title>标记用来说明页面的标题，以<title>开始，以</title>结束，中间为标题内容。它可以帮助用户更好地识别页面。预览网页时，设置的标题在浏览器标题栏中显示，在 Windows 任务栏中显示的也是这个标题，页面的标题只有一个。

<meta>标签的主要功能是定义页面中的元信息，这些信息不会显示在浏览器中，而只是显示在源代码中。<meta>标签通过属性定义文件信息的名称、内容等，能够提供文档的关键字、作者及描述等多种信息。<meta>标签提供的常用属性及取值如表 3-1 所示。

表 3-1　<meta>标签提供的常用属性及取值

属　性	值	描　述
charset	gbk	中文字符集
	utf-8	针对 Unicode 的可变长度字符编码
name	keywords	网页关键词
	description	网页描述

例如：

```
<!doctype html>
<html>
<head>
<meta charset="UTF-8">
<meta name="keywords" content="网站制作,网站建设,网络推广">
<meta name="description" content="某某网络科技公司致力于网站建设与定制,为企业提供建
站、运营、推广一站式服务.">
<title>某某网络科技公司</title>
</head>
<body>
<!--网页正文开始-->
…
<!--网页正文结束-->
</body>
</html>
```

3）<body>…</body>

该标签之间为网页的主体内容和其他用于控制内容显示的标签，如<h1>、<p>、<img>等。在 body 标签中的内容会在浏览器中显示出来。

4）<!--注释的内容-->页面注释标记

注释是在 HTML 中插入的描述性文本，用来解释该代码或提示其他信息。注释只出现在代码中，不显示在浏览器中，浏览器对注释代码不进行解释。在 HTML 源代码中适当地插入注释语句是一种非常好的习惯，对于设计者日后的代码维护工作很有好处。

3. HTML5 语义化标签

1）什么是 HTML 语义化标签

语义化标签旨在让标签有自己的含义，例如：

```
<p>一行文字</p>
<span>一行文字</span>
```

以上代码中 p 标签与 span 标签的区别是，p 标签的含义是段落，而 span 标签则没有独特的含义，同样地，div 标签也是没有独特含义的。

2）语义化标签的优势

语义化标签可以改变网页布局，提升搜索引擎的友好度，降低使用 CSS 的难度，因此在

书写页面结构时,应尽量使用有语义的 HTML 标签。下面列举了语义化标签的一些优势。

- 代码结构清晰,方便阅读,有利于团队合作开发。
- 方便其他设备(如屏幕阅读器、盲人阅读器、移动设备)解析,以语义的方式来渲染网页。
- 有利于搜索引擎优化(SEO)。

3) 常见的语义化标签

好的语义化的 HTML 能够体现页面的结构,在网页中经常见到以下语义化标签。

<title>: 页面主题。

<hn>: h1～h6,分级标题。

<ul>: 无序列表。

<ol>: 有序列表。

<li>: 列表项。

<p>: 段落。

<em>: 将其中的文本表示为强调的内容,表现为斜体。

<strong>: 将其中的文本定义为语气更强的强调内容,表现为加粗。

<img>: 图片。

<table>: 表格。

HTML5 新增的语义化标签如表 3-2 所示。

表 3-2 HTML5 新增的部分语义化标签

元　素	说　明
header	定义文档的头部区域(页眉)
nav	定义导航链接的部分
main	页面主要内容,一个页面只能使用一次
section	定义文档中的节
article	定义页面独立的内容区域
aside	定义页面的侧边栏内容
footer	定义节或文档的页脚
audio	定义音频内容
video	定义视频内容
canvas	定义图形
div	定义文档中的分区或节(division/section)

下面对表 3-2 中的部分语义化标签作进一步说明。

1) header 标签

header 标签代表网页或 section 的页眉,该标签通常用来放置整个页面或页面中一个内容区块的标题,也可以包含节的目录部分、搜索框、nav 或相关的 logo。

该标签语法为:

```
<header>网页或文章的标题信息</header>
```

例如：

```
<header>
        <h1>欢迎光临正曼经贸</h1>
</header>
```

小提示

一个页面中的header的个数没有限制，可以为每个内容块增加一个header标签。

2）nav标签

nav标签代表页面的导航链接区域，用于定义页面的主要导航部分。

该标签语法为：

```
<nav>导航内容</nav>
```

例如：

```
<nav>
    <ul>
        <li><ahref="#">公司首页</a></li>
        <li><ahref="#">产品展示</a></li>
        <li><ahref="#">联系我们</a></li>
    </ul>
</nav>
```

小提示

nav标签用于整个页面的主要导航部分，其他地方如侧边栏目录、面包屑导航、页内导航等尽量不要使用nav标签。

3）section标签

section标签代表文档中的“节”或“段”。“节”可以是指一个页面里的分组；“段”可以是指一篇文章里按照主题的分段。section的主要作用是对页面的内容进行分块或者对文章的内容进行分段。该标签通常用于带有标题和内容的区域，如文章的章节、页眉、页脚或文档中的其他部分。

该标签语法为：

```
<section>文章内容</section>
```

例如：

```
<section>
<h1>正曼经贸</h1>
<p>正曼经贸成立于…</p>
</section>
```

4）article标签

article标签定义独立的内容，例如论坛的帖子、博客上的文章、一篇用户的评论等。它比section标签具有更明确的语义，代表一个独立的、完整的相关内容块，其目的是让开发者独立开发或重用。除了内容，它通常还会有标题部分，一般放在一个< header >标签中，有时还有自己的脚注。

该标签语法为：

```
<article>文章内容</article>
```

例如：

```
<article>
<header>
<h1>新闻标题</h1>
</header>
<p>新闻正文内容</p>
<footer>新闻版底信息</footer>
</article>
```

小提示

div、section 和 article 三者容易混淆，注意以下几点。

- 只有元素内容会被列在文档大纲中时，才适合用 section 元素。
- section 的作用是对页面上的内容进行分块(如各个有标题的版块、功能区)或对文章进行分段，不要与有自己完整、独立内容的 article 混淆。
- section 和 article 可以互相嵌套，也就是说它们没有上下级关系，section 可以包含 article，article 也可以包含 section。
- section 和 div 都可以对内容进行分块，但是 section 是进行有意义的分块，div 是进行无意义的分块，例如用作设置样式的页面容器。
- section 内部必须有标题，标题也代表了 section 的意义所在。
- article、nav、aside 可以理解为特殊的 section，所以如果可以用 article、nav、aside 就不要用 section，没有实际意义的就用 div。

举个例子：

一份报纸有很多个版块，有头版、国际时事版块、体育版块、娱乐版块、文学版块等，像这种有版块标题的、内容属于一类的版块就可以用 section 包起来。在各个版块下面又有很多文章、报道，每篇文章都有自己的文章标题、文章内容，这时候用 article 最好。如果一篇报道太长，分好多段，每段都有自己的小标题，这时候又可以用 section 把各个段包起来。

5) aside 标签

aside 标签有两种用途：一是放在 article 标签内作为主要内容的附属信息部分，其中的内容一般是与当前文章有关的相关资料、名词解释等；二是放在 article 标签之外作为页面或站点全局的附属信息部分，最典型的是侧边栏。

该标签语法为：

```
<aside>附属信息内容</aside>
```

例如：

```
<aside>
```

```
<h1>名词解释</h1>
<p>术语：对术语的解释说明</p>
</aside>
```

6）footer 标签

footer 标签代表网页或 section 的页脚，通常包括相关区块的脚注信息，如作者、相关文档链接及版权信息。

该标签语法为：

```
<footer>页脚信息内容</footer>
```

例如：

```
<footer>
    <ul>
        <li>版权信息</li>
        <li>联系方式</li>
    </ul>
</footer>
```

下面利用表 3-2 中的部分语义化标签，建立一个简单的 HTML 页面。

步骤 1： 单击“开始”→“所有程序”→“附件”→“记事本”，打开系统自带的“记事本”。

步骤 2： 在此文档中输入如图 3-4 所示代码。代码文件的第 6 行的作用是引入外部样式表文件 style1. css，将素材中的 style1. css 复制到当前网页文件夹下。

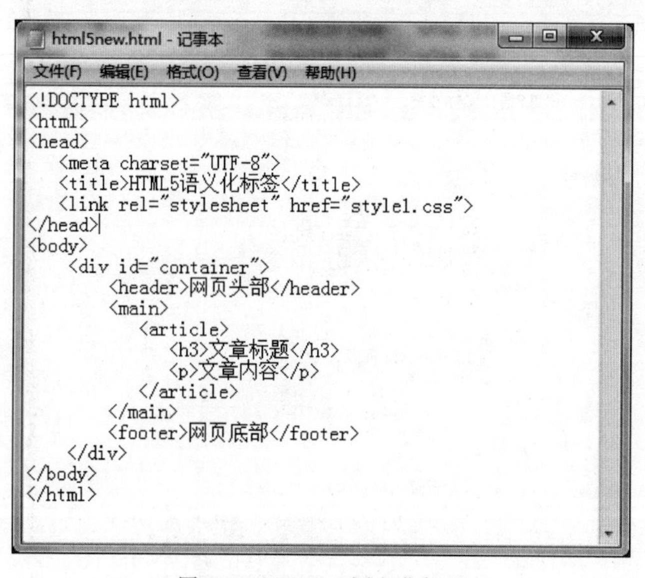

图 3-4　HTML5 语义化标签

步骤 3： 输入完成后，选择菜单“文件”→“另存为”，弹出“另存为”对话框，在“文件名”中输入文件名称“html5new. html”，在“保存类型”下拉列表框中选择“所有文件”，在“编码(E)”下拉列表框中选择 UTF-8，单击“保存”按钮完成设置。

步骤 4： 双击 html5new. html 文件，在浏览器中看到页面效果如图 3-5 所示。

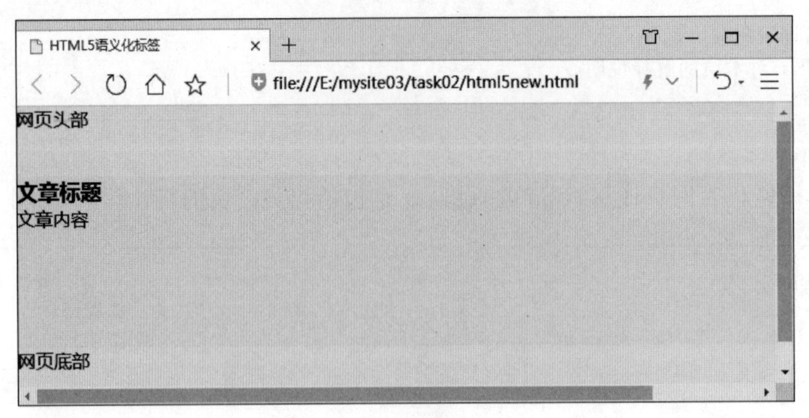

图 3-5　网页预览效果

语义化标签的综合应用

步骤 1: 单击“开始”→“所有程序”→“附件”→“记事本”，打开系统自带的“记事本”。

步骤 2: 在此文档中输入如图 3-6 所示代码。其中，代码文件的第 6 行的作用是引入外部样式表文件 style2. css。

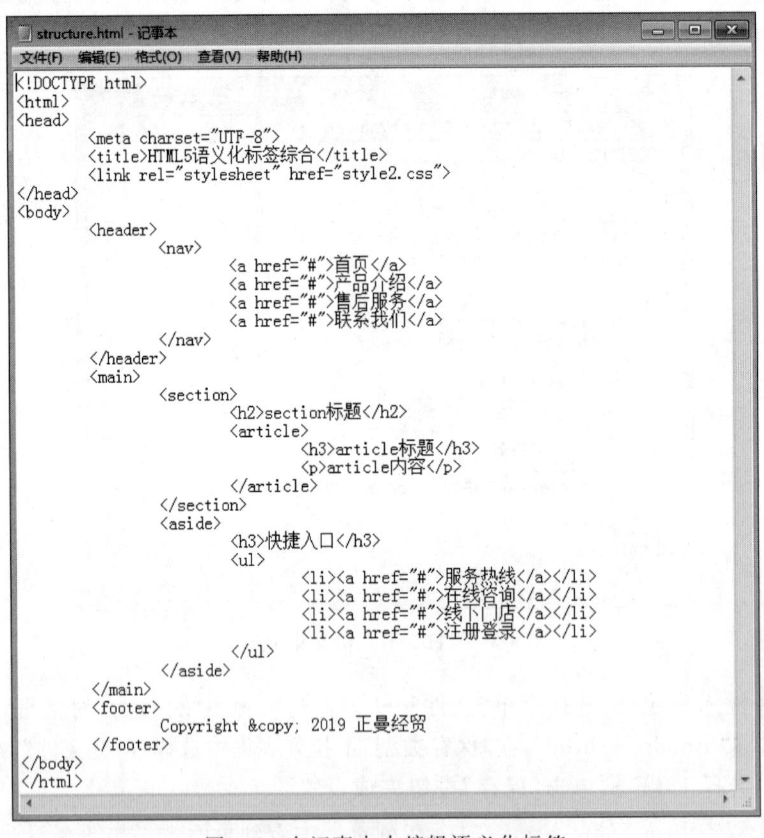

```
<!DOCTYPE html>
<html>
<head>
	<meta charset="UTF-8">
	<title>HTML5语义化标签综合</title>
	<link rel="stylesheet" href="style2.css">
</head>
<body>
	<header>
		<nav>
			<a href="#">首页</a>
			<a href="#">产品介绍</a>
			<a href="#">售后服务</a>
			<a href="#">联系我们</a>
		</nav>
	</header>
	<main>
		<section>
			<h2>section标题</h2>
			<article>
				<h3>article标题</h3>
				<p>article内容</p>
			</article>
		</section>
		<aside>
			<h3>快捷入口</h3>
			<ul>
				<li><a href="#">服务热线</a></li>
				<li><a href="#">在线咨询</a></li>
				<li><a href="#">线下门店</a></li>
				<li><a href="#">注册登录</a></li>
			</ul>
		</aside>
	</main>
	<footer>
		Copyright &copy; 2019 正曼经贸
	</footer>
</body>
</html>
```

图 3-6　在记事本中编辑语义化标签

步骤 3： 输入完成后，选择菜单"文件"→"另存为"，弹出"另存为"对话框，在"文件名"中输入文件名称为"structure.html"，在"保存类型"下拉列表框中选择"所有文件"，在"编码(E)"下拉列表框中选择 UTF-8，单击"保存"按钮完成设置，并将素材中的 style2.css 文件放入当前网页文件夹下。

步骤 4： 双击 structure.html 文件，在浏览器中看到页面效果如图 3-7 所示。

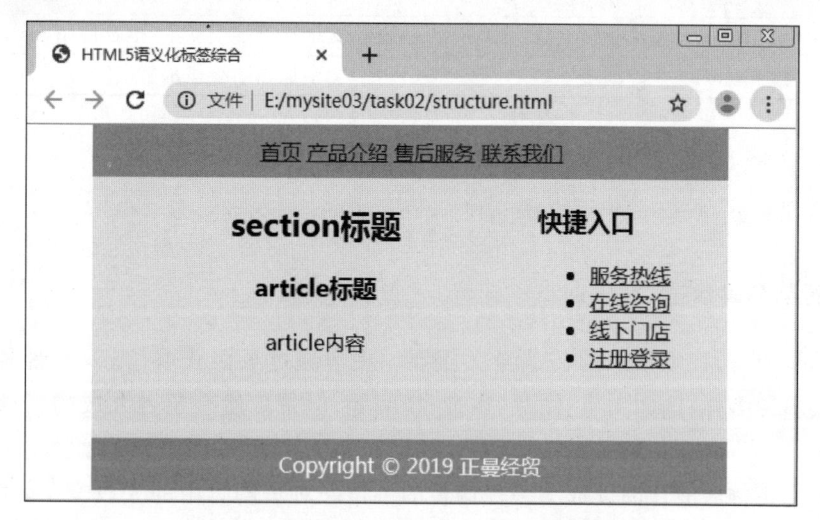

图 3-7　在浏览器中预览语义化标签的效果

任务 3：使用文本控制标签制作网页

任务描述

文字是网页中最基本的元素，是网页视觉传达最直接的方式，任何网页都不可缺少文字。本任务主要介绍文本格式化标签、分行与分段标签、列表标签等文本控制标签的使用。

设计要点

- HTML5 的基础标签的使用；
- 文本控制标签在页面排版中的应用。

知识链接

1. 文本格式化标签

在网页中，有时需要为文字设置加粗、倾斜或下画线效果，为此 HTML 准备了专门的文本格式化标签,使文字以特殊的方式显示。常用的文本格式化标签如表 3-3 所示。

表 3-3　常用的文本格式化标签

标　　签	显示效果
<b>…</b>和<strong>…</strong>	文字以粗体显示(推荐使用 strong)
<i>…</i>和<em>…</em>	文字以斜体显示(推荐使用 em)
<u>…</u>和<ins>…</ins>	文字加下画线显示(推荐使用 ins)
<s>…</s>和<del>…</del>	文字加删除线显示(推荐使用 del)

例如:

```
<p>挥泪大甩卖,原价<del>99</del>,现价<ins>9.9</ins>!</p>
```

2. 分行与分段标签

对于网页而言,视觉信息的传达至关重要。用户通过页面获取信息,虽然网络上信息呈现的方式多种多样,例如文字、图片、声音、视频等,但是依然有超过九成的信息是通过文字来传递的。

良好的文字排版能让阅读成为一件愉悦的事情。对于网页中的大段文字,通常采用分段、分行加空格等方式进行排版。

1) <h1>至<h6>标签

成对标签,该标签用于设置网页中的标题文字,被设置的文字将以黑体或粗体的方式显示在网页中。标题文字标签分为六级,其中,<h1>和</h1>之间的文字是第一级标题,最大最粗;<h6>和</h6>之间的文字是最后一级,最小最细。但其具体大小因浏览器的不同而不同。该标签本身具有换行的作用,标题总是从新的一行开始。

2) <p>…</p>标签

成对标签,将<p>标签置于段落起始处,</p>置于段落结尾,其作用是使标签后面的内容另起一段。

该标签语法为:

```
<p>…</p>
```

3) <div>…</div>标签

成对标签,该标签可以把文档分割为独立的、不同的部分。它是一个块级元素,也就是说,浏览器通常会在 div 元素前后放置一个换行符。另外,该标签经常与 CSS 一起使用,用来布局网页。

4) <span>…</span>标签

成对标签,用于对文档中的行内元素进行组合。该标签没有固定的表现格式。当对它应用样式时,它才会产生视觉上的变化。如果不对它应用样式,那么<span>元素中的文本与其他文本不会有任何视觉上的差异。

该标签语法为：

```
<span>内容</span>
```

例如：

```
<span style="color:red;font-family: '宋体';font-size: 40px">这是正曼经贸的主页</span>
```

5）
标签

单一标签，其作用是让该标签之后的内容在下一行显示。

该标签语法为：

```
第一行<br>第二行
```

6）<hr>标签

单一标签，其作用是添加分隔线，且在页面中占据一行。<hr>标签的 align、noshade、size、width 属性在 HTML5 版本中已经不支持，需要修改样式请使用 CSS(层叠样式表)。

7）<img>标签

单一标签，该标签从网页上链接图像。它有两个必要的属性：src 属性和 alt 属性，分别规定显示图像的 URL 和规定图像的替代文本。

3. 列表标签

列表形式在网页设计中占据比较大的比例，它的特点是非常整齐地显示信息，便于用户理解。

1）符号列表(无序列表)

该列表格式如下：

```
<ul>
    <li>列表项一</li>
    <li>列表项二</li>
    <li>列表项三</li>
    …
</ul>
```

在 HTML 页面中，合理地使用列表标签，可以起到提纲和格式排序的作用。默认情况下，在网页中创建的项目列表显示为实心小圆点的形式，可以通过 ul 或 li 的 CSS 属性 list-style-type 来设置其他列表形式。

2）编号列表(有序列表)

该列表结构中的列表项是有先后顺序的列表形式，从上到下可以有不同的序列编号，例如 1、2、3……或是 a、b、c……

该列表格式如下：

```
<ol>
    <li>列表项一</li>
    <li>列表项二</li>
    <li>列表项三</li>
```

```
    …
</ol>
```

3）定义列表

定义列表形式特别，用法也特别，定义列表中每个标签都是成对出现的，它在网页布局中的应用也非常广泛。

该列表格式如下：

```
<dl>
    <dt>…</dt>
    <dd>…</dd>
</dl>
```

标签<dt>…</dt>定义标题，<dd>…</dd>定义内容。该列表格式适用于有主题与内容的两段文字，通常第一段以<dt>标签定义标题，第二段以<dd>标签定义内容。在HTML代码中，<dt>和<dd>标签都是块元素，在网页中占据一整行的空间，如果需要使<dt>与<dd>标签中的内容在一行中显示，就必须使用CSS样式进行控制。

4. HTML 特殊字符

浏览网页时经常会看到一些包含特殊字符的文本，如版权信息、商标、数学公式等，如何在网页上显示这些特殊字符呢？

由于“<”和“>”在HTML中已经作为标签的定界符，如果直接使用，将被浏览器解析为标签符号，出现错误。HTML为这些特殊字符准备了专门的代码，如表3-4所示。

表 3-4　常用特殊字符代码

特殊字符	HTML代码	特殊字符	HTML代码
"	"	©	©
<	<	®	®
>	>	&	&
×	×	半角空格	
¥	¥	™	™

任务实施

文本控制标签的综合应用

步骤 1： 单击“开始”→“所有程序”→“附件”→“记事本”，打开系统自带的“记事本”。

步骤 2： 在此文档中输入如图3-8所示代码。

小技巧： 输入代码时，有很多是重复的，只要将一个列表项li的代码输入完成，复制粘贴两次，对另外两个li的文字部分进行修改即可。

步骤 3： 输入完成后，选择菜单“文件”→“另存为”，弹出“另存为”对话框，在“文件名”中输入文件名称“basictype.html”，在“保存类型”下拉列表框中选择“所有文件”，在“编码(E)”下拉列表框中选择UTF-8，单击“保存”按钮完成设置。

```
<!doctype html>
<html>
<head>
<meta charset="utf-8">
<meta name="keywords" content="美食">
<title>云南野生菌</title>
</head>
<body>
        <h1 align="center">舌尖上的盛宴</h1>
          <hr align="center" color="" width="200"/>
          <ul>
          <li><h3>松茸 </h3>
          <img src="images/1.jpg" width="200" height="150" alt="松茸"/>
          <p>      松茸有"蘑菇之王"的美誉。有着很高的
营养和药用价值。松茸的食法多样，烧、炒、煮皆宜。食时鲜甜可口，香味浓郁、食后余香盈口
，耐人寻味。</p>
          </li>
         <li><h3>鸡枞</h3>
         <img src="images/2.jpg" width="200" height="150"alt="松茸"/>
         <p>      鸡枞以肉质细嫩爽口，含有钙、磷、铁、
蛋白质等多种营养成份，味道特别鲜甜而著称。用鸡枞可以制做多种名菜，如凉拌鸡枞、红烧鸡
枞、生煎鸡枞，火腿夹鸡枞等。</p>
         </li>
         <li><h3>干巴菌</h3>
         <img src="images/3.jpg" width="200" height="150" alt="干巴菌"/>
         <p>      干巴菌其貌不扬，但味道却鲜美无比，是
野生食用菌中的上品。干巴菌宜于炒食，荤、素皆宜。素炒时，用将干巴菌撕为细丝、洗净，配
加青椒丝、大蒜、盐等，炒熟即可食用。</p>
          </li>
          <ul>
</body>
</html>
```

图 3-8　任务 3 的 HTML 代码

步骤 4： 双击此文件，在浏览器中看到页面效果如图 3-9 所示。

图 3-9　任务 3 预览效果

任务拓展

请学生参照图 3-10 所示网页效果图，在记事本程序中输入 HTML 代码，完成页面的制作。

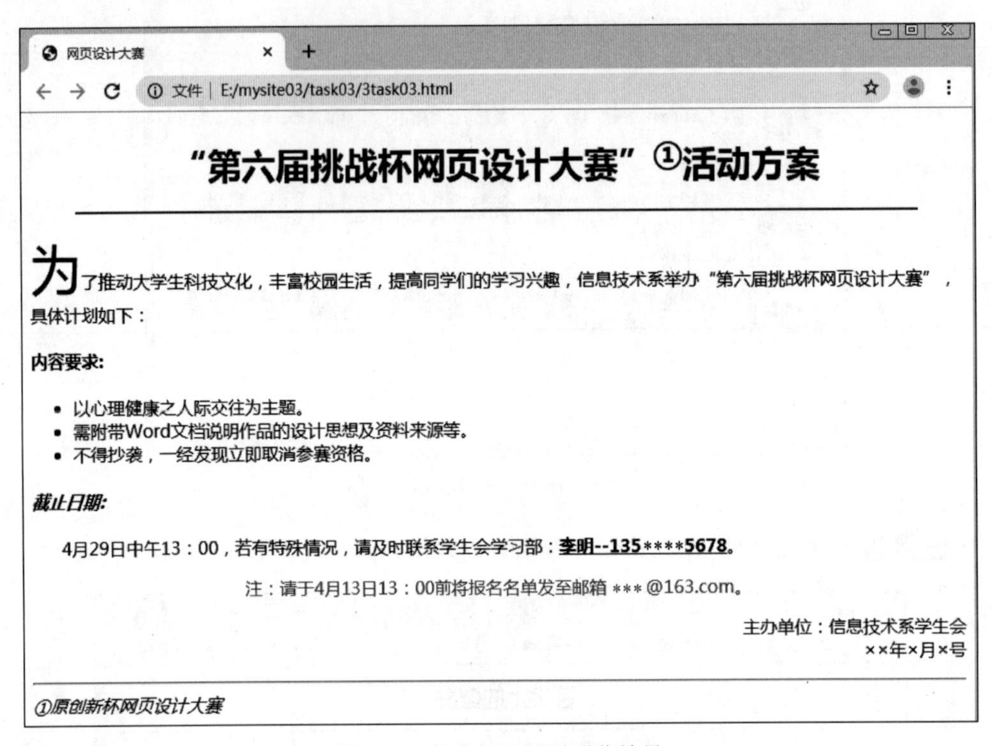

图 3-10　任务拓展网页预览效果

项目小结

本项目主要对 HTML5 的基本情况、基本结构和语法进行介绍，让读者了解 HTML5 的 doctype 声明类型，元信息标签的主要功能，以及新增的常用元素，并且对常用标签的使用进行介绍，通过实例对常用基础标签进行练习。

思考题

1. 常用的结构化标签主要有哪些？分别用来定义什么？
2. 简述< p >、< br >和< hr >标签在使用上的区别。
3. 元信息标签的常用属性及取值是什么？

项目四

Dreamweaver CC 2019概述

学习要点

- 掌握 Dreamweaver 安装方法；
- 软件面板的认识；
- 创建以及管理站点。

任务 1：安装并认识 Dreamweaver CC 2019

任务描述

了解什么是 Dreamweaver CC 2019，以及如何安装 Dreamweaver CC 2019。

知识链接

概述

Adobe Dreamweaver，简称 DW，中文名称为“梦想编织者”。最初由美国 Macromedia 公司开发，2005 年被 Adobe 公司收购。DW 是一款集设计、编码和站点管理于一体的、所见即所得的网页编辑器，也是一款针对专业网页设计人员打造的可视化网页开发工具，设计人员使用 DW 可以轻而易举地制作出跨越平台、跨越浏览器的动态网页。

DW 的特点有以下三个方面。

- 可视化操作。

- 所见即所得的直观性。
- 高效，可移植性强。

步骤 1： 在 Windows 7 或 Windows 10 的操作系统下，准备好 Dreamweaver CC 2019 安装包。

小提示

Dreamweaver CC 2019 仅支持 64 位的 Windows 操作系统，操作系统版本为 Windows 7 sp1（版本 6.7.7601）和 Windows 10 版本 1703（版本 10.0.15063）或者更高版本。

步骤 2： 在“资源管理器”中，右击软件安装包，在快捷菜单中选择“解压到 Adobe Dreamweaver CC 2019”选项解压该文件，如图 4-1 所示。

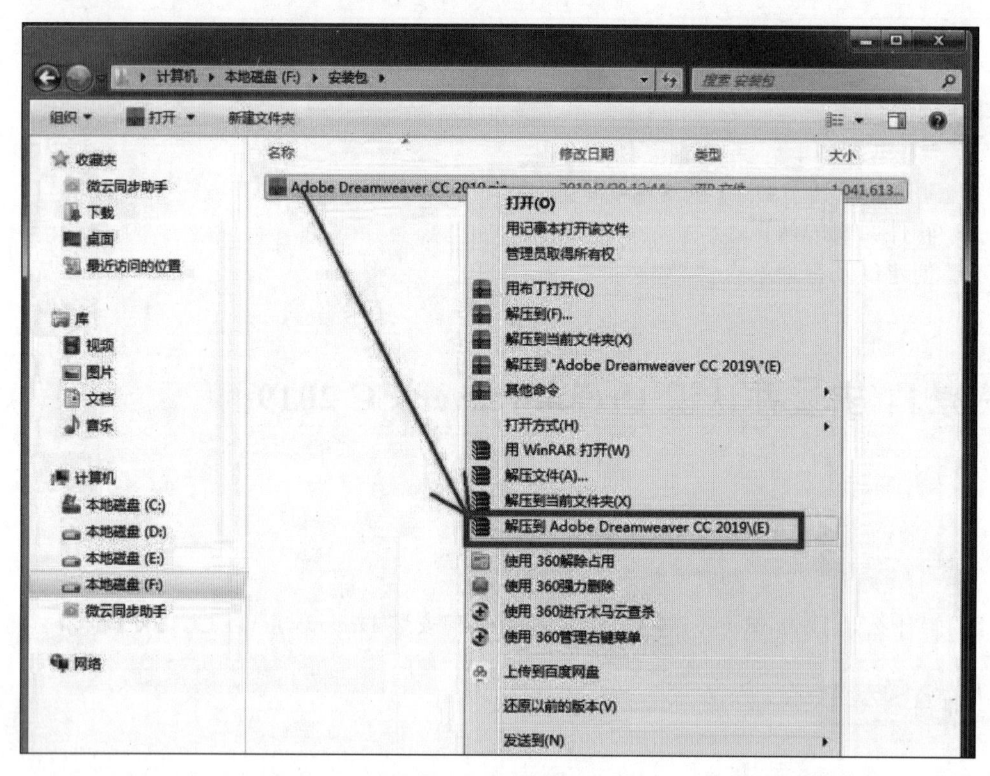

图 4-1 解压安装包

步骤 3： 在解压后的文件夹中找到并右击 Set-up 文件，在快捷菜单中选择“以管理员身份运行”选项，如图 4-2 所示。

小提示

可以使用素材包提供的安装包，安装后去注册 Adobe ID；也可以直接打开网址 https://www.adobe.com/cn/index2.html，购买后再安装。

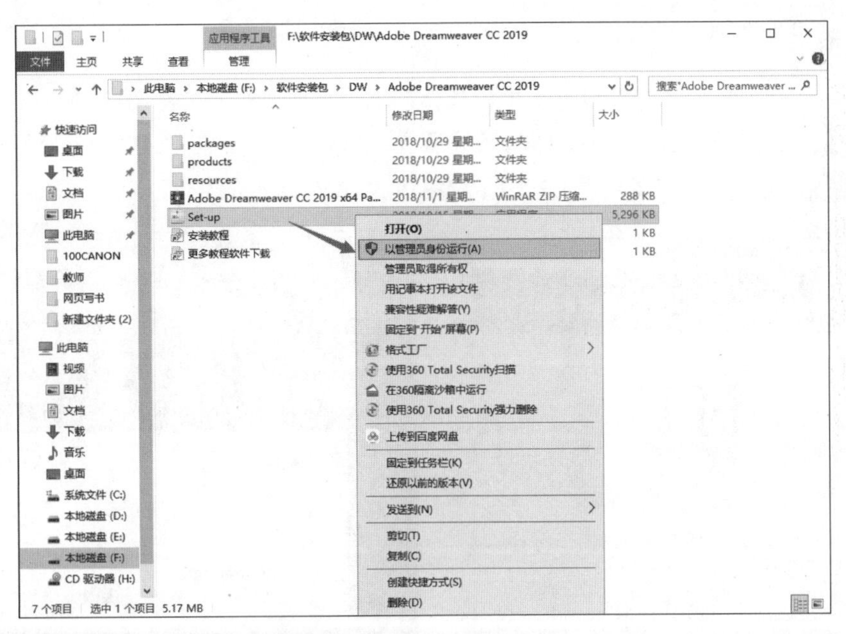

图 4-2　运行安装程序

步骤 4: 第一次打开安装程序时需要登录 Adobe ID,没有注册过的用户单击"获取 Adobe ID"选项,用邮箱注册一个账号,如图 4-3 所示。

步骤 5: 在"Dreamweaver CC 2019 安装程序"对话框中,"语言"下拉列表框选择"简体中文","位置"下拉列表框选择 D:\Adobe,单击"继续"按钮,如图 4-4 所示。

图 4-3　获取 Adobe ID 账号

图 4-4　设置软件安装路径

小提示

软件建议安装到C盘以外的磁盘中。目标盘中如果没有相应文件夹,应先创建文件夹。

步骤6: 软件安装需要一段时间,系统会提示软件正在安装,如图4-5所示。

步骤7: 软件安装完成后,单击"关闭"按钮,如图4-6所示。

图4-5　软件安装

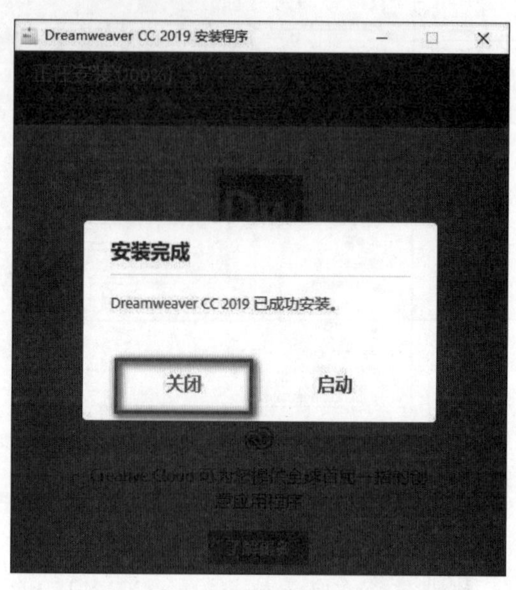

图4-6　软件安装结束

步骤8: 安装结束后,单击"开始"菜单→"所有程序"→找到Adobe Dreamweaver CC 2019,打开软件,如图4-7所示。

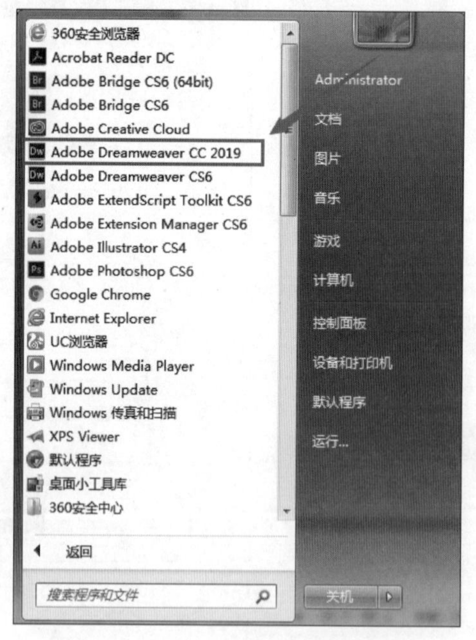

图4-7　"开始"程序栏中打开软件

任务2：Dreamweaver CC 2019 工作面板

知识链接

1. 欢迎界面

安装完成后，欢迎界面会在首次打开软件时出现。

步骤 1： 打开软件 Dreamweaver CC 2019，在弹出来的界面中，单击“不，我是新手”，如图 4-8 所示。

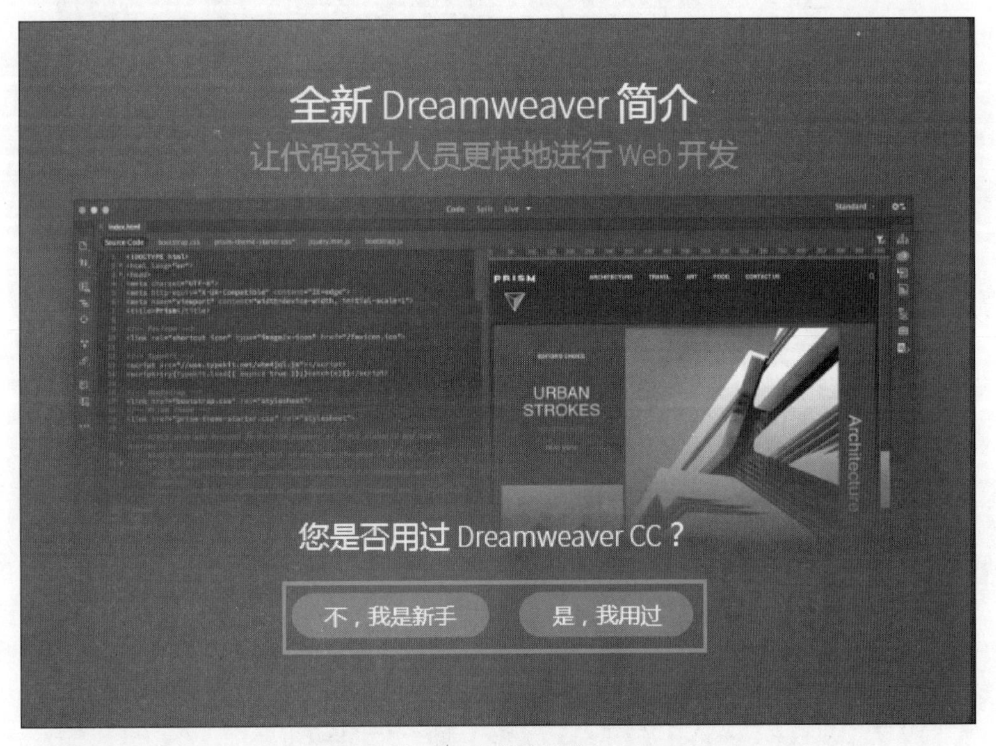

图 4-8　全新软件简介

步骤 2： 在欢迎界面中选择“工作区”选项，设置为“标准工作区”，如图 4-9 所示。

步骤 3： 在界面中选择“主题”选项，设置主题颜色，如图 4-10 所示。

步骤 4： 单击“开始”选项，进入软件界面，如图 4-11 所示。

步骤 5： 选择菜单栏“文件”选项→“新建”，如图 4-12 所示。

步骤 6： 在打开的“新建文档”窗口中，选择“新建文档”→“</> HTML”，设置网页标题，单击“创建”按钮完成设置，如图 4-13 所示。

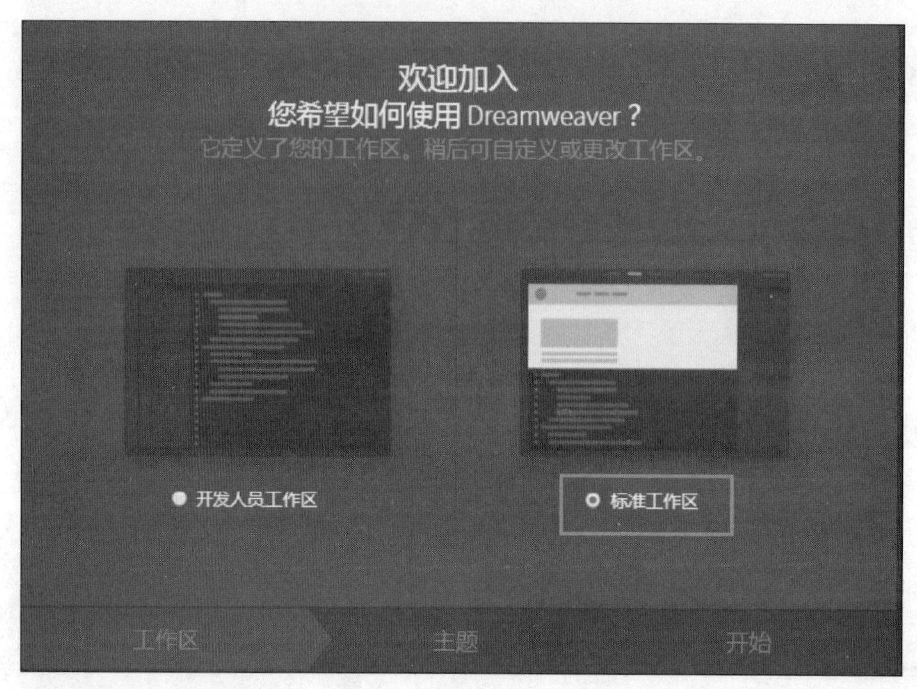

图 4-9　定义工作区模式

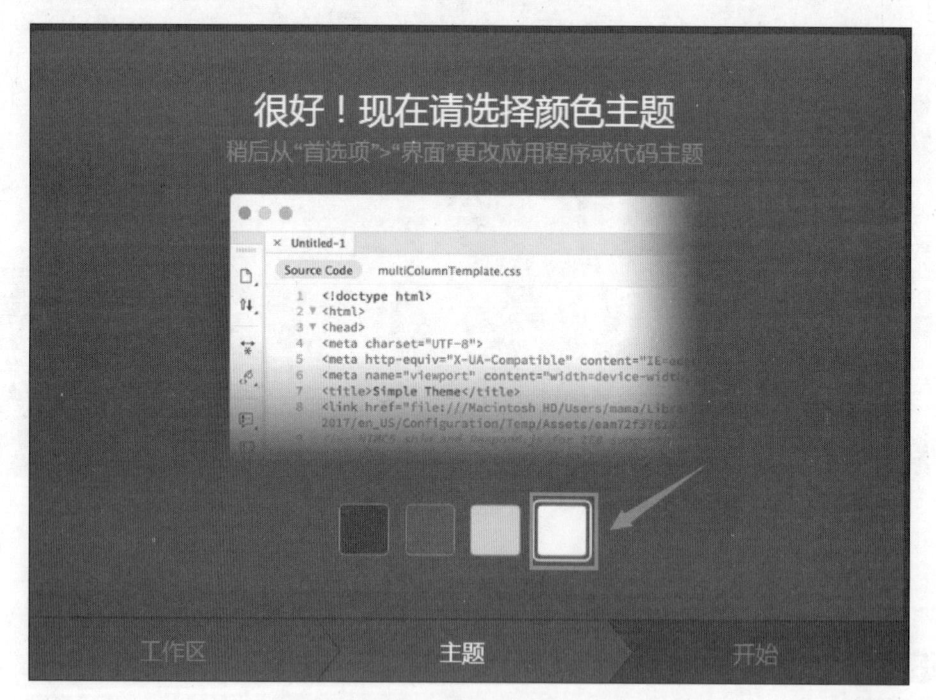

图 4-10　设置工作区颜色

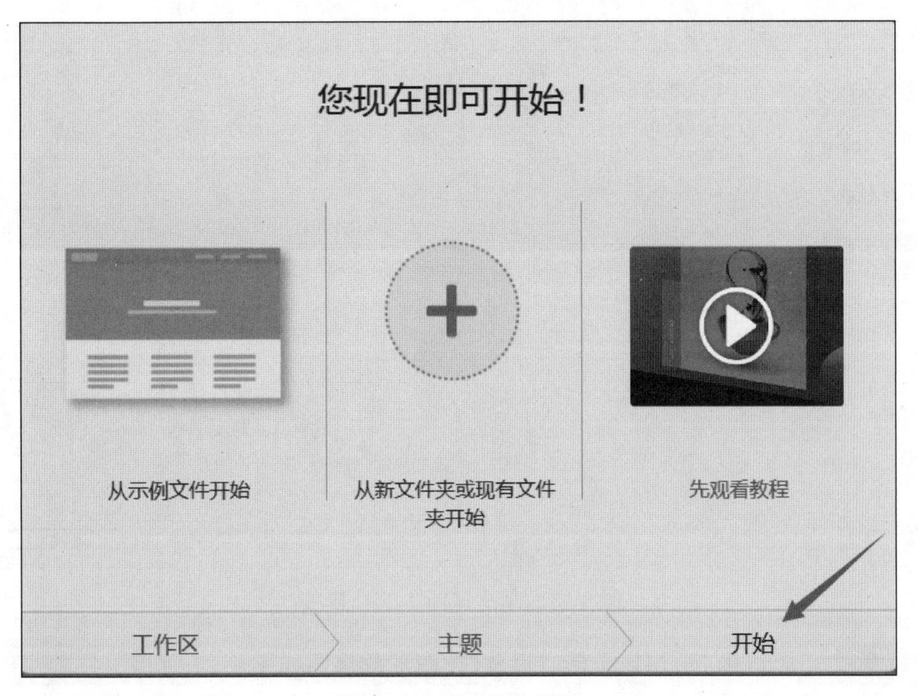

图 4-11　进入软件首页

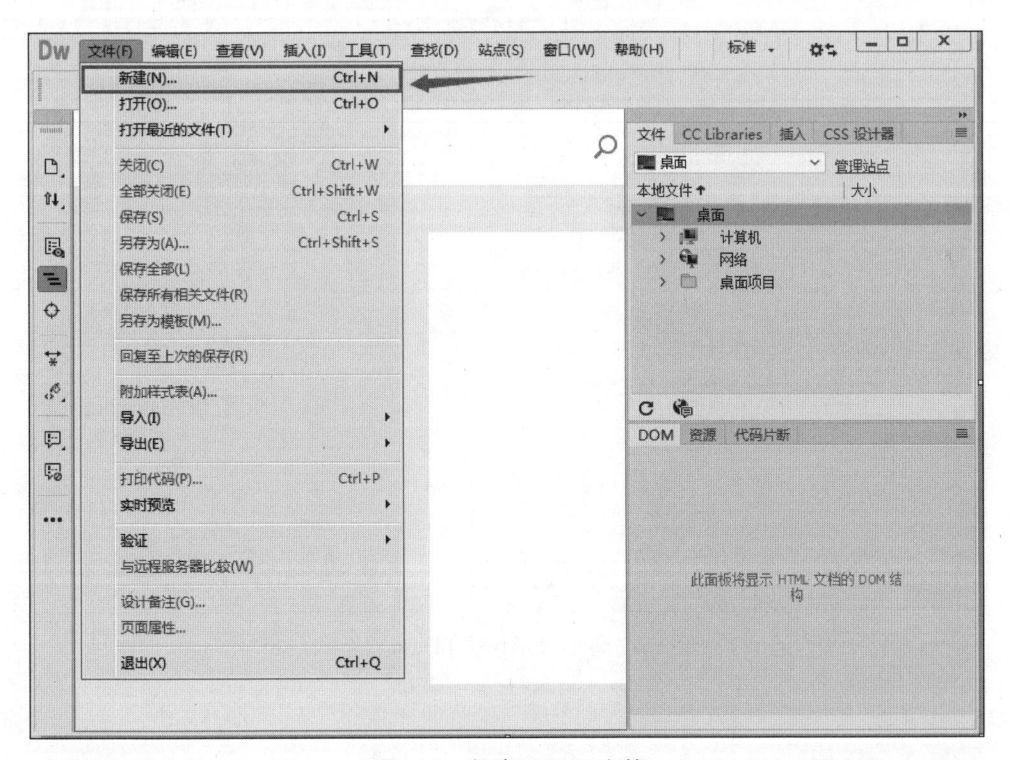

图 4-12　新建 HTML 文档

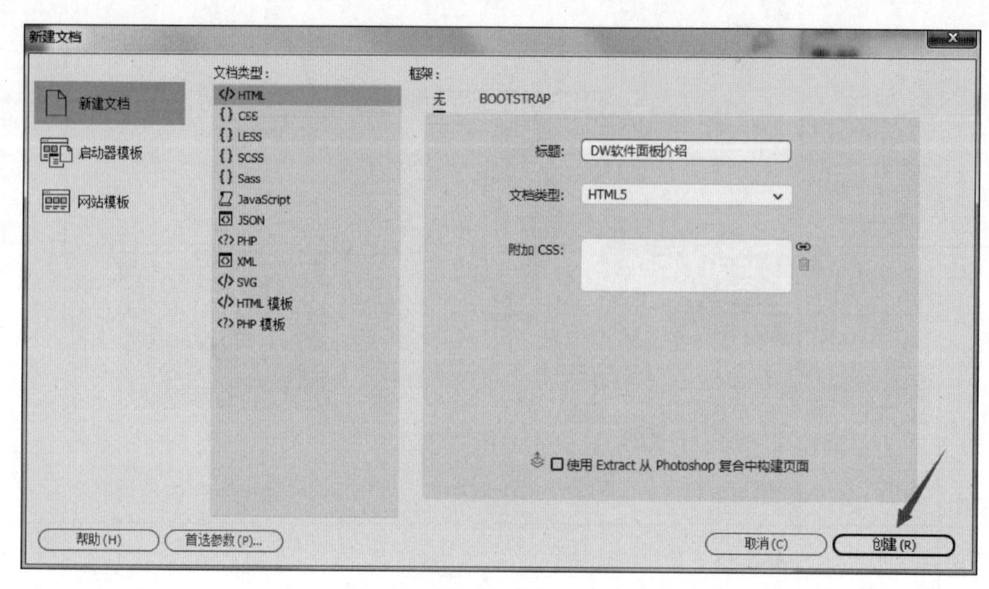

图 4-13　设置 HTML 文档标题

步骤 7: 完成新建 HTML 文档，“拆分”视图下效果图如图 4-14 所示。

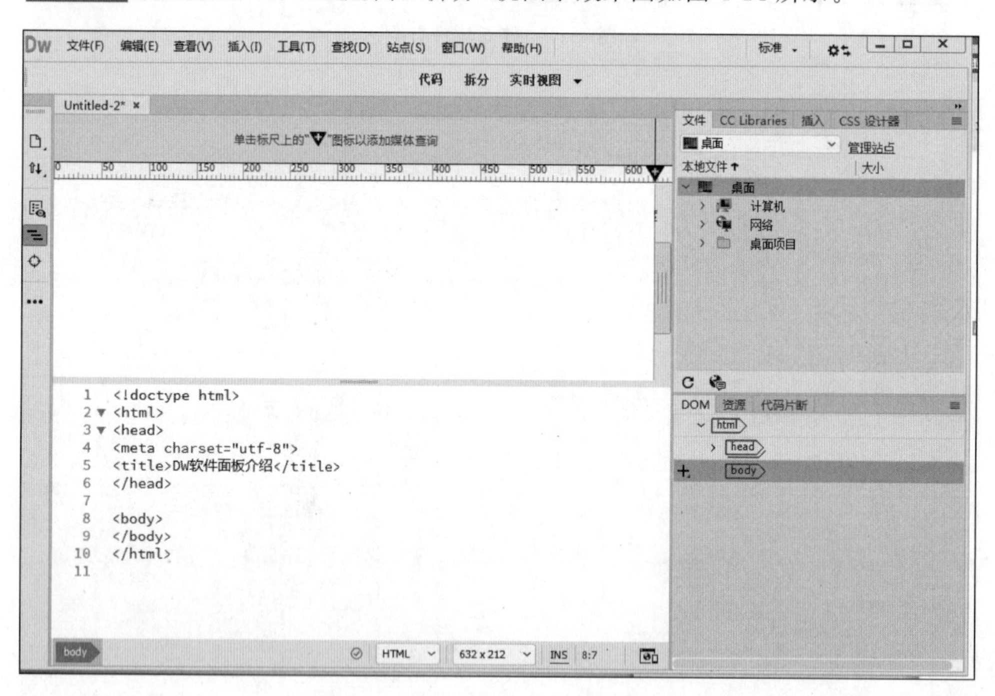

图 4-14　新建 HTML 文档完成效果图

2. 工作区

在 Dreamweaver CC 2019 的工作界面中，可以观察到窗口主要由菜单栏、文档工作栏、文档编辑区、状态栏、属性面板和浮动面板组成，各个工作区域对应的位置如图 4-15 所示。

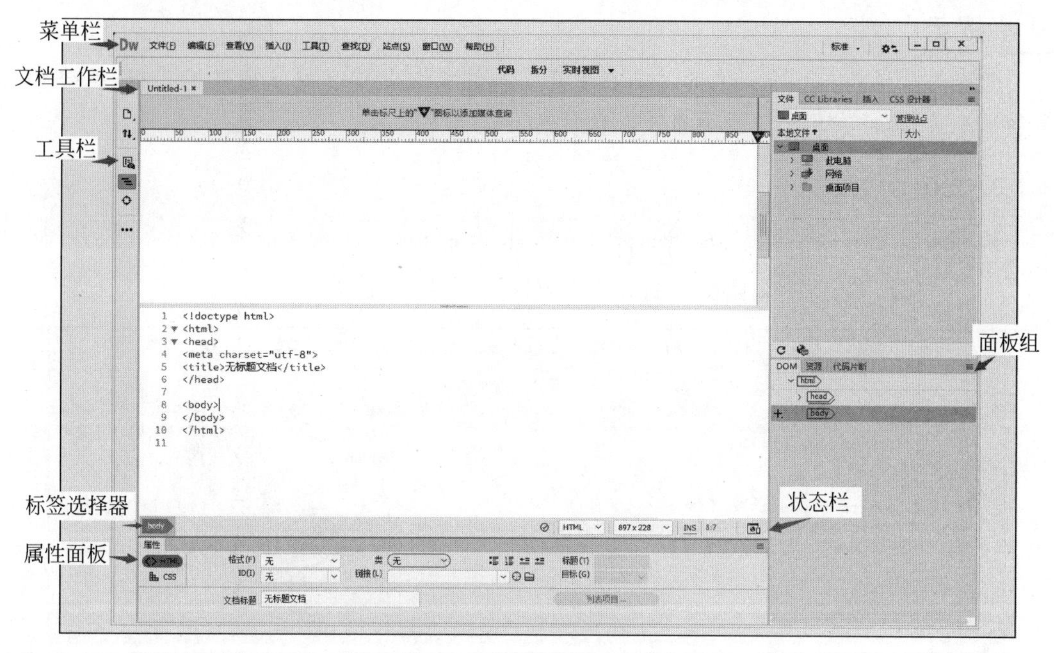

图 4-15　软件工作区介绍

Dreamweaver CC 2019 中右上角有界面切换的功能，里面分为开发人员、标准两个模式，软件默认是标准模式，如图 4-16 所示。

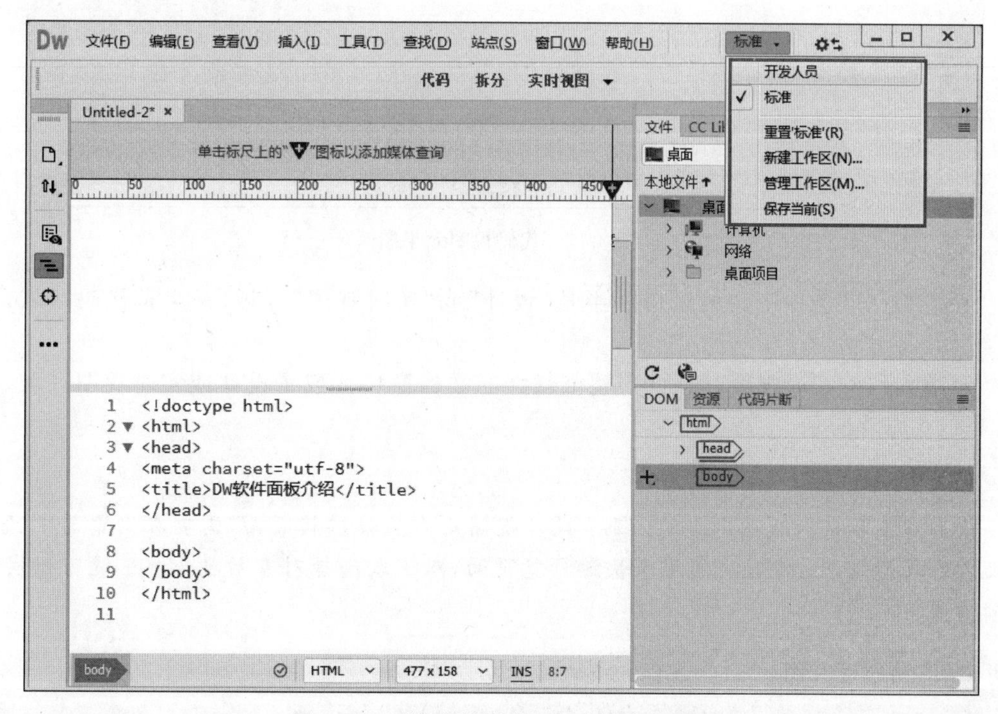

图 4-16　开发人员模式与标准模式的切换

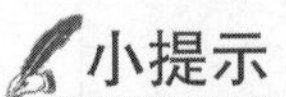

小提示

开发人员模式与标准模式的区别在于开发人员模式是尽可能多地显示代码，适合于老手和程序员，而标准模式适合于新手或设计人员。

3. 视图的介绍

标准模式下界面上方有“代码”“拆分”“设计/实时视图”三个选项。

- 在“代码”选项中文档窗口变成了代码区域，如图 4-17 所示。

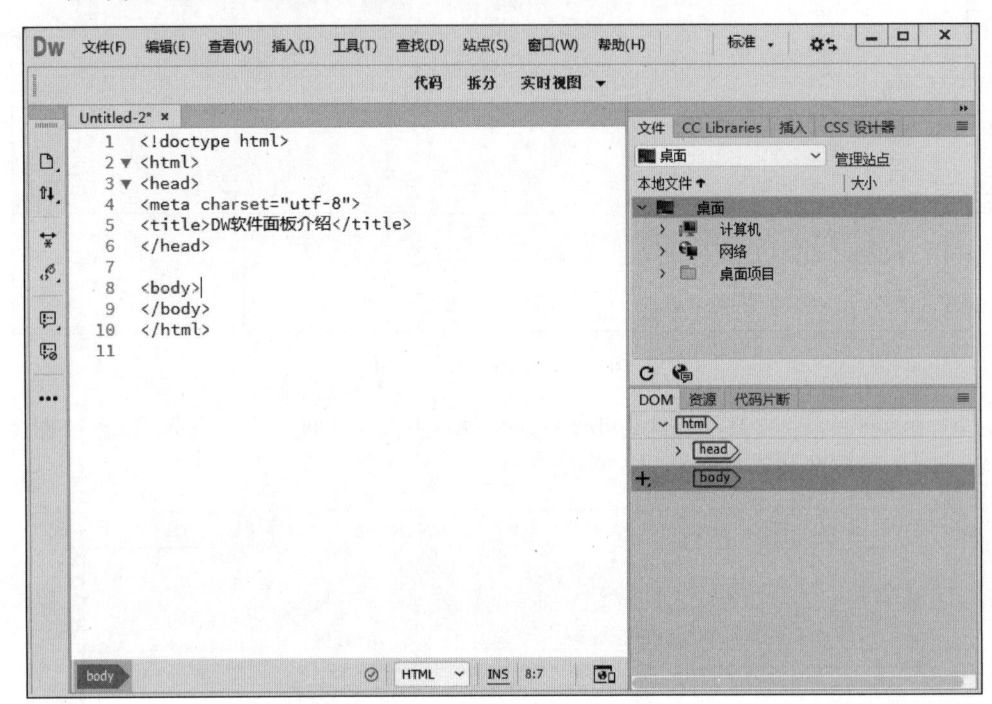

图 4-17　代码视图效果图

- 在“拆分”选项中文档窗口一半是“设计”或“实时视图”区域，一半是代码区域，如图 4-18 所示。
- 在“设计/实时视图”选项中，整个软件的文档窗口变成了设计或实时视图区域，如图 4-19 所示。

小提示

设计视图和实时视图两者的区别：设计视图用来直接编辑页面，需要在浏览器中预览才能看到实际效果；实时视图用来快速预览页面，双击或选择对象后按 Enter 键可以实时编辑对象。

4. 浮动面板介绍

软件窗口的左边是工具栏，单击如图 4-20 所示的 ··· 选项之后可根据设计需求自定义工具栏，“自定义工具栏”对话框如图 4-21 所示。

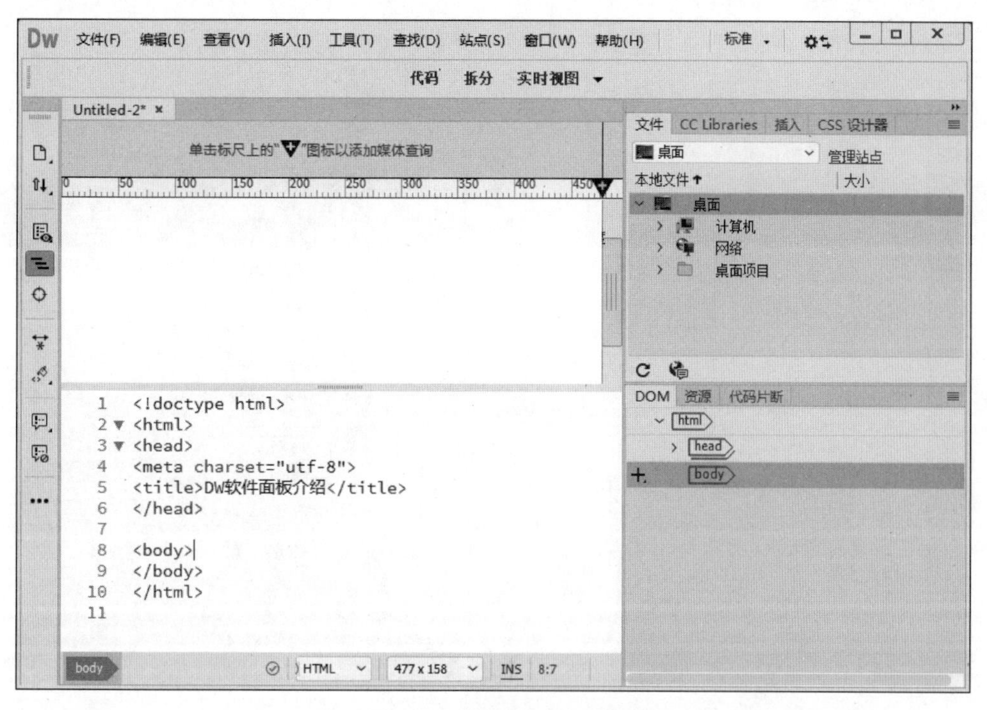

图 4-18　拆分视图效果图

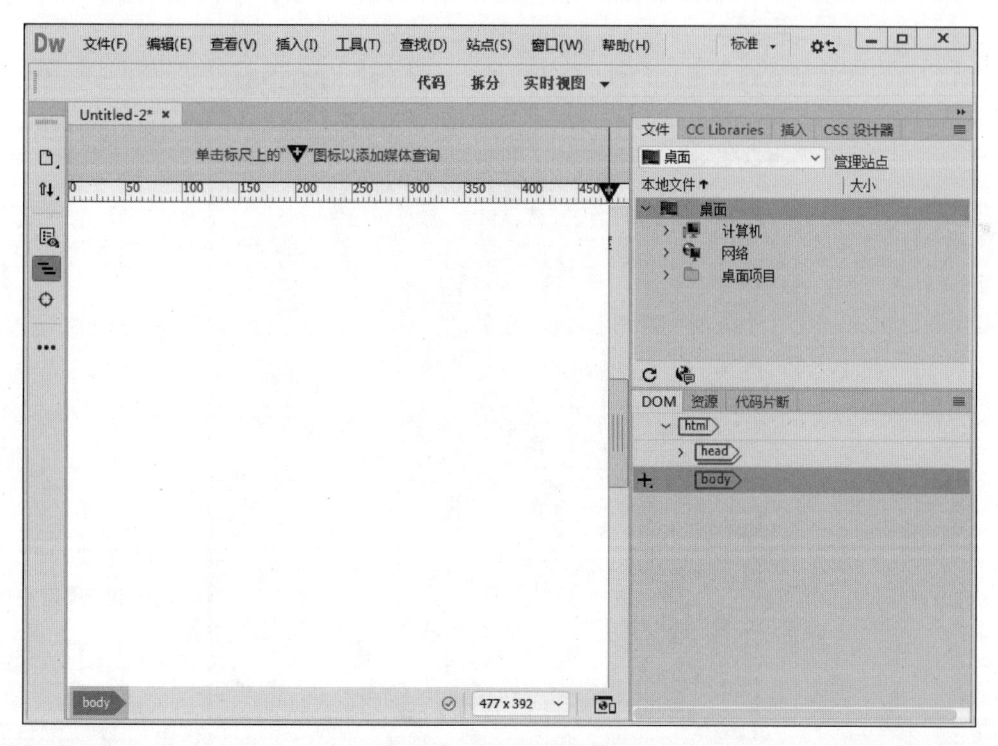

图 4-19　实时视图效果图

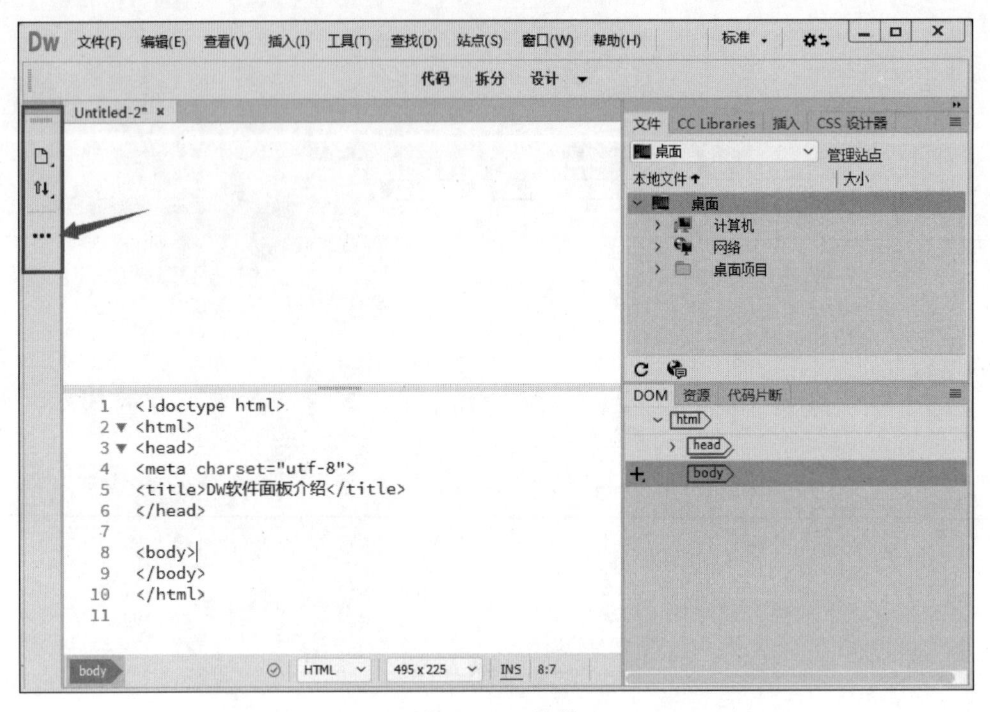

图 4-20　工具栏

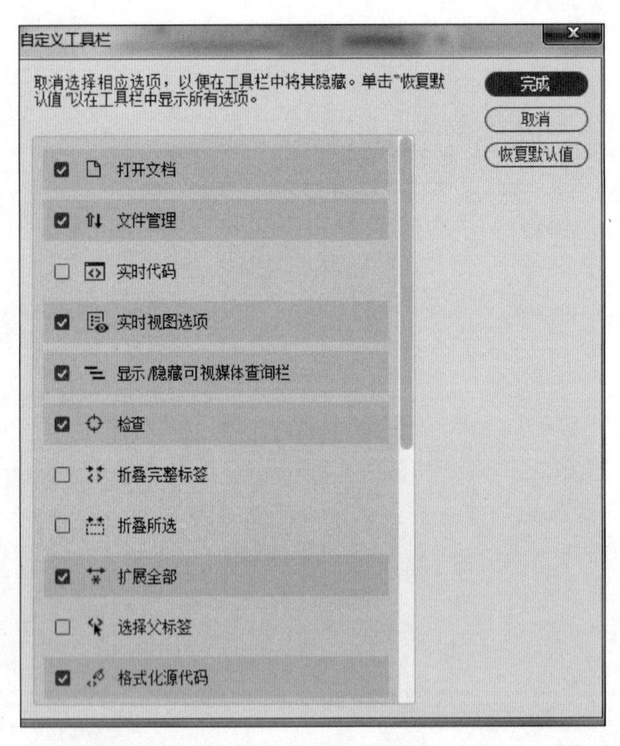

图 4-21　自定义工具栏

软件窗口的右边是面板，面板有六个选项，分别是文件、插入、CSS 设计器、DOM、资源和代码片段，如图 4-22 所示。

图 4-22　面板组

• 在“文件”选项中可以管理整个计算机的文件。在设计制作过程中需要的图片或文件都可在这里找到并使用，如图 4-23 所示。

图 4-23　文件面板

- 在“插入”选项中可以在网页中插入软件里已经预设好的元素，如图 4-24 所示。

图 4-24　插入面板

- 在“CSS 设计器”选项中可以查看、新建、编辑文件中的 CSS 样式规则。
- 在“DOM”选项中可以看到整个 HTML 的结构，如图 4-25 所示。

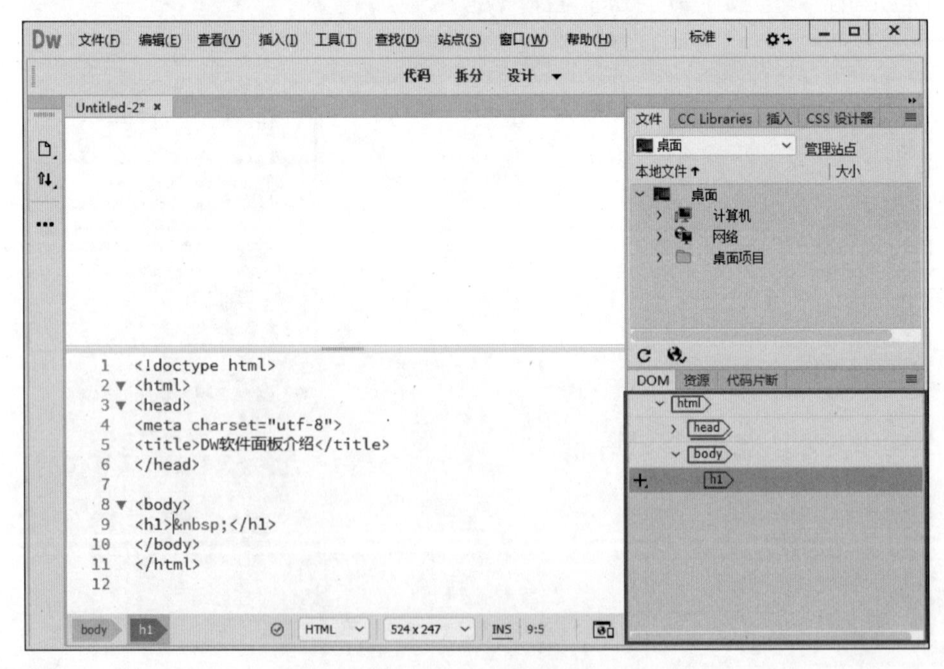

图 4-25　DOM 面板

- “资源”选项中包含本网站下的素材，需要的图片、视频、文档等其他类型的文件都可在此插入。
- 在“代码片段”选项中可看到 Dreamweaver 预先准备的各种代码片段并直接使用，如图 4-26 所示。

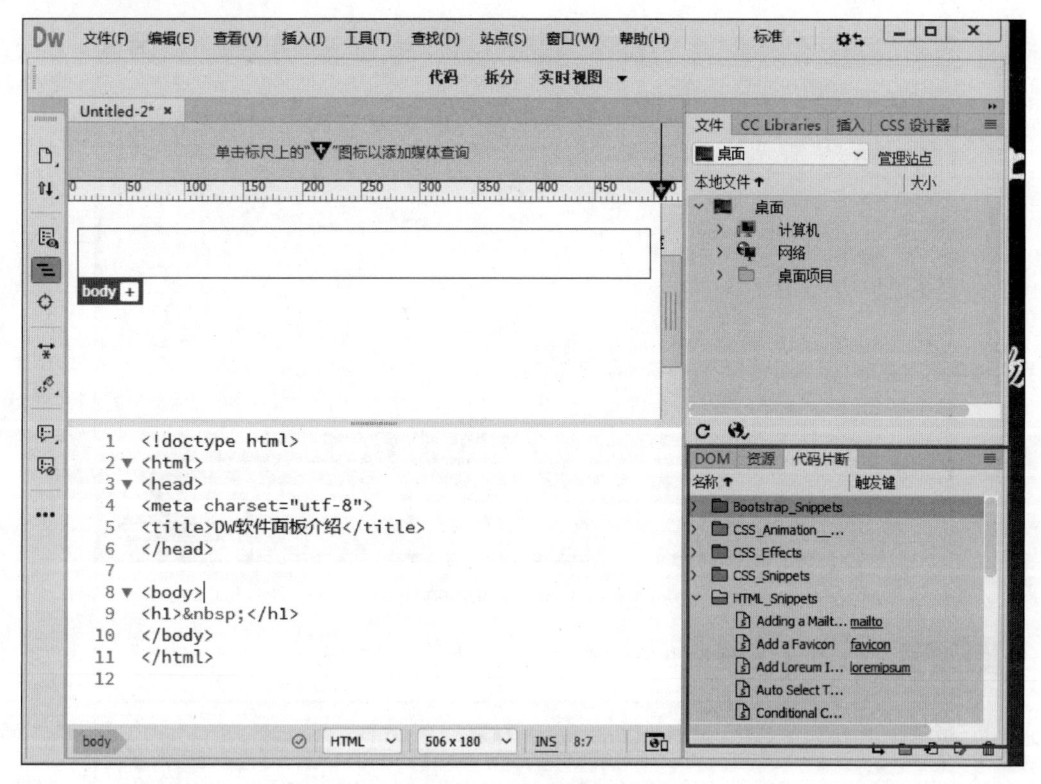

图 4-26　代码片段面板

任务 3：本地站点的创建与管理

任务描述

本任务将完整地介绍本地站点的创建和管理。

设计要点

- 了解什么是站点；
- 学会新建站点；
- 学会管理站点。

步骤 1： 打开软件 Dreamweaver CC 2019，选择菜单“文件”→“新建”，新建一个 HTML 文档，如图 4-27 所示。

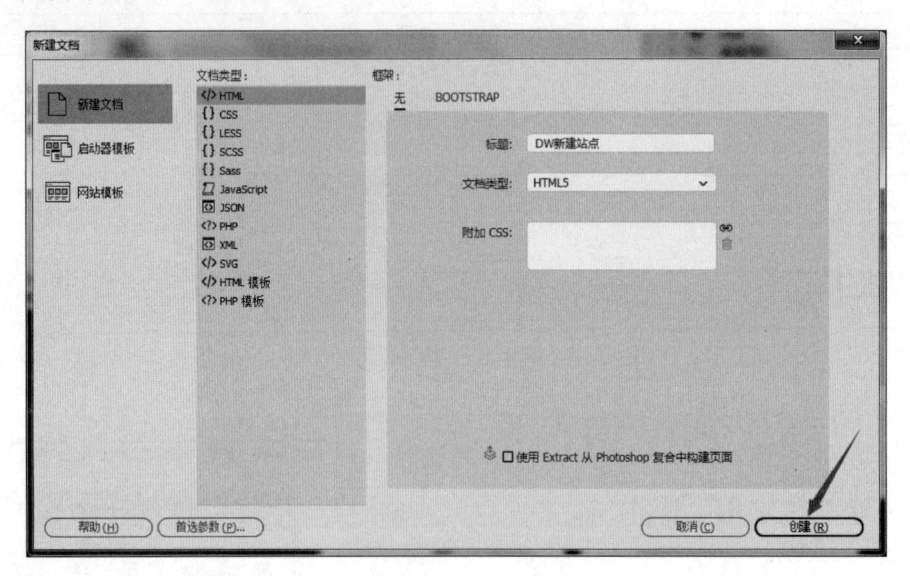

图 4-27 新建文档步骤图

步骤 2： 选择菜单“管理站点”→“新建站点”，如图 4-28 所示。

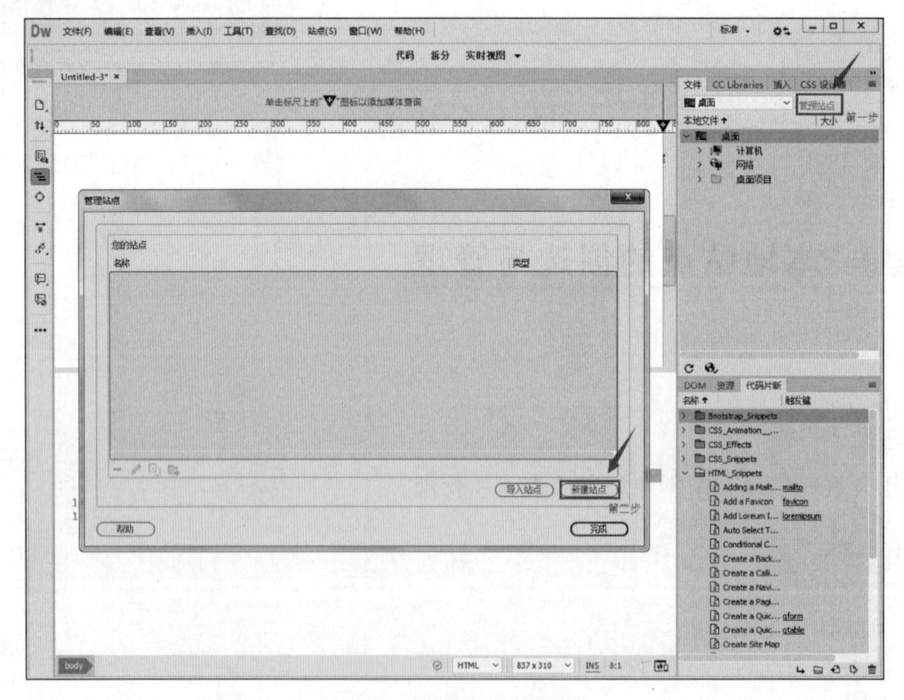

图 4-28 新建站点步骤图

步骤 3: 在“站点设置对象 DW 站点创建”对话框中,输入站点名称并设置本地站点文件夹,如图 4-29 所示。

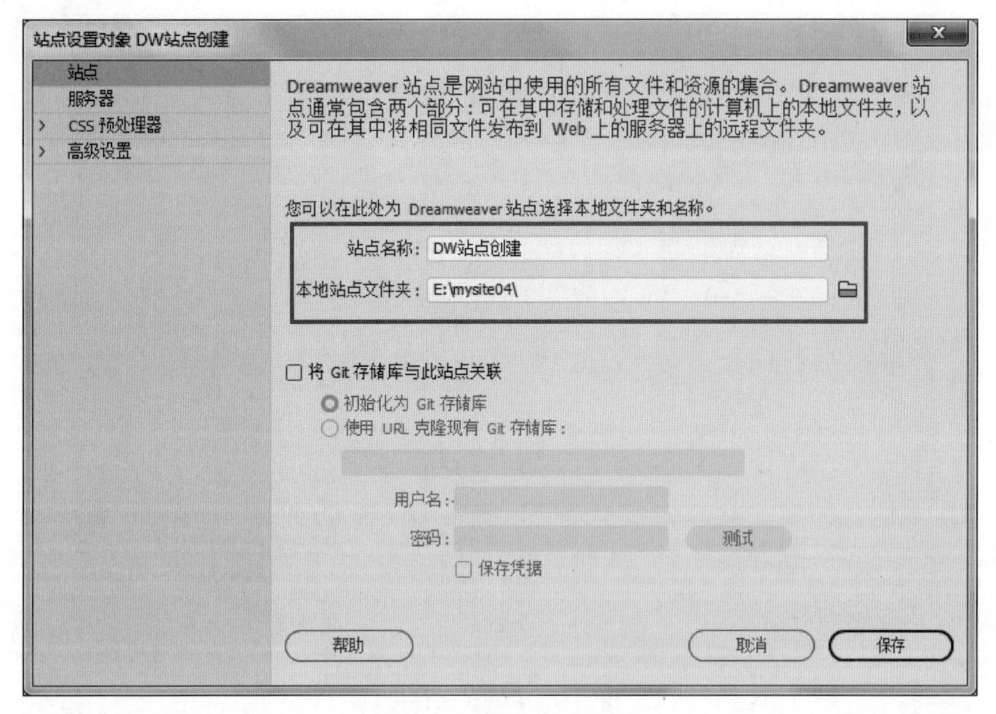

图 4-29　新建站点步骤图

步骤 4: 单击“保存”按钮,完成新建站点,如图 4-30 所示。

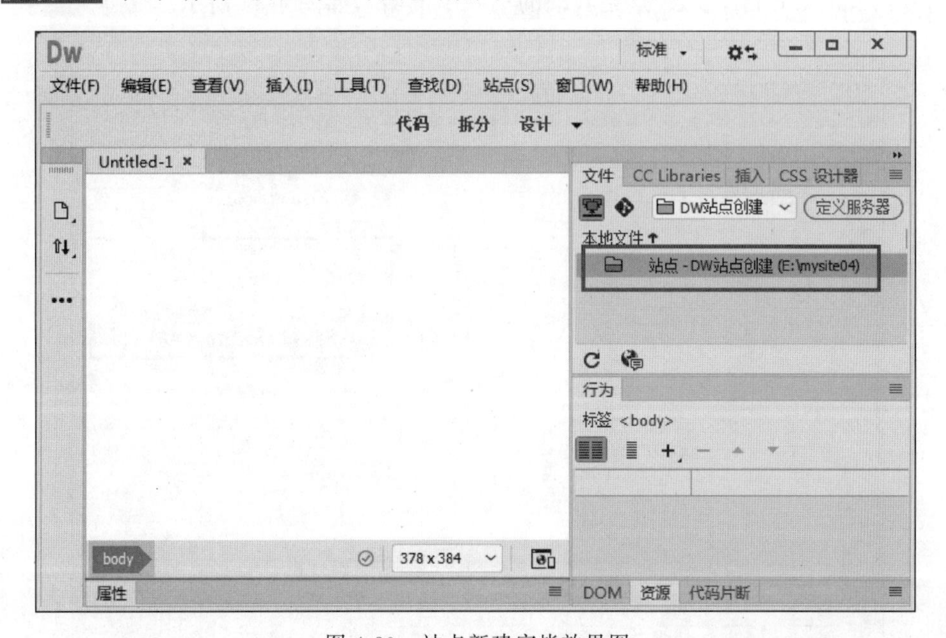

图 4-30　站点新建完毕效果图

步骤 5: 右击“站点-DW 站点创建(E:\mysite04)”→“新建文件夹”,新建子文件夹 css,用同样的方式新建子文件夹 images 和 pages,如图 4-31 所示。

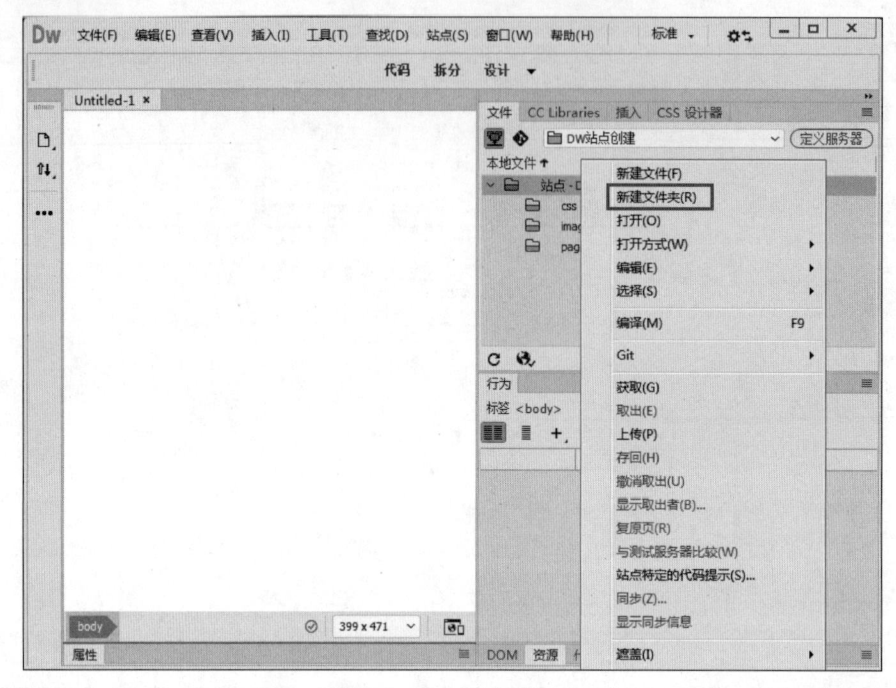

图 4-31 新建子文件夹

步骤 6: 右击“站点-DW 站点创建(E:\mysite04)”→“新建文件”,新建子文件 index.html,双击 index.html,输入“这是我们的第一个网站”,如图 4-32 所示。

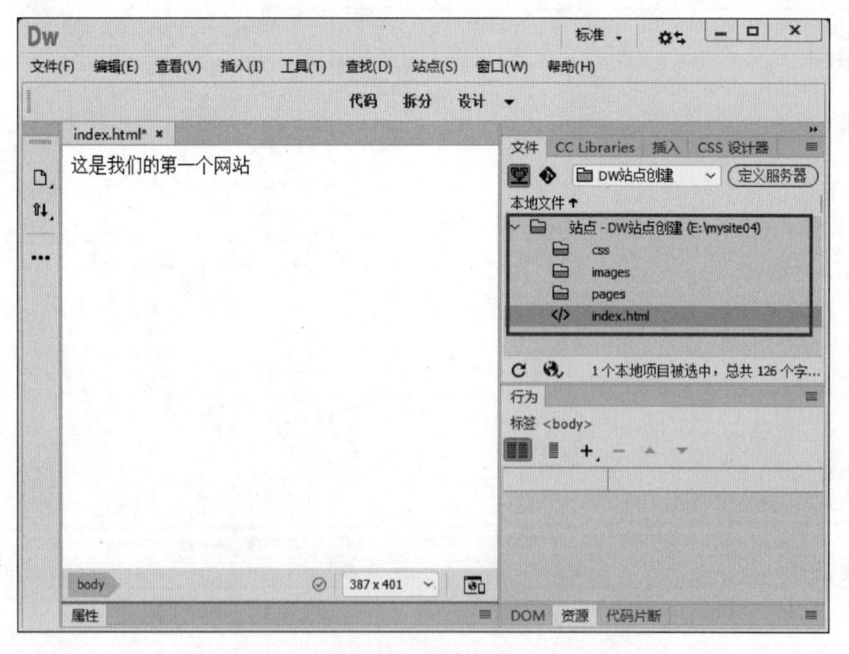

图 4-32 新建主页

小提示

新建站点完成后，DW的右边文件面板中“管理站点”这个选项就会消失，需要新建或者管理站点时，可以单击DW面板上方菜单栏中的“站点”选项，如图4-33所示。

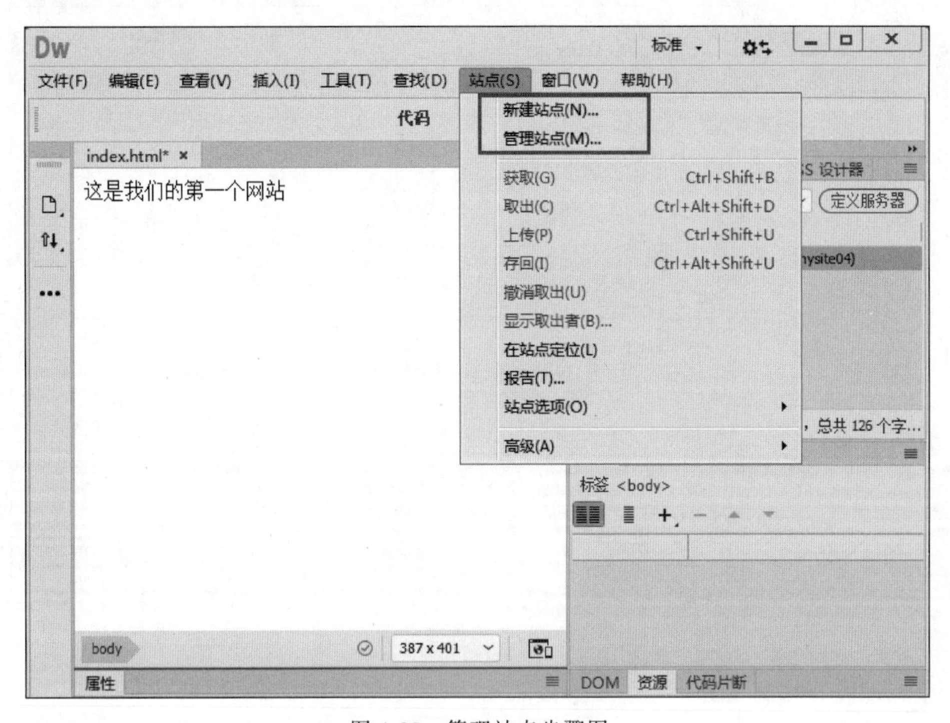

图4-33　管理站点步骤图

步骤7： 管理站点，选择“站点”→“管理站点”，如图4-33所示。

步骤8： 选中需要编辑的站点，单击“编辑当前选定的站点”，如图4-34所示。

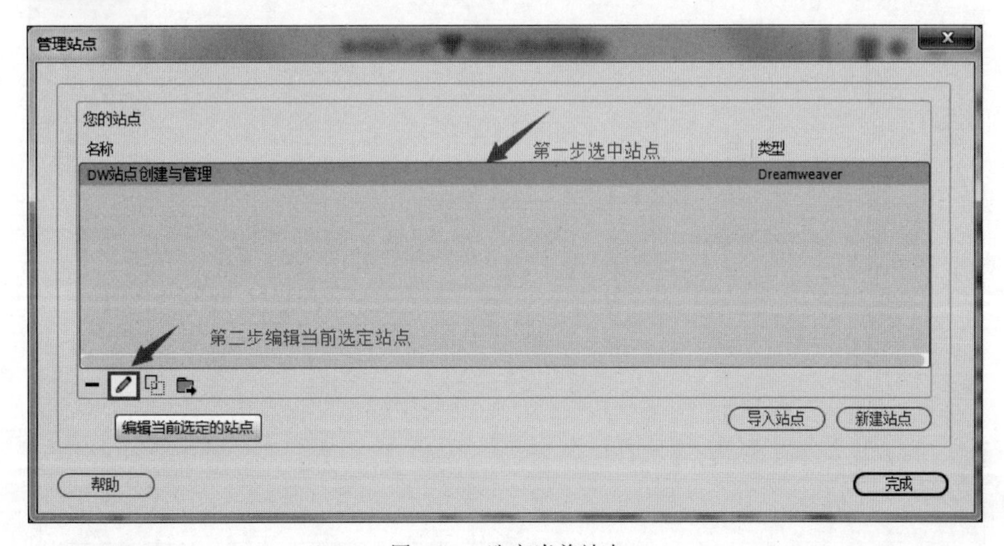

图4-34　选定当前站点

步骤 9: 在"站点设置对象 DW 站点创建与管理"对话框中选择"服务器",单击"添加服务器",如图 4-35 所示。

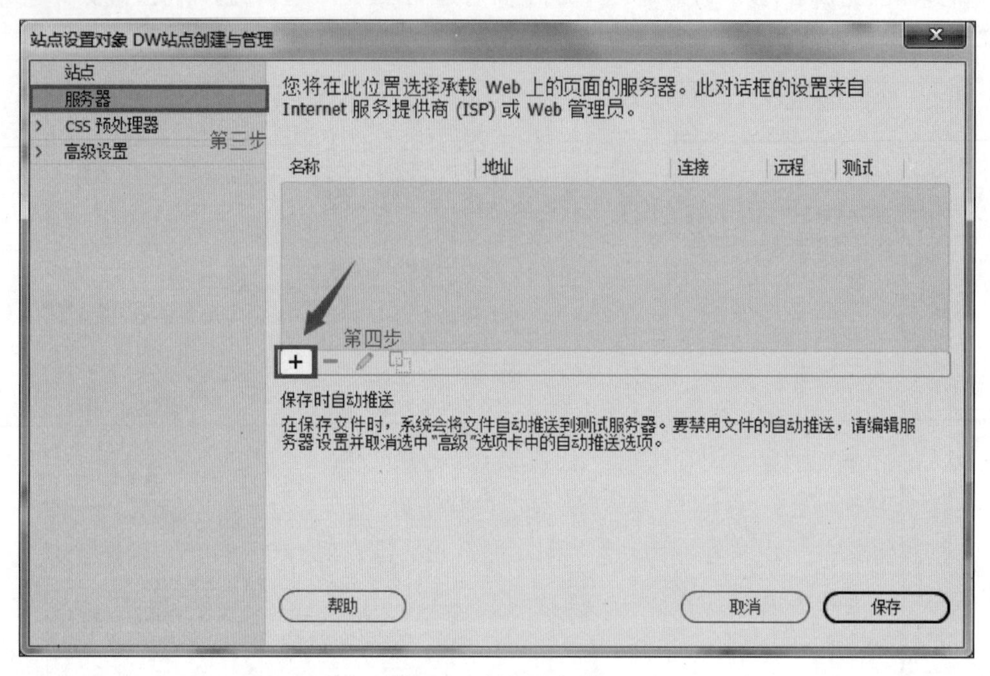

图 4-35　添加服务器

步骤 10: 填写服务器信息,单击"保存"→"完成",完成服务器设置,如图 4-36 所示。

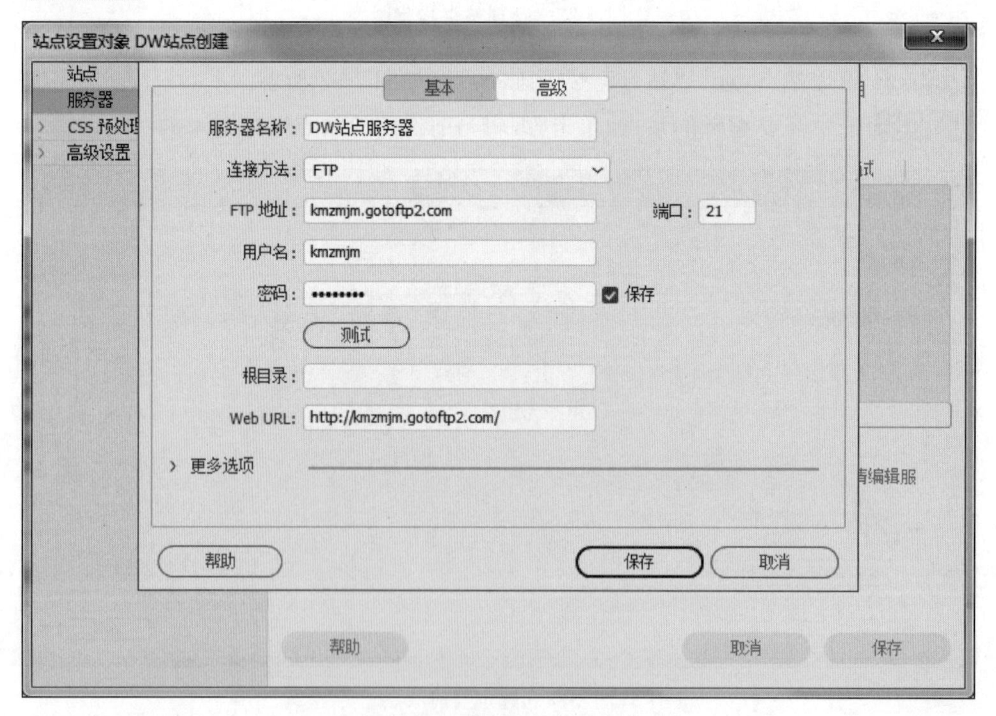

图 4-36　填写服务器信息

小提示

连接方式选择FTP,FTP是目前最普遍的上传方式。如果是本地调试,连接方式选择“本地/网络”。用户名和密码是购买服务器以后由服务商提供给用户的。

项目小结

本章向读者介绍了DW的安装,DW的软件面板,新建站点及管理站点的方法,包括以下重点。

(1) DW简介。

- DW的本质:网页编辑器。
- 特性:可视化网页开发工具。

(2) DW软件面板的介绍。

- 重点:新建HTML文档,了解软件的工具栏、浮动面板、属性面板等。
- 难点:实时视图与设计视图的区别,对面板的设置与应用。

(3) 如何新建站点及管理站点。

思考题

1. Dreamweaver CC 2019可以编辑的网页扩展名有哪些?
2. 在Dreamweaver CC 2019中有哪几种工作区模式可以切换?
3. 请在计算机上自行安装Dreamweaver CC 2019软件,并自定义安装路径。
4. 打开Dreamweaver CC 2019软件,新建一个本地测试站点。

项目五

使用网页元素制作网页

学习要点

- 制作带有文字、表格的简单网页；
- 利用表格的版面布局功能制作图文并茂的简单网页；
- 创建超链接。

任务 1：使用表格制作"旅游签证报价表"页面

视频讲解

任务描述

本任务利用"插入表格"选项，制作"旅游签证报价表"的简单页面，效果如图 5-1 所示。

图 5-1 "旅游签证报价表"网页

- 插入表格；
- 设置表格的基本属性；
- 录入文本及设置文字的属性。

知识链接

在网页中，表格的基本作用是显示数据和版面布局。本例中只讲解表格的显示数据功能。表格由行、列和单元格三部分组成，这三部分都可以进行复制、粘贴，在表格中还可以插入表格。

1. 插入表格

通过"插入"菜单的"Table(表格)"选项在网页中插入表格。在弹出来的对话框中输入相应参数后单击"确定"按钮即可，如图 5-2 所示。

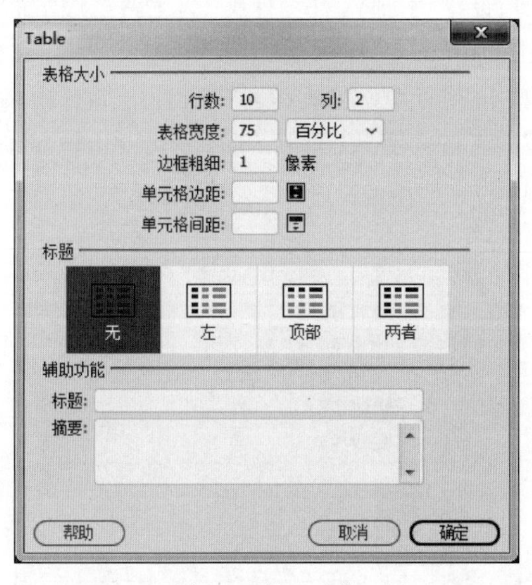

图 5-2　插入表格

2. 设置表格属性

当表格插入完成后，就可以在屏幕下方的属性面板中对表格进行相关设置，如图 5-3 所示。

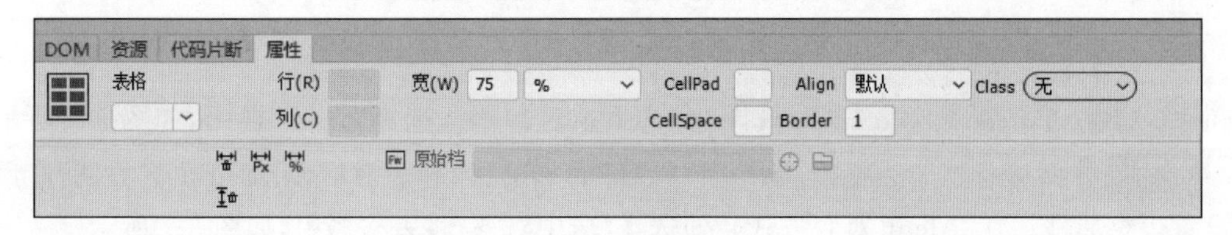

图 5-3　属性面板

3. 表格各部分的选择

图 5-4 标签选择器

在实际制作表格时，需要对表格中的各个部分分别进行设置，如背景色、字体等。可以通过单击窗口底部的标签选择器中的相应标签来进行选择，如图 5-4 所示。

- body：选中文档的主体(包含文档的所有内容，例如文本、超链接、图像、表格和列表等)。
- table：选中整表。
- tbody：选中表格的主体。
- tr：选中光标所在的行。
- td：选中光标所在的单元格。

任务实施

步骤 1： 在 E 盘中新建文件夹 mysite05，在 mysite05 中新建子文件夹 task01。打开软件 Dreamweaver CC 2019，选择"站点"→"新建站点"，在"站点设置对象"对话框中，设置"站点名称"为 mysite05-1，设置"本地站点文件夹"为 E:\mysite05\task01\。在 task01 文件夹下新建网页文件 index.html。

步骤 2： 在 index.html 网页中，选择"插入"→Table，在弹出来的对话框中将"行数"设置为"7"，"列"设置为"3"，"表格宽度"设置为 75 百分比，"边框粗细"设置为"1"像素，单击"确定"按钮完成设置，如图 5-5 所示。

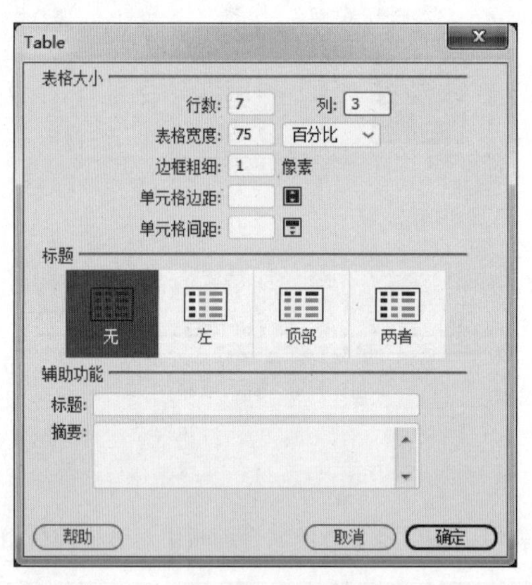

图 5-5 插入表格

步骤 3： 单击屏幕上方"实时视图"旁的下拉选项▼，选择"设计"视图，如图 5-6 所示。

步骤 4： 将光标置于表格内，单击窗口底部的 table 标签选中整表，即可在下方属性面板处设置表格属性。在"Align(对齐方式)"处选择"居中对齐"将表格居中，如图 5-7 所示。

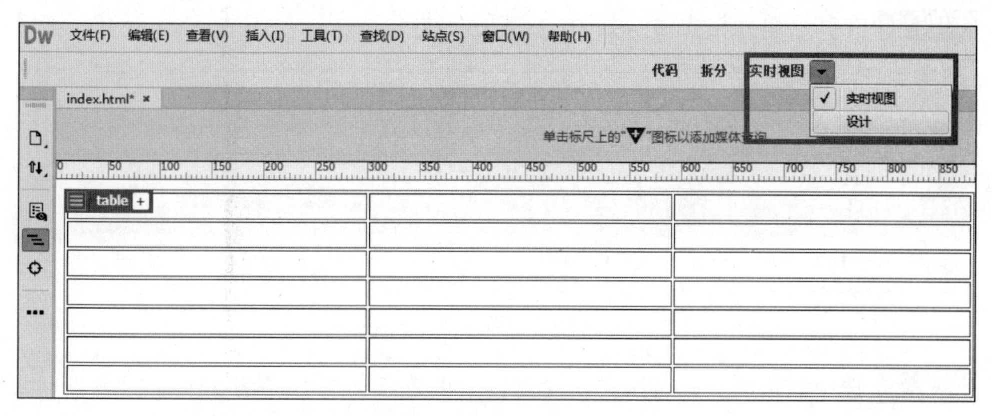

图 5-6　选择“设计”视图

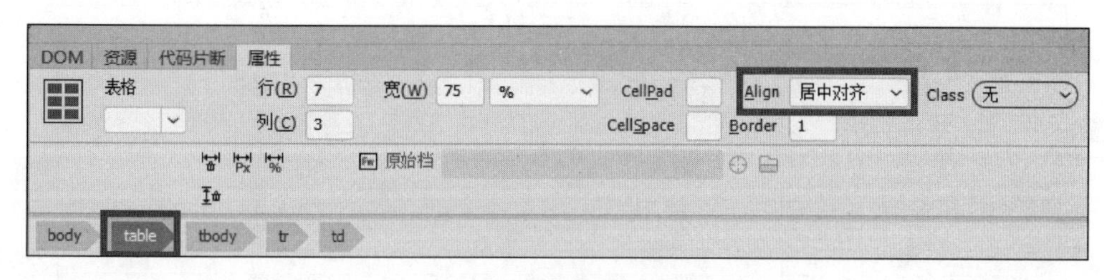

图 5-7　设置表格居中

步骤 5: 将光标置于表格第一行任意单元格内,单击窗口底部“tr”标签选中表格第一行,即可在下方属性面板处设置该行属性。单击“合并单元格”将第一行单元格合并,并在该单元格内输入标题“旅游签证报价表”,在属性面板中设置其“字体”为“宋体”,“大小”为48px,颜色为#FF0000,位置为“居中”,如图 5-8 所示。

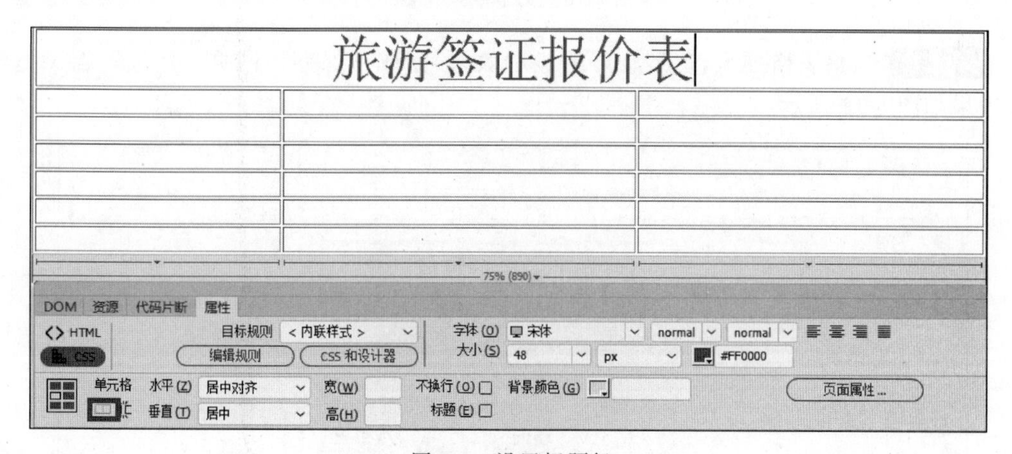

图 5-8　设置标题行

小提示

若要添加新字体,可在“字体”的下拉菜单中选择“管理字体”→“自定义字体堆栈”,即可在随后出现的对话框中添加新字体。

步骤 6: 在其余单元格中输入如图 5-9 所示内容。

旅游签证报价表		
国家	停留期	报价（人民币）
马来西亚	30天	220元
泰国	30天	230元
新加坡	35天	480元
日本	15天	550元
美国	30～90天	1900元

图 5-9　输入文字

步骤 7: 选中表格第 2～7 行，在属性面板中设置字体“大小”为 24px，“水平”为“居中对齐”，“垂直”为“居中”，“背景颜色”为＃FFDD00，如图 5-10 所示。

旅游签证报价表		
国家	停留期	报价（人民币）
马来西亚	30天	220元
泰国	30天	230元
新加坡	35天	480元
日本	15天	550元
美国	30～90天	1900元

图 5-10　文本格式设置

步骤 8: 调整表格列宽，达到较好的显示效果，完成后保存该网页。用浏览器浏览网页，效果如图 5-11 所示。

旅游签证报价表		
国家	停留期	报价（人民币）
马来西亚	30天	220元
泰国	30天	230元
新加坡	35天	480元
日本	15天	550元
美国	30～90天	1900元

图 5-11　最终效果图

任务拓展

可以通过插入行(列)的方法使表格扩展,如图 5-12 所示。

旅游签证报价表			
国家	停留期	报价（人民币）	备注
马来西亚	30天	220元	
泰国	30天	230元	
新加坡	35天	480元	
日本	15天	550元	
美国	30~90天	1900元	
联系电话			64108888
有效期截止之2019年10月			

图 5-12　扩展后的表格

若要插入行(列),先选中要插入位置的相邻行(列),右击→“表格”→“插入行(列)”,如图 5-13 所示。

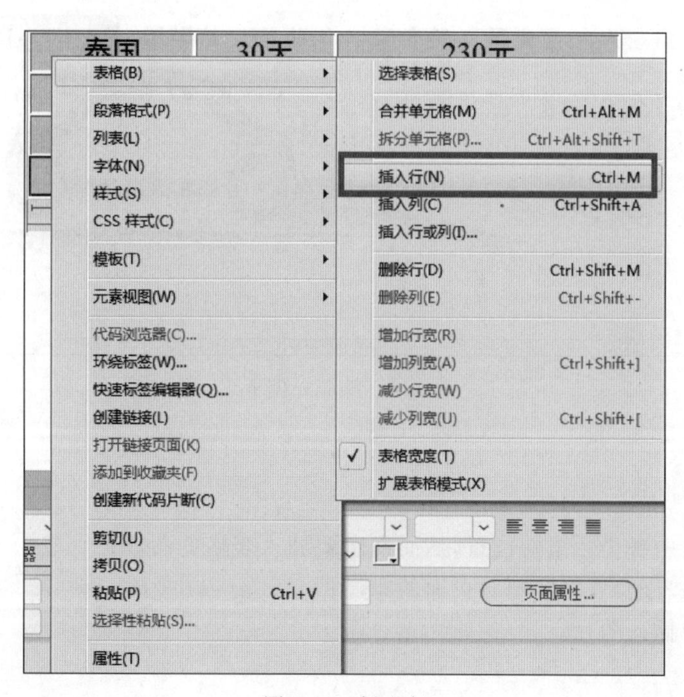

图 5-13　插入行

若在编辑过程中需要拆分单元格，可以先选中该单元格，在属性面板中单击“拆分单元格为行或列”选项，如图5-14所示。

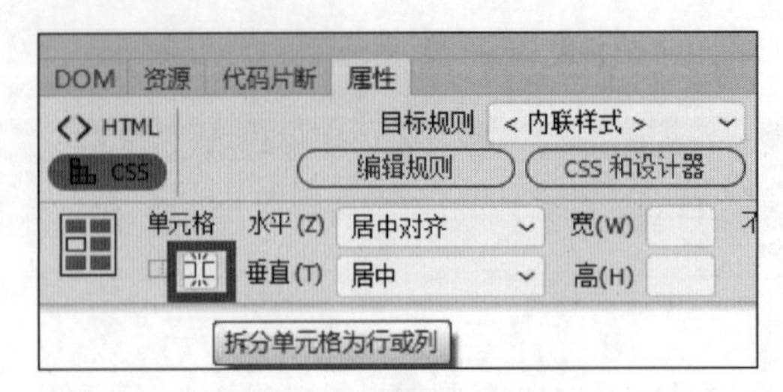

图5-14　拆分单元格

任务2：使用表格的版面布局功能制作Banner页面

视频讲解

任务描述

本任务将利用表格的版面布局功能制作Banner页面，效果如图5-15所示。

图5-15　Banner网页

设计要点

- 规划版面中各个元素的位置，从而确定要插入表格的参数；
- 利用表格、嵌套表格实现对页面的布局；
- 在网页中插入图片。

1. 表格的布局功能

表格在网页布局中起着很重要的作用，表格运用的好坏将会直接影响到网页的布局效果。通过调整表格的高度、宽度、比例等属性，可以对网页中的文本和图像等元素进行精确定位，从而使网页变得井然有序。

使用表格进行页面布局，能很好地控制整个布局。将整个页面划分为若干表格，表格中设置单元格的高度、宽度以及相互之间的比例，再将网页元素合理地放置在单元格中，可以达到页面布局显示效果的最佳状态。

利用表格布局以及嵌套表格可以制作出稍微复杂的布局页面，如果结合 CSS 样式表，可以使得页面的整体布局、色彩搭配得到更精确的控制。

小提示

关于 CSS 的运用将在之后的章节学习，本例并未涉及。

2. 网页中的图像

在网页中使用图像可以让网页更加形象生动，传递的信息比文字更加丰富。网页常用的图像格式有 JPG、GIF、PNG。

- **JPG**：JPG 全名是 JPEG。JPEG 图像以 24 位颜色存储单个位图，是与平台无关的格式，支持最高级别的压缩，不过，这种压缩是有损耗的。
- **GIF**：GIF 分为静态 GIF 和动画 GIF 两种，扩展名为.gif，是一种压缩位图格式，支持透明背景图像，适用于多种操作系统，体积很小。网上很多小动画都是 GIF 格式，其实是将多幅图像保存为一个图像文件，从而形成动画，所以归根结底 GIF 仍然是图像文件格式，但只能显示 256 色。和 JPG 格式一样，这是一种在网络上非常流行的图像文件格式。
- **PNG**：PNG 的设计目的是试图替代 GIF 文件格式，同时增加一些 GIF 文件格式所不具备的特性。PNG 的名称来源于“可移植网络图形格式(Portable Network Graphic Format，PNG)”，也有一个非官方解释“PNG's Not GIF”。它是一种位图文件(bit map file)存储格式，读作“ping”。PNG 用来存储灰度图像时，灰度图像的深度可多达 16 位，存储彩色图像时，彩色图像的深度可多达 48 位，并且还可存储多达 16 位的 α 通道数据。PNG 使用无损数据压缩算法，压缩比高，生成文件体积小。

3. Banner

网页的 banner 指的就是横幅，一般是在网站广告投放的时候使用，如图 5-16 所示。

图 5-16　Banner

任务实施

步骤 1: 在 E 盘新建文件夹 mysite05,将 Dreamweaver CC 素材\project05 文件夹下的 task02 文件夹复制到该新建文件夹中。打开软件 Dreamweaver CC 2019,选择“站点”→“新建站点”,在“站点设置对象”对话框中,设置“站点名称”为 mysite05-2,设置“本地站点文件夹”为 E:\mysite05\task02\。在 task02 目录下新建网页文件 index. html。

步骤 2: 在 index. html 网页中,选择“插入”→Table,在弹出的对话框中将“行数”设置为“2”,“列”设置为“1”,“表格宽度”设置为“80 百分比”,“边框粗细”设置为“0”像素,“单元格边距”设置为“0”,“单元格间距”设置为“0”,单击“确定”按钮完成设置,如图 5-17 所示。之后在属性面板上将表格设为水平居中。

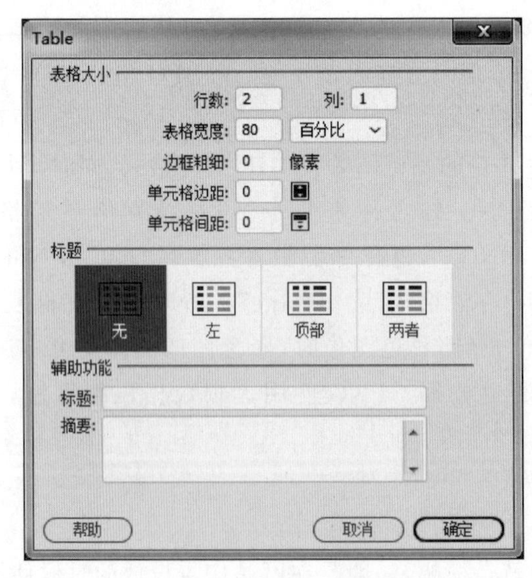

图 5-17　插入表格

小提示

“表格宽度”以百分比设置的好处是无论页面大小怎么变化，表格宽度都会随之按百分比自适应变化。单元格的“边距”“间距”“边框粗细”设为“0”是表格布局页面时常用的技巧，这样可以使被布局的元素间无空隙。

步骤 3: 单击第 1 行第 1 个单元格，将光标停入其中，选择“插入”→Table，设置 Table 选项的参数，如图 5-18 所示，插入第 1 个嵌套表格。

步骤 4: 单击第 2 行第 1 个单元格，将光标停入其中，选择“插入”→Table，设置 Table 选项的参数，如图 5-19 所示，插入第 2 个嵌套表格。

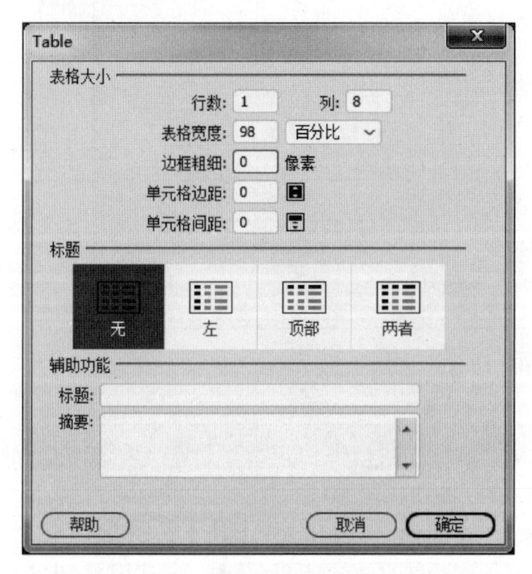

图 5-18　插入第 1 个嵌套表格

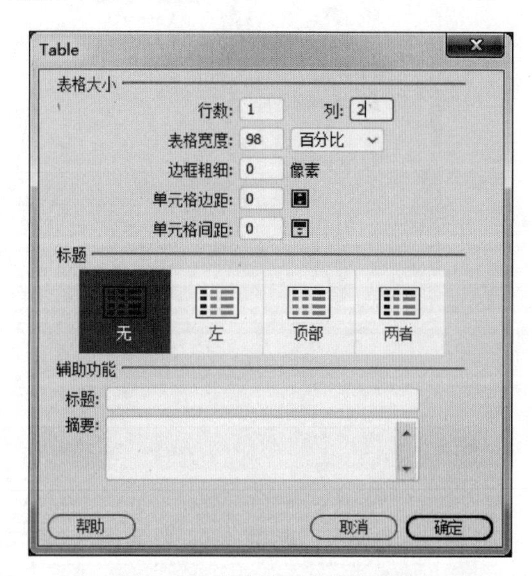

图 5-19　插入第 2 个嵌套表格

小提示

“表格宽度”设为“98 百分比”是为了让表格在屏幕上显示时有一点空隙，这样相对美观。

步骤 5: 将光标停在新表格第 1 行第 2 个单元格内，选择“插入”→Image，选择 banner04. gif，图片位置如图 5-20 所示。

小提示

本例中将表格第 1 行第 1 个单元格空出来是为了在页面左边预留一定的调整空间。同理，在表格第 1 行第 3～8 个单元格中分别插入图片 banner05. gif～banner10. gif，完成后如图 5-21 所示。

步骤 6: 利用相同的方法，在表格第 2 行单元格中插入 banner02. gif 和 banner03. gif，完成 Banner 制作，如图 5-22 所示。

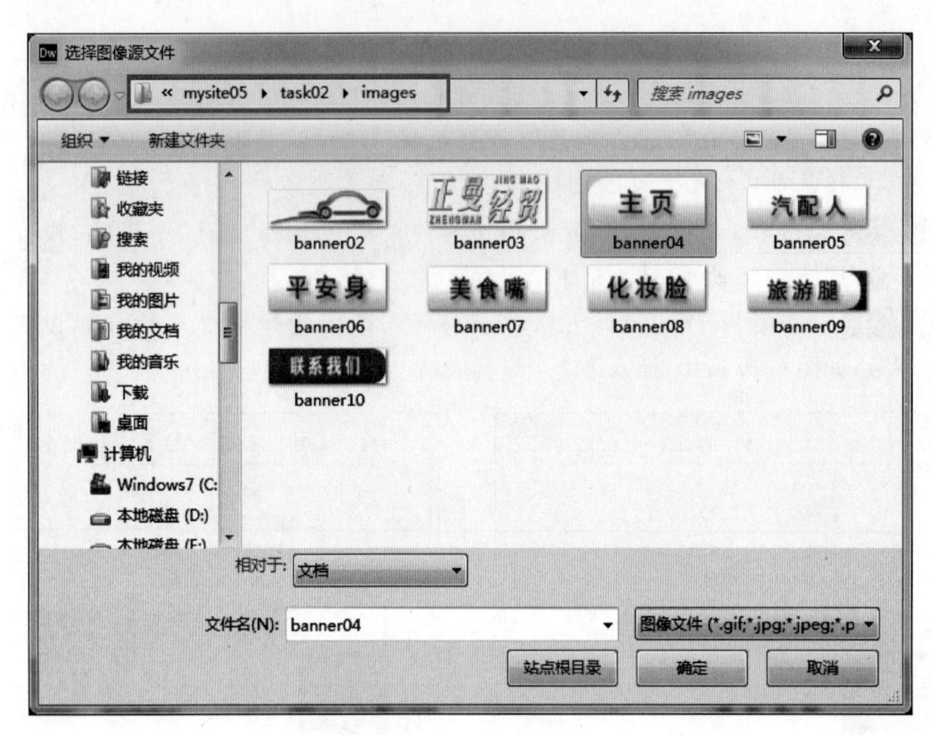

图 5-20　插入图片

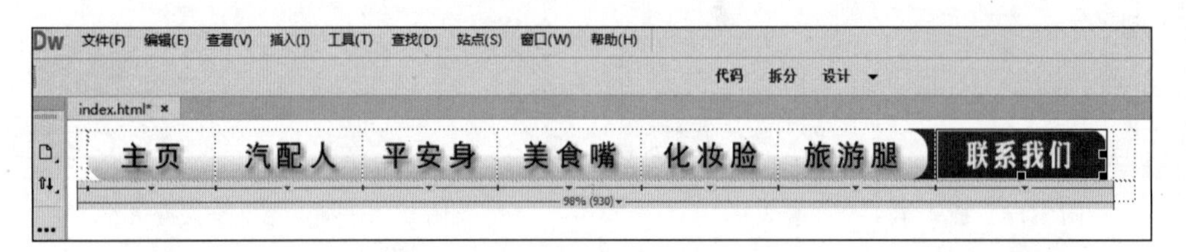

图 5-21　插入剩余图片

图 5-22　完成效果图

任务拓展

还可以把 Banner 中的选项图片置于屏幕左侧，如图 5-23 所示。

图 5-23　修改后的 Banner

小提示

首先需要建 1 个 1 行 3 列的表格，设置如图 5-24 所示。

之后在该表格的第 1 个单元格中嵌套 1 个 6 行 1 列的表格，设置如图 5-25 所示。

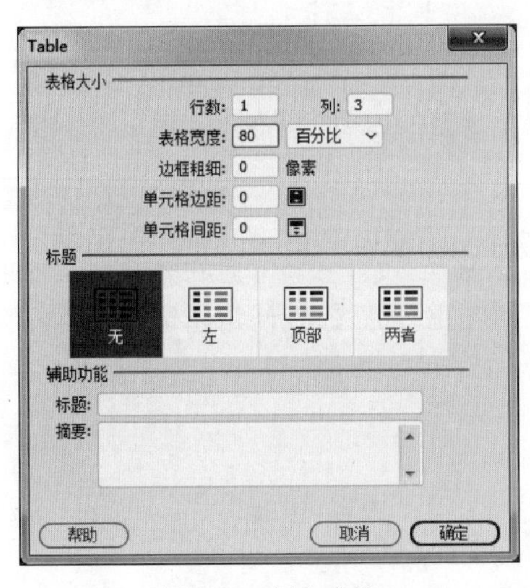

图 5-24　插入表格

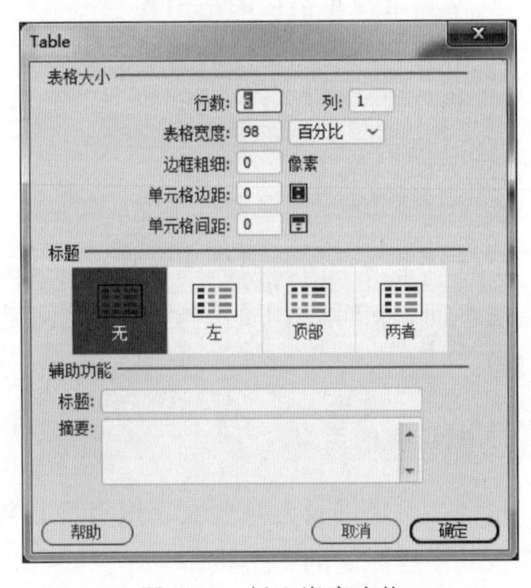

图 5-25　插入嵌套表格

布局完成后按顺序插入图片即可。

任务 3：创建超链接

视频讲解

本任务将学习创建超链接，如图 5-26 所示，有下画线的文字即为超链接。

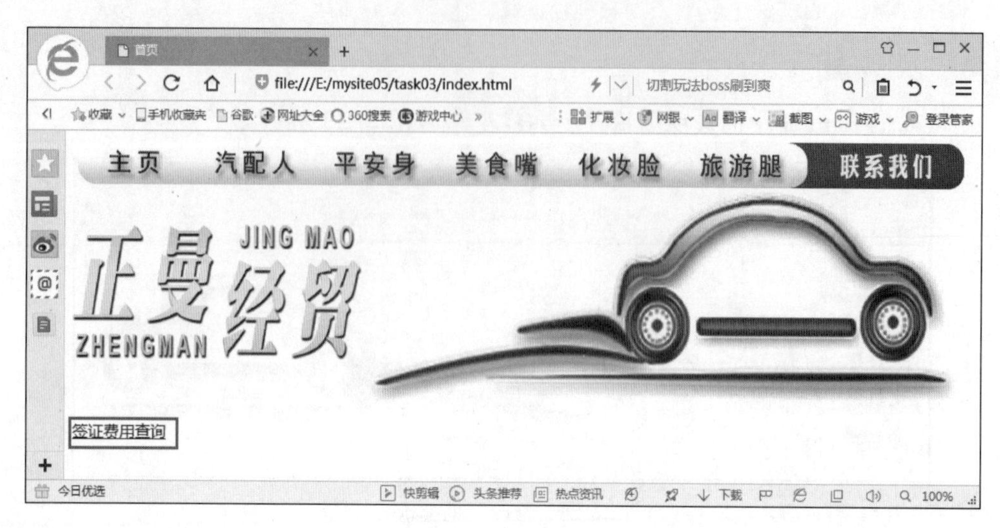

图 5-26　超链接

设计要点

- 掌握常规超链接的适用场景；
- 掌握网站内部链接的创建；
- 掌握网站外部链接的创建。

知识链接

超链接是一个网站的灵魂。在网络中存在着数量众多的网站，并且在一个网站中也有大量的页面，通常网站中的这些页面之间是可以相互跳转的，通过使用超链接来实现页面的跳转。

1. 超链接的定义

超链接是指网页上某些文字或者图像等元素与另一个网页、图像、E-mail 地址、下载文件甚至一个程序之间的链接。

在 HTML 语言中，超链接标记格式为< a >…</a >。常用的属性名称有 href(指定链接的目标地址）和 target(指定链接的目标窗口)。

例如：

<a href = "km.html">…</a> - 指定链接目标地址为站内网页文件 km.html

<a href = "http://www.sina.com.cn"> … </a> - 指定链接目标地址为外部网址 http://www.sina.com.cn

<a href = "km.html" target = "_blank"> … </a> - 指定链接目标地址为站内网页文件 km.html,并在新窗口中打开。

target 属性的常用取值如下。

- _blank：将目标文件在新窗口中打开。
- _self：将目标文件在当前窗口中打开。此项为默认，通常不须指定。

超链接可以清晰有效地组织网页，并方便用户浏览相关信息。在浏览器中，看一个元素是否为超链接的方法很简单，只须将鼠标指针放在某个元素上面，如果鼠标指针变成一只小手，那么它就是一个超链接。大多数超链接在网页中显示为蓝色文本，单击后会改变颜色，提醒用户该链接的页面已经浏览过。

2. URL 简介

URL（Uniform Resource Locator，统一资源定位器）分为三个部分，分别是协议名、装有所需文件的服务器地址和含有信息的文件目录及文件名，如 http：//www. china. com/ index. html，此 URL 的三个部分分别为：①传输协议 http：；②服务器名（地址）www. china. com；③文件目录和文件名 index. html。

在网络中常用的传输协议有以下几种。

- http：超文本传输协议。
- ftp：文件传输协议。
- mailto：电子邮件协议。
- telnet：远程登录协议。

3. 路径

要正确创建链接，必须了解链接与被链接文档之间的路径关系。在一个网站中，路径通常有三种表示方式：绝对路径、文档相对路径和站点根目录相对路径。

1）绝对路径

绝对路径提供所链接文档的完整 URL，而且包括所使用的协议（如对于 Web 页，通常使用 http://）。例如 http://www. macromedia. com/support/Dreamweaver/contents . html 就是一个绝对路径。链接站点外的文件时，必须使用绝对路径。

2）文档相对路径

文档相对路径是指以当前文档所在位置为起点到被链接文件经由的路径，这种方式适合于创建本地链接。例如要将素材 mysite/chap6/ch6-1. html 链接到 mysite/chap6/ch6-2. html，路径为 ch6-2. html，表示两个文件在同一个文件夹中；如果要链接到 mysite/chap5/ch5-1. html，路径就为../chap5/ch5-1. html，“../”符号表示在文件夹结构层次中上移一层；如果要链接的文件在 chap6 的子文件夹中，则用“./子文件夹/文件名”，“.（英文点号）”符号表示当前文件夹，“/”符号表示下移一层。

3）站点根目录相对路径

站点根目录相对路径是指从站点根文件夹到被链接文档经过的路径。站点上所有公开的文件都存放在站点的根目录下。

站点根目录相对路径以斜杆“/”开头，表示站点根文件夹，例如/chap6/ch6-1. html 是站点根文件夹下的 chap6 子文件夹中的一个文件 ch6-1. html 的根目录相对路径。

使用站点根目录相对路径时，在站点内移动包含根目录相对链接的文件，链接不会发生错误。

使用任何一种路径时，只要链接的目标文件被移动，链接均无效。

4. 超链接的类型

超链接有以下几种类型。

- 内部链接：该链接是指在同一网站文档之间的链接，通常可以使用文档相对路径或站点根目录相对路径。
- 外部链接：该链接是指不同网站文档之间的链接，必须使用绝对路径。
- 锚记链接：该链接是指链接到同一页面或不同页面指定位置的链接。
- 电子邮件链接：该链接是指链接到一个电子邮件地址的链接，使用电子邮件链接专用格式。
- 空链接：该链接是指没有指定目标文件的链接。

任务实施

步骤 1： 在 E 盘新建文件夹 mysite05，将 Dreamweaver CC 素材\project05 文件夹下的 task03 文件夹复制到该新建文件夹中。打开软件 Dreamweaver CC 2019，选择“站点”→“新建站点”，在“站点设置对象”对话框中，设置“站点名称”为 mysite05-3，设置“本地站点文件夹”为 E:\mysite05\task03\。

步骤 2： 为文本创建超链接。

- 方法一：

打开本地站点文件夹 task03 中的 index.html 网页，选中文本“签证报价表”，如图 5-27 所示。

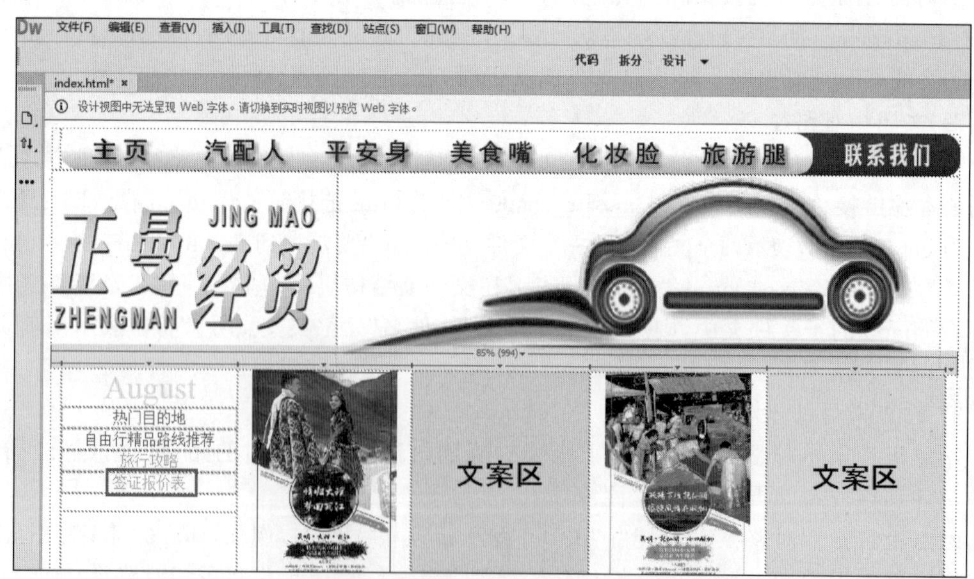

图 5-27 index 页面

在属性面板中选中左侧的"<> HTML"→单击"链接"文本框右侧的文件夹选项，如图 5-28 所示。

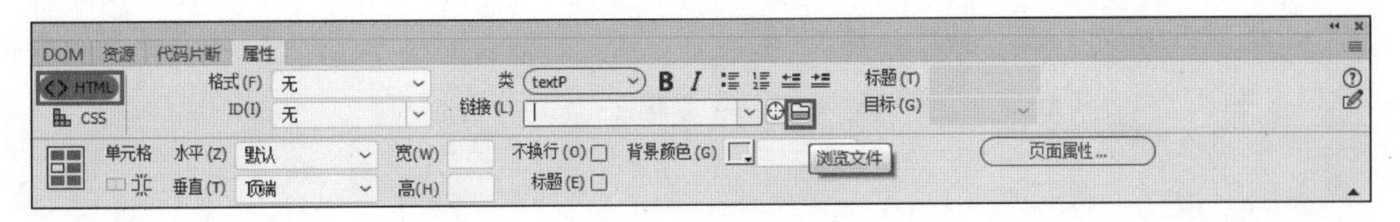

图 5-28 创建链接

在随后弹出的对话框中选中要链接的网页，地址为 E:\mysite05\task03\pages\qzfyb.html，如图 5-29 所示。单击"确定"按钮，完成链接设置。读者也可以自行在"链接"文本框中输入目标网页地址。

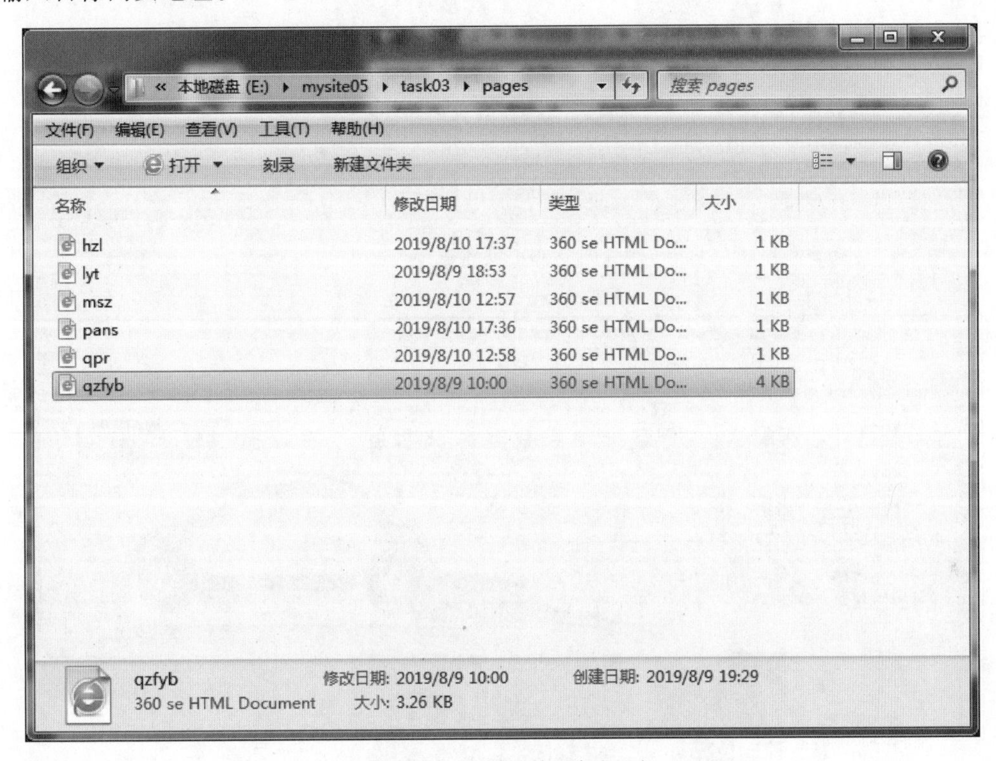

图 5-29 选择链接目标网页

- 方法二：

在属性面板上，单击"链接"文本框右边的指向文件选项，将该选项拖动至文件面板中的相应文件上，如图 5-30 所示。

设置完成后就可以在浏览器中测试，单击该链接，就可跳转至目标网页，如图 5-31 所示。

小提示

文字被加入了超链接后，被选取的文字在默认状态下变为蓝色，并在文字下方出现下画线，表示此处存在一个超链接，超链接的属性可以在"页面属性"对话框中修改，也可以通过 CSS 样式表来控制。

图 5-30　创建链接

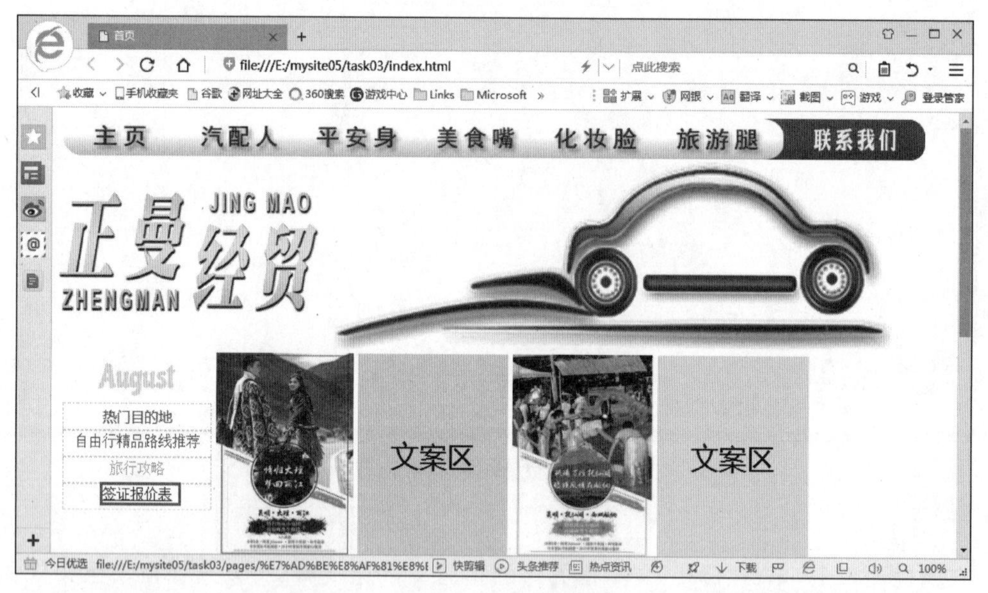

图 5-31　文本链接

步骤 3: 为图片创建超链接。与设置文本链接类似,选中图片"汽配人",在属性面板中的"链接"文本框处设置目标网页地址 pages\qpr.html,如图 5-32 所示。

如果在属性面板中的"目标"下拉列表框处选择"_blank",如图 5-33 所示,则当单击该链接时,目标网页会在新窗口中打开,如图 5-34 所示。

图 5-32　插入图片链接

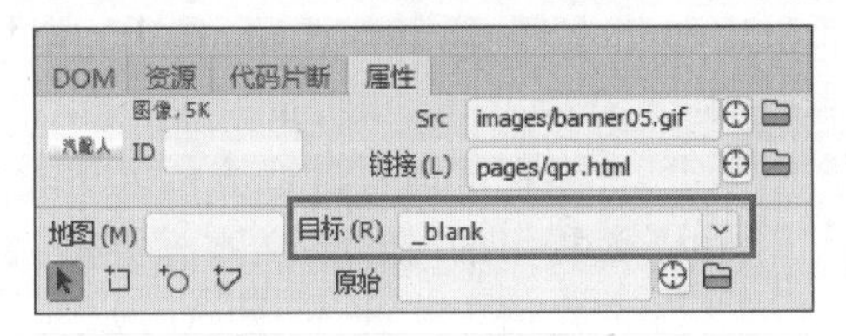

图 5-33　设置图片链接

图 5-34　在新窗口打开网页

同理，将图片“平安身”“美食嘴”“化妆脸”“旅游腿”链接至各自对应的目标网页 pans. html、msz. html、hzl. html、lyt. html。

步骤 4： 创建锚记链接。在页面底部适当位置输入文本“更多目的地”，设置字体参数，如图 5-35 所示。

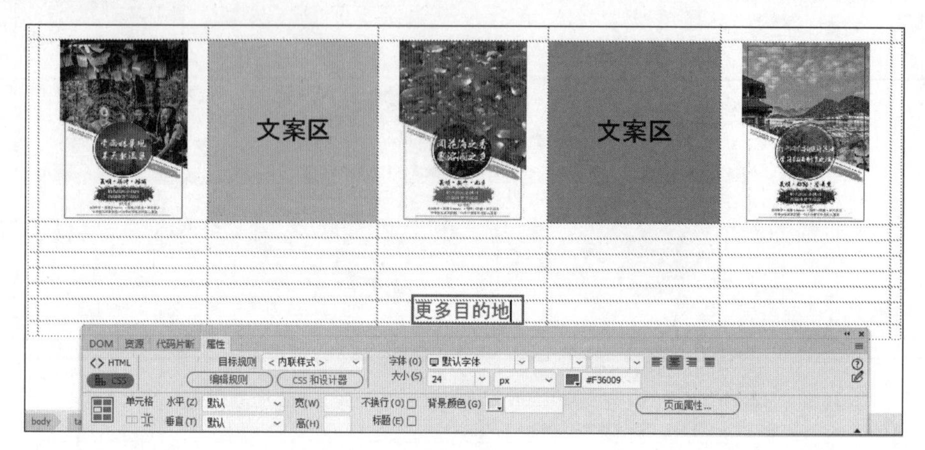

图 5-35　页面底部输入文本

选中该文本，在属性面板中单击左侧 <> HTML 选项，在 ID 文本框中输入“mj1”命名锚记，如图 5-36 所示。

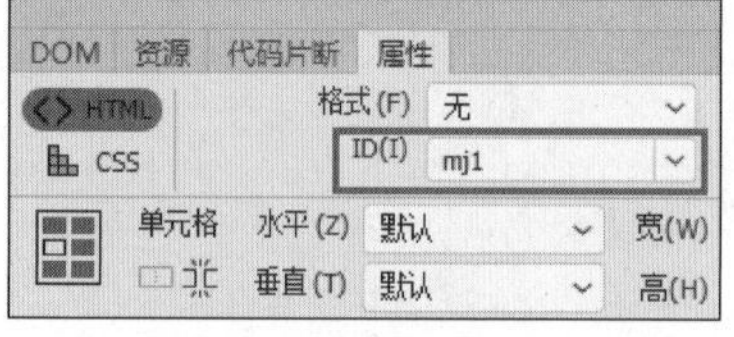

图 5-36　命名锚记

在页面左侧适当位置输入文本“页面底部”，在属性面板中的“链接”文本框处输入“＃mj1”，即可将链接指向之前定义的锚记位置，如图 5-37 所示。

保存后，在浏览器中打开网页，当单击文字“页面底部”时，将跳转到网页文档底部的“更多目的地”处。

图 5-37　链接锚记

小技巧：利用锚记链接可以跳转到同一页面或不同页面的指定位置。如果一个页面的内容较多，则页面较长，为了使用户浏览起来更加方便，可以在页面的某个特定位置上设置锚点，然后再设置一个转到该点的链接，那么用户就可以通过此锚记链接快速、直接地跳转到感兴趣的内容处了。

创建锚记链接分为两个步骤：创建命名锚记，创建指向该命名锚记的链接。

步骤 5：创建外部链接。

在如图 5-38 所示位置输入文本“飞机票查询”并选中，在属性面板中的“链接”文本框处输入网址“https://flights.ctrip.com/”，即可将链接指向外部网站“携程网”。当单击该链接时，网页将跳转至“携程网”，如图 5-39 所示。

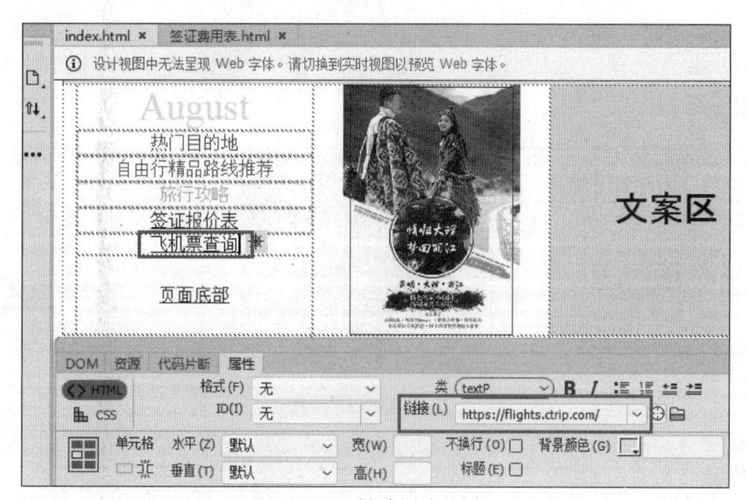

图 5-38　创建外部链接

图 5-39　跳转外部链接网址

步骤 6： 创建电子邮件链接。

选中图片“联系我们”，在属性面板中的“链接”文本框处输入“mailto：联系人电子邮件地址（如 andy@sina.com）”即可，如图 5-40 所示。

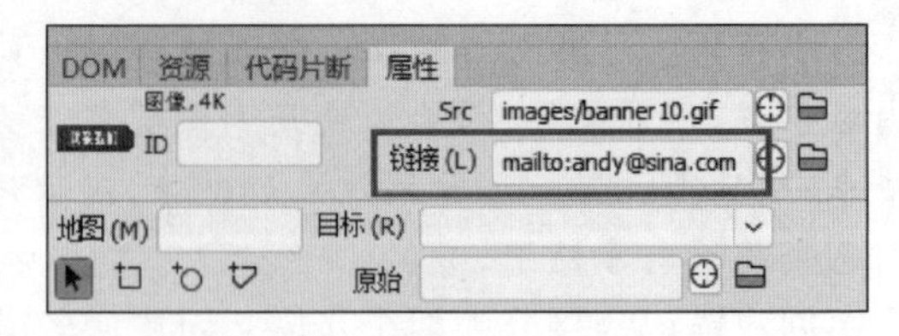

图 5-40　创建电子邮件链接

小提示

同理可为文本创建电子邮件链接。当单击该链接时，如果浏览设备安装了邮件收发软件如 Foxmail 等，窗口会自动跳转至邮件收发软件。如果没有邮件收发软件，将会弹出安装界面。

步骤 7： 创建空链接。选中文本“旅行攻略”，在属性面板中的“链接”文本框处输入“#”即可，如图 5-41 所示。

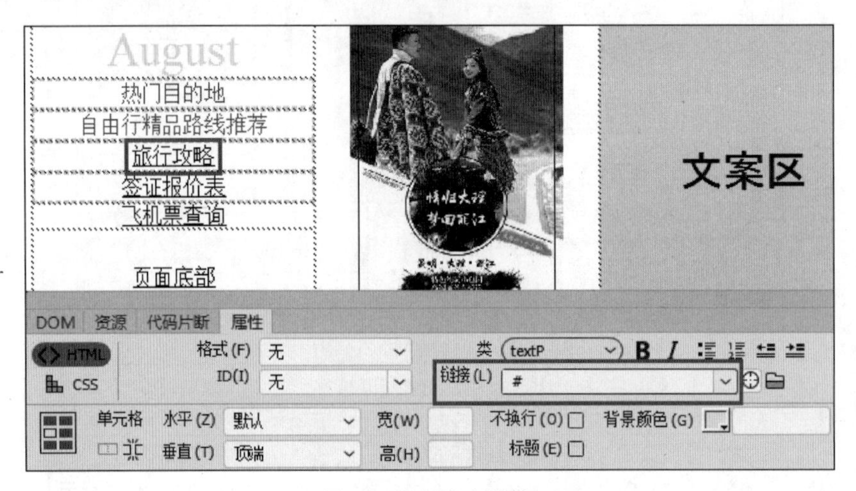

图 5-41　创建空链接

1. 图像地图

图像地图是指在一个图像中创建多个特定的区域，即图像热点区域。为每一个区域创建一个超链接，单击这些区域，就会打开相应的链接目标，如图 5-42 所示，青色区域即为选取的热点区域。

选中要设置热点区域的图片，在属性面板中就可以进行相关选取和参数设置，如图 5-43 所示。设置好热点区域后就可以对各区域分别设置超链接了。

该面板中各项选项含义如下。

- 地图：用于输入图像地图的名称。如果要在同一文档中创建多个图像地图，则每个图像地图的名称必须是唯一的。
- 链接：用于输入要链接到的文件路径，可以是网站内部链接，也可以是外部链接。

图 5-42　图像热点区域

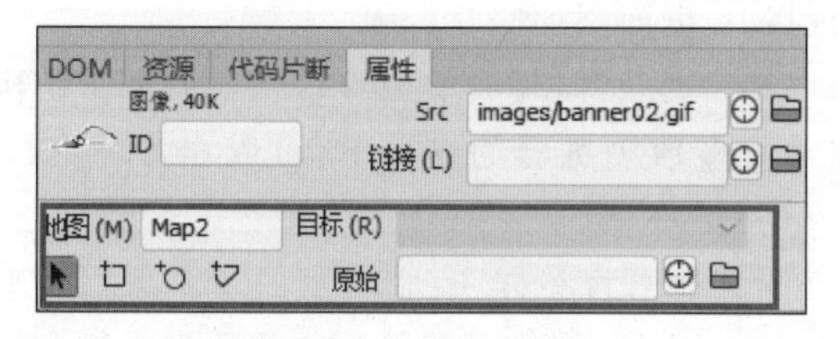

图 5-43　热点选取

- 目标：用于设置目标文件打开的位置。
- 替换：用于输入对热点区域的说明。
- ：指针热点工具，用于选取热点区域或调节区域形状。
- ：用于创建矩形热点区域。
- ：用于创建圆形热点区域。
- ：用于创建一个不规则形状的热点区域。创建不规则形状热点区域的方法为单击，再用鼠标沿着图像的轮廓单击，最后单击封闭此形状即可。

删除热点区域，只须用选中要删除的区域，按下键盘上的 Delete 键即可。

2. 脚本链接

脚本链接用于执行 JavaScript 代码或调用 JavaScript 函数，当来访者单击某一特定项时，可以使其在不离开当前页的情况下得到该项的相关信息，脚本链接还能够用于执行计算、窗体验证及其他处理任务等。

如果要关闭网页窗口，只需要选中要创建超链接的元素，在属性面板中的“链接”文本框中输入“javascript:window.close()”即可，如图 5-44 所示。

说明：“javascript:”的后面跟上要执行的代码或要调用的函数。

附录：JavaScript 简介。

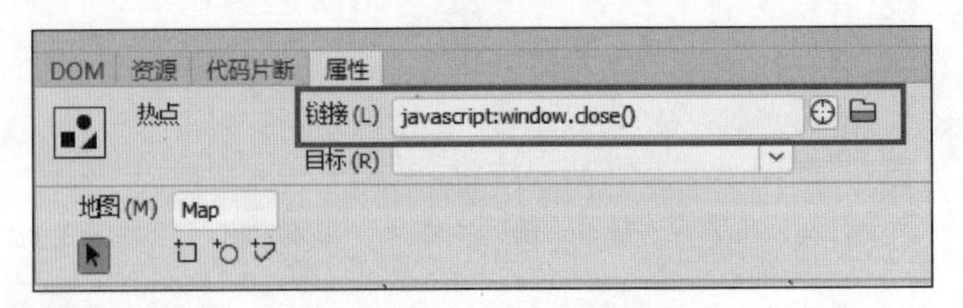

图 5-44　关闭窗口的脚本链接

JavaScript 是一种直译式脚本语言，是一种动态、弱类型、基于原型的语言，内置支持类型。它的解释器被称为 JavaScript 引擎，为浏览器的一部分，广泛用于客户端的脚本语言，最早是在 HTML 网页上被使用，用来给 HTML 网页增加动态功能。

JavaScript 也是一种网络脚本语言，已经被广泛用于 Web 应用开发，常被用来为网页添加各式各样的动态功能，为用户提供更流畅美观的浏览效果。通常 JavaScript 脚本是通过嵌入在 HTML 中来实现自身的功能的。

JavaScript 的特点如下：

- 是一种解释性脚本语言(代码不进行预编译)。
- 主要被用来向 HTML 页面添加交互行为。
- 可以直接嵌入 HTML 页面，但写成单独的 js 文件有利于结构和行为的分离。
- 跨平台特性，在绝大多数浏览器的支持下，可以在多种平台下运行，如 Windows、Linux、Mac、Android、iOS 等。

JavaScript 脚本语言同其他语言一样，有它自身的基本数据类型、表达式、算术运算符及程序的基本程序框架。JavaScript 提供了四种基本的数据类型和两种特殊数据类型用来处理数据和文字。变量是存储数据值的容器，表达式则用来完成较复杂的信息处理。

JavaScript 的用途如下：

- 嵌入动态文本于 HTML 页面。
- 对浏览器事件做出响应。
- 读写 HTML 元素。
- 在数据被提交到服务器之前验证数据。
- 检测访客的浏览器信息。
- 控制 cookies，包括创建和修改等。
- 基于 Node.js 技术进行服务器端编程。

视频讲解

任务 4：制作表单网页

任务描述

本任务将利用表单制作“旅游调查表”网页，效果如图 5-45 所示。

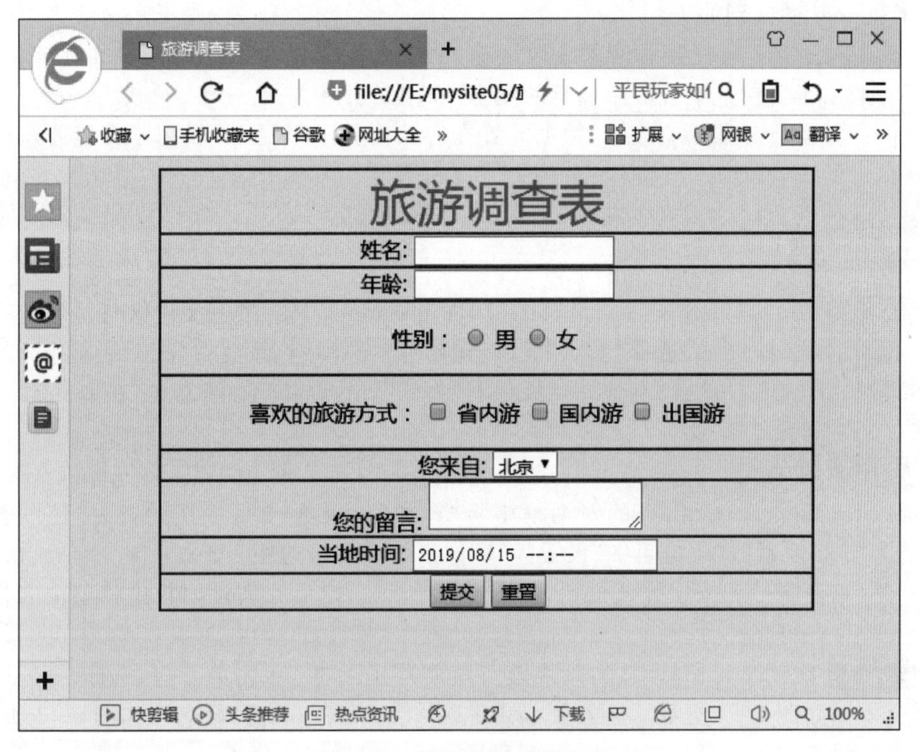

图 5-45　“旅游调查表”网页

设计要点

- 插入几种常见的表单元素；
- 插入按钮。

知识链接

表单网页的定义

表单网页是网站和访问者开展互动的窗口，表单可以用来在网页中发送数据。

在 HTML 语言中，表单标记格式为<form>…</form>。常用的属性名称有 action（定义在提交表单时执行的动作）和 method（规定在提交表单时所用的 HTTP 方法 get 或 post）。

例如：

<form action = "action_page.php">指定了某个服务器脚本来处理被提交的当前表单
<form action = "action_page.php" method = "get">

或

<form action = "action_page.php" method = "post">规定在提交表单时所用的 HTTP 方法(get 或 post)

get 和 post 的区别如下：

- get 一般用于向服务器请求获取数据，请求参数存放在 URL 中，并在地址栏可见，一般用于少量且不含敏感信息的场合，如搜索引擎查询。
- post 是向服务器提交数据，数据放置在容器内且不可见，一般用于大量或包含敏感信息的场合，如用户注册登录。

步骤 1： 在 E 盘新建文件夹 mysite05，在 mysite05 中新建子文件夹 task04。打开软件 Dreamweaver CC 2019，选择“站点”→“新建站点”，在“站点设置对象”对话框中，设置“站点名称”为 mysite05-4，设置“本地站点文件夹”为 E:\mysite05\task04\。在 task04 目录下新建网页文件 index.html。

步骤 2： 在 index.html 网页中，选择“插入”→“表单”→“表单”。将光标停在表单内，选择“插入”→Table，在弹出来的对话框中将“行数”设置为“9”，“列”设置为“1”，“表格宽度”设置为“500 像素”，“边框粗细”设置为“1”像素，“单元格边距”设置为“0”，“单元格间距”设置为“0”，单击“确定”按钮完成设置，如图 5-46 所示。之后在属性面板中将整个表格设置为居中。

步骤 3： 在第 1 行输入“旅游调查表”，设置为“居中”。单击第 2 行，选择“插入”→“表单”→“文本”，如图 5-47 所示。插入文本域后，将 TextField 改为“姓名”，如图 5-48 所示。

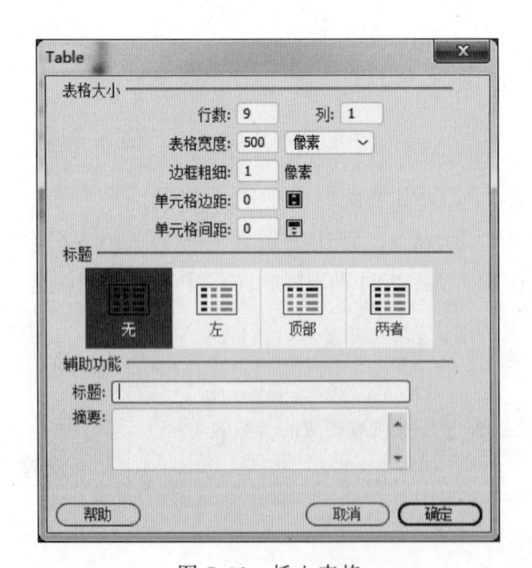

图 5-46　插入表格

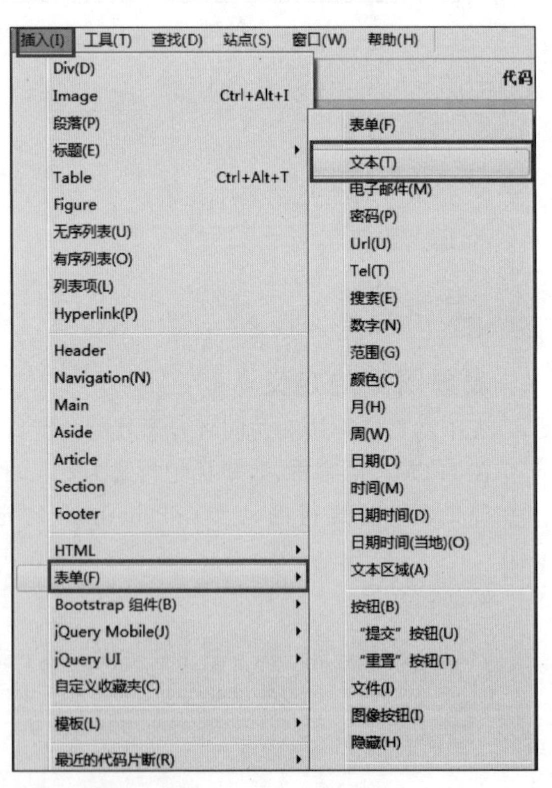

图 5-47　插入文本域

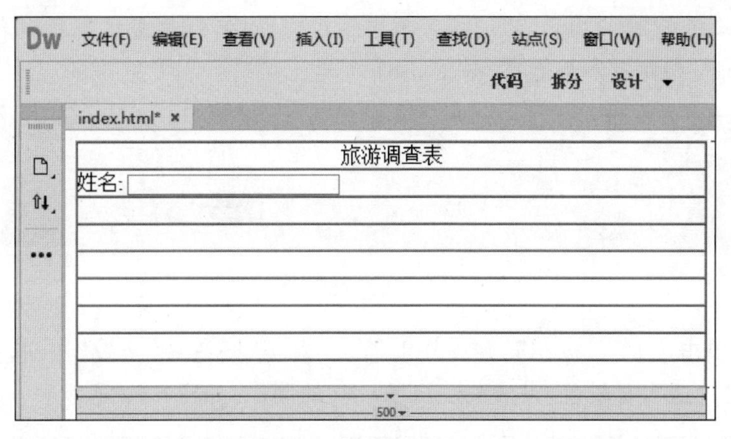

图 5-48　修改文本域

步骤 4: 单击第 3 行,选择“插入”→“表单”→“数字”,将 Number 改为“年龄”。单击第 4 行,选择“插入”→“表单”→“单选按钮组”,在弹出的对话框中设置参数,如图 5-49 所示。

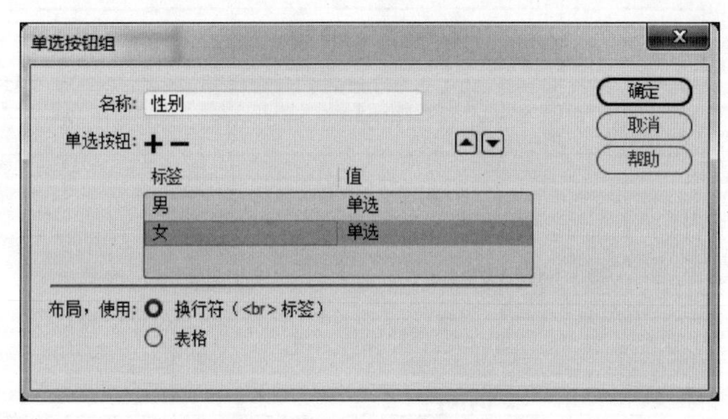

图 5-49　插入“单选按钮组”

小提示

默认情况下,插入的按钮组会显示为多行。如果要像如图 5-50 所示一样将按钮组单行显示,只需要将光标置于第 1 个按钮后,用键盘上的 Delete 键删除换行符即可。

步骤 5: 同理,在第 5～8 行分别插入“复选框组”“选择”“文本区域”“日期时间(当地)”,并设置各项名称如图 5-50 所示。

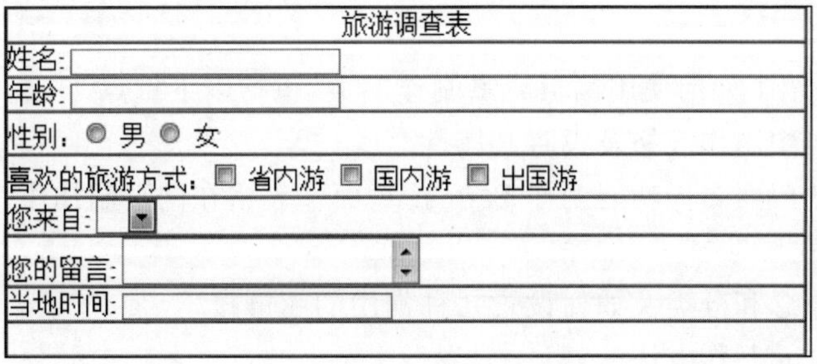

旅游调查表
姓名:
年龄:
性别: 男 女
喜欢的旅游方式: 省内游 国内游 出国游
您来自:
您的留言:
当地时间:

图 5-50　插入各表单元素

小技巧：若要在“您来自：”的选择菜单中预设内容，只须单击该下拉列表框，在属性面板中单击 列表值... 即可添加选项，如图 5-51 所示。

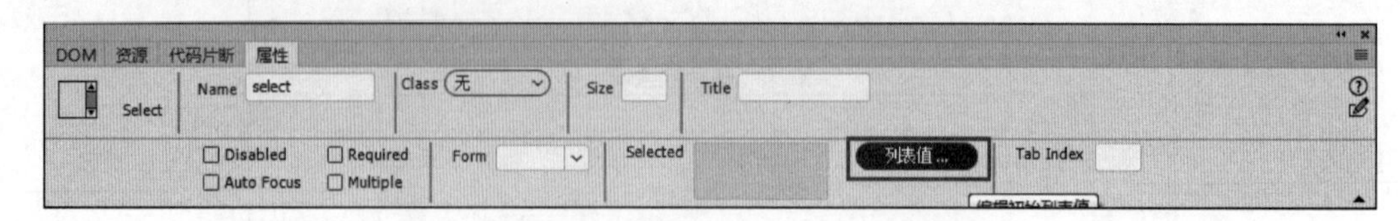

图 5-51 为“选择表单”添加选项

步骤 6： 单击第 9 行，以相同方法分别插入“提交”按钮和“重置”按钮，完成后将各元素设为居中，设置适当背景色，完成“旅游调查表”的制作，如图 5-52 所示。

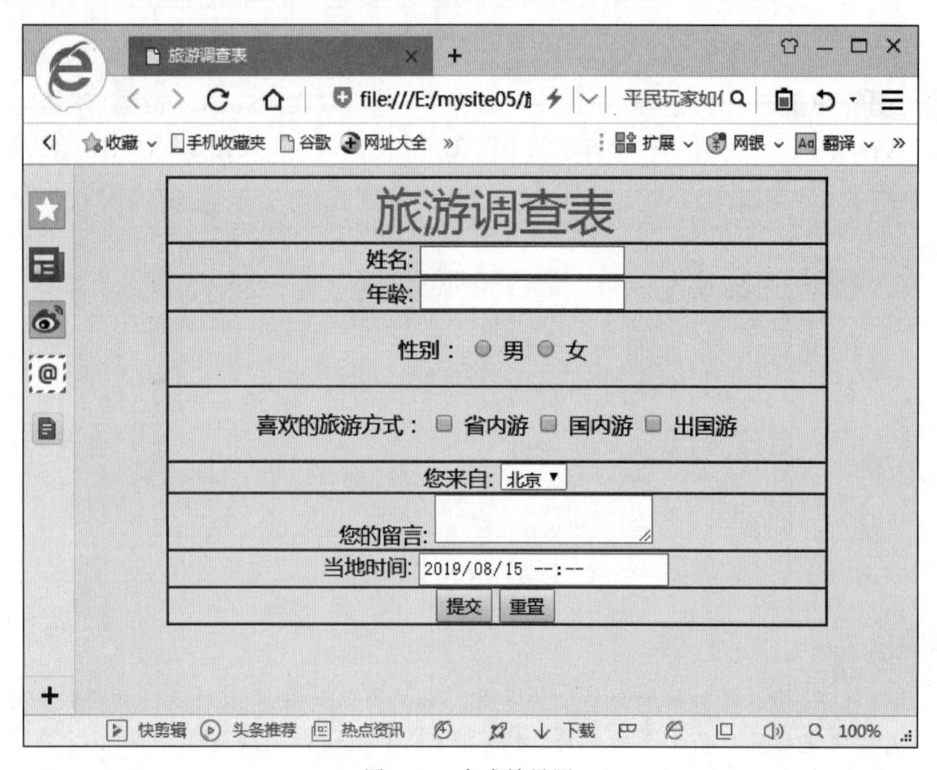

图 5-52 完成效果图

项目小结

本章向读者介绍了如何使用网页元素制作网页，包括以下重点。

- 如何在网页中制作表格及设置其属性。
- 利用表格的版面布局功能制作 Banner 页面。表格在网页制作中一个重要的功能就是布局页面。
- 超链接的概念和分类及如何设置几种常用的超链接。
- 表单的概念及制作方法。

思考题

1. 如何在标签选择器中选择表格的各个部分？
2. 用表格布局页面有哪些好处？
3. 网页中常见的图片格式有哪些？这些格式各有何特点？
4. 常见的超链接有哪些类型？
5. 什么是绝对路径？什么是站点根目录相对路径？
6. 表单的作用是什么？

CSS样式的运用

学习要点

- CSS 概述；
- 使用 CSS 美化表格；
- 使用 CSS 设置页面、文本、段落的格式；
- 使用 CSS 设置超链接页；
- 使用 CSS 设置表单元素外观。

视频讲解

任务 1：使用 CSS 美化表格

任务描述

本任务将运用内部样式表和内联样式来美化“旅游签证报价表”，美化后的效果如图 6-1 所示。

设计要点

- 标签样式的创建；
- 内联样式的使用；
- 类选择器的创建和应用；
- CSS 的“类型”“背景”“边框”等选项参数的设置。

图 6-1　“旅游签证报价表”效果图

1. CSS 的概念

使用 HTML 制作网页时，可以使用标记和属性对网页进行修饰，但是这种方式存在很大的局限性，例如维护困难，不利于代码阅读等。如果希望网页美观大方并且方便维护，就需要使用 CSS 实现结构和表现的分离。

CSS(Cascading Style Sheets，层叠样式表)是一系列格式设置的规则，是一种制作网页的技术，现在已经为所有的浏览器所支持，成为网页设计必不可少的工具之一。CSS 是一种格式化网页的标准方式，它扩展了 HTML 的功能，使网页设计者能够以更有效的方式设置网页格式。

2. CSS 样式规则

CSS 样式规则的具体格式如下：

```
选择器{属性 1: 属性值 1; 属性 2: 属性值 2; …}
```

在上面的样式规则中，选择器用于指定 CSS 样式作用的对象，花括号内是对该对象设置的具体样式，其中属性和属性值是以“键值对”的形式出现。属性指的是对指定对象设置的样式属性，例如字体大小、文本颜色等，属性和属性值之间用英文冒号连接，多个“键值对”之间用英文分号分开，花括号里面最后一个“键值对”后面的分号可以省略。

例如：

```
p{font - size:14px;color:green}
```

上面的代码就是一个完整的CSS样式，其中p为选择器，表示CSS样式作用的对象为<p>标记，font-size和color为CSS属性，分别表示字号和文字颜色，14px和green是它们对应的值。这条CSS样式所呈现的效果是页面中所有段落文本的字号为14像素，颜色为绿色。

CSS样式中的选择器严格区分大小写，属性和属性值不区分大小写，按照书写习惯一般选择器、属性和属性值都采用小写。

3. “CSS设计器”面板

“CSS设计器”面板具有查看CSS属性，编辑修改CSS样式，应用CSS样式等功能。

打开“CSS设计器”面板：

选择“窗口”→“CSS设计器”，如图6-2所示，即可在屏幕右侧显示“CSS设计器”面板，如图6-3所示。

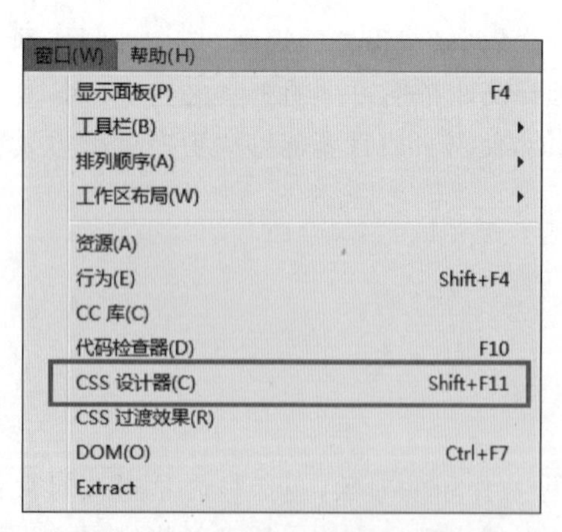

图6-2 显示“CSS设计器”面板

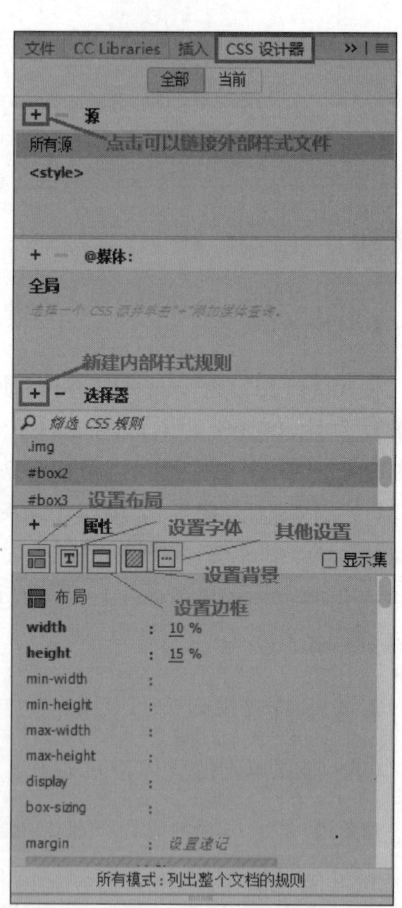

图6-3 “CSS设计器”面板

“CSS设计器”面板包含四个窗格，分别是“源”“@媒体”“选择器”和“属性”。

- “源”窗格允许创建、附加、定义和删除内部和外部样式表。
- “@媒体”窗格用于定义媒体查询，以支持多种类型的媒体和设备。
- “选择器”窗格用于添加或删除CSS选择器。
- “属性”窗格用于对当前选择器创建和编辑CSS规则。

“CSS设计器”有两种基本模式。默认情况下，“属性”窗格将在列表中显示所有可用的CSS属性，它们被组织在五个类别中，分别是“布局”“文本”“边框”“背景”和“其他”。可以向下滚动该列表，并根据需要来应用样式效果。选中窗口的右上角“显示集”复选框，“属性”窗格将过滤列表，只显示那些已设置的属性。

任务实施

步骤1： 在E盘新建文件夹mysite06，将Dreamweaver CC素材\project06文件夹下的task01文件夹复制到该文件夹中。

步骤2： 打开软件Dreamweaver CC 2019，选择“站点”→“新建站点”，在“站点设置对象”对话框中，设置“站点名称”为mysite06-1，设置“本地站点文件夹”为E:\mysite06\task01\，如图6-4所示。单击“保存”按钮完成设置。

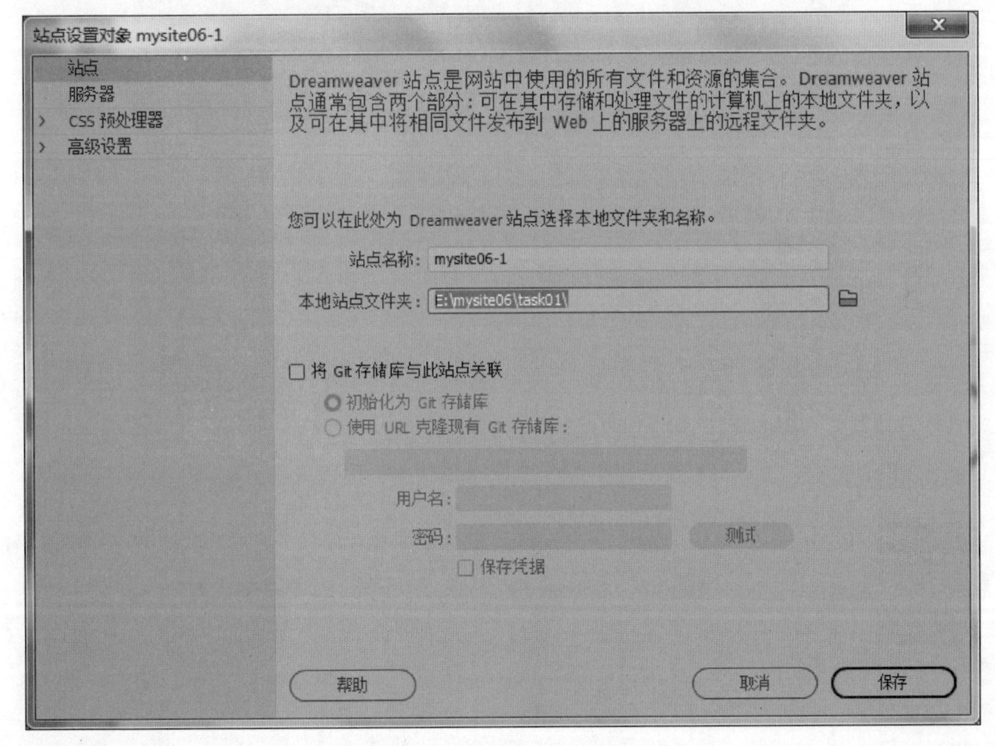

图6-4　新建站点对话框

步骤3： 打开index.html网页，新建标签table样式。在设计视图下右击→“CSS样式”→“新建”，如图6-5所示。

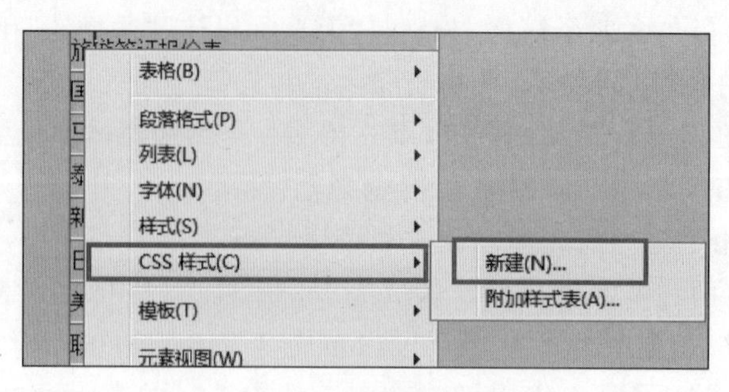

图 6-5　新建样式

步骤 4： 在“新 CSS 规则”对话框中，“选择器类型”处选择“标签(重新定义 HTML 元素)”，“选择器名称”处选择 table，“规则定义”处选择“(仅限该文档)”，如图 6-6 所示。

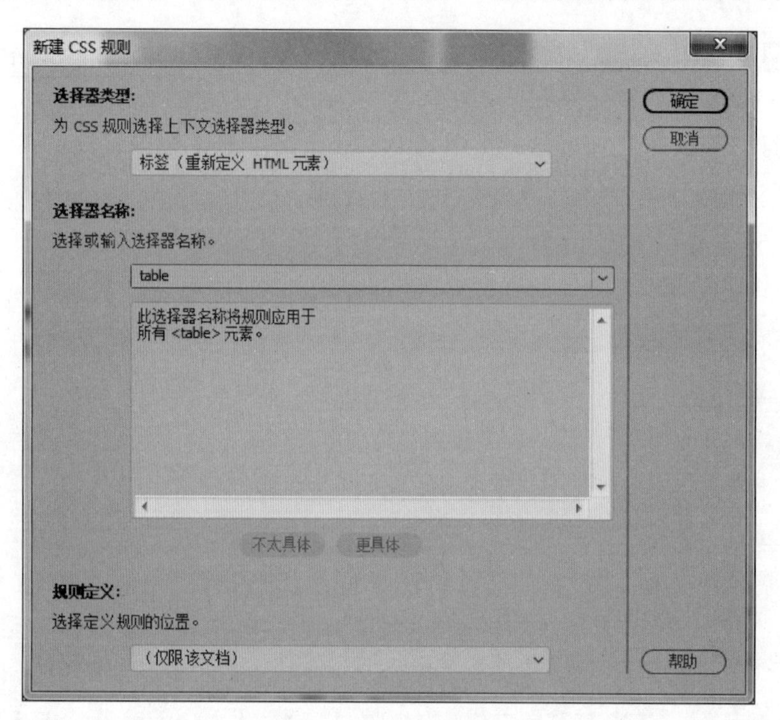

图 6-6　新建 CSS 规则

步骤 5： 在“table 的 CSS 规则定义”对话框中，设置“背景”选项的“Background-color(背景颜色)”为＃F0DF89，如图 6-7 所示。单击“确定”按钮完成设置。

步骤 6： 用同样的方法，创建标签 td 的样式规则，设置“类型”选项的“Font-family(字体)”为“楷体”，设置“Font-size(大小)”为 12px，设置“Line-height(行高)”为“1.5multiple(倍)”，设置“Color(颜色)”为＃3A042C，如图 6-8 所示。

小提示

在 Dreamweaver 的字体列表里没有相应的中文字体，需要通过“管理字体”对话框进行手动添加后再进行选择，添加方法如图 6-9 所示。

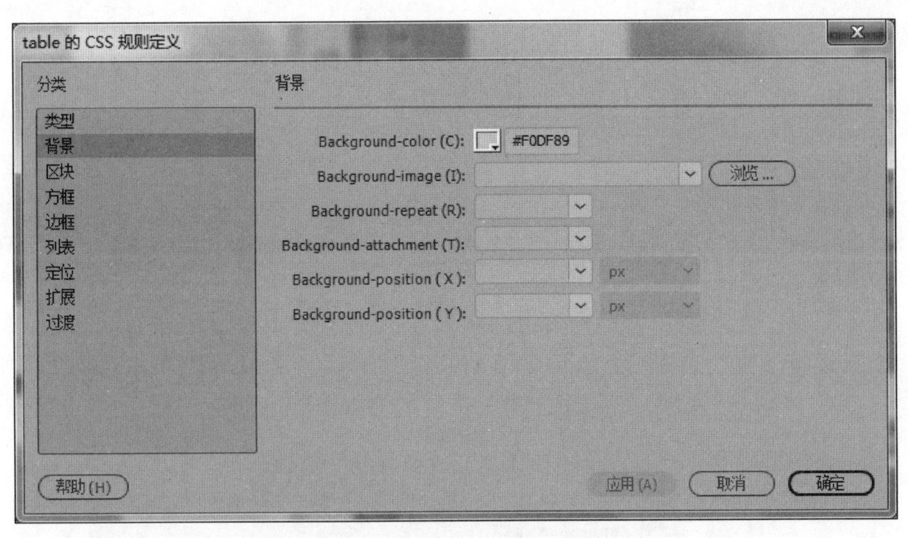

图 6-7　设置 table 标签的“背景”选项的参数

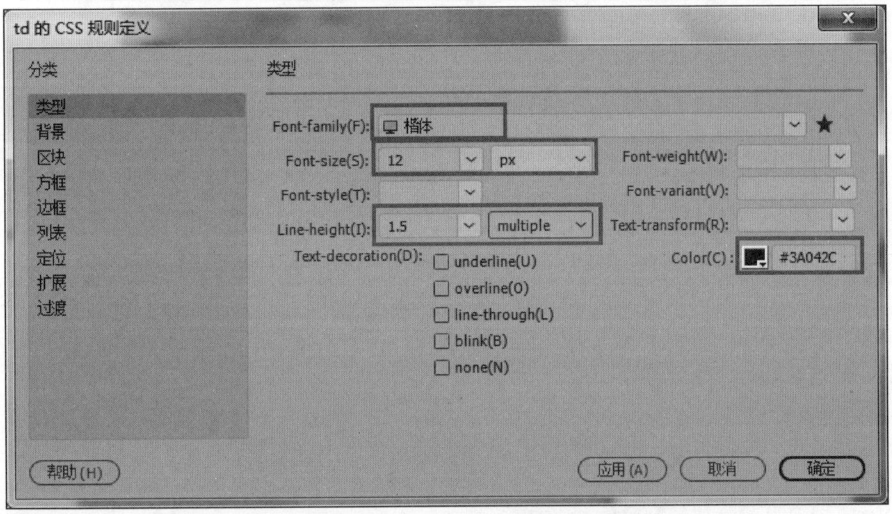

图 6-8　设置 td 标签的“类型”选项的参数

步骤 7: 选择“区块”选项，设置“Text-align(水平对齐)”为“center(居中对齐)”，如图 6-10 所示。

步骤 8: 选择“边框”选项，勾选三个“全部相同”，设置“Style(样式)”为 solid，设置“Width(宽度)”为 1px，设置“Color(颜色)”为＃0A16EB，如图 6-11 所示。

步骤 9: 新建一个表格，以验证修改了 table 和 td 标签的默认属性后表格的变化。将光标置入表格后面，按两次 Enter 键，插入 1 个 3 行 3 列，宽度为 100%，边框粗细为 1 的表格。

步骤 10: 为表格的标题新建样式“. td-title”。右击→“CSS 样式”→“新建”。在“新 CSS 规则”对话框中，“选择器类型”处选择“类(可应用于任何 HTML 元素)”，“选择器名称”处输入“. td-title”，“规则定义”处选择“仅限该文档”，如图 6-12 所示。

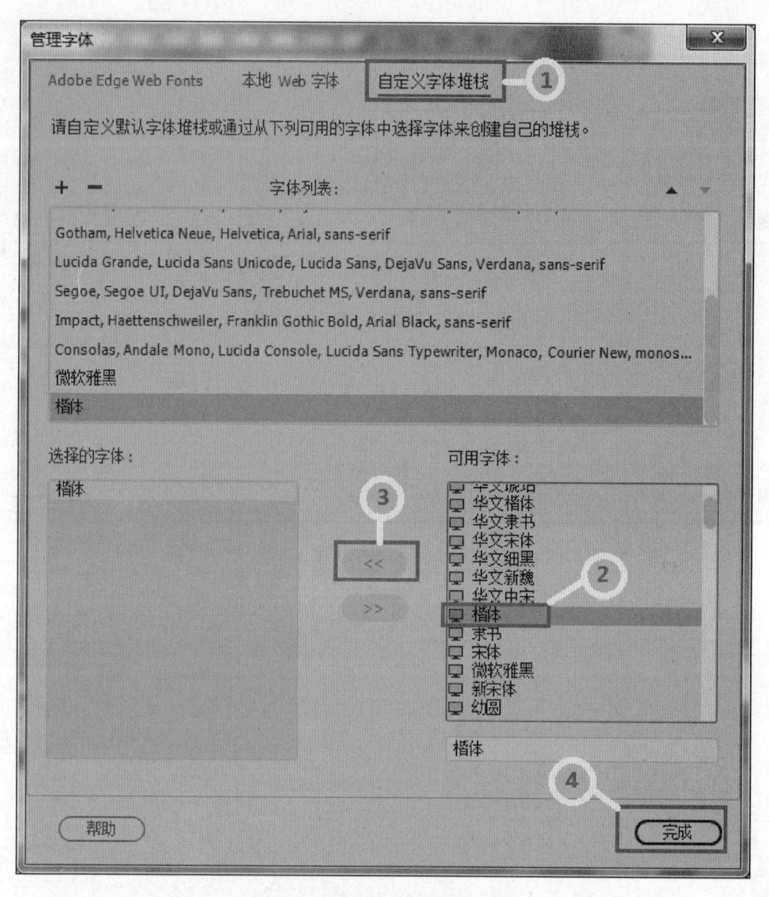

图 6-9 “管理字体”对话框

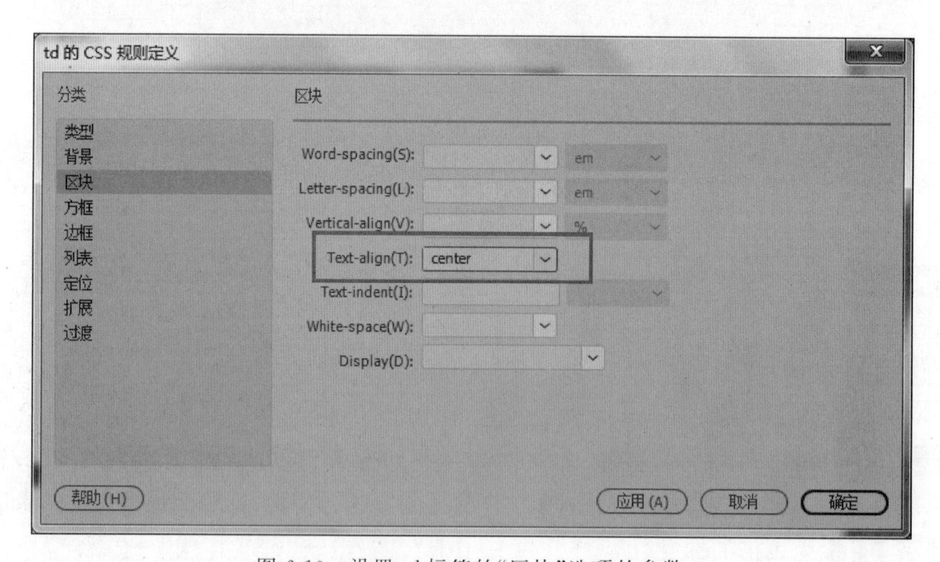

图 6-10 设置 td 标签的“区块”选项的参数

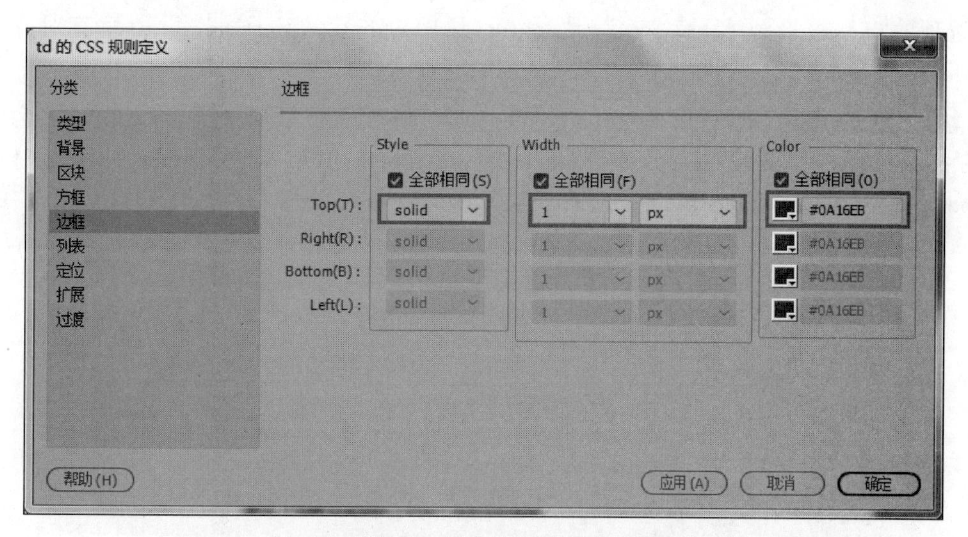

图 6-11　设置 td 标签的“边框”选项的参数

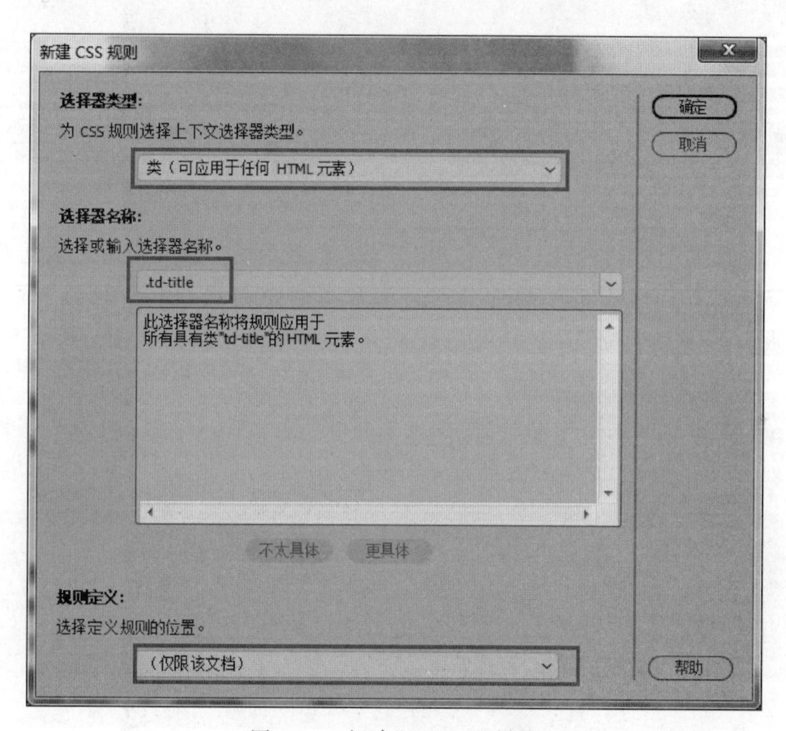

图 6-12　新建“. td-title”样式

小提示

在 Dreamweaver CC 2019 中的“选择器类型”选择“类(可应用于任何 HTML 元素)”或“ID”,如果“选择器名称”没有以“. ”或“＃”开头,软件会自动在样式名前加“. ”或“＃”。

步骤 11: 在“. td-title 的 CSS 规则定义”对话框中,设置“类型”选项的“Font-family(字体)”为“微软雅黑”,“Font-size(字号)”为 20px,“Color(颜色)”为＃B91B1E; 设置“区

块”选项的“Text-align(水平对齐)”为“center(居中对齐)”,“Vertical-align(垂直对齐)”为“middle(居中对齐)”。

步骤 12: 选择“背景”选项,单击 浏览... 按钮,选择站点根目录下的 images 文件夹中的 cell-bkd1.jpg 图片为背景,在“Background-repeat(R)(重复)”下拉列表框中选择“repeat(重复)”,如图 6-13 所示。

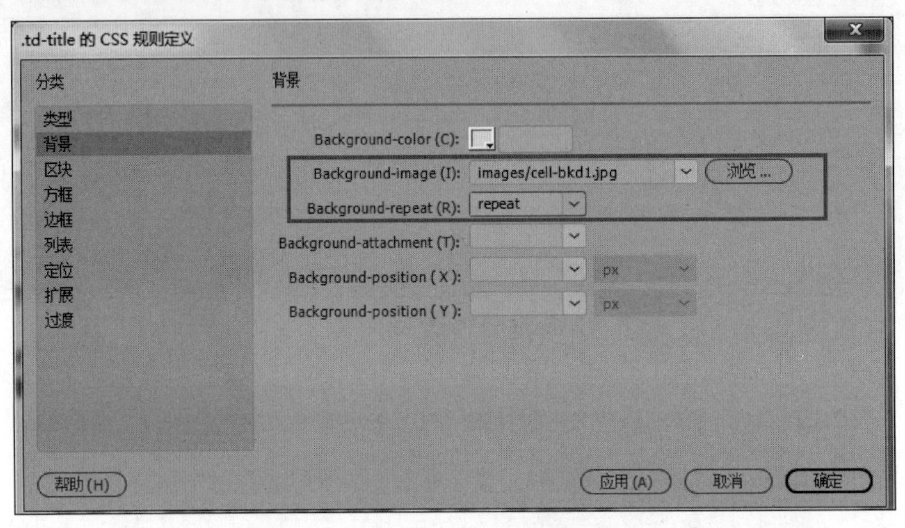

图 6-13 设置“.td-title”样式的“背景”选项的参数

小技巧: 在设置背景图片时,可以利用“背景”选项中的“repeat(重复)”选项,将小尺寸的图像重复显示从而形成大尺寸的背景图。例如本例中利用细长条状的渐变色图片不断重复从而形成大的渐变色背景,这样做的好处是用户在浏览该网页时,图像下载的时延会被大大降低。

步骤 13: 选中上面表格中的“旅游签证报价表”单元格,在属性面板中,“目标规则”的下拉列表框处选择“.td-title”应用类样式,如图 6-14 所示。

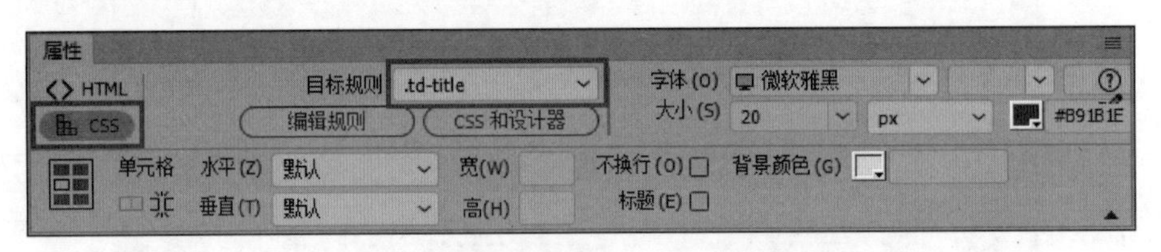

图 6-14 应用样式“.td-title”面板

步骤 14: 用同样的方法,创建类“.td-text”样式规则,设置“类型”选项的“Font-family(字体)”为“黑体”,“Font-size(字号)”为 16px,“Font-weight(粗细)”为“bolder(粗体)”,“Line-height(行高)”为“2multiple(倍)”,“Color(颜色)”为#981150,单击“确定”按钮完成设置,如图 6-15 所示。

步骤 15: 分别选中“国家”“停留期”“报价(人民币)”单元格对应的标签 td,依次应用样式“.td-text”,属性面板及效果如图 6-16 所示。

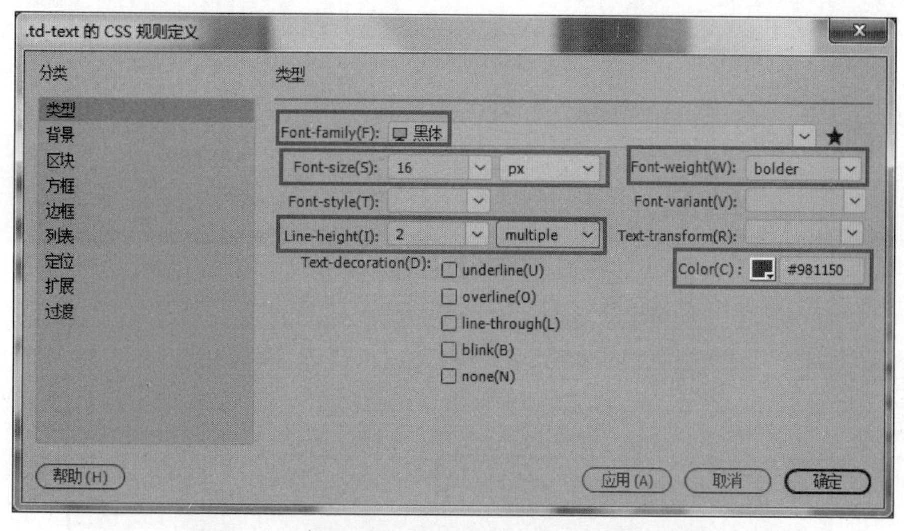

图 6-15　设置“. td-text”样式的“类型”选项的参数

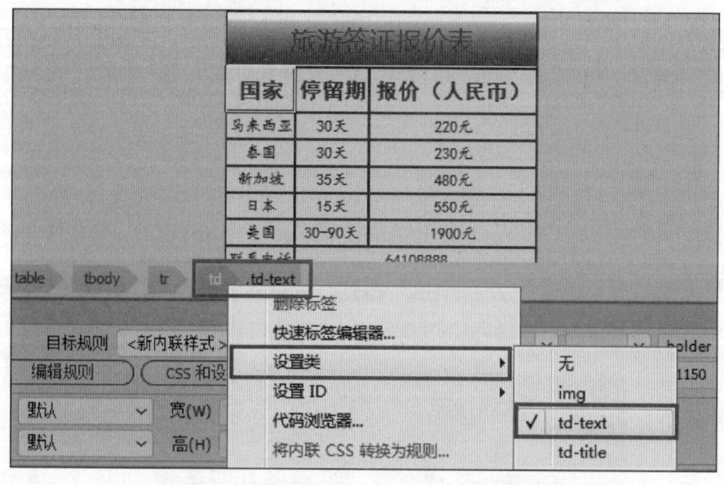

图 6-16　应用样式“. td-text”面板及效果图

步骤 16: 创建内联式样式，将光标置入“马来西亚”所在单元格，选择“窗口”→“属性”，打开属性面板，单击左侧的 CSS 选项，在“目标规则”下拉列表框中选择“<新内联样式>”，右侧设置属性值即可，如图 6-17 所示。设置完成后，“目标规则”下拉列表框中将出现“内联样式”的选项。

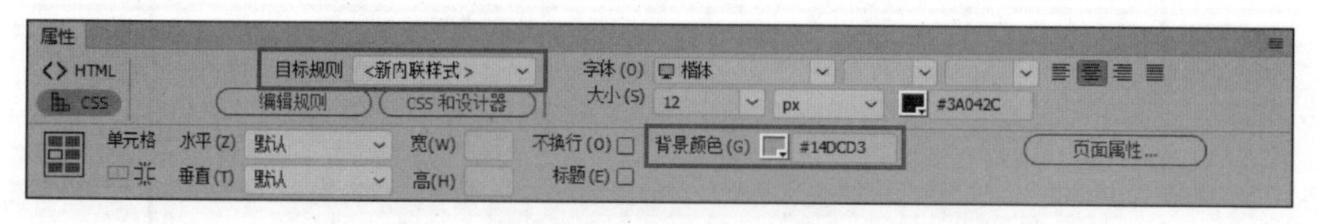

图 6-17　内联样式的创建

步骤 17: 保存文件，按 F12 预览完成的网页，效果如图 6-18 所示。

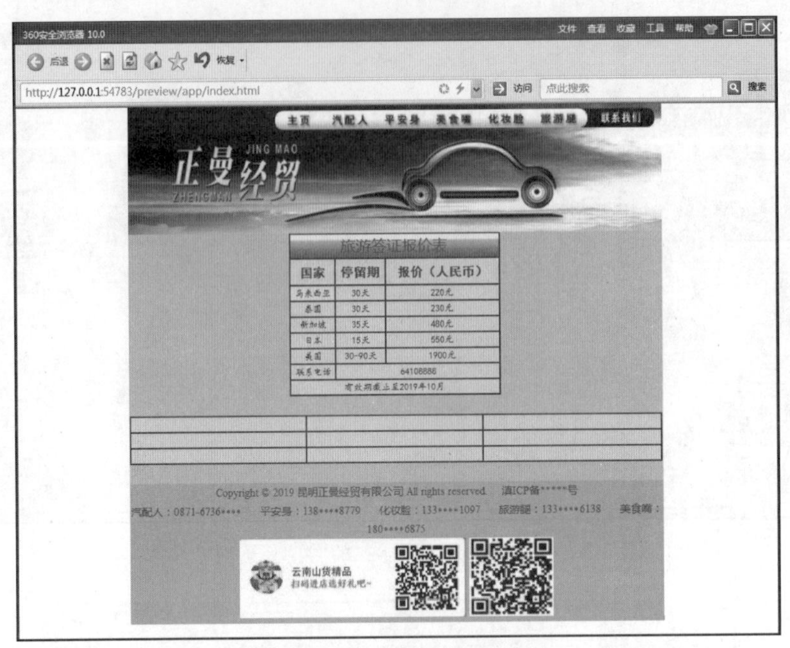

图 6-18　美化后的网页效果图

任务拓展

运用任务 1 的所学知识点，打开任务 1 完成后的 index. html 文件，制作图 6-19 所示效果图。

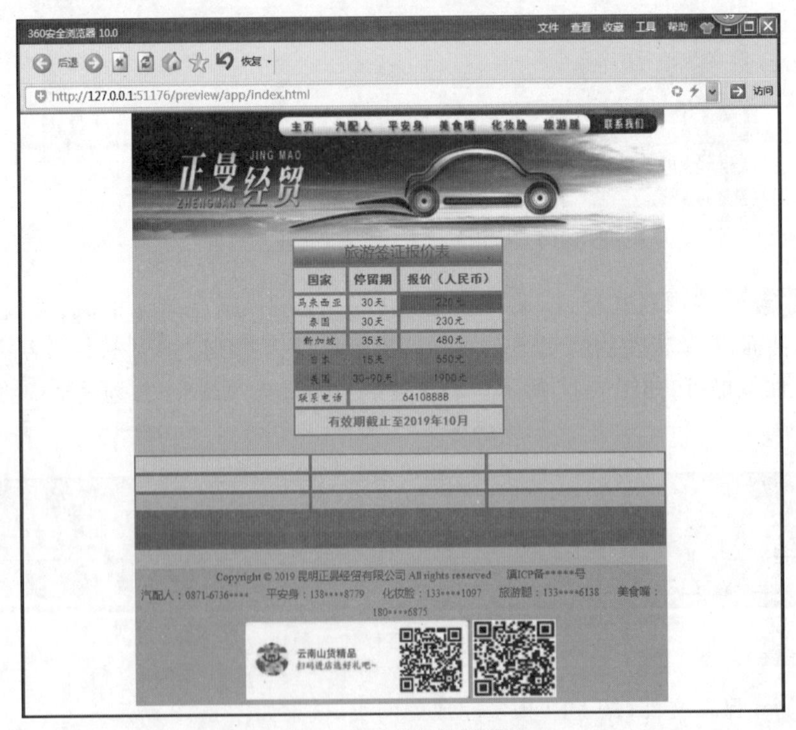

图 6-19　任务拓展效果图

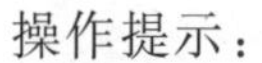

操作提示：

步骤 1： 修改标签 td 的边框颜色。

步骤 2： 新建几个类样式，设置背景颜色或字体，并应用到相应的标签 tr 或 td 上。

视频讲解

任务 2：使用 CSS 设置文本、图像样式

任务描述

本任务将利用 CSS 设置网页的文本、图像、列表的样式，效果如图 6-20 所示。

图 6-20　设置 CSS 样式后的效果图

设计要点

- 外部样式表的创建和应用；
- 列表选项卡的设置；
- 方框选项卡的设置；
- 复合内容样式的创建。

1. 引入 CSS 样式表

要想使用 CSS 修饰网页，就需要在 HTML 文档中引入 CSS 样式表，一般有三种引入方式。

1）行内样式

行内样式也称为内联样式，是通过标记的 style 属性来设置元素的样式，其基本语法格式如下：

```
<标记名 style = "属性 1: 属性值 1; 属性 2: 属性值 2; …">内容</标记名>
```

示例：

```
< h2 style = "font - size:16px;color:red;">内容</h1 >
```

Dreamweaver 中行内样式的创建方法是选中要设置样式的对象，单击“窗口”→“属性”，打开属性面板，单击左侧的 CSS 选项，在“目标规则”下拉列表框中选择“新内联样式”，右侧设置属性值即可，如图 6-21 所示。

图 6-21　属性面板

从以上示例可以看出，行内式也是通过标记的属性来控制样式的，这样并没有做到结构与表现的分离。实际在写页面时不提倡使用行内式，在测试的时候可以使用。

2）内部样式

内部样式也称为内嵌样式，它是将 CSS 代码放在 HTML 文档的< head >头部标记中，并且用< style >标记定义，其基本语法格式如下：

```
< head >
    < style type = "text/css">
        选择器{属性 1: 属性值 1; 属性 2: 属性值 2; … }
    </style >
</head >
```

示例：

```
<! doctype html >
< html >
< head >
< meta charset = "utf - 8"/>
< title >内部样式表</title >
< style type = "text/css">
```

```
div{
        color:red;
        background: green;
    }
</style>
</head>
<body>
<div>内部样式示例</div>
</body>
</html>
```

效果如图 6-22 所示。

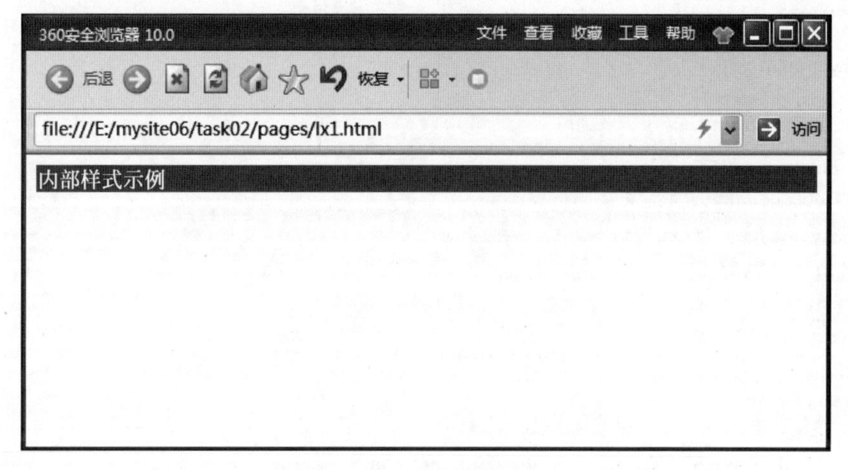

图 6-22　内部样式示例

3）外部样式

外部样式是把 CSS 代码保存在扩展名为.css 文件的样式。当样式需要被应用到很多页面的时候，外部样式表将是理想的选择。使用外部样式表，就可以通过更改一个文件来改变整个站点的外观。在 HTML 文件的<head>头部标记中，有两种方式引入外部样式。

• 链接式(推荐)。

```
<link type="text/css" rel="styleSheet" href="CSS 文件路径" />
```

• 导入式(不推荐)。

```
<style type="text/css">
  @importurl("css 文件路径");
</style>
```

二者的区别是：

使用链接式方式时，会在装载页面主体部分之前装载 CSS 文件，这样显示出来的网页从一开始就是带有样式的；使用导入式方式时，会在整个页面装载完成后再装载 CSS 文件，对于有的浏览器来说，如果网页文件的体积比较大，则会出现先显示无样式页面，闪一下之后再出现设置样式后的效果。

2. CSS 基础选择器

要想将CSS样式应用于特定的HTML元素，首先要找到该目标元素，在CSS中，执行这一任务的样式规则部分被称为选择器。换言之，CSS选择器就是指定CSS要作用的标签，这些标签的名称就是选择器。选择器有以下几类。

1）标签选择器

最常见的CSS选择器是标签选择器，HTML文档的标签就是最基本的选择器。它选择的是页面上所有这种类型的标签，所以它经常描述"共性"，无法描述某一个元素的"个性"。例如：

```
<!doctype html>
<html lang="en">
<head>
<meta charset="UTF-8">
<title>Document</title>
    <style type="text/css">
    p{color: red;}
    span{color:green}
    </style>
</head>
<body>
    <p>当我年轻的时候,我<span>梦想</span>改变这个世界</p>
    <p>当我成熟以后,我<span>发现</span>我不能够改变这个世界</p>
</body>
</html>
```

以上代码的运行结果是，文字"梦想"和"发现"为绿色，其他文字为红色，效果如图6-23所示。

图 6-23　标签选择器示例

小提示

所有的标签都可以是选择器，如 ul、li、input、div、body、html 等，标签选择器选择的是所有该类型的标签，而不是某一个标签。

2）类选择器

类选择器使用英文点号进行标识，后面紧跟类名，其基本语法格式如下：

```
.类名{属性 1: 属性值 1; 属性 2: 属性值 2; …}
```

类名即为 HTML 元素的 class 属性值，类选择器的最大优势是可以为元素对象定义单独或相同的样式，且可应用于所有标签，十分灵活。

例如：

```
<!doctype html>
<html lang="en">
<head>
<meta charset="UTF-8">
<title>Document</title>
    <style type="text/css">
    .red/*定义类选择器*/
    {
    color:red;
    }
    .bg{
    background-color:green;
    }
    </style>
</head>
<body>
    <p class="red">当我年轻的时候,我梦想改变这个世界</p>
    <p class="redbg">当我成熟以后,我发现我不能够改变这个世界</p>
</body>
</html>
```

效果如图 6-24 所示。

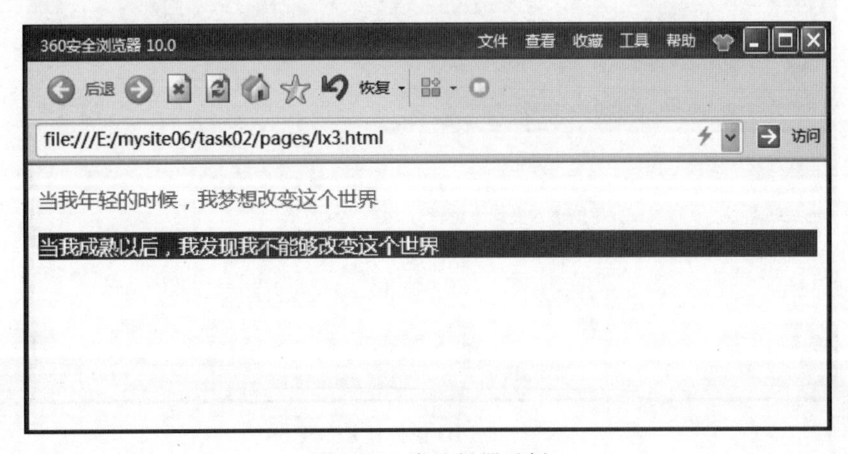

图 6-24　类选择器示例

HTML 标签都可以携带 class 属性，类选择器具有以下特点：

- 一个类选择器可以被多个标签使用。
- 同一个标签可以使用多个类选择器，用空格隔开。

3）ID 选择器

ID 选择器使用“#”进行标识，后面紧跟 ID 名，其基本语法格式如下：

```
#id名{属性1:属性值1;属性2:属性值2;…}
```

ID 选择器是针对某一个特定的标签来使用，且只能使用一次。

例如：

```
<!doctype html>
<html lang = "en">
<head>
<meta charset = "UTF - 8">
<title>Document</title>
    <style type = "text/css">
    #red/*定义ID选择器*/
    {
    color:red;
    }
    #green{
    color:green;
    }
    </style>
</head>
<body>
    <p id = "red">当我年轻的时候,我梦想改变这个世界</p>
    <p id = "green">当我成熟以后,我发现我不能够改变这个世界</p>
</body>
</html>
```

效果如图 6-25 所示。

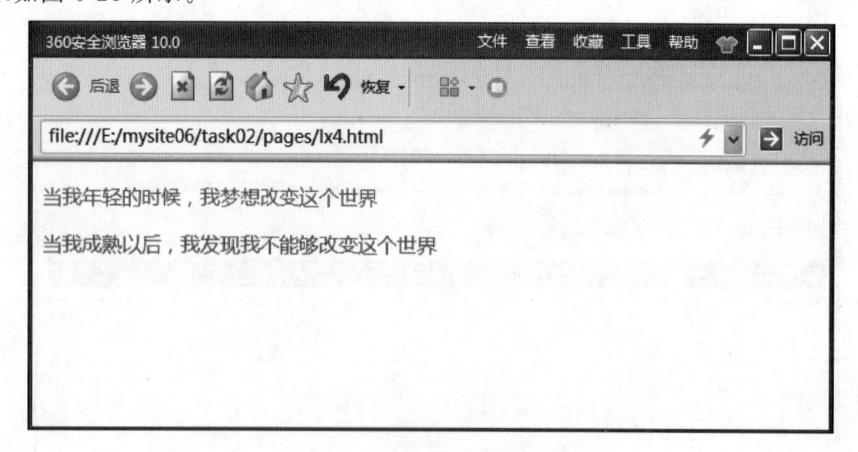

图 6-25　ID 选择器示例

任何 HTML 标签都可以有 ID 属性,来表示这个标签的名字。这个标签的名字可以任取,但是要符合以下规则:

- 只能有字母、数字、下画线。
- 必须以字母开头。
- 不能和标签同名,如 ID 不能叫作 body、p、h1。
- 大小写严格区分,也就是说 aa 和 AA 是两个不同的 ID。

另外,特别强调的是,HTML 页面中不能出现相同的 ID,也就是说要确保 ID 在整个页面中的唯一性。

4) 通配符选择器

通配符选择器用"*"号表示,它是所有选择器中作用范围最广泛的,能匹配当前页面中所有的 HTML 标签,其基本语法格式如下:

```
*{属性 1: 属性值 1; 属性 2: 属性值 2; …}
```

例如:

```
*{
  margin:0;                                   /*清除默认外边距*/
  padding:0;                                  /*清除默认内边距*/
}
```

上面的代码使用通配符选择器定义 CSS 样式,清除了所有 HTML 标签的默认内边距和外边距。

任务实施

步骤 1: 在 E 盘新建文件夹 mysite06,将 Dreamweaver CC 素材\project06 文件夹下的 task02 文件夹复制到该文件夹中。

步骤 2: 打开软件 Dreamweaver CC 2019,选择"站点"→"新建站点",在"站点设置对象"对话框中,设置"站点名称"为 mysite06-2,设置"本地站点文件夹"为 E:\mysite06\task02\。

步骤 3: 打开 index.html 网页,设置标签 table 的样式。在设计视图的页面中间的任意对象上右击→"CSS 样式"→"新建"。在"新建 CSS 规则"对话框中,"选择器类型"处选择"标签(重新定义 HTML 元素)","选择器名称"处输入"table","规则定义"处选择"(新建样式表文件)",如图 6-26 所示。

步骤 4: 单击"确定"按钮,在"将样式表文件另存为"对话框中,选择保存在 css 文件夹,设置文件名为 css1,如图 6-27 所示。

步骤 5: 单击"保存"按钮,在"table 的 CSS 规则定义(在 css1.css 中)"对话框中,设置"背景"选项的"Background-color(背景颜色)"为 #ECD3F1,单击"确定"按钮完成设置。

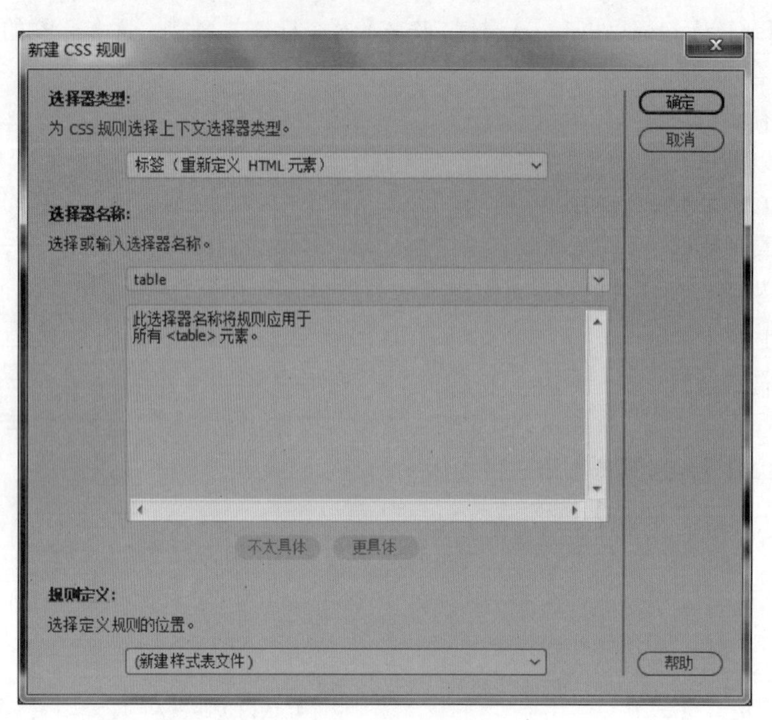

图 6-26　新建 CSS 规则

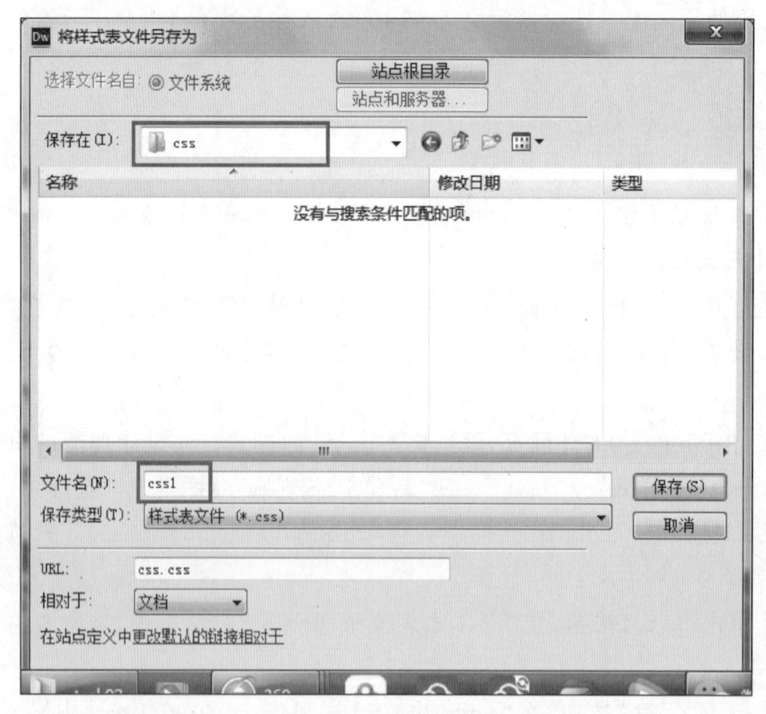

图 6-27　样式表文件另存为对话框

小提示

本例中将用外部样式表保存CSS规则，这种方法会生成一个以“.css”为扩展名的样式表文件，该文件可以被任意其他网页引用，从而大大提高了在不同网页间设置相同规则的效率。

步骤6： 新建标题样式“.title1”，保存在当前站点文件夹下的css1.css文件中，如图6-28所示。

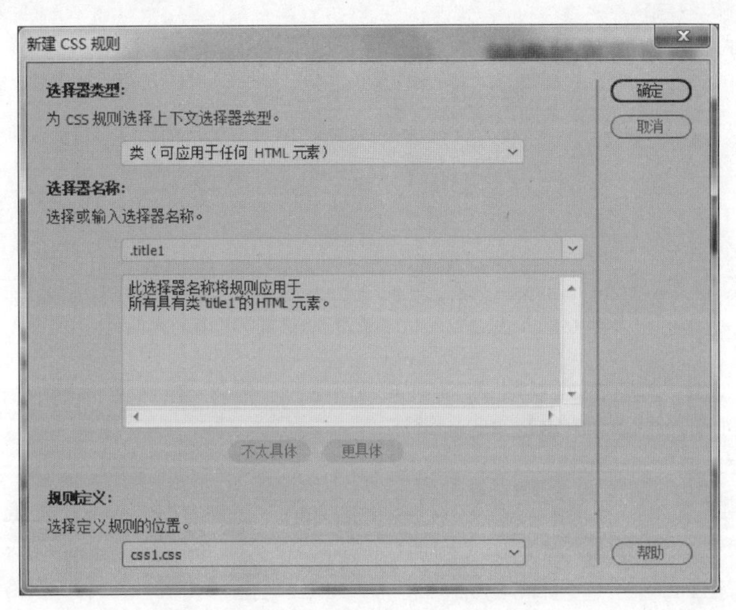

图6-28 新建样式“.title1”

步骤7： 单击“确定”按钮，在“.title1的CSS规则定义(在css1.css中)”对话框中，设置“类型”选项的“Font-family(字体)”为“微软雅黑”，“Font-size(字号)”为25px，“Font-weight(粗细)”为bolder，“Line-height(行高)”为1.5multiple(倍)，“Color(颜色)”为#4A29F1，如图6-29所示。

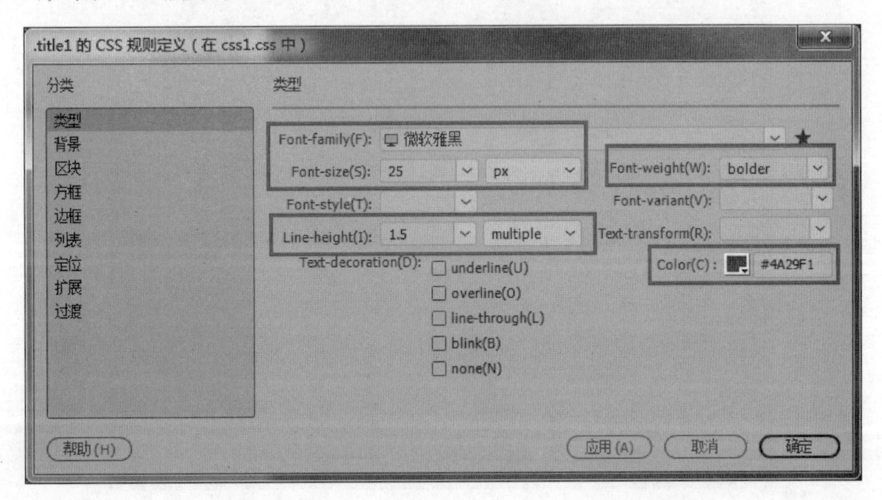

图6-29 设置“.title1”样式的“类型”选项的参数

步骤 8： 选择“区块”选项，设置“Vertical-align(垂直对齐)”为“middle(居中对齐)”，“Text-align(水平对齐)”为“center(居中对齐)”，如图 6-30 所示，单击“确定”按钮。

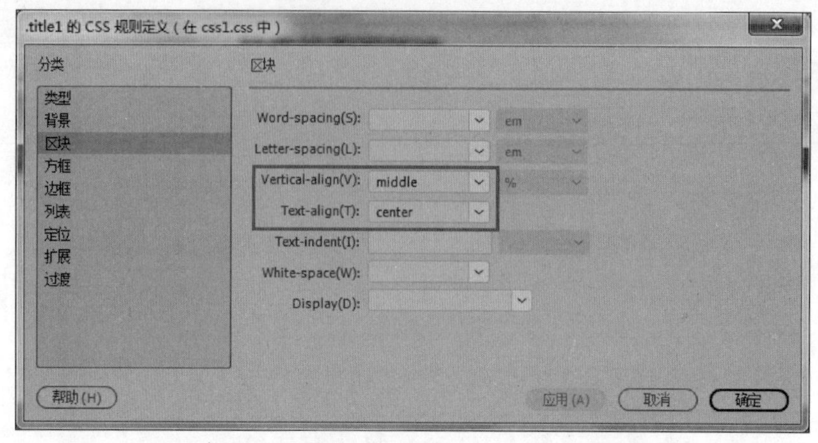

图 6-30　设置“. title1”样式的“区块”选项的参数

步骤 9： 选中“神奇的西双版纳”所在单元格的 td 标签，在属性面板中“目标规则”的下拉列表框处选“. title1”，应用类样式，如图 6-31 所示。

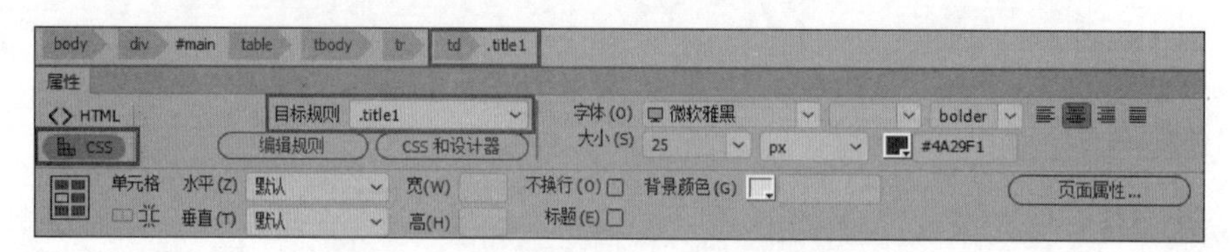

图 6-31　应用类样式“. title1”属性面板

步骤 10： 为图像新建样式“. img1”，保存在 CSS 文件夹的 css1. css 文件中，如图 6-32 所示。

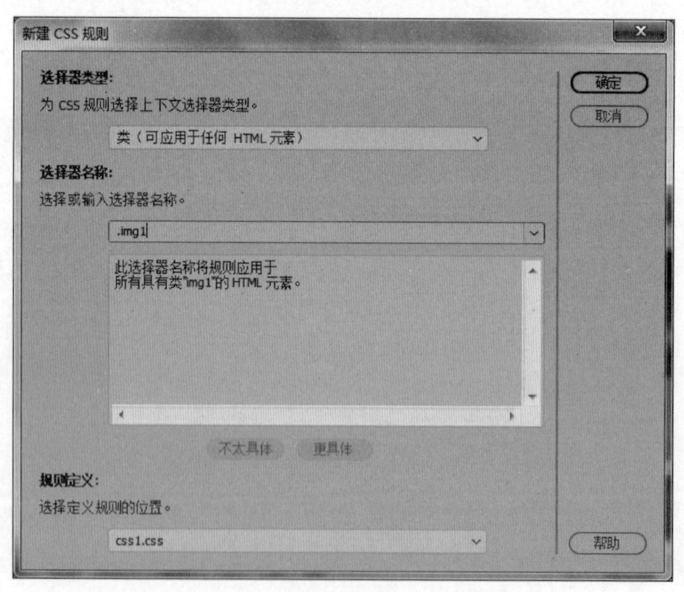

图 6-32　新建样式“. img1”

步骤 11: 单击“确定”按钮，在“. img1 的 CSS 规则定义(在 css1. css 中)”对话框中，设置“方框”选项的“Width(宽度)”为 300px，“Height(高度)”为 200px，“Margin(外边距)”勾选“全部相同”且设置“Top(O)”值为 10px，如图 6-33 所示。

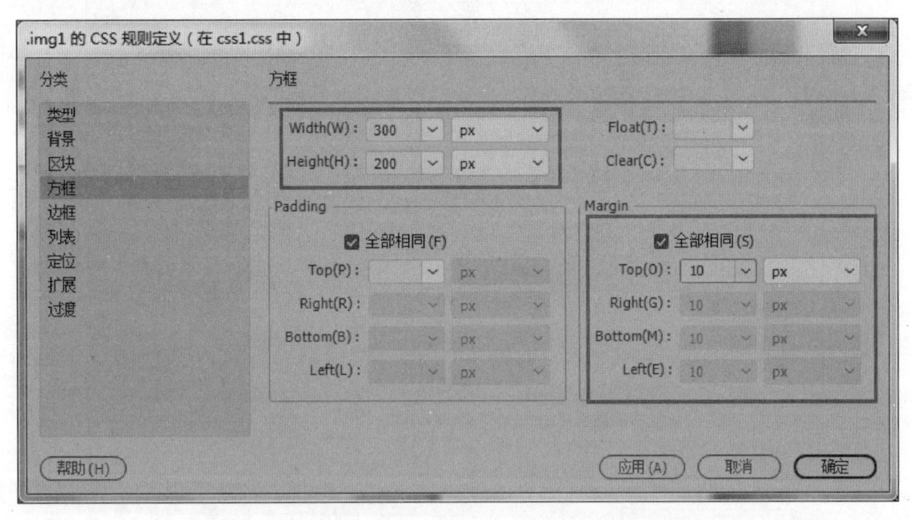

图 6-33 设置“. img1”样式的“方框”选项的参数

步骤 12: 分别选中表格中的图像，右击状态栏标签指示器里的 img 标签→“设置类”→“. img1”，属性面板及应用样式后的效果如图 6-34 所示。

图 6-34 图像应用样式“. img1”的效果图

步骤 13: 为列表项创建复合内容样式，将光标置入列表项所在单元格的空白处，右击→“CSS 样式”→“新建”。在“新建 CSS 规则”对话框中，“选择器类型”处选择“复合内容(基于选择的内容)”，则“选择器名称”处会自动出现“# main table tbody tr td ul li”，“规则定义”处选择 css1. css，如图 6-35 所示。

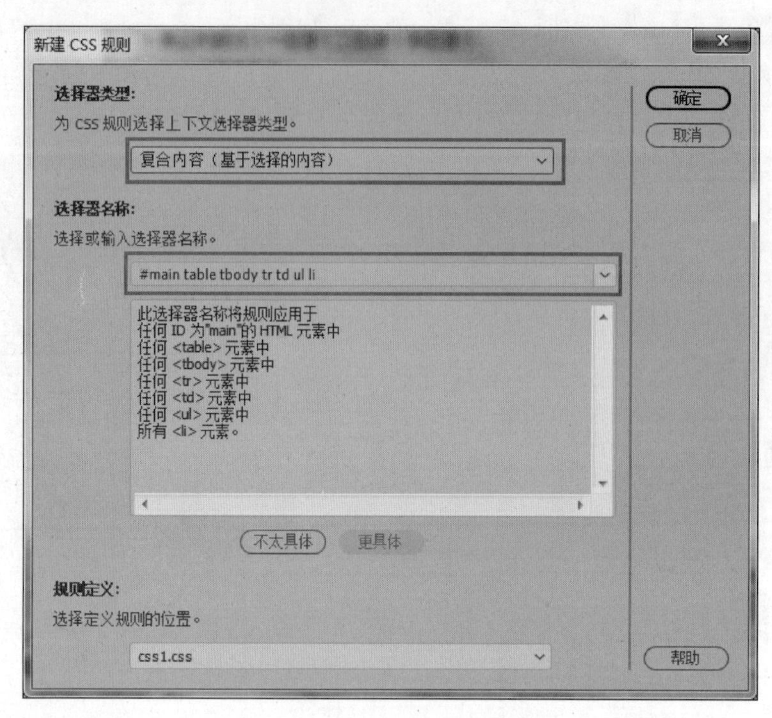

图 6-35　新建复合内容样式

步骤 14: 单击“确定”按钮，在“＃main tablet body tr td ul li 的 CSS 规则定义(在 css1. css 中)”对话框中，设置“类型”选项的“Font-family(字体)”为“黑体”，“Font-size(字号)”为 16px，“Line-height(行高)”为“2multiple(倍)”，“Color(颜色)”为＃0C05B7，如图 6-36 所示。

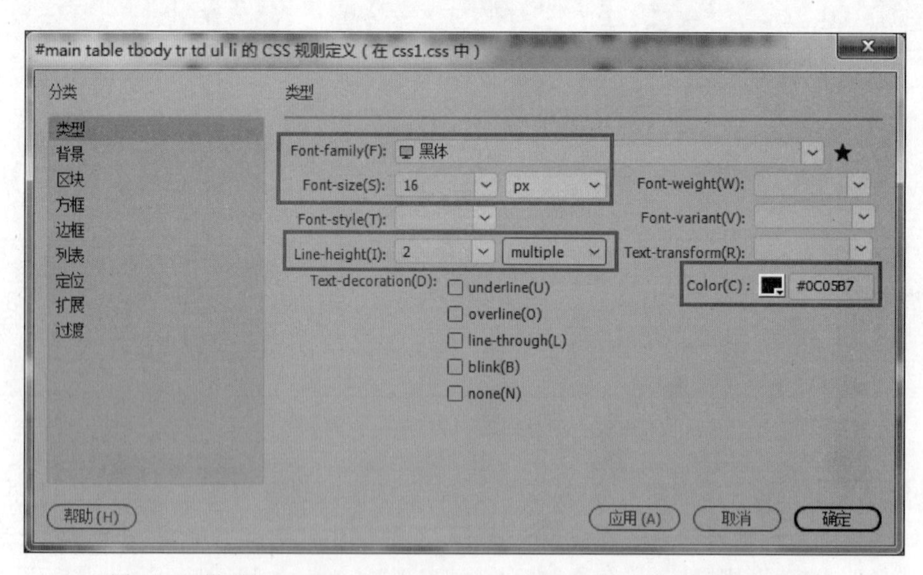

图 6-36　设置“＃main table tbody tr td ul li”样式的“类型”选项的参数

步骤 15： 选择“方框”选项，设置“Width(宽度)”为 300px，“Height(高度)”为 30px，“Float(浮动)”为 left，取消“Margin(边距)”下面“全部相同”的勾选，设置“Margin(边距)”的“Right(右外边距)”为 10px，“Left(左外边距)”为 10px，如图 6-37 所示。

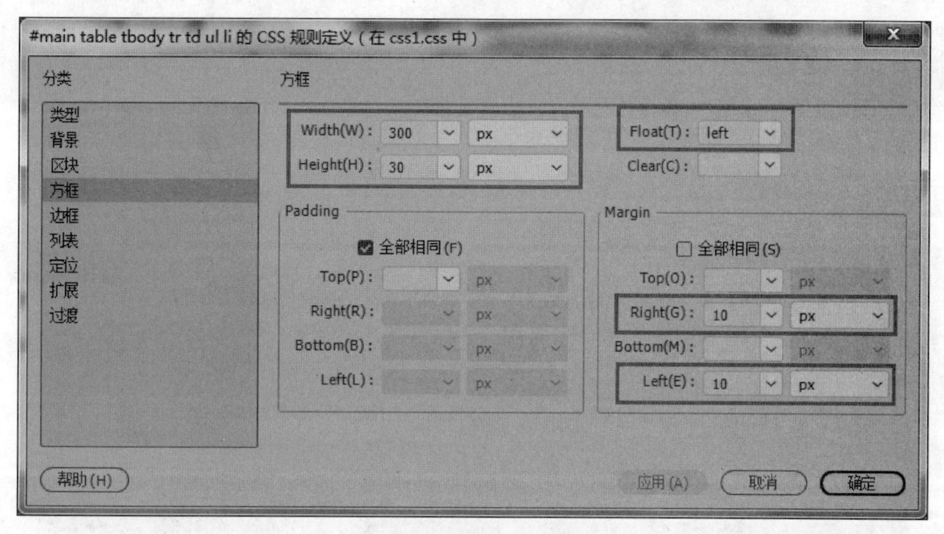

图 6-37　设置“#main table tbody tr td ul li”样式的“方框”选项的参数

步骤 16： 选择“区块”选项，设置“Text-align(文本对齐)”为“left(左对齐)”；选择“列表”选项，设置“List-style-image(项目符号图像)”为“../images/3.png”，如图 6-38 所示。

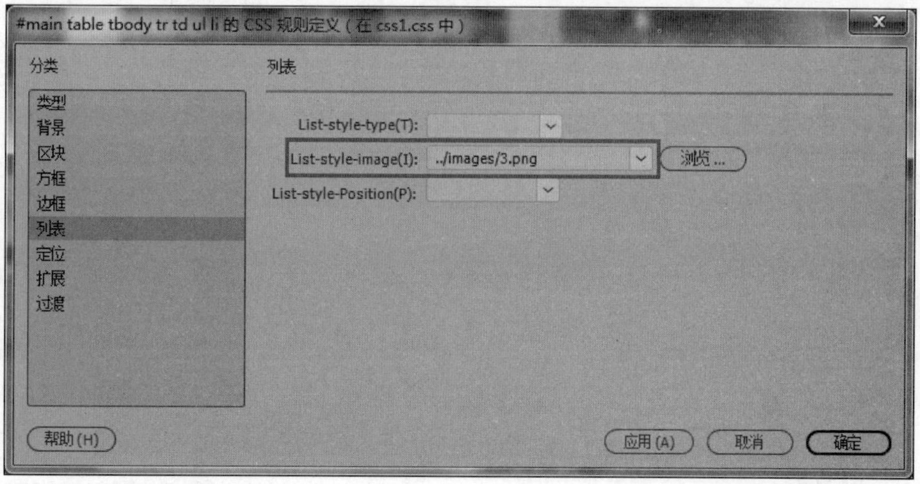

图 6-38　设置“#main table tbody tr td ul li”样式的“列表”选项的参数

步骤 17： 单击“确定”按钮，设置好复合内容“#main table tbody tr td ul li”的样式，效果如图 6-39 所示。

图 6-39　设置样式后的效果图

步骤 18: 将光标置入表格内，选中状态栏标签指示器里的 table 标签，在属性面板上把表格的边框 Border 设置为“0”，如图 6-40 所示。

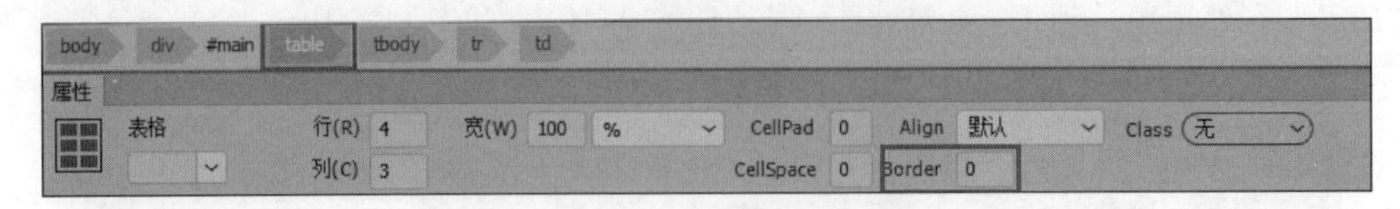

图 6-40　属性面板

步骤 19: 选择“文件”→“保存全部”，按 F12 预览网页，效果如图 6-41 所示。

图 6-41　效果图

任务拓展

为“舌尖上的西双版纳”网页链接 CSS 文件夹下的 css1. css 样式文件，并应用相应样式，效果如图 6-42 所示。

操作提示：

步骤 1: 打开文件夹 pages 下的 rwtz. html，链接 CSS 文件夹下的 css1. css 样式文件。单击浮动面板上的 CSS 设计器→ + →“附加现有的 CSS 文件”，如图 6-43 所示。

图 6-42　应用样式后的效果图

步骤 2： 在弹出来的“使用现有的 CSS 文件”对话框中，单击 浏览... 按钮，选择 CSS 文件夹下的 css1.css 样式文件，选择“添加为”为“链接”，如图 6-44 所示。单击“确定”按钮完成设置。

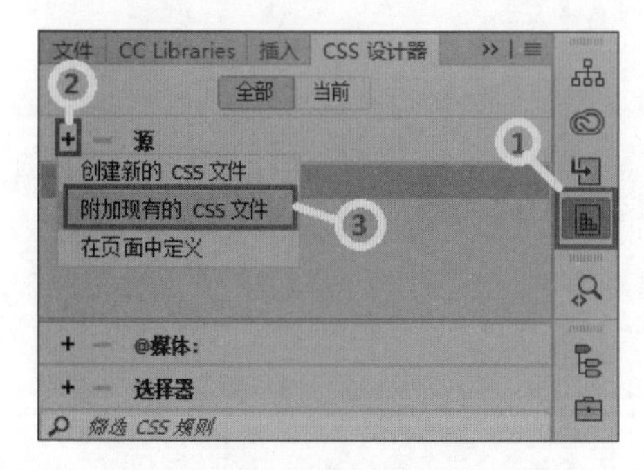

图 6-43　在 CSS 设计器面板附加现有的 CSS 文件

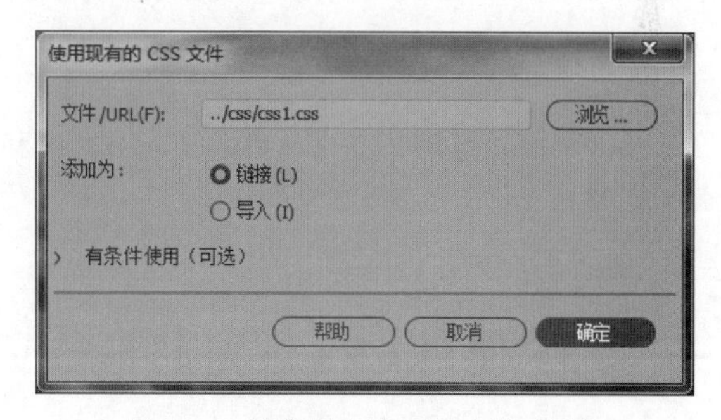

图 6-44　链接现有的 CSS 文件对话框

步骤 3： 打开 pages/rwtz.html 网页，为元素应用文件 css1.css 的相应样式，如为“舌尖上的西双版纳”应用样式“.title1”，为美食图片应用样式“.img1”，为页脚的表单元素应用样式“#main table tbody tr td ul li”。

步骤 4： 修改复合内容"#main table tbody tr td ul li"CSS 样式的项目符号图像 List-style-image 为"../images/1.png"。

小提示

如果对所创建的样式设置有调整，可以修改 CSS 样式，方法如下。

在属性面板中选中需要修改的规则，如"#main table tbody tr td ul li"，单击"编辑规则"，如图 6-45 所示。在"#main table tbody tr td ul li 的 CSS 规则定义(在 css1.css 中)"对话框中选择"列表"→ 浏览... ，选中站点根目录下的 images 文件夹中的 1.png 图片，如图 6-46 所示。单击"确定"按钮完成设置。

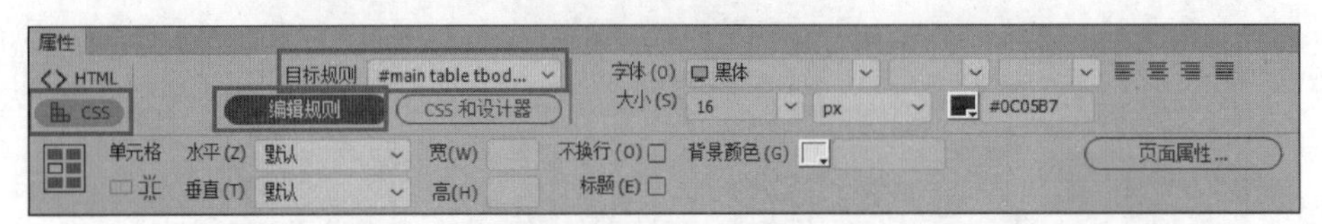

图 6-45 修改 CSS 样式

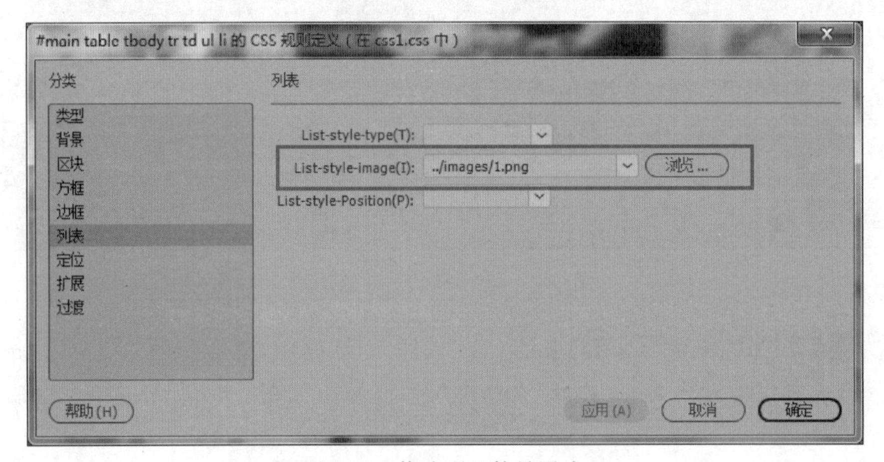

图 6-46 修改项目符号图片

小提示

由于拓展任务和任务 2 使用的是同一外部样式表文件，这里修改后，任务 2 网页的相应样式也将改变。

视频讲解

任务 3：使用 CSS 设置超链接页面

任务描述

本任务在超链接页面通过选择"选择器类型"为"复合内容"来创建 CSS 样式规则并美化页面，效果如图 6-47 所示。

图 6-47　效果图

设计要点

- “复合内容”伪类选择器的使用；
- “复合内容”交集选择器的使用；
- “复合内容”动态伪类样式的创建。

知识链接

CSS 复合选择器

CSS 复合选择器有以下几种。

1. 后代选择器

后代选择器用来选择元素的后代，空格表示后代。当要改变某元素的子元素的样式时，就要想到后代选择器，例如，如果希望只对 h1 元素中的 em 元素应用样式，可以这样写：h1 em{color:red;}。下面举个完整的例子：

```
<!doctype html>
<html lang="en">
<head>
<meta charset="UTF-8">
<title>Document</title>
    <style type="text/css">
    #div1 .p1 em
    {
    color:red;
    }
    </style>
</head>
<body>
<div id="div1">
<p class="p1">当我<em>年轻</em>的时候,我<em>梦想</em>改变这个世界</p>
    <p class="p1">当我<em>成熟</em>以后,我发现我不能够改变这个世界</p>
    <p>当我进入暮年以后,我发现我不能够改变我们的国家</p>
</div>
</body>
</html>
```

效果如图 6-48 所示。

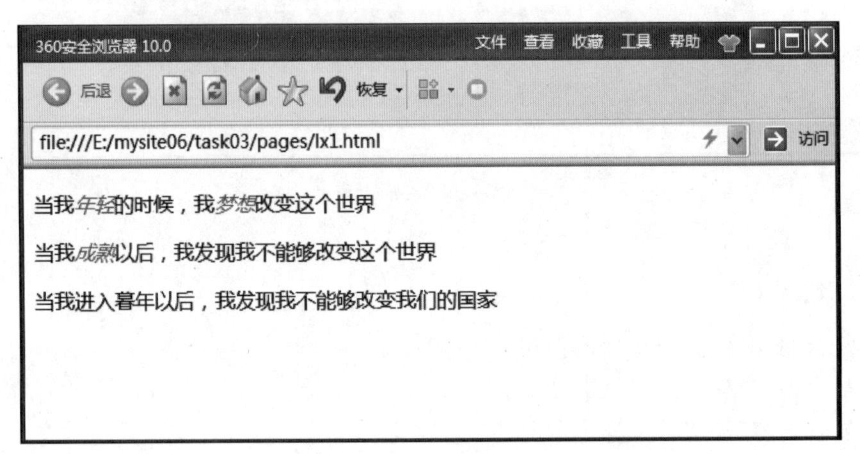

图 6-48　后代选择器示例

2. 子元素选择器

子元素选择器用来选择元素的子元素（“亲儿子”），其写法就是把父级标签写在前面，子级标签写在后面，中间跟一个“>”进行连接，例如：

```
<!doctype html>
<html>
<head>
<style type="text/css">
p>strong{color:red;}
</style>
```

```
</head>
<body>
<p>当我<strong>年轻</strong>的时候,我<strong>梦想</strong>改变这个世界</p>
<p>当我<em>成熟以后,我发现我不能够<strong>改变</strong>这个</em>世界</p>
</body>
</html>
```

效果如图 6-49 所示。

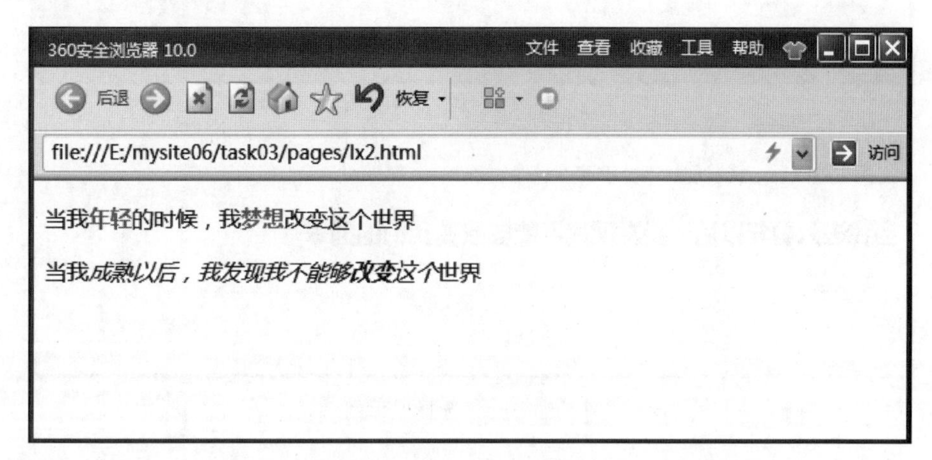

图 6-49　子元素选择器示例

以上示例中,只有第 1 行的"年轻"和"梦想"会变红色。

小提示

第 2 行的<strong>是孙元素而非子元素。

3. 交集选择器

交集选择器由两个选择器构成,第一个为标签选择器,第二个为类选择器或 ID 选择器,两个选择器之间不能有空格,如 h3.red 或 p#p1。下面是一个完整的例子:

```
<!doctype html>
<html lang="en">
<head>
<meta charset="UTF-8">
<title>Document</title>
    <style type="text/css">
    p.red
    {
    color:red;
    }
    </style>
</head>
<body>
<p class="red">当我年轻的时候,我梦想改变这个世界</p>
    <p>当我成熟以后,我发现我不能够改变这个世界</p>
```

```
    <h3 class = "red">当我进入暮年以后,我发现我不能够改变我们的国家</h3>
</body>
</html>
```

以上代码的运行结果是只有第1个段落中的文字会变红色,如图6-50所示。

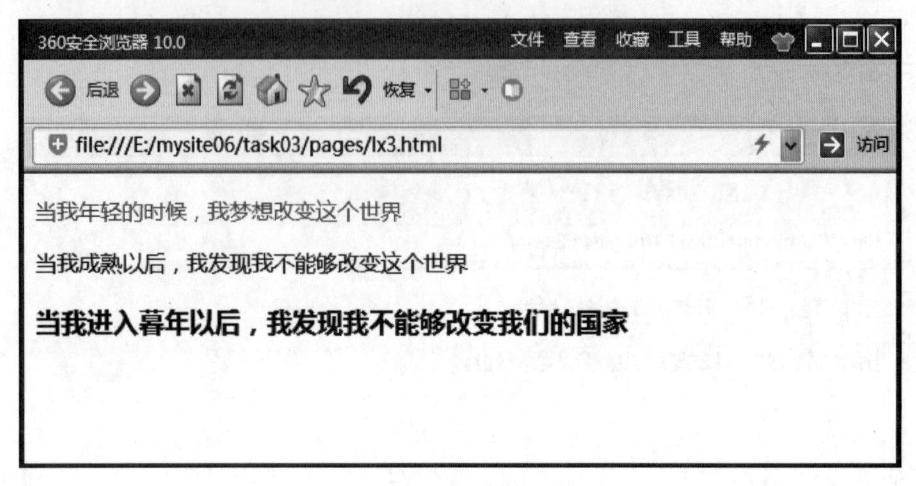

图6-50 交集选择器示例

4. 并集选择器

并集选择器是各个选择器通过逗号连接而成的,任何形式的选择器都可以成为并集选择器的一部分。如果某些选择器定义的样式完全或部分相同,就可以利用并集选择器为它们定义样式。例如:

```
<!doctype html>
<html lang = "en">
<head>
<meta charset = "UTF - 8">
<title>Document</title>
    <style type = "text/css">
    .p1,p em, #old
    {
    color:red;
    }
    </style>
</head>
<body>
    <p class = "p1">当我年轻的时候,我梦想改变这个世界</p>
    <p>当我成熟以后,我发现我不能够<em>改变这个世界</em></p>
    <h3 id = "old">当我进入暮年以后,我发现我不能够改变我们的国家</h3>
</body>
</html>
```

效果如图6-51所示。

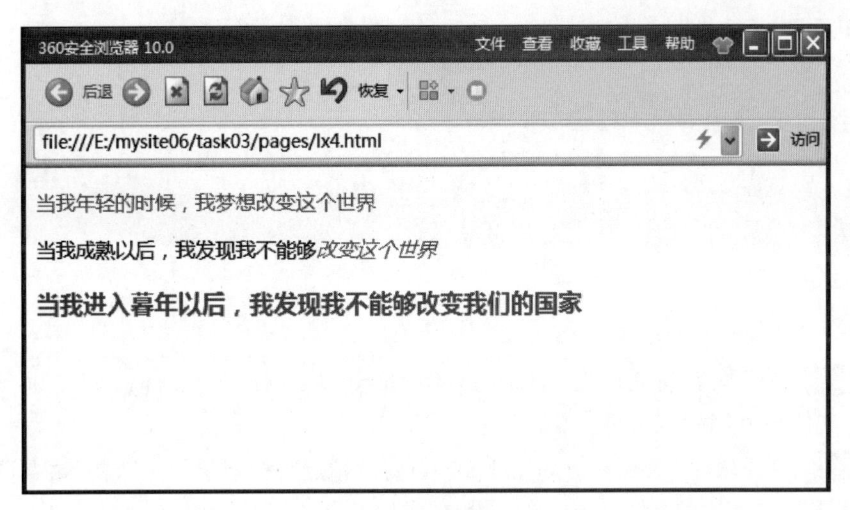

图 6-51　并集选择器示例

5. 伪类选择器

伪类选择器用于向某些选择器添加特殊的效果，如给链接添加特殊效果来表示链接在不同状态下的显示方式。伪类选择器用冒号表示，一般有如下四个链接伪类选择器(顺序不能颠倒，应按照"LVHA"的顺序书写)。

- link：未访问的链接，即超链接点击之前。
- visited：已访问的链接，即超链接点击之后。
- hover：鼠标移动到链接上或者放到某个标签上的时候。
- active：选定的链接或者单击某个标签没有松开鼠标时。

CSS允许对于元素的不同状态来定义不同的样式信息。因此，伪类选择器又分为两种。

1）静态伪类只能用于超链接。用于以下两种状态。

- link：超链接点击之前。
- visited：超链接点击之后。

2）动态伪类所有标签都适用。用于以下两种状态。

- hover：鼠标放到某个标签上的时候。
- active：单击某个标签没有松开鼠标时。

例如：

```
<!doctype html>
<html>
<head>
<meta charset="UTF-8">
<title>Document</title>
<style type="text/css">
a:link{color:#000000;}                    /*未访问链接*/
a:visited{color:#00FF00;}                 /*已访问链接*/
a:hover {color:#FF00FF;}                  /*鼠标移动到链接上*/
```

```
a:active{color:#0000FF;}                    /*鼠标点击时*/
</style>
</head>
<body>
<p><a href="#" target="_blank">这是一个链接</a></p>
</body>
</html>
```

任务实施

步骤 1: 在 E 盘新建文件夹 mysite06，将 Dreamweaver CC 素材\project06 文件夹下的 task03 文件夹复制到该文件夹中。

步骤 2: 打开软件 Dreamweaver CC 2019，选择“站点”→“新建站点”，在“站点设置对象”对话框中，设置“站点名称”为 mysite06-3，设置“本地站点文件夹”为 E:\mysite06\task03\。

步骤 3: 打开 index.html 网页，创建伪类样式。在设计视图下右击表格中的任意位置→“CSS 样式”→“新建”。在“新建 CSS 规则”对话框中，“选择器类型”处选择“复合内容(基于选择的内容)”，“选择器名称”处选择“a:link”，“规则定义”处选择“(新建样式表文件)”，如图 6-52 所示。

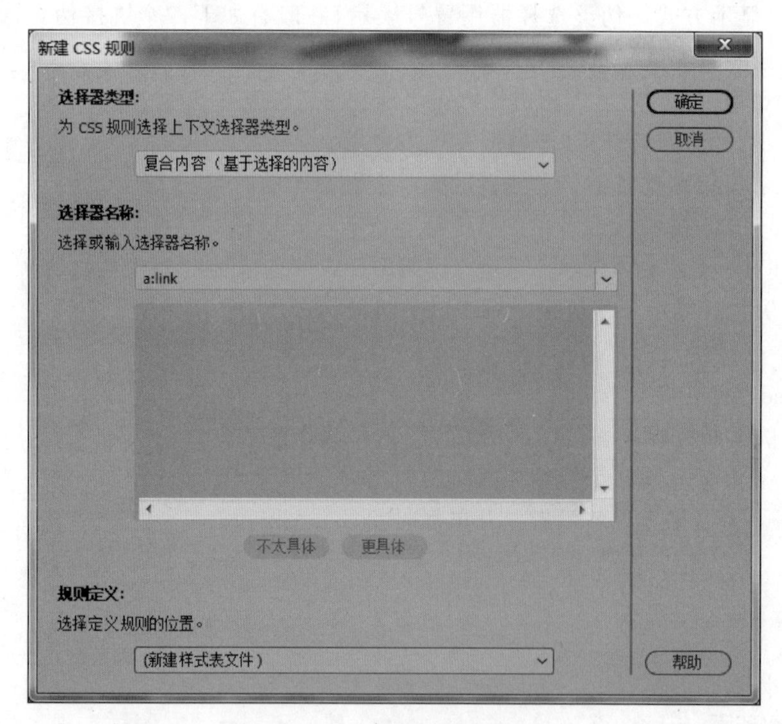

图 6-52　新建 CSS 规则

步骤 4: 单击“确定”按钮完成设置，在“将样式表文件另存为”对话框中，新建 CSS 文件，设置“文件名”为 css2，保存在当前站点文件夹下的 css 文件夹中，如图 6-53 所示。

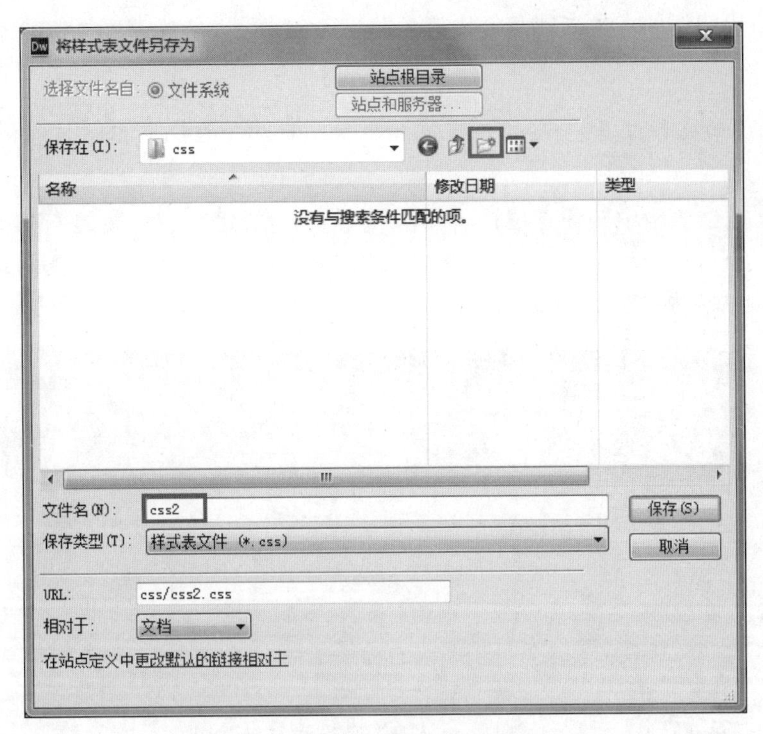

图 6-53 样式表文件另存为对话框

步骤 5: 单击“保存”按钮,在“a:link 的 CSS 规则定义(在 css2.css 中)”对话框中,设置“类型”选项的“Font-family(字体)”为“黑体”,“Font-size(字号)”为 16px,“Color(颜色)”为#CC24CA,“Text-decoration(文本修饰)”为“none(无)”,如图 6-54 所示。单击“确定”按钮完成设置。

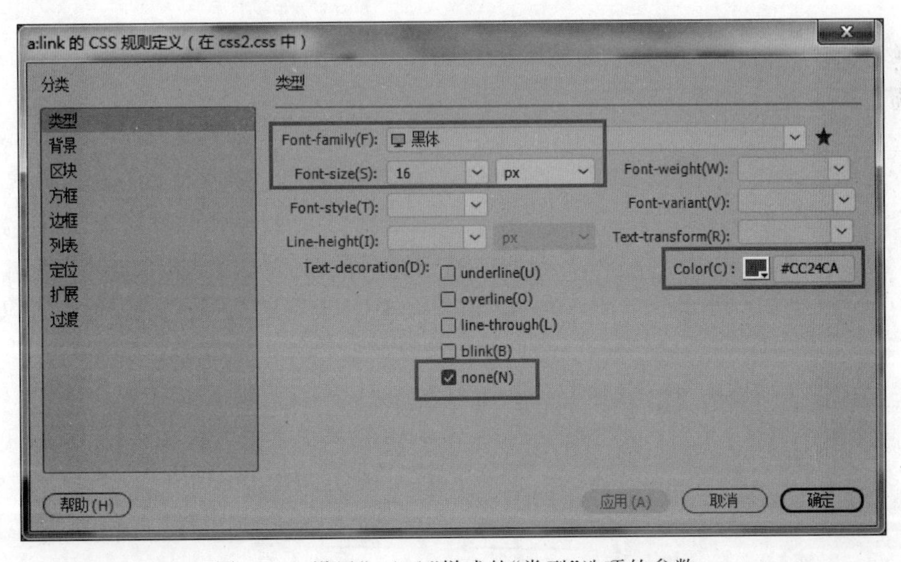

图 6-54 设置“a:link”样式的“类型”选项的参数

步骤 6： 用同样的方法新建复合内容的 a:visited 样式，参数设置也相同。

小提示

为了不让页面色彩过多，一般情况下 a:link 和 a:visited 的设置相同，a:active 和 a:hover 的设置相同。

步骤 7： 右击表格中的任意位置→"CSS 样式"→"新建"。在"新建 CSS 规则"对话框中，"选择器类型"处选择"复合内容"，"选择器名称"处选择 a:hover，"规则定义"处选择 css2.css。其他参数设置如图 6-55 所示。

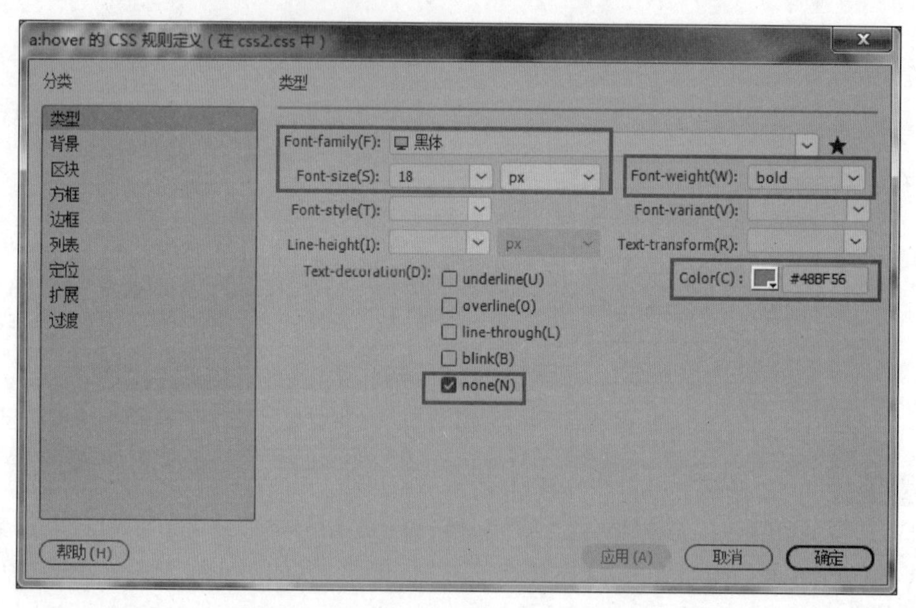

图 6-55　设置 a:hover 样式的"类型"选项的参数

步骤 8： 用同样的方法新建复合内容的 a:active 样式，参数设置也相同。设置完成后效果如图 6-56 所示。

August
热门目的地
自由行精品路线推荐
旅行攻略
签证报价表
飞机票查询
锚链接

图 6-56　效果图

步骤 9： 使用交集选择器创建链接的个性化样式。右击表格中的任意位置→"CSS 样式"→"新建"。在"新建 CSS 规则"对话框中，"选择器类型"处选择"复合内容（基于选择的内容）"，"选择器名称"处输入"a.personality:link"，"规则定义"处选择 css2.css，如图 6-57 所示。参数设置如图 6-58 所示。

步骤 10： 用同样的方法新建复合内容的 a.personality:visited 样式，参数设置也相同。用同样的方法新建复合内容的 a.personality:hover 和 a.personality:active 样式，修改参数"Font-size（字号）"为 18px，"Color（颜色）"为＃EFDF0D，其他不变。

步骤 11： 选择需要应用样式的链接文字，在属性面板上的"目标规则"处选择 personality，属性面板及效果如图 6-59 所示。

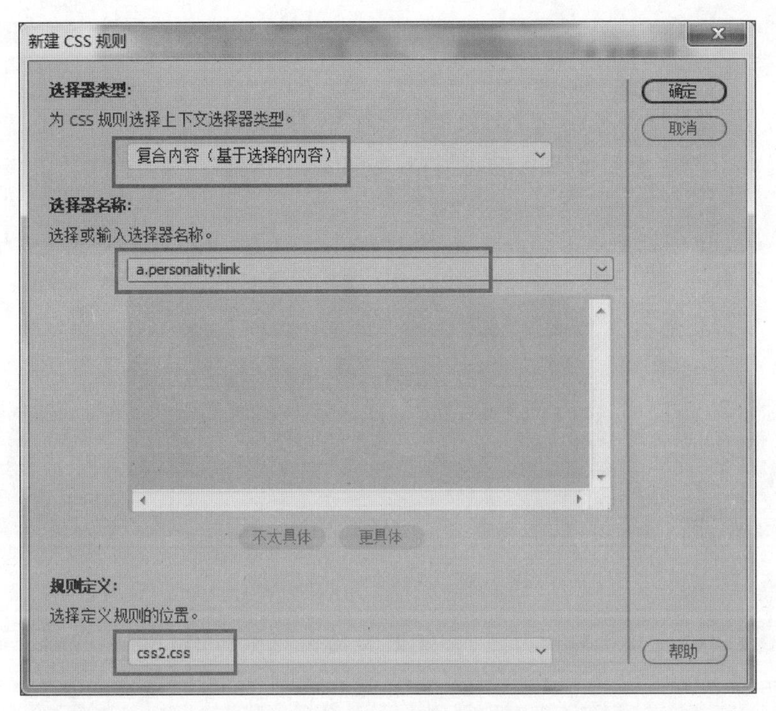

图 6-57　新建交集选择器

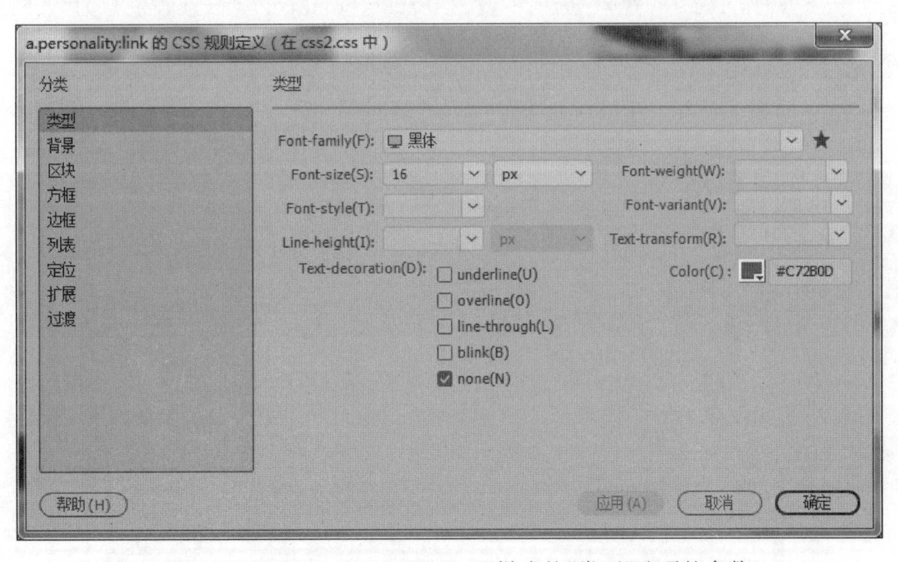

图 6-58　设置"a. personality:link"样式的"类型"选项的参数

小提示

由于链接具有四种状态，因此在创建伪类样式时，类名相同的四种状态都要分别创建。在应用伪类样式时，只要选择类样式名，四种状态就都会被选中应用，如图 6-59 选择"目标规则"为 personality，但是出现的是 a. personality:hover。

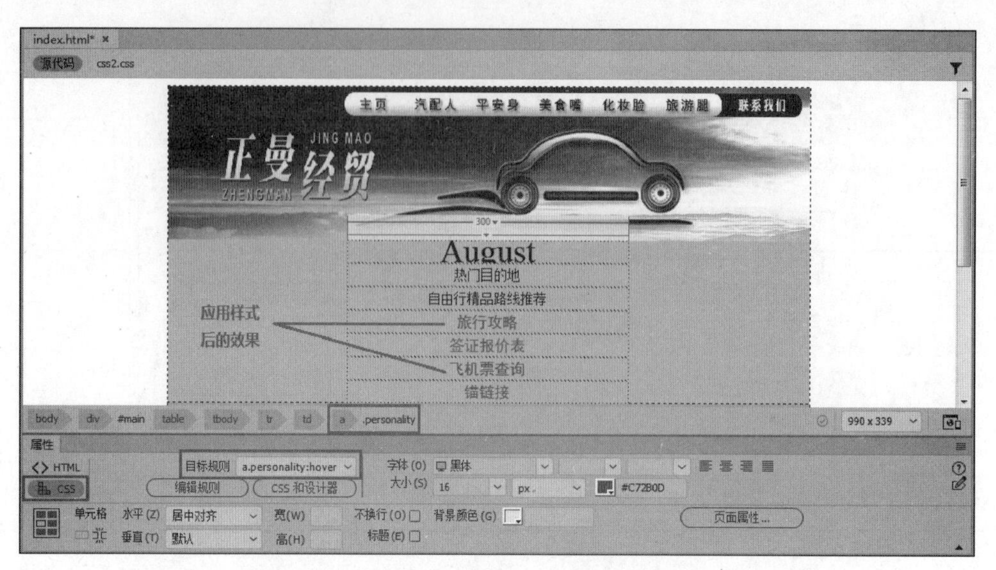

图 6-59　属性面板及效果图

步骤 12: 为单元格创建伪类样式,效果为预览时鼠标经过的单元格会有紫色背景。右击任意单元格→“CSS 样式”→“新建”。在“新建 CSS 规则”对话框中,“选择器类型”处选择“复合内容(基于选择的内容)”,“选择器名称”处输入“tbody tr td:hover”,“规则定义”处选择 css2.css,如图 6-60 所示。在“背景”选项中设置“Background-color(背景颜色)”为＃964EE4。

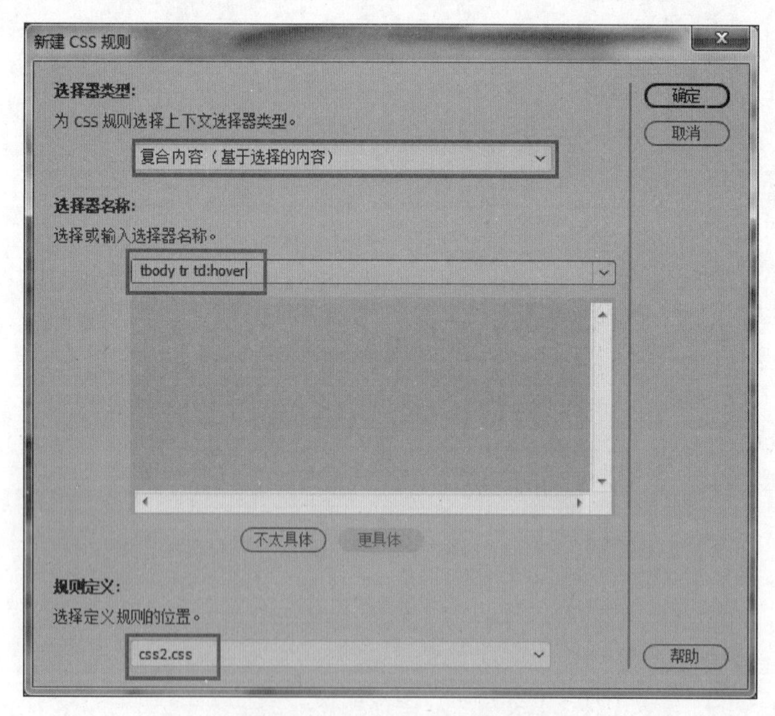

图 6-60　创建动态伪类样式

步骤 13: 选择“文件”→“保存全部”，按 F12 预览效果，如图 6-61 所示。测试一下用鼠标划过各单元格时会不会有紫色背景。

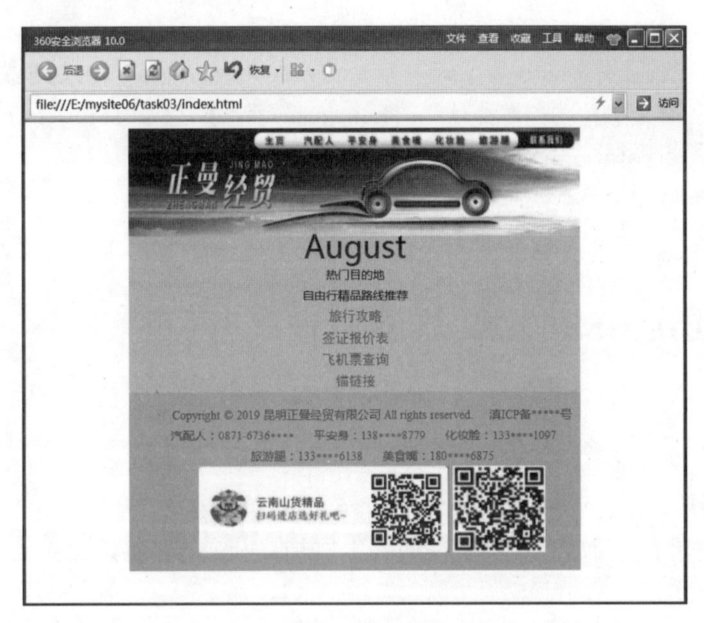

图 6-61　效果图

任务拓展

运用任务 3 的知识，为链接文字“签证报价表”和“锚链接”创建个性化的链接样式，效果如图 6-62 所示。操作提示如下。

图 6-62　任务拓展效果图

步骤 1：新建 a. personality1：link 和 a. personality1：visited 样式，设置“类型”选项的“Font-family（字体）”为“微软雅黑”，“Font-size（字号）”为 16px，“Color（颜色）”为＃138796，“Text-decoration（文本修饰）”为“none（无）”。

步骤 2：新建 a. personality1：hover 和 a. personality1：active 样式，设置“类型”选项的“Font-family（字体）”为“微软黑体”，“Font-size（字号）”为 16px，“Color（颜色）”为＃059C12，“Text-decoration（文本修饰）”为“none（无）”。

步骤 3：为链接文字“签证报价表”和“锚链接”应用样式 personality1。

视频讲解

任务 4：使用 CSS 设置“旅游调查表”网页

任务描述

本任务将利用 CSS 样式设置“旅游调查表”网页表单元素的外观样式，效果如图 6-63 所示。

图 6-63　旅游调查表效果图

设计要点

- 运用 CSS 设置表单的文本域样式；
- 运用 CSS 设置表单的按钮样式。

CSS 的三大特性

CSS 样式有以下三大特性。

1. 层叠性

层叠性是指多种 CSS 样式的叠加，例如使用内部样式定义< p >标记中的字号大小为 16px，外部样式定义< p >标记中的文字颜色为红色，那么段落文本将显示为 16px 的红色，即这两种样式发生了叠加。下面举一个完整的例子：

```
<!doctype html>
<html lang="en">
<head>
<meta charset="UTF-8">
<title>Document</title>
    <style type="text/css">
    p{font-family: "微软雅黑";}
    #font14{font-size:14px}
    .red{color:red;}
    </style>
</head>
<body>
<p class="red" id="font14">当我年轻的时候,我梦想改变这个世界</p>
</body>
</html>
```

以上例子中，标签选择器 p 定义了字体“微软雅黑”，ID 选择器 #font14 定义了字号“14px”，类选择器.red 定义了文本的颜色，最终的显示效果是这三个选择器定义的样式发生了叠加，效果如图 6-64 所示。

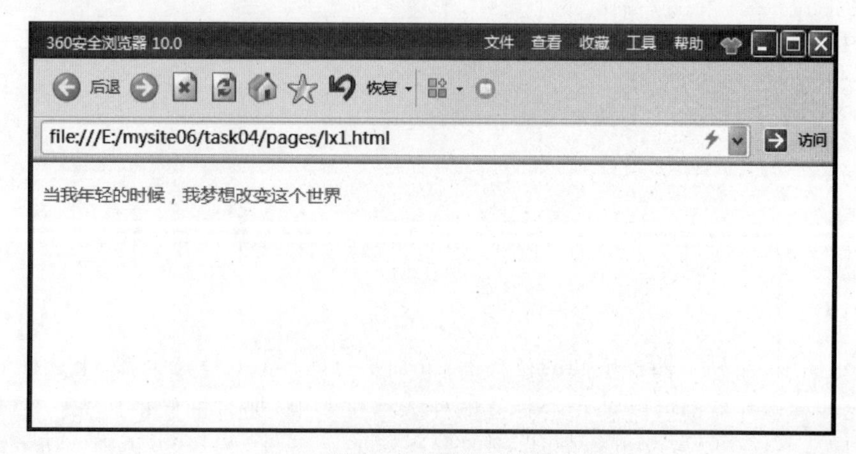

图 6-64　层叠性示例

2. 继承性

CSS的继承性指的是被包在内部的标签拥有外部标签的样式属性，即子元素可以继承父元素的属性。继承性非常有用，它使得网页设计者不必在标签的每个后代上都添加相同的样式。如果设置的属性是一个可继承的属性，只须将其应用于父标签即可，例如：

```
body{font-family: "微软雅黑";font-size:14px;font-weight:normal;line-height:20px;}
```

恰当地使用继承可以简化代码，降低CSS样式的复杂性。但是，如果在网页中所有的标签都大量继承样式，那么判断样式的来源就会很困难。当然，并不是所有的CSS属性都可以继承，下面的属性就不具有继承性：

- 边框属性；
- 外边距属性；
- 内边距属性；
- 背景属性；
- 定位属性；
- 布局属性。

常见的拥有继承性的属性中，以text-、font-、line-开头的属性较为常用。

3. 优先级

定义CSS样式时，经常出现两个或更多规则应用在同一标签上的情况，此时就会出现优先级的问题。下面是一个具体的例子：

```
<!doctype html>
<html lang="en">
<head>
<meta charset="UTF-8">
<title>Document</title>
    <style type="text/css">
    p{color:red;}
    #green{color:green;}
    .yellow{color:yellow;}
    </style>
</head>
<body>
<p class="yellow" id="green" style="color:blue">请问我到底是什么颜色?</p>
</body>
</html>
```

以上示例中，用到了四种不同的选择器，分别是行内样式、ID选择器、类选择器和标签选择器，这四种选择器都可以对<p>标签的样式产生影响，那么谁先谁后呢？使用不同的选择器对同一个标签设置文本颜色时，浏览器会根据选择器的优先级规则解析CSS样式。其实，CSS为每一种基础选择器都分配了一个权重，如表6-1所示。

表 6-1　CSS 选择器的权重

选择器类别	权重值	举例
行内样式	1000	style="color:blue"
ID 选择器	100	#green{color:green;}
类选择器,伪类选择器,属性选择器	10	.yellow{color:yellow;} :hover{color:purple} a[href="http://www.baidu.com"]
标签选择器,伪元素选择器	1	p{color:red;} div::after{content:"插入内容";color:red;}
通配符选择器,子选择器,兄弟选择器	0	*{margin:0;padding:0;} div>p{width:100px;} h2+p{color:green;}

在以上示例中,由于行内样式具有最高的权重1000,即优先级最高,因此文本显示为蓝色。当网页比较复杂,HTML结构嵌套较深时,一个标签的样式将深受其祖先标签样式的影响,影响的规则如下。

- **CSS 优先级规则 1**

最近的祖先样式比其他祖先样式优先级高。

例如:

```
<! --类名为 son 的 div 的 color 为 blue -->
<div style = "color: red">
<div style = "color: blue">
<div class = "son"></div>
</div>
</div>
```

- **CSS 优先规则 2**

直接样式比祖先样式优先级高。

例如:

```
<! --类名为 son 的 div 的 color 为 blue -->
<div style = "color: red">
<div class = "son" style = "color: blue"></div>
</div>
```

- **CSS 优先规则 3**

优先级关系:行内样式> ID 选择器>类选择器=属性选择器=伪类选择器>标签选择器=伪元素选择器。

- **CSS 优先规则 4**

复合选择器(并集选择器除外)的优先级计算方法:计算复合选择器中 ID 选择器的个数(a),计算复合选择器中类选择器、属性选择器以及伪类选择器的个数之和(b),计算复合选择器中标签选择器和伪元素选择器的个数之和(c)。按 a、b、c 的顺序依次比较大小,大的则优先级高,相等则比较下一个。若最后两个复合选择器中的 a、b、c 都相等,则按照"就近

原则”来判断,越近越优先。例如:

```
<!doctype html>
<html lang="en">
<head>
<meta charset="UTF-8">
<title>Document</title>
    <style type="text/css">
      #div1 span{
      color: red;
      }
      div  .span1{
      color: blue;
      }
    </style>
</head>
<body>
<div id="div1">
    <span class="span1">请问我到底是什么颜色?</span>
</div>
</body>
</html>
```

根据规则 4,本示例中的文字为红色。

小技巧:如果外部样式表和内部样式表中的样式发生冲突会出现什么情况呢?这与样式表在 HTML 文件中所处的位置有关,样式被应用的位置越在下面则优先级越高。其实这仍然可以用规则 4 来解释,例如:

```
<!doctype html>
<html lang="en">
<head>
<meta charset="UTF-8">
<title>Document</title>
    <link rel="stylesheet" type="text/css" href="style.css">
        <style type="text/css">
        div{color:blue;}
        </style>
</head>
<body>
<div>请问我到底是什么颜色?</div>
</body>
</html>
```

外部样式表文件 style.css 的内容如下:

```
div{color:red;}
```

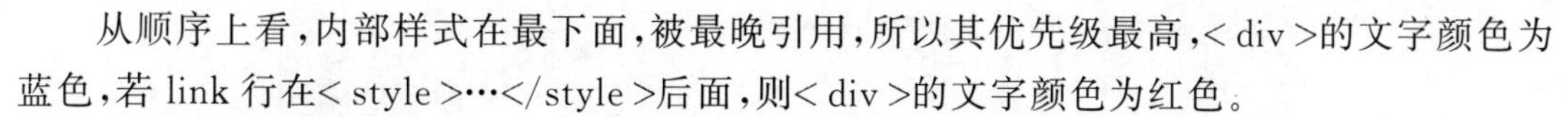

从顺序上看，内部样式在最下面，被最晚引用，所以其优先级最高，< div >的文字颜色为蓝色，若 link 行在< style >…</style >后面，则< div >的文字颜色为红色。

• **CSS 优先规则 5：**

属性后插有!important 的属性拥有最高优先级。若同时插有!important，则再利用规则 3、4 判断优先级。例如：

```
<!doctype html>
<html lang="en">
<head>
<meta charset="UTF-8">
<title>Document</title>
<style type="text/css">
p{color:red!important;}
.father .son{color:blue;}
</style>
</head>
<body>
<div class="father">
        <p class="son">请问我到底是什么颜色?</p>
</div>
</body>
</html>
```

本例中，虽然.father .son 拥有更高的权值，但选择器 p 中的 color 属性被插入了!important 命令，所以 color 拥有最高优先级，< p >的颜色为红色。

任务实施

步骤 1： 在 E 盘新建文件夹 mysite06，将 Dreamweaver CC 素材\project06 文件夹下的 task04 文件夹复制到该文件夹中。

步骤 2： 打开软件 Dreamweaver CC 2019，选择“站点”→“新建站点”，在“站点设置对象”对话框中，设置“站点名称”为 mysite06-4，设置“本地站点文件夹”为 E:\mysite06\task04\。

步骤 3： 打开 index.html 网页，为表单元素创建类样式。右击表单→“CSS 样式”→“新建”，“新建 CSS 规则”对话框的设置如图 6-65 所示。

步骤 4： 单击“确定”按钮，进入“.td-textfield 的 CSS 规则定义”对话框，选择“背景”选项，设置“Background-color(背景颜色)”为#2E95F5，如图 6-66 所示。

步骤 5： 选择“区块”选项，设置“Text-align(水平对齐)”为“center(居中)”，如图 6-67 所示。

步骤 6： 选择“方框”选项，设置“Width(宽度)”为 100px，“Height(高度)”为 20px，如图 6-68 所示。

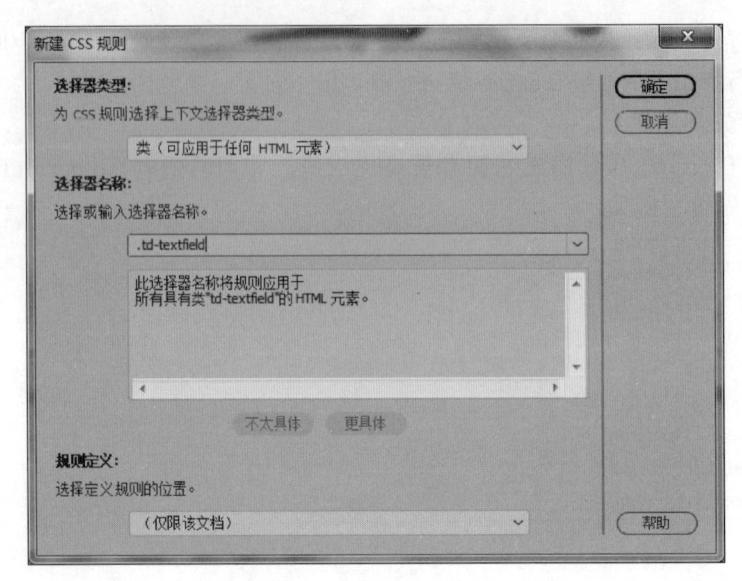

图 6-65　新建 CSS 样式

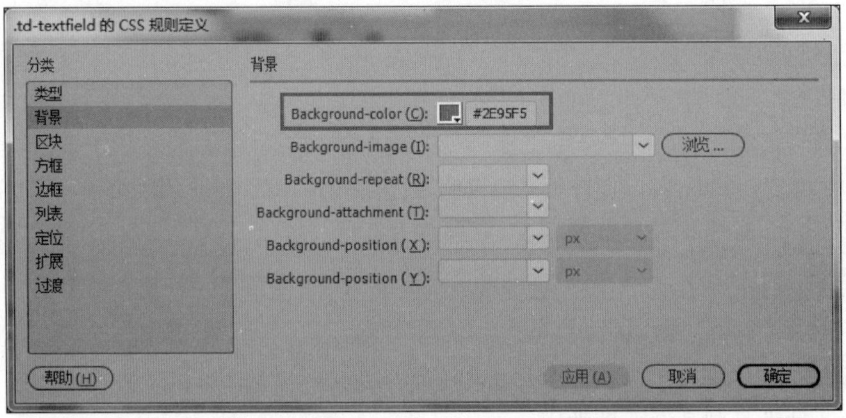

图 6-66　设置“. td-textfield”的“类型”选项参数

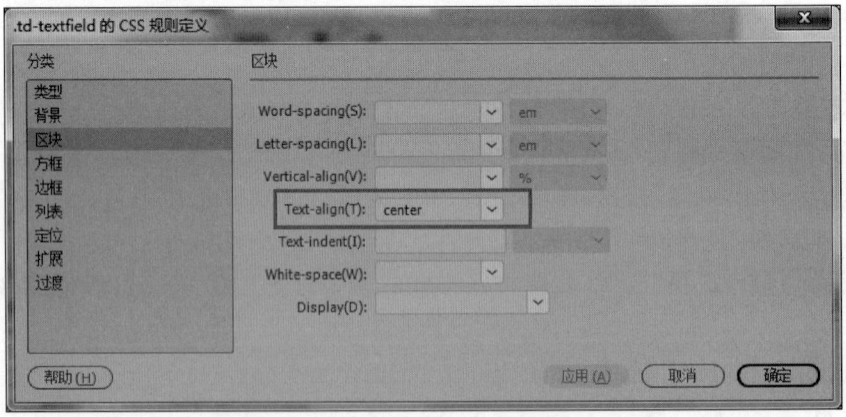

图 6-67　设置“. td-textfield”的“区块”选项参数

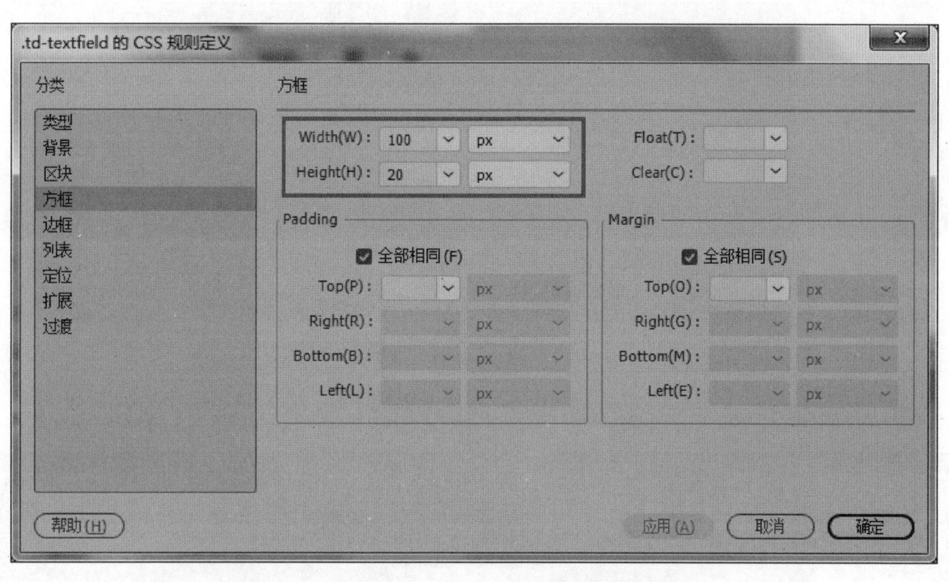

图 6-68　设置“. td-textfield”的“方框”选项参数

步骤 7: 选择“边框”选项，勾选三个“全部相同”，设置 Style 为“solid(实线)”，“Width(宽度)”为 2px，“Color(颜色)”为#EFDF53，如图 6-69 所示。

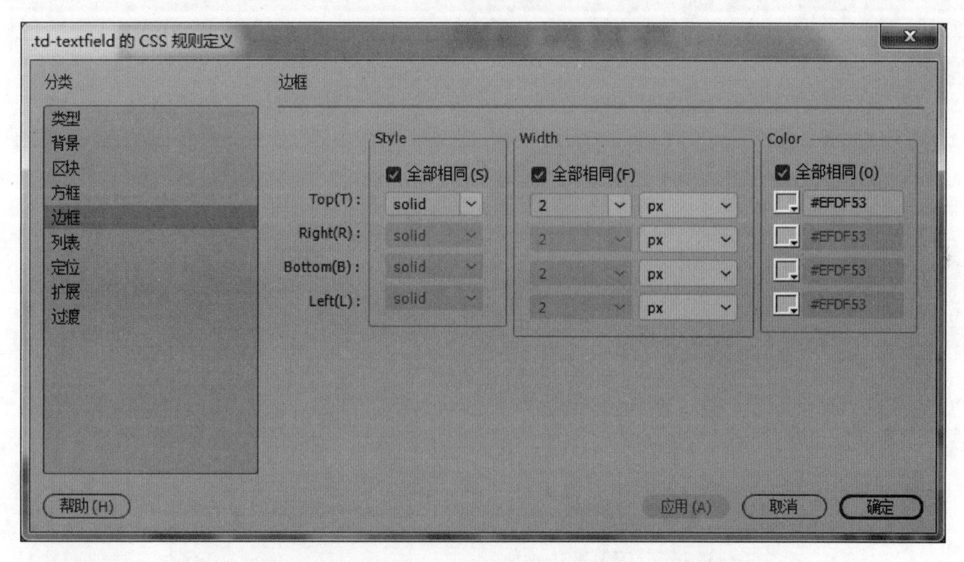

图 6-69　设置“. td-textfield”的“边框”选项参数

步骤 8: 单击“确定”按钮完成设置，选中“姓名”后面的文本域，如图 6-70 所示。

步骤 9: 在属性面板中的 Class 处选择“. td-textfield”，将 CSS 样式应用于文本域，属性面板及效果如图 6-71 所示。

步骤 10: 用同样的方法为“年龄”后面的文本域应用样式“. td-textfield”，效果如图 6-72 所示。

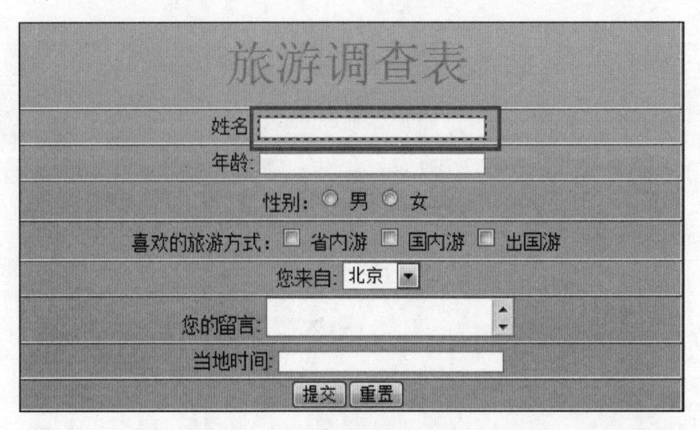

旅游调查表
姓名:
年龄:
性别: 男 女
喜欢的旅游方式: 省内游 国内游 出国游
您来自: 北京
您的留言:
当地时间:
提交 重置

图 6-70　选择文本域

index.html*
旅游调查表
姓名:
年龄:
性别: 男 女
喜欢的旅游方式: 省内游 国内游 出国游
您来自: 北京
您的留言:
当地时间:
body div #main form #form1 table tbody tr td input #textfield
990 x 259
属性
Text
Name textfield
Class td-textfi...
Size
Max Length
Value
Title
Place Holder
Disabled
Required
Auto Complete
Auto Focus
Read Only
Form
Pattern
Tab Index
List

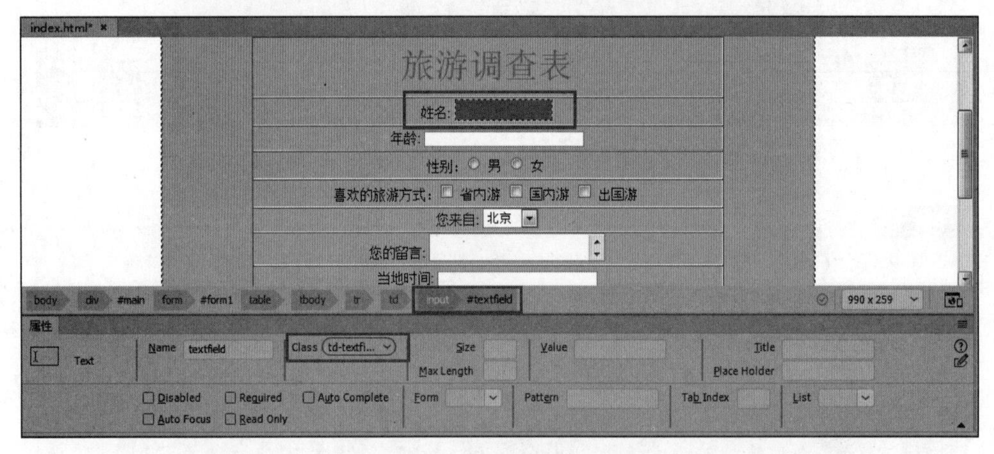

图 6-71　属性面板及效果图

旅游调查表
姓名:
年龄:
性别: 男 女
喜欢的旅游方式: 省内游 国内游 出国游
您来自: 北京
您的留言:
当地时间:
提交 重置

图 6-72　效果图

步骤 11: 为按钮新建 CSS 类样式,将其命名为“. button1”。在“背景”选项中单击 浏览... 按钮,选择站点根目录下的 images 文件夹中的 button1. gif 图片为背景,设置 Background-repeat(R)为“no-repeat(背景不重复)”,其余参数设置如图 6-73 所示。

步骤 12: 设置“方框”选项参数如图 6-74 所示。

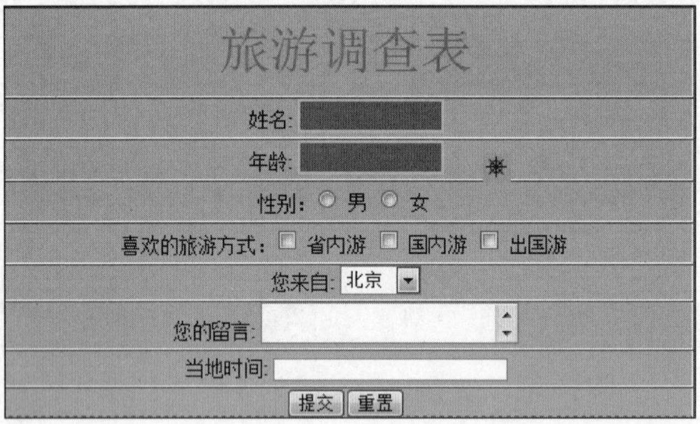

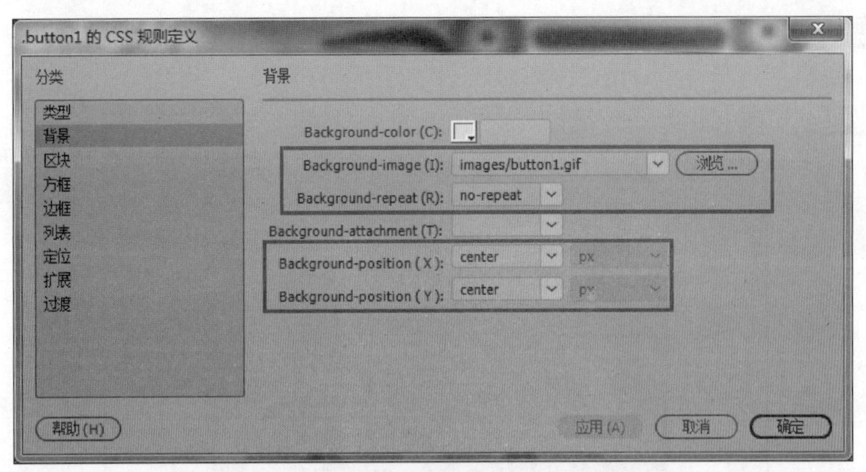

图 6-73　设置“. button1”的“背景”选项参数

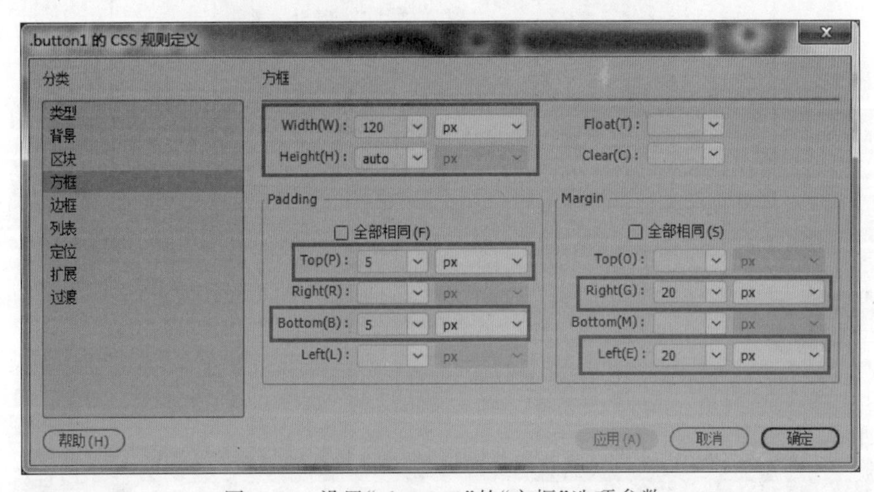

图 6-74　设置“. button1”的“方框”选项参数

步骤 13:“边框”选项中的参数设置如图 6-75 所示。

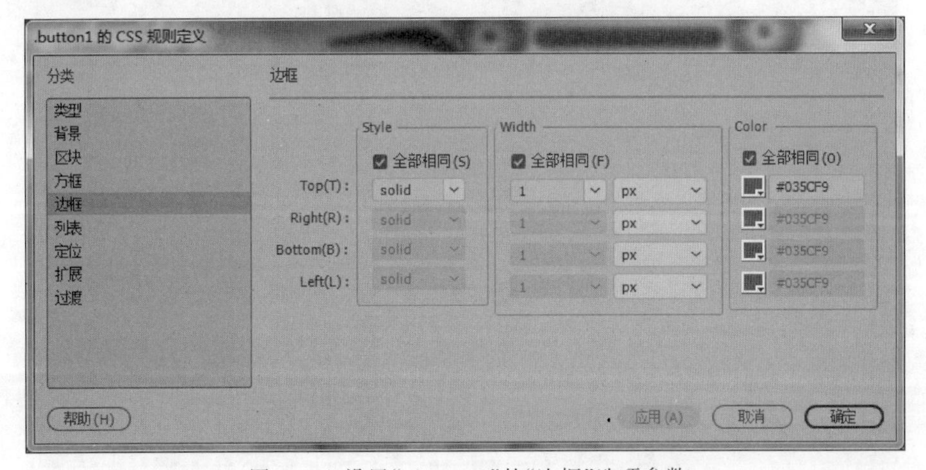

图 6-75　设置“. button1”的“边框”选项参数

步骤 14： 单击“确定”按钮，选中网页下部表单中的“提交”和“重置”按钮，在属性面板中的 Class(类)处选择“. button1”应用样式。

步骤 15： 选择“文件”→“保存”，按 F12 预览效果，如图 6-76 所示。

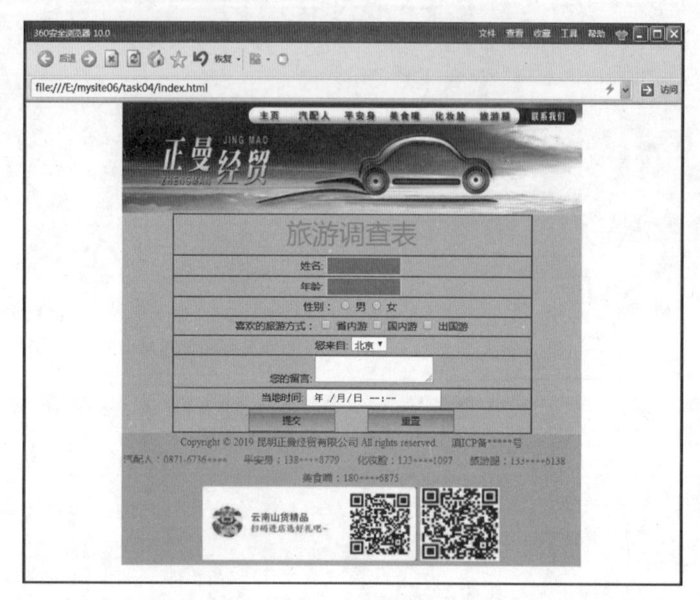

图 6-76　效果图

任务拓展

运用任务 4 的知识，为“你的留言”和“当时时间”后面的表单元素设置样式，效果如图 6-77 所示。

图 6-77　任务拓展效果图

项目小结

本章向读者介绍了如何使用 CSS 样式设置网页格式，包括以下重点。

- 使用 CSS 美化表格。
- 使用 CSS 设置网页中的文本、图像格式。
- 使用 CSS 设置超链接的格式。
- 使用 CSS 设置表单的格式。

思考题

1. 什么是 CSS？利用它设置网页格式有什么优势？
2. 引入 CSS 样式表的方式有哪些？
3. CSS 选择器有哪些种类？
4. CSS 复合选择器有哪几类？
5. CSS 的三大特性是什么？
6. CSS 的优先级规则有哪些？

项目七

使用DIV+CSS布局网页

学习要点

- 了解 DIV＋CSS 布局的优势；
- 理解 CSS 盒子模型的含义；
- 能够利用 DIV＋CSS 进行网页布局；
- 嵌套层的布局模式；
- 层里嵌套表格的布局模式；
- 定位的合理设置。

视频讲解

任务 1：使用 DIV＋CSS 制作网站主页

任务描述

本任务使用一列自适应屏宽布局方式来布局网页，通过设置层 DIV 的 CSS 样式，使插入的对象及网页能够在不同尺寸的浏览器下、等比例缩放时完整地显示整个页面，效果如图 7-1 所示。

设计要点

- 用层 DIV 来布局网页；
- 层 DIV 的嵌套和定位；
- 通过设置 CSS 样式的 Margin 和 Position 参数来控制网页对象在页面中的位置；
- 灵活使用对象的百分比和 auto 参数的设置，使网页对象自适应容器大小。

图 7-1　昆明正曼经贸主页

1. DIV＋CSS 布局及其优势

DIV＋CSS 是网页布局的一种方式。层 DIV 是网页中的块，块相当于一个容器，网页中的元素均可以划分到不同的块中。以块为单位，块与块中所包含元素的属性通过 CSS 进行控制，从而实现页面的整体布局。

与表格布局的页面相比，DIV＋CSS 布局的优势为：

• 面向搜索引擎更加友好，更具亲和力。

丰富的 CSS 样式，使页面更加灵活，从而达到统一和不变形的效果，并支持各种浏览器的兼容性。

• 代码简洁，浏览速度快。

由于将大部分页面代码写在了 CSS 当中，使得页面体积容量变得更小。相对于表格嵌套将整个页面圈在一个大表格里的方式，用 DIV＋CSS 将页面写成更多的区域，在打开页面的时候，逐层加载，速度更快。

• 保持视觉的一致性。

以往表格嵌套的制作方法，会使得页面与页面或者区域与区域之间的显示效果有偏差。而使用 DIV＋CSS 的制作方法，将用 CSS 文件控制所有页面和区域，避免了不同页面或者不同区域之间出现效果偏差。

• 修改方便，易于维护。

由于使用了 DIV＋CSS 的制作方法，使内容和结构分离，因此在修改页面的时候可以节省更多时间；根据设置在 CSS 里找到相应的 ID 号就可进行修改，更加方便，不会破坏其他的布局样式。

2. DIV 层的插入与 CSS 样式控制

通过"插入"菜单的 Div 命令，在网页中插入层，在弹出来的对话框中的 ID 选项中输入层的 ID 值即可，如图 7-2 所示。

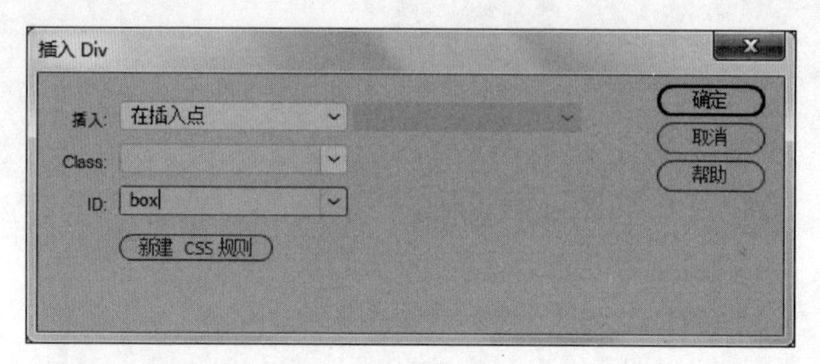

图 7-2　插入 box 块

也可以用右边的浮动面板插入层，如图 7-3 所示。

层在语法上用< div >和</ div >标记表示，ID 值是层在网页中唯一的标识，例如 box 块的代码，如图 7-4 所示。

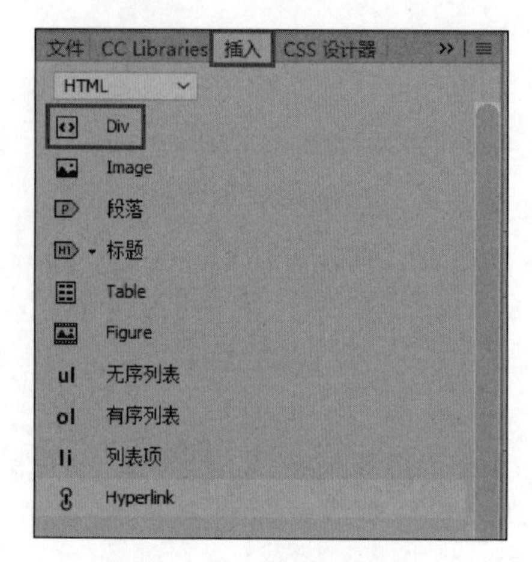

图 7-3　用浮动面板插入层

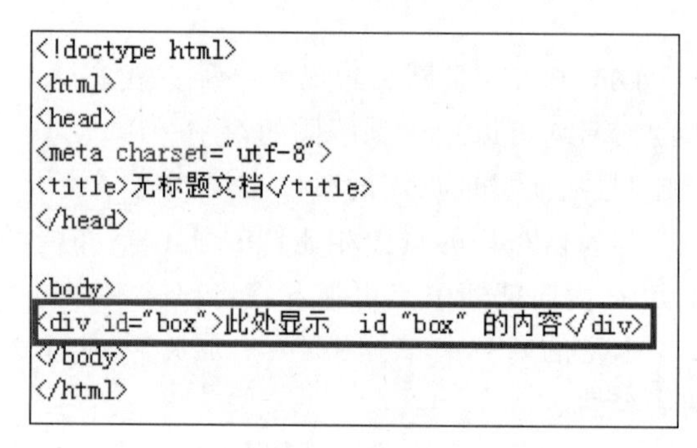

```
<!doctype html>
<html>
<head>
<meta charset="utf-8">
<title>无标题文档</title>
</head>

<body>
<div id="box">此处显示  id "box" 的内容</div>
</body>
</html>
```

图 7-4　box 块的 HTML

设置好 ID 值后，单击"新建 CSS 规则"按钮，在弹出来的图 7-5"新建 CSS 规则"对话框中，单击"确定"按钮即可进行 CSS 规则的定义。

3. CSS 盒子模型

CSS 盒子模型是学习 DIV+CSS 布局的关键，盒子模型的结构如图 7-6 所示。

CSS 盒子模型可以理解为日常生活中的盒子。网页中的所有元素都是装在盒子中的，为了防止盒子里装的东西损坏，就需要添加泡沫等进行保护，其对应的就是盒子模型中的"填充"即内边距(padding)，"边框(border)"就是盒子本身的厚度，盒子摆放时与周围物体之间的空隙对应的就是"边界"即外边距(margin)。

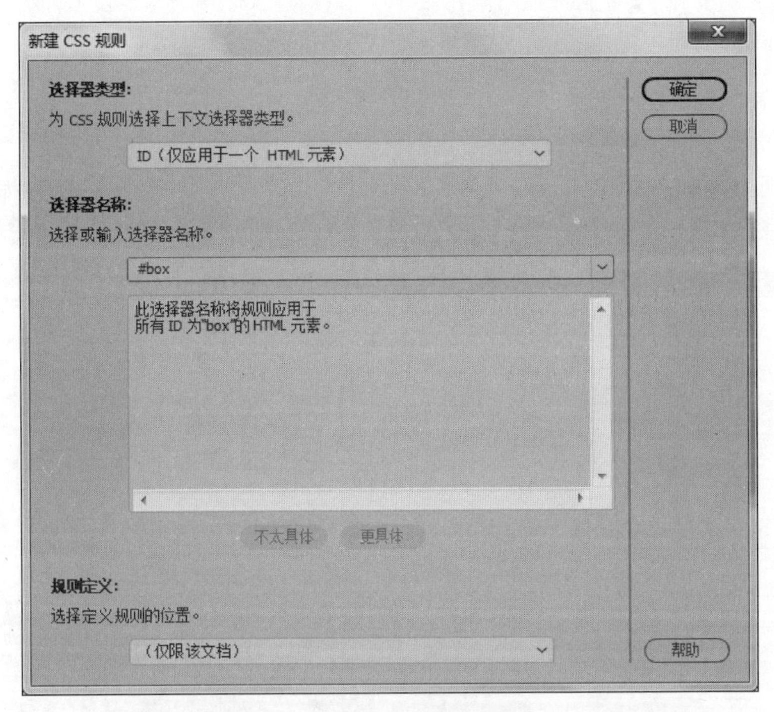

图 7-5　新建 CSS 规则对话框

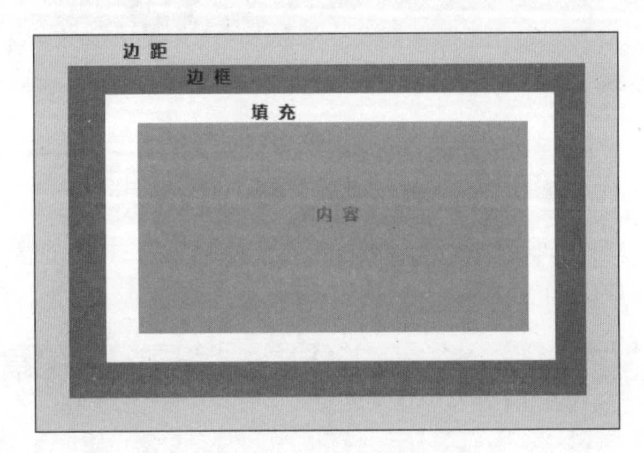

图 7-6　盒子模型

整个盒子的总宽度（总高度）＝内容的宽度（高度）＋填充＋边框＋边界。网页就是多个盒子嵌套排列的结果。

4. 相对定位和绝对定位

CSS 中的 Position 属性可以用来定义元素的位置，属性值如下。

- Absolute：绝对定位，是相对于最近的且不是 static 定位的父元素来定位的。
- Fixed：绝对定位，是相对于浏览器窗口来定位的。
- Relative：相对定位，是相对于其原来的位置来定位的。
- Static：默认值，没有定位。

5. 常见布局控制

常见布局有以下几种类型。

1）左右固定，中间自适应占满布局

这种布局方式为分栏式布局，一般左边 left 为导航栏，中间 main 为主显示区，右边 right 为公告栏，如图 7-7 所示。

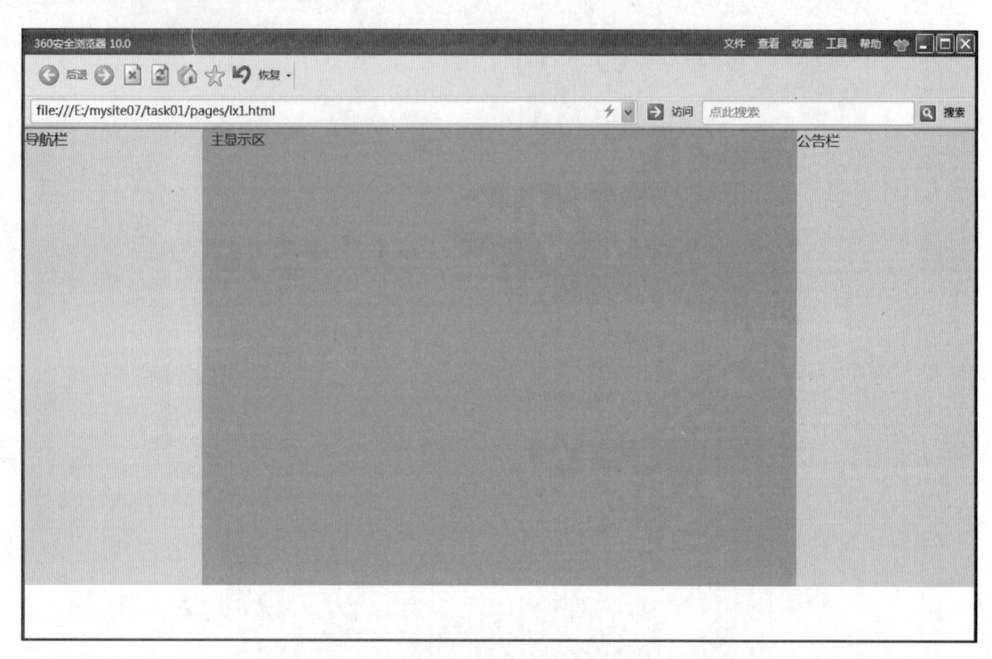

图 7-7 左右固定中间自适应占满效果图

要达到左右固定，中间自适应占满的布局效果，必须要合理设置层＃left、层＃main、层＃right 的 CSS 参数，分别如图 7-8～图 7-10 所示。

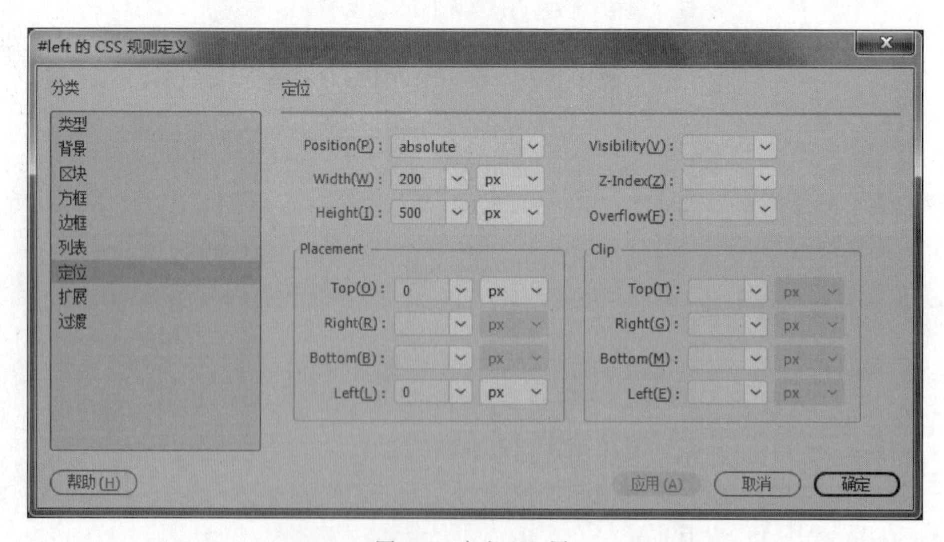

图 7-8 定义 left 层

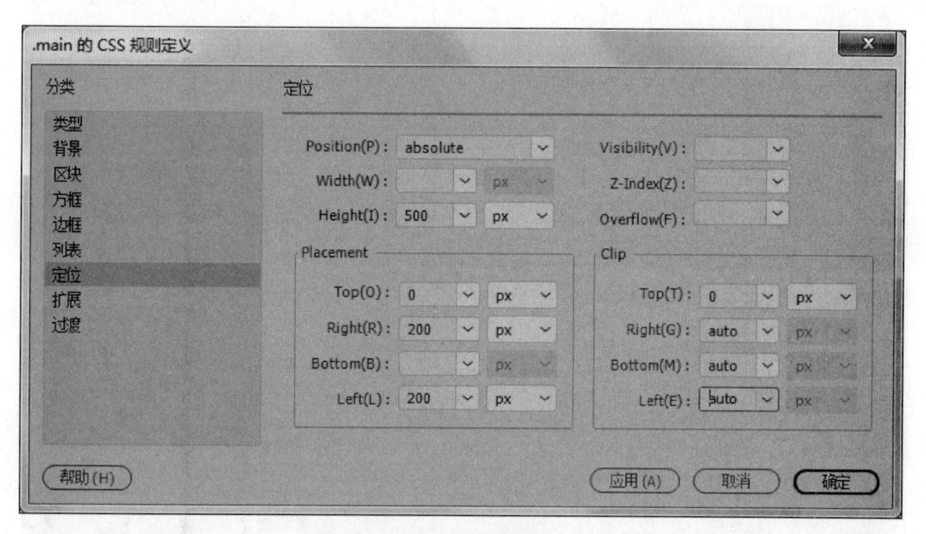

图 7-9　定义 main 层

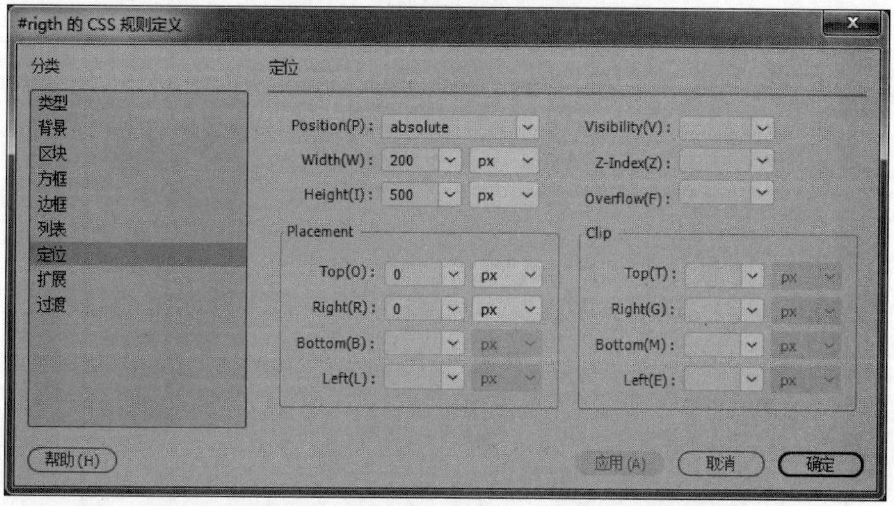

图 7-10　定义 right 层

小技巧：要想达到图 7-7 所示效果，还需要设置网页的页面属性。在“页面属性”对话框中，将“分类”选项中的上、下、左、右 4 个边距均设置为 0px，如图 7-11 所示。

2）一列固定宽度居中布局

这种布局方式指一个有固定宽度的层，且该层在浏览器中居中显示。

在 DIV+CSS 布局中，是通过设置 CSS 样式的“方框”选项的“Width(宽)”和“Height(高)”属性控制层的大小，通过设置“Margin-left(左边距)”为“auto(自动)”和“Margin-right(右边距)”为“auto(自动)”，即浏览器自动判断边距，实现对象居中的效果，如图 7-12 所示。

具体参数设置如图 7-13 所示。

3）多列固定宽度左对齐布局

多列固定宽度左对齐的布局方式是指多个层自动适应屏幕宽度，左对齐排列，效果如图 7-14、图 7-15 所示。

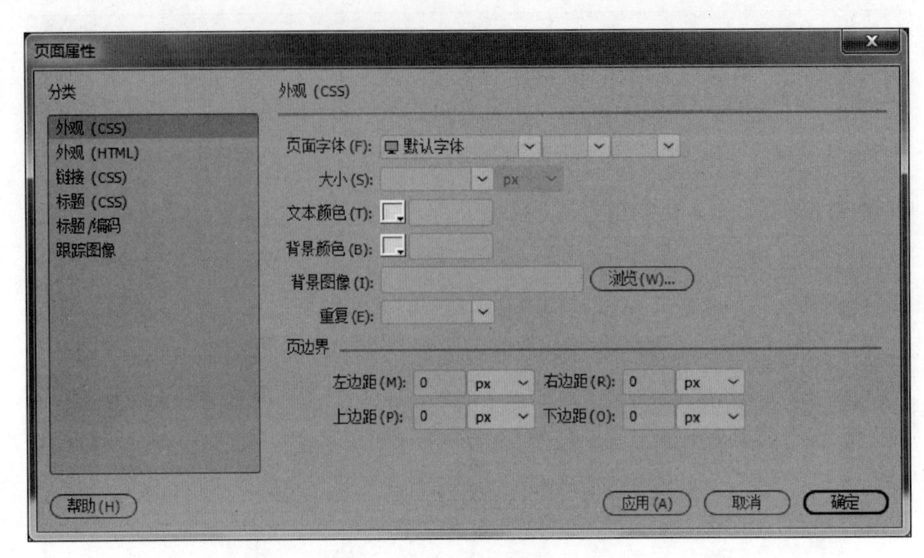

图 7-11　定义页面属性页边距

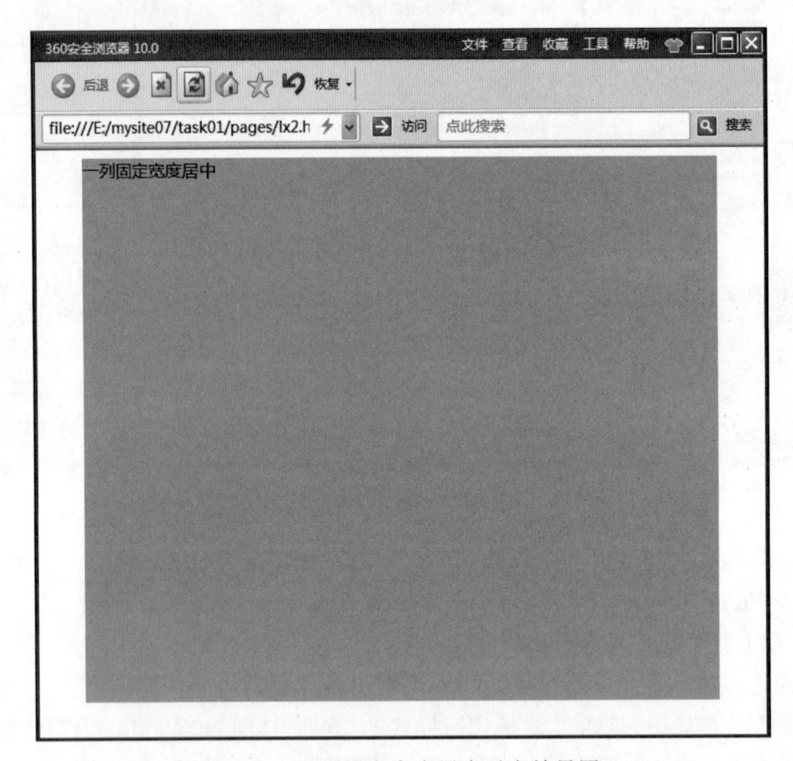

图 7-12　一列固定宽度居中对齐效果图

这种布局模式常用于电子商务网站的商品展示。在网页中顺序插入多个层，不仅要设置合适的宽度，还要保持网页的流畅性，这就需要设置层的CSS规则的浮动参数为“左对齐”。层 box1～box4 的 CSS 样式“方框”选项的参数设置，如图 7-16 所示。

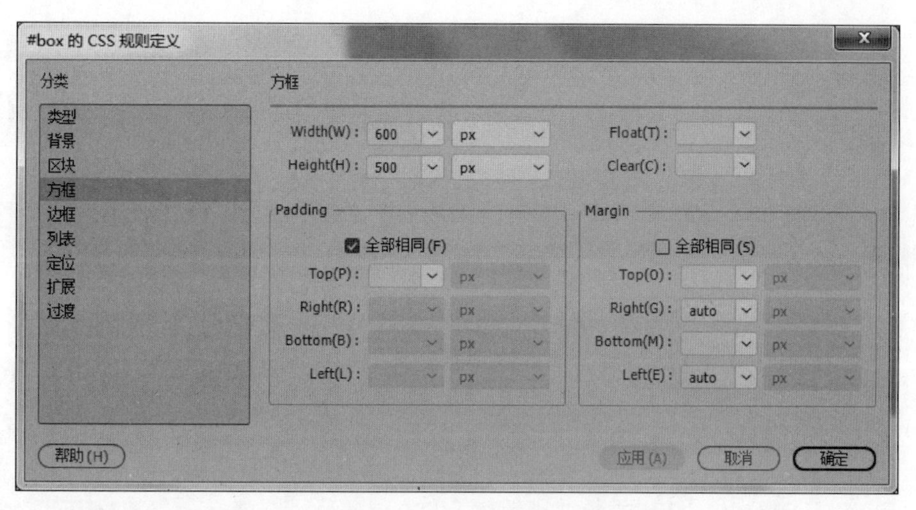

图 7-13　定义 box 层居中对齐

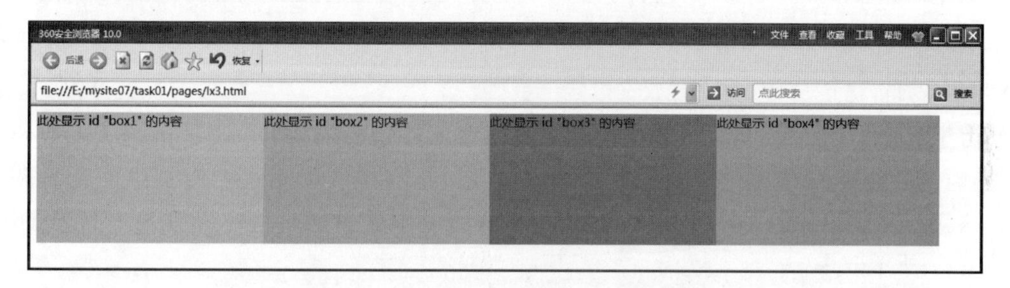

图 7-14　宽屏多列固定宽度左对齐效果图

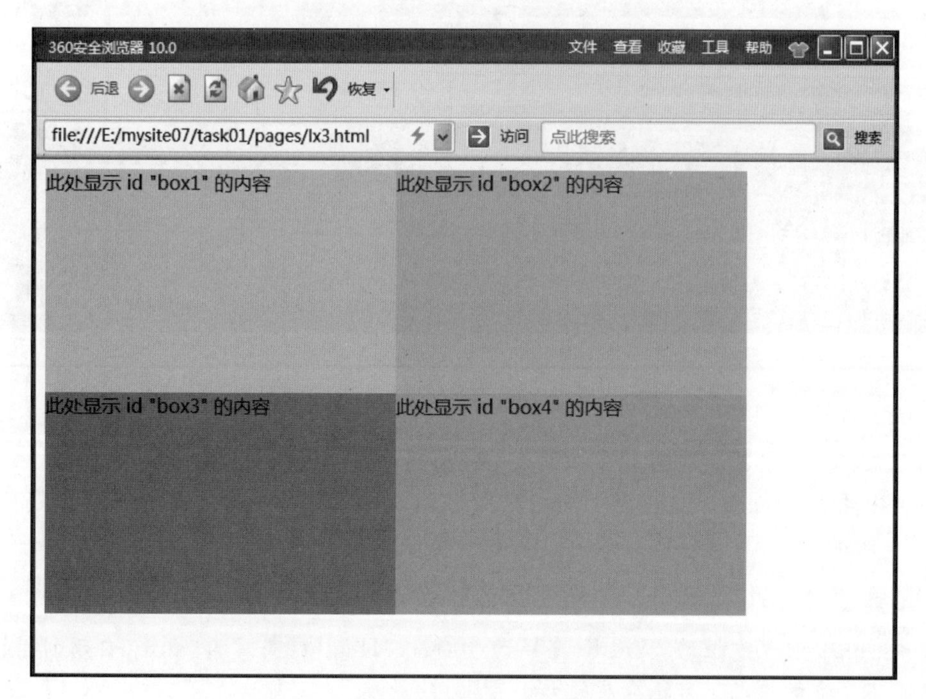

图 7-15　窄屏多列固定宽度左对齐效果图

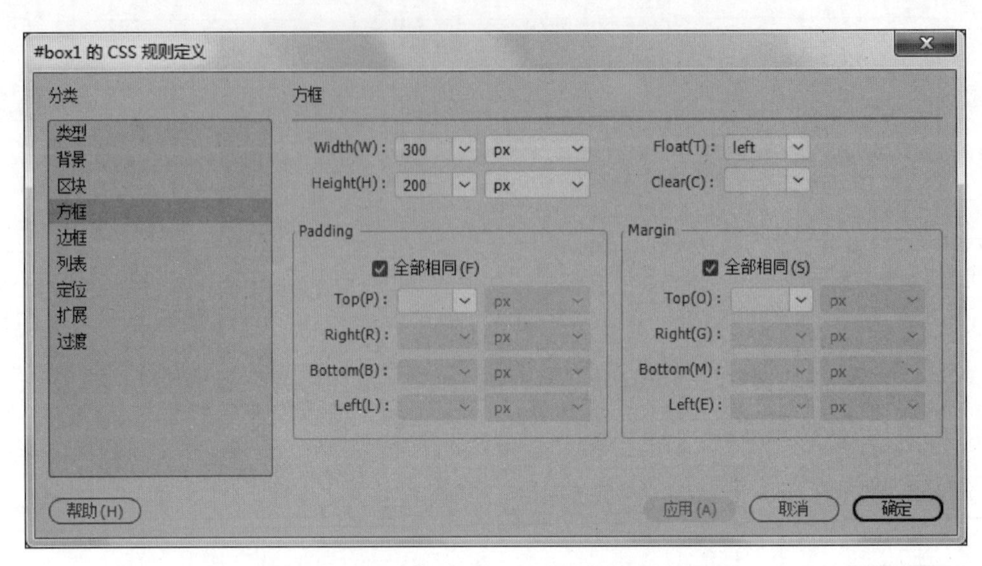

图 7-16　层 box1～box4 的“方框”选项参数设置

4）一列自适应屏宽布局

由于移动端技术的迅猛发展，对设计人员的要求就越来越高了。设计的网页不仅要在PC端能美观地展现，在移动端也要一样美观流畅，且保持网页元素在网页中的位置和效果。这就需要设计一个大容器，在CSS规则中设置参数使其能自适应屏幕大小满屏显示，如图7-17所示效果。

图 7-17　一列自适应屏宽布局效果图

本效果层 box 的相关参数设置如图 7-18 所示。

在层中插入 images 文件夹下的图像文件 ms.jpg，并为其创建样式“.img1”，具体设置如图 7-19 所示。

小提示

样式.img1 设置方框的“Width(宽)”为 100%，“Height(高)”为“auto(自动)”，是为了让图像在不变形的情况下自适应层的大小变化。

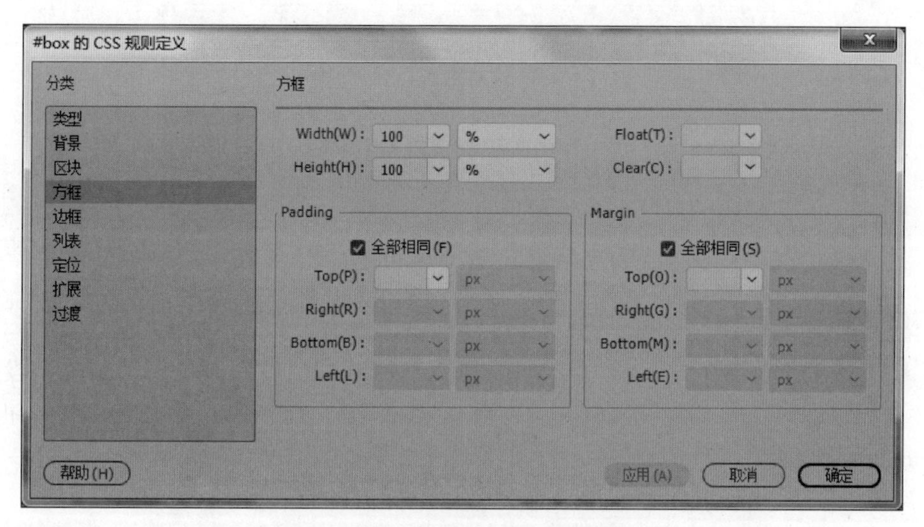

图 7-18　层 box“方框”选项参数设置

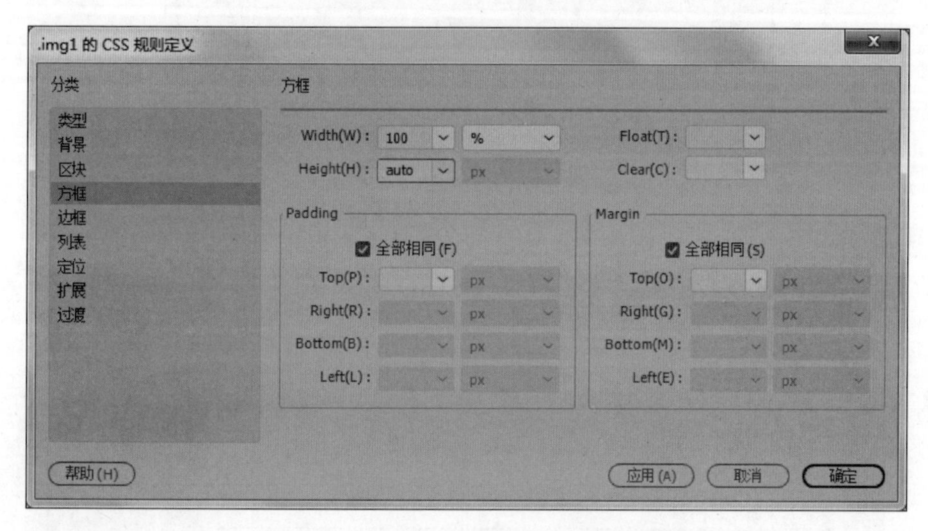

图 7-19　设置类“.img1”的“方框”选项参数

任务实施

步骤 1: 在 E 盘新建文件夹 mysite07，将 Dreamweaver CC 素材\project07 文件夹下 task01 文件夹复制到该文件夹中。

步骤 2: 打开软件 Dreamweaver CC 2019，选择“站点”→“新建站点”，在“站点设置对象”对话框中，设置“站点名称”为“mysite07-1”，设置“本地站点文件夹”为 E:\mysite07\task01\。在 task01 目录下新建网页文件 index.html。

步骤 3: 在 index.html 网页的设计视图下，选择“插入”→Div，在“插入 Div”的对话框中设置“ID”为 box，如图 7-20 所示。单击“确定”按钮，完成父层 box 的插入。

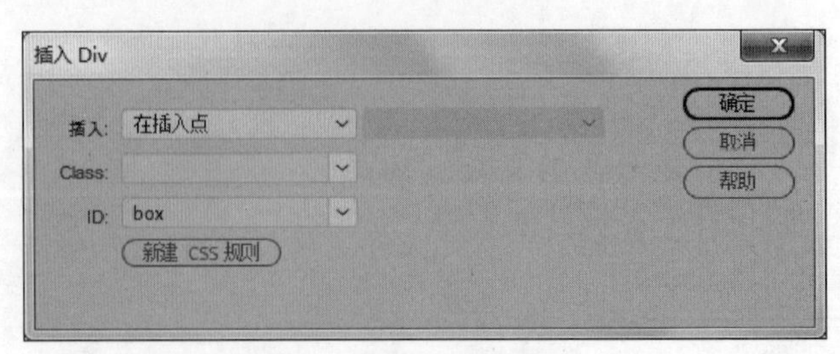

图 7-20　插入父层 box

步骤 4: 将光标置入层 box 中,用步骤 3 的方法插入子层 box1,嵌套于父层 box 中。

步骤 5: 将光标置入层 box1 中,单击“插入”→Div,在“插入 Div”的对话框中设置“插入”为“在标签后”“< div id="box1">”,ID 为 box2,如图 7-21 所示。单击“确定”按钮,完成子层 box2 的插入。

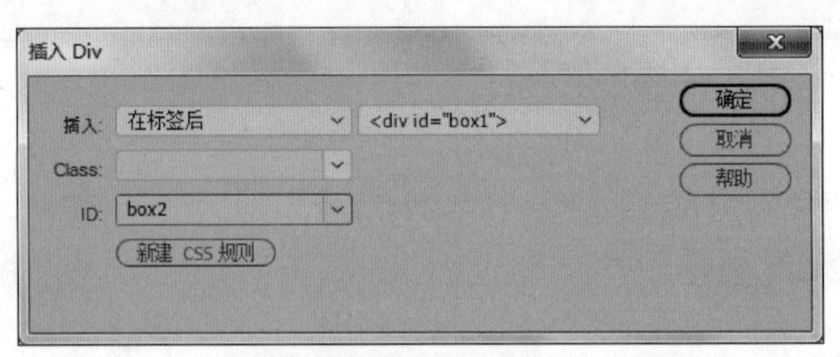

图 7-21　插入子层 box2

步骤 6: 用同样的方法,依次插入子层 box3～box5,效果如图 7-22 所示。

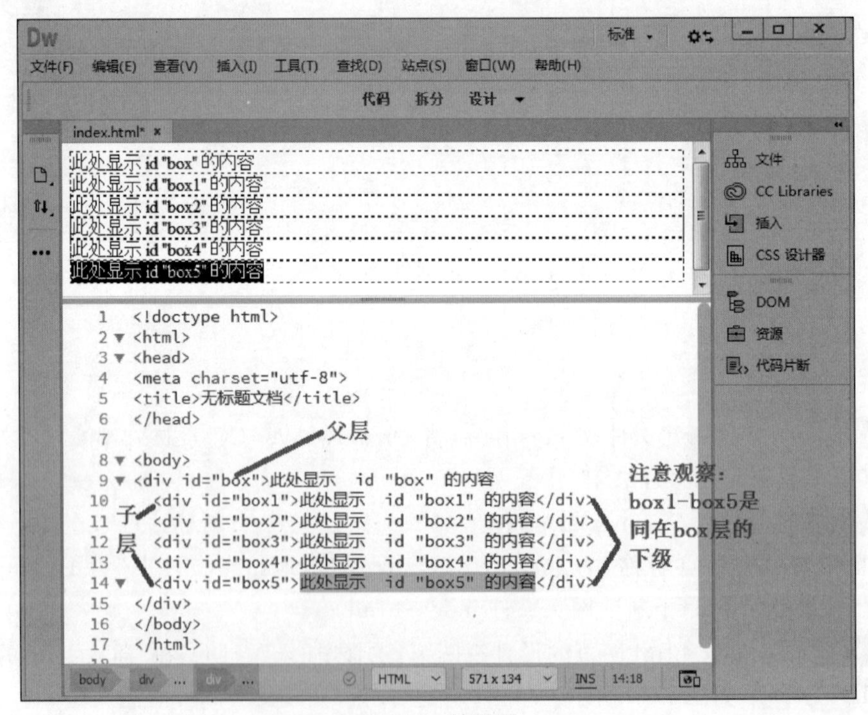

图 7-22　效果图

小提示

插入子层 box3 时，设置“插入”为“在标签后”“< div id="box2">”；插入子层 box4 时，设置“插入”为“在标签后”“< div id="box3">”；插入子层 box5 时，设置“插入”为“在标签后”“< div id="box4">”。

步骤 7： 将光标置入子层 box1 中，选择“插入”→Image，插入 images 文件夹下的图像 lyx. png，之后删除层内的文字。

步骤 8： 用同样的方法在子层 box2～box5 里依次插入图像 images/qprx. png、images/msx. png、images/pasx. png、images/hzx. png，之后删除层内的文字，效果如图 7-23 所示。

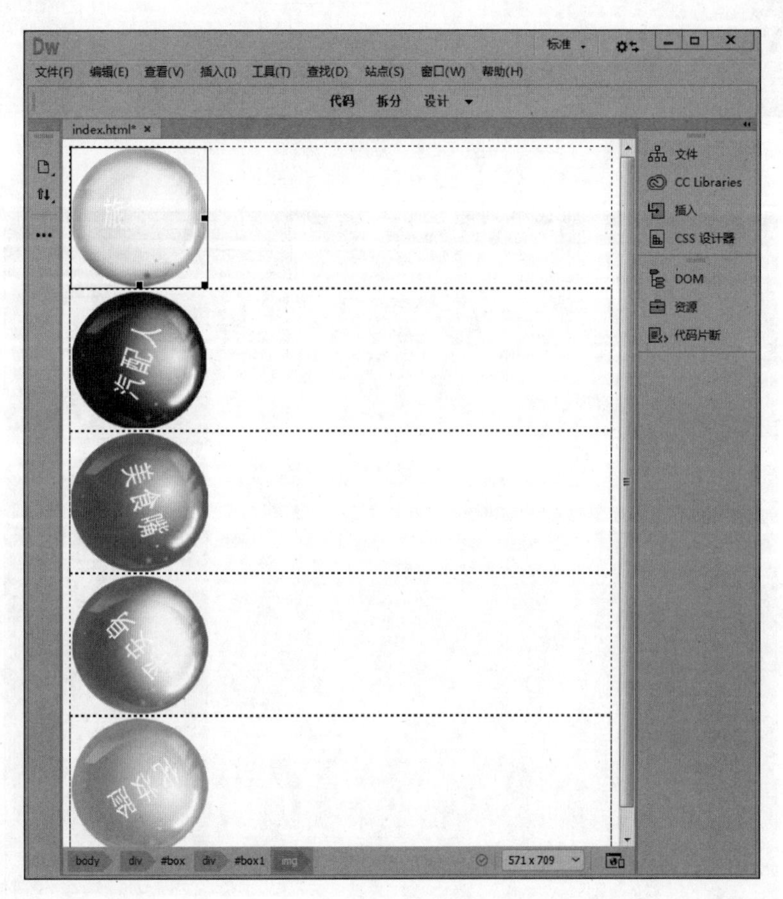

图 7-23　效果图

步骤 9： 现在为插入的层和图像设置 CSS 规则。首先新建通配符“ * ”的样式规则，右击任一图像，在快捷菜单中选“CSS 样式”→“新建”，如图 7-24 所示。在“新建 CSS 规则”对话框中的设置如图 7-25 所示。

步骤 10： 单击“确定”按钮，进入“ * 的 CSS 规则定义”对话框，选择“方框”选项，设置所有“Padding(内边距)”和“Margin(外边距)”为 0px，如图 7-26 所示，单击“确定”按钮。

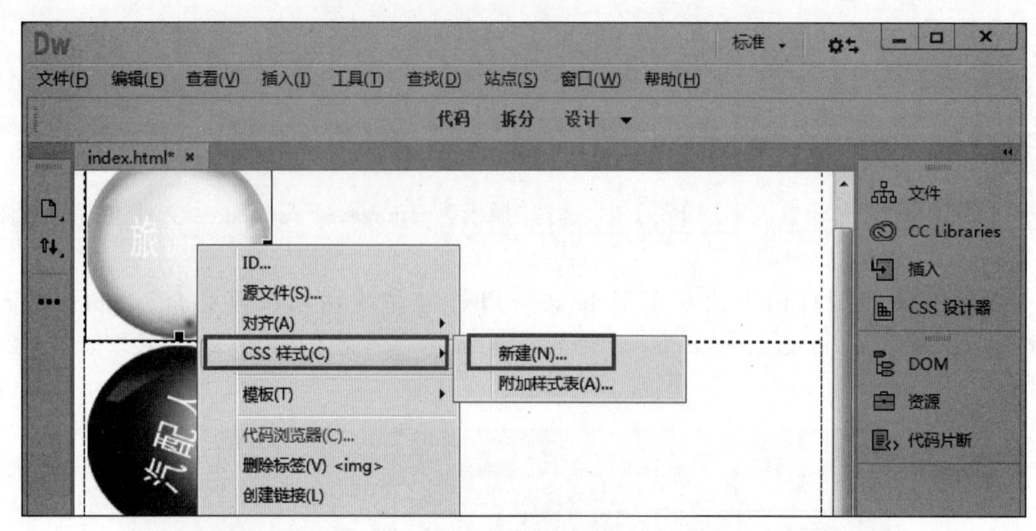

图 7-24　新建命令

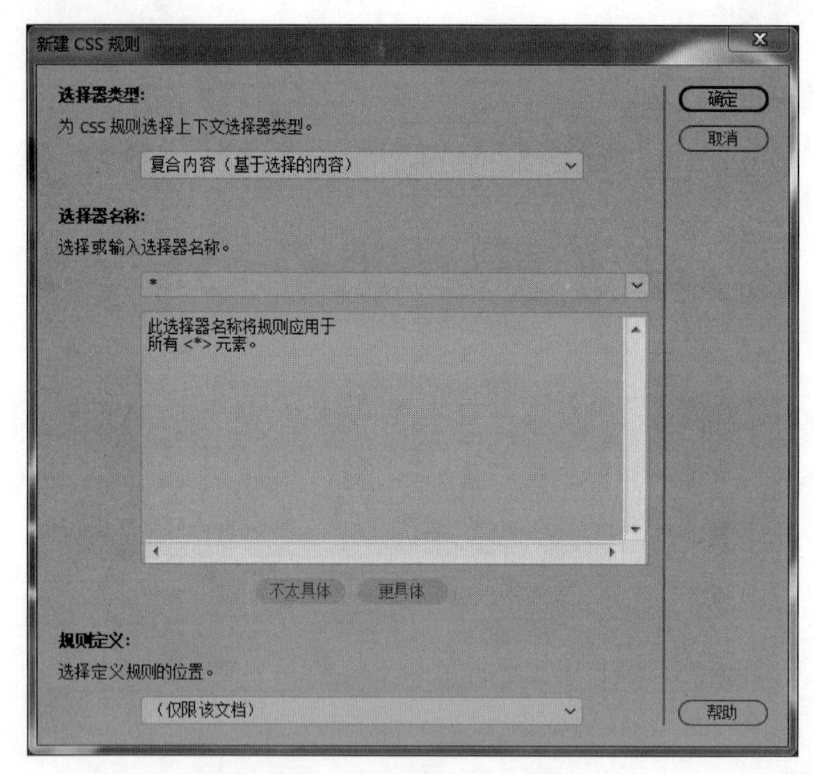

图 7-25　创建通配符“*”样式

小提示

这里的“*”是通配符选择器，这一步操作的目的是清除所有元素默认的内边距和外边距，最终的效果是可以避免出现滚动条。

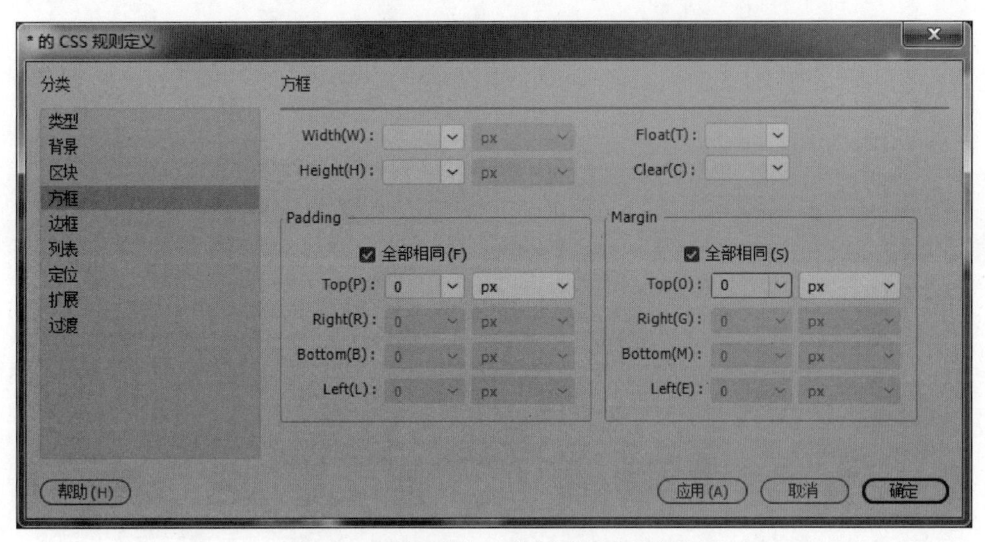

图 7-26　设置块“ * ”的“方框”选项参数

步骤 11： 新建层 box 的样式规则在“新建 CSS 规则”对话框中设置，如图 7-27 所示。

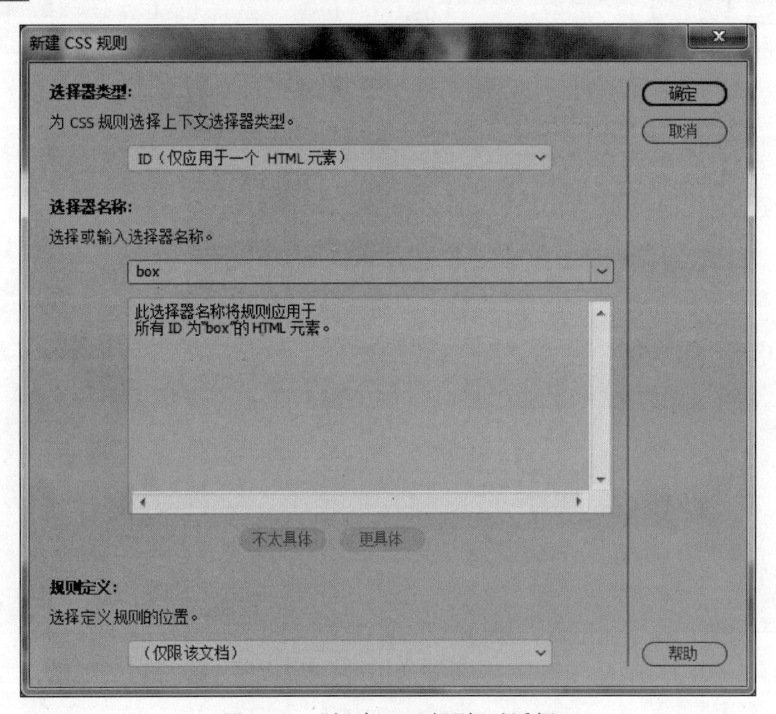

图 7-27　“新建 CSS 规则”对话框

步骤 12： 单击“确定”按钮，进入“#box 的 CSS 规则定义”对话框，选择“背景”选项，设置“Background-image（背景图像）”为“images/bg.png”，“Background-repeat（重复）”为“no-repeat（不重复）”，“Background-attachment（附件）”为“fixed（固定）”，“Background-position(X)（水平位置）”为 0px，“Background-position(Y)（垂直位置）”为 0px，如图 7-28 所示。

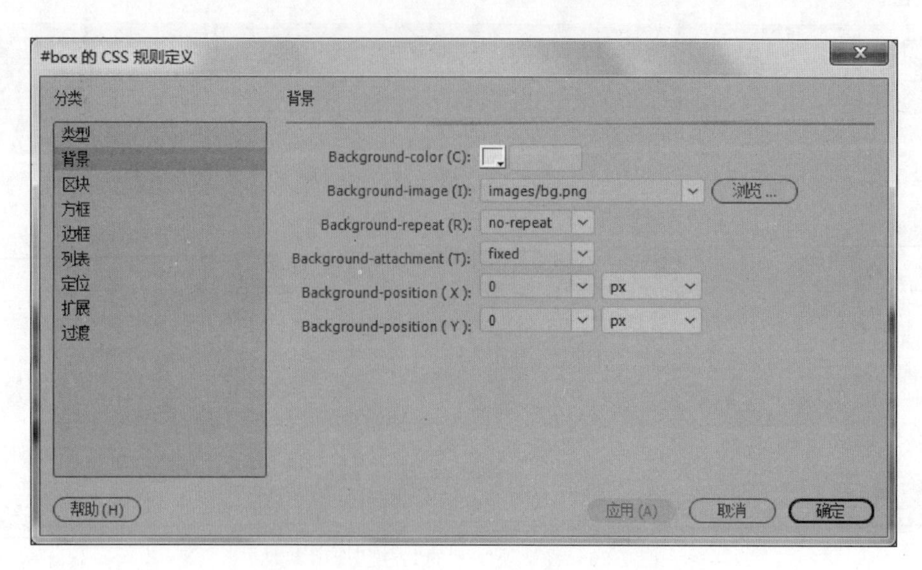

图 7-28　设置块 box 的“背景”选项参数

步骤 13： 选择“定位”选项，设置“Position(位置)”为“absolute(绝对定位)”，“Width(宽度)”为 100%，“Height(高度)”为 100%，如图 7-29 所示。设置完成后单击“确定”按钮，效果如图 7-30 所示。

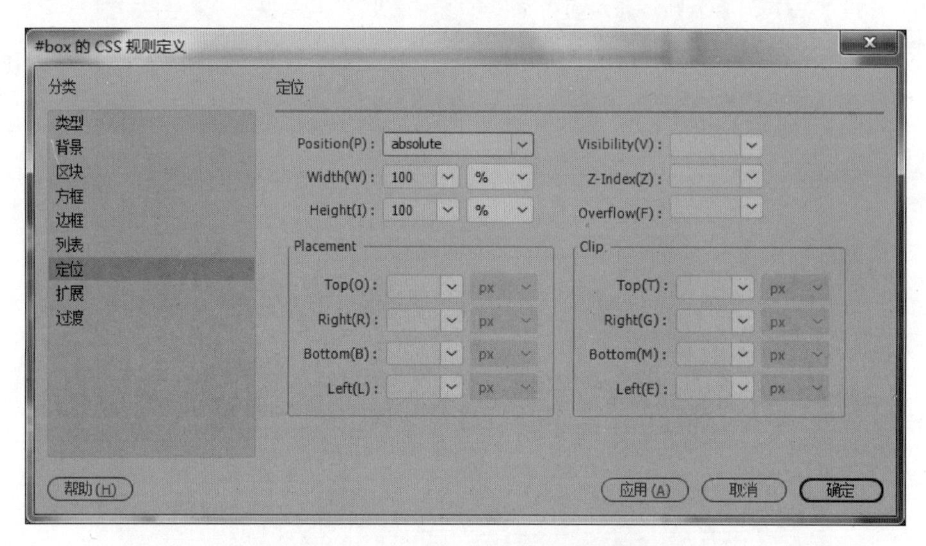

图 7-29　设置块 box 的“定位”选项参数

小提示

层 box 的定位设置为 absolute(绝对定位)或 relative(相对定位)都可以。如果设置为相对定位，后面的 box1～box5 设置为绝对定位后将不占用 box 的空间，box 的背景图在设计视图下就不会显示出来，在实时视图和浏览器预览时均不受影响。设置相对定位还需要设置 HTML 和 body 标签规则的“方框”选项的高度为“100%”，绝对定位则不需要。

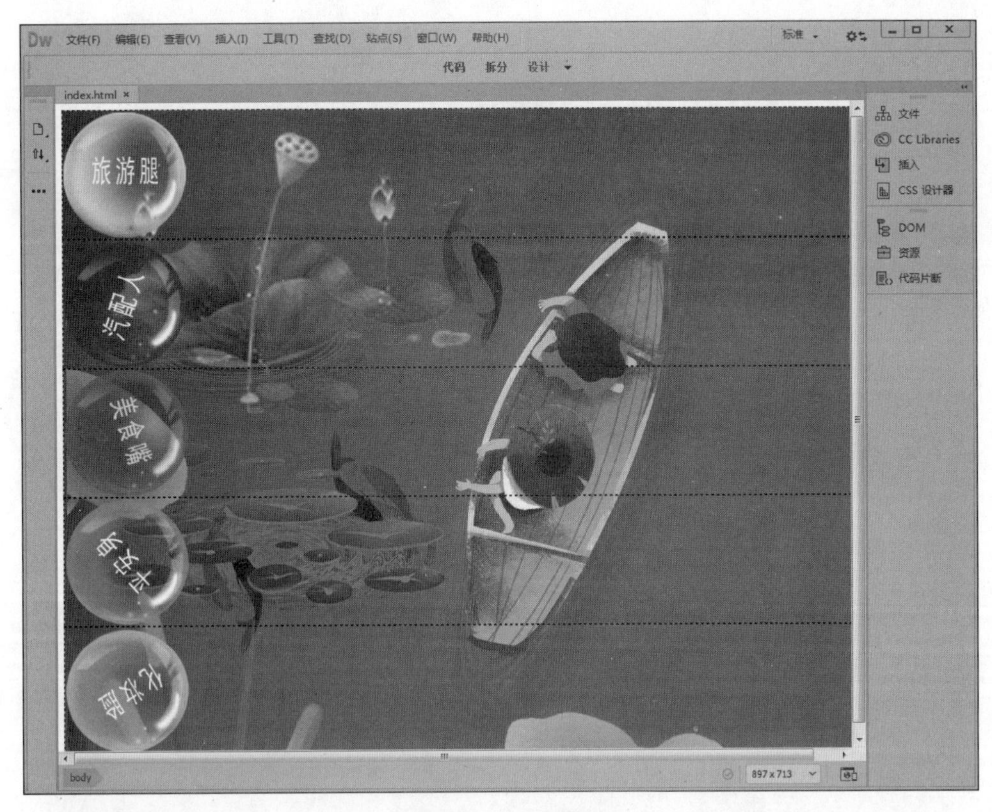

图 7-30　效果图

步骤 14: 单击“代码”视图,在代码中加入“background-size:cover;”,如图 7-31 所示。加入代码后,按 F12 预览得到效果如图 7-32 所示。

```
<style type="text/css">
#box {
    background-attachment: fixed;
    background-image: url(images/bg.jpg);
    background-repeat: no-repeat;
    background-position: 0px 0px;
    height: 100%;
    width: 100%;
    position: absolute;
    background-size: cover;
}
</style>
```

图 7-31　HTML 中加入代码串

小技巧:要使背景图覆盖整个应用对象,必须要在样式的代码中加入“background-size:cover;”这一串代码。为达到最佳效果,请设置显示器的分辨率为 1360×765 或 1600×900。

步骤 15: 新建层＃box1 的样式规则。右击任一图像,在快捷菜单中选择“CSS 样式”→“新建”,在弹出来的“新建 CSS 规则”对话框中设置“选择器类型”为“ID(仅应用于一个 HTML 元素)”,“选择器名称”为“box1”,单击“确定”按钮完成设置。

步骤 16: 在“＃box1 的 CSS 规则定义”对话框中,对“方框”选项进行设置,“Width(宽度)”为 10%,“Height(高度)”为 25%,“Margin(外边距)”的“Top(上边距)”为 5%,“Left(左边距)”为 60%,如图 7-33 所示。设置“定位”选项的“Position(位置)”为“absolute(绝对定位)”,单击“确定”按钮完成＃box1 的样式规则的设置。

图 7-32　修改代码后的效果图

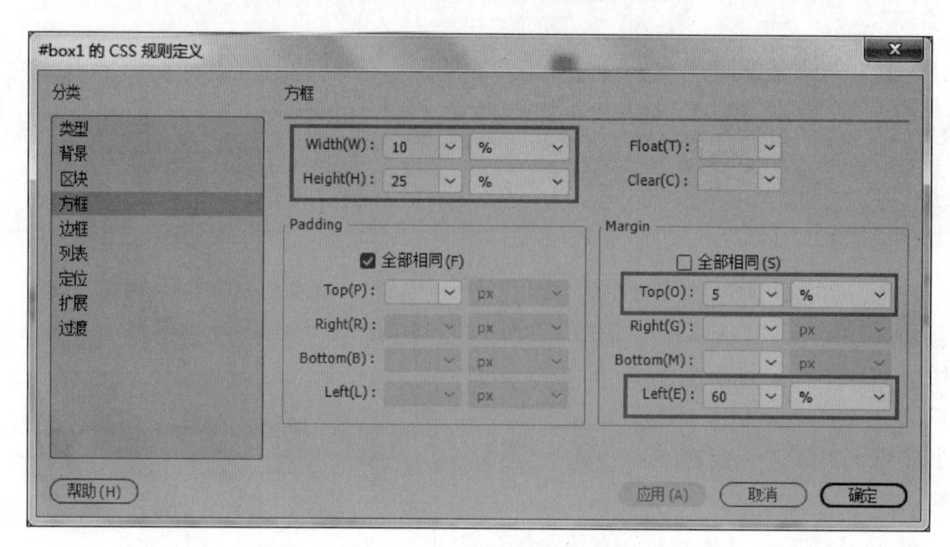

图 7-33　#box1"方框"选项参数的设置

小提示

- 设置方框大小时单位使用百分比%是为了实现网页自适应效果。
- 嵌套层 box1～box5 的大小比例是根据后面要插入的图像大小与工作区内设计视图大小(状态栏右下角有显示)的比例算出来的,例如图像为 142×142,工作区内设计视图大小为 1523×570,则宽度=142÷1523≈10%,高度=142÷570≈25%。由于后面将要设置图像的样式规则是宽度为 100%,高度为 auto 自动,所以宽度的设置比较关键,而高度的设置则不影响效果,读者可根据设计的效果自行调整设置值。
- 设置嵌套层的绝对定位和外边距是为了固定其在父层位置。外边距 Margin 的上边距 Top 的值的设置需要先目测预估后调试来确定,左边距 Left=图像左边距÷设计视图的宽度,例如层#box1 的左边距 Left=900÷1523≈60%。

步骤 17: 新建样式＃box2,单击右边浮动面板的“CSS 设计器”,勾选“显示集”,右击＃box1,选择“直接复制”,把复制的样式改名为＃box2,修改其“Margin 的 Top”为 14%,“Margin 的 Left”为 47%,如图 7-34 所示。

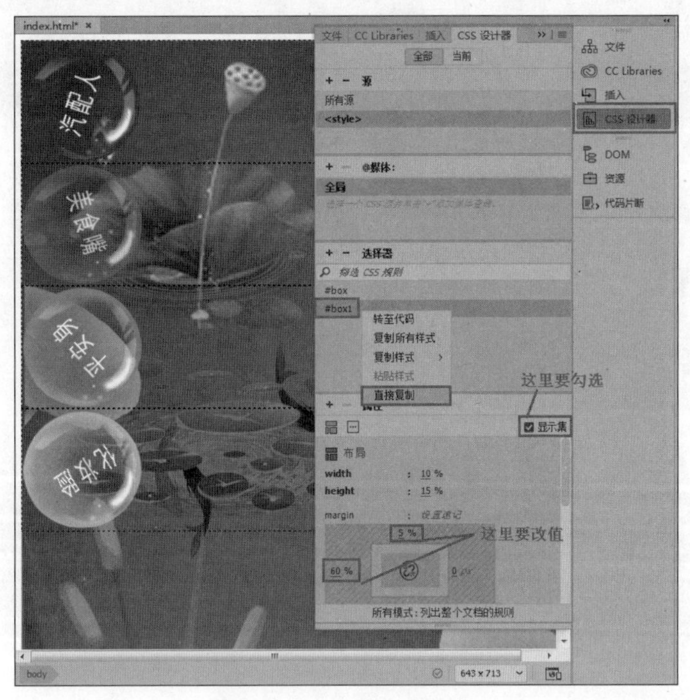

图 7-34　CSS 设计器面板

步骤 18: 新建样式＃box3,在“CSS 设计器”面板上,右击“＃box1”,选择“直接复制”,把复制的样式改名为“＃box3”,修改其“Margin 的 Top”为 14%,“Margin 的 Left”为 74%。

步骤 19: 新建样式＃box4,在“CSS 设计器”面板上,右击“＃box1”,选择“直接复制”,把复制的样式改名为“＃box4”,修改其“Margin 的 Top”为 28%,“Margin 的 Left”为 52%。

步骤 20: 新建样式＃box5,在“CSS 设计器”面板上,右击“＃box1”,选择“直接复制”,把复制的样式改名为“＃box5”,修改其“Margin 的 Top”为 28%,“Margin 的 Left”为 68%,效果如图 7-35 所示。

步骤 21: 新建图像样式规则“. img1”,右击图像选择“CSS 样式”→“新建”,设置“选择器类型”为“类(可应用于任何 HTML 元素)”,“选择器名称”为“. img1”,如图 7-36 所示。设置“方框”选项参数,如图 7-37 所示。

步骤 22: 选中刚才插入的图像,在属性面板上为其应用样式“. img1”,如图 7-38 所示。效果如图 7-39 所示。

步骤 23: 用同样的方法为图像 images/qprx. png、images/msx. png、images/pasx. png、images/hzx. png 应用样式“. img1”。

步骤 24: 切换到代码视图,修改标签< title >的内容为“昆明正曼经贸”,然后保存文件。按 F12 浏览网页,效果如图 7-40 所示。浏览时只要按 16∶9 的比例缩放屏宽,网页效果都会始终如此,实现网页的自适应。

图 7-35　效果图

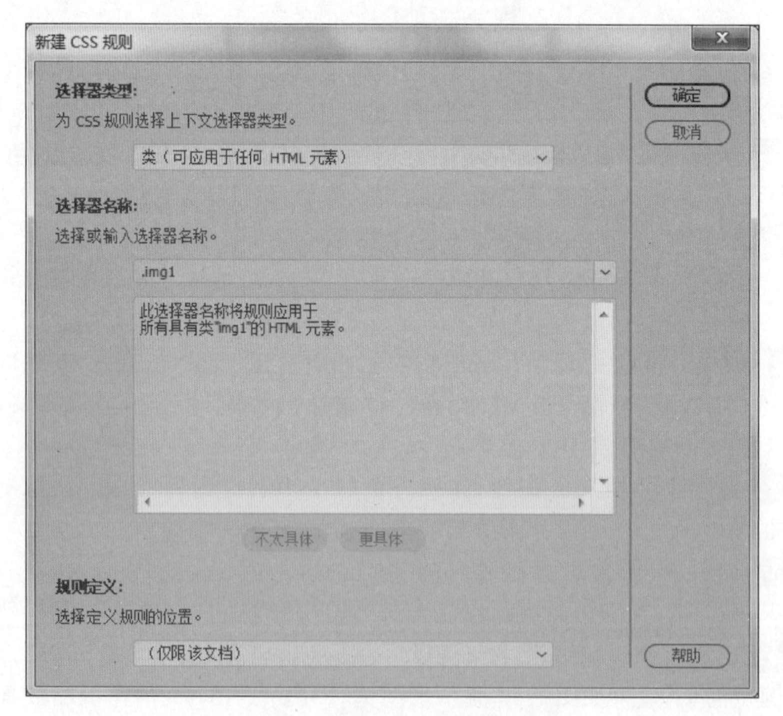

图 7-36　新建“. img1”CSS 规则

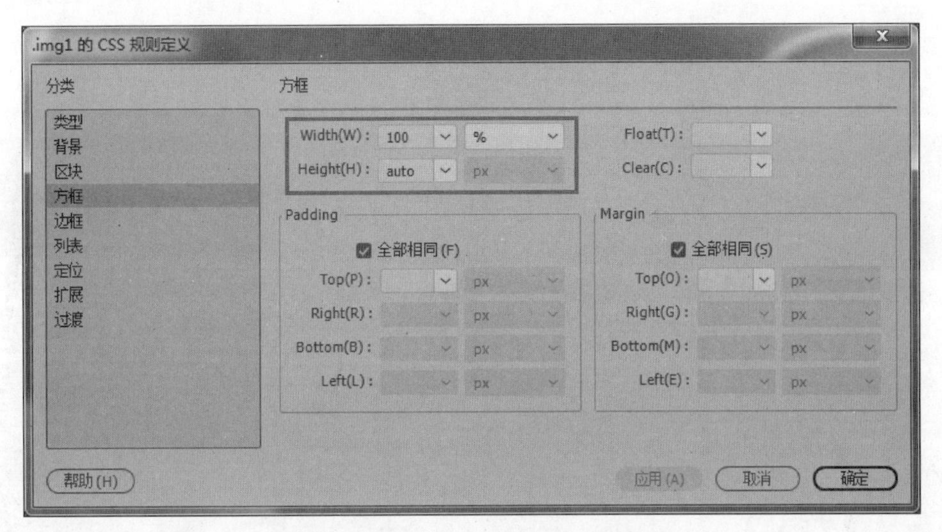

图 7-37　设置“.img1”的“方框”选项参数

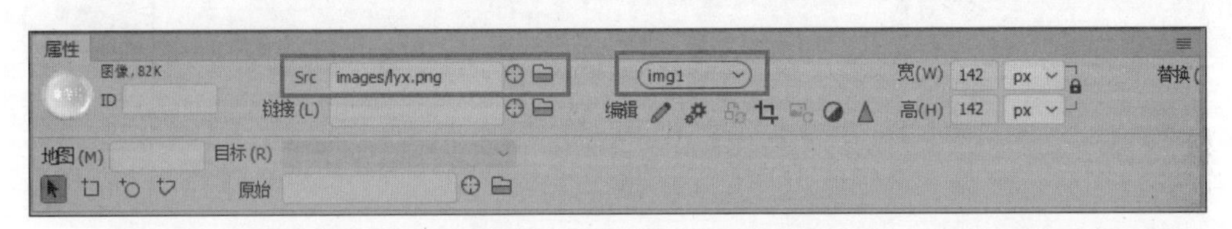

图 7-38　在属性面板上为“lyx.png”图像应用样式“.img1”

图 7-39　效果图

图 7-40　最终效果图

任务拓展

要完成图 7-40 所示的效果图，还可以用 Photoshop 软件把每一个水晶球对象保存为大小跟背景图一样、背景为透明的图像文件，并把它们分别作为层 box1、层 box2、层 box3、层 box4、层 box5 的背景，设置好＃box1、＃box2、＃box3、＃box4、＃box5 的 CSS 样式即可。CSS 样式规则设置的方法请参照任务 1 的步骤。

操作提示如下：

步骤 1： 在网页中插入层 box，操作方法及参数设置参照图 7-27～图 7-29 和图 7-32 所示，CSS 样式代码如下：

```
#box {
    background-attachment: fixed;
    background-image: url(images/bg.png);
    background-repeat: no-repeat;
    background-position: 0px 0px;
    position:absolute;
    height: 100%;
    width: 100%;
    background-size: cover;
}
```

步骤 2： 在层 box 中依次插入嵌套层 box1、box2、box3、box4、box5，设置“背景”选项参数如图 7-41 所示，“定位”选项设置参照图 7-29 所示。

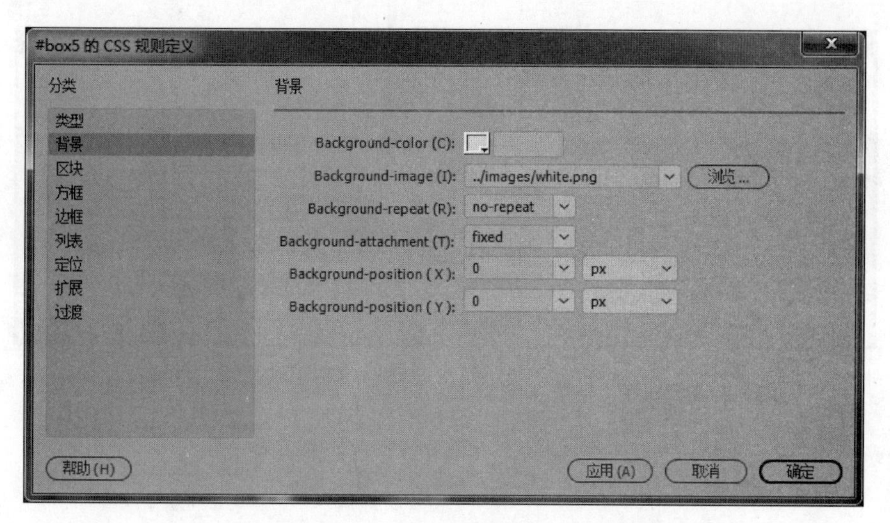

图 7-41　层 box1～box5 的“背景”选项参数

设置 CSS 样式代码如下：

```
#box1 - #box5{
background - attachment: fixed;
background - image: url(images/deepblue.png);
background - repeat: no - repeat;
background - position: 0px 0px;
height: 100 % ;
width: 100 % ;
background - size: cover;
position: absolute;
}
```

其中：

box1 为 background-image：url(images/deepblue. png)；

box2 为 background-image：url(images/lightblue. png)；

box3 为 background-image：url(images/pink. png)；

box4 为 background-image：url(images/red. png)；

box5 为 background-image：url(images/white. png)。

任务 2：使用 DIV＋CSS 制作导航栏

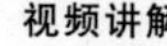

任务描述

本任务使用嵌套层、层内嵌套表格等方法来布局网页，通过设置 CSS 样式，使子层浮于父层上，设置后的“平安身”网页的导航栏效果如图 7-42 所示。

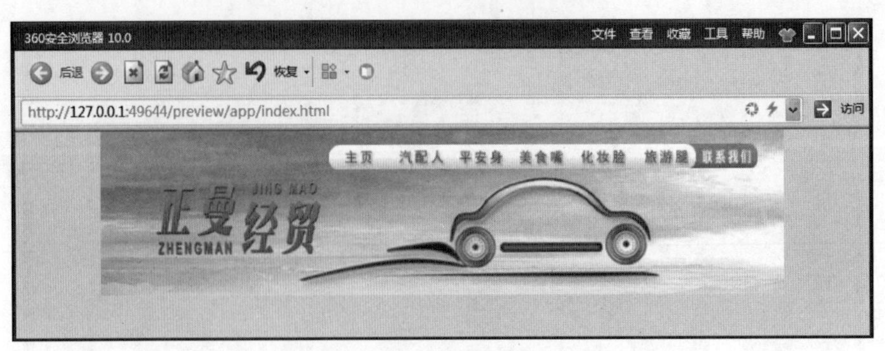

图 7-42 “平安身”导航栏效果图

设计要点

- 对象居中的设置；
- 嵌套层的使用；
- 层里嵌套表格的使用；
- 子层浮于父层的设置方法；
- 设置图像自适应的方法。

知识链接

1. 层的嵌套

判断层是否为嵌套层，不能简单地从设计视图上看它是否在父层中，而应该看两层的代码是否嵌套，如图 7-43 所示就是嵌套层。

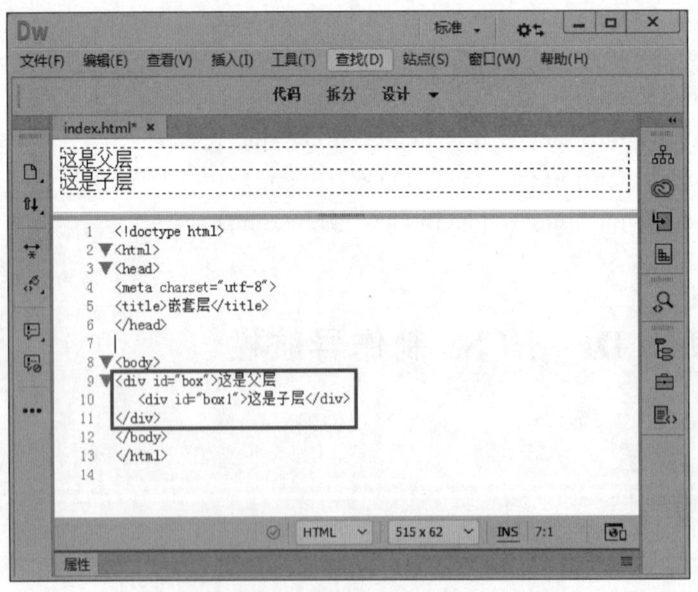

图 7-43 嵌套层的代码

2. 层内嵌套表格

层内嵌套表格是在层中插入的一个表格,视图和代码如图 7-44 所示。网页布局中会大量用到嵌套表格,可以像操作其他表格一样操作嵌套表格。嵌套表格的宽度和高度受到它所在的层的宽高的限制,嵌套表格的宽度一般以百分比%为单位,以保证表格在层中的一定比例。

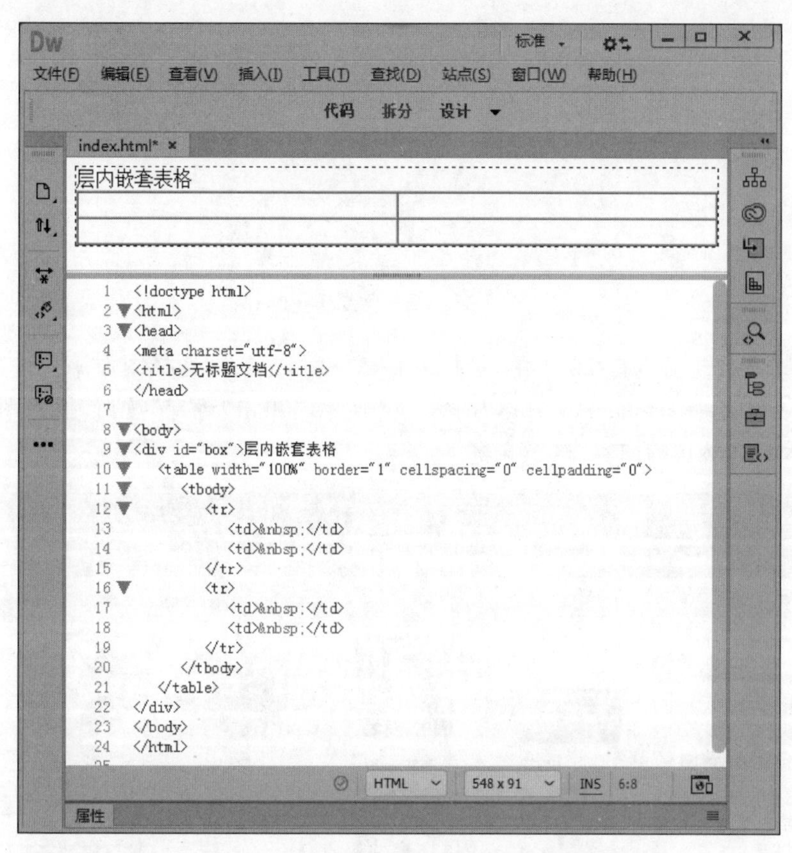

图 7-44　层里嵌套表格的效果及代码显示

3. 项目列表

HTML 提供了项目列表的基本功能,引入 CSS 后,项目列表又被赋予了很多新的功能,超越了最初设计它时的预计功能。项目列表主要采用< ul >和< ol >标记,还可使用< li >标记来定义列表中的各项。在 CSS+DIV 布局中,通常使用项目列表进行导航栏的设计。本任务主要通过在 Style 中设置< ul >、< li >标记的相关属性来实现项目列表水平排列的效果,并可根据屏幕宽度自动换行。下面举一个完整的例子。

任务实施

步骤 1: 在 E 盘新建文件夹 mysite07,将 Dreamweaver CC 素材\project07 文件夹下 task02 文件夹复制到该文件夹中。

步骤 2: 打开软件 Dreamweaver CC 2019,选择“站点”→“新建站点”,在“站点设置对象”对话框中,设置“站点名称”为“mysite07-2”,设置“本地站点文件夹”为 E:\mysite07\task02\。在 task02 目录下新建网页文件 index. html。

步骤 3: 在 index. html 网页的设计视图下,选择“插入”→Div,在“插入 Div”的对话框中设置 ID 为 box1,如图 7-45 所示。单击“确定”按钮,插入父层 box1。

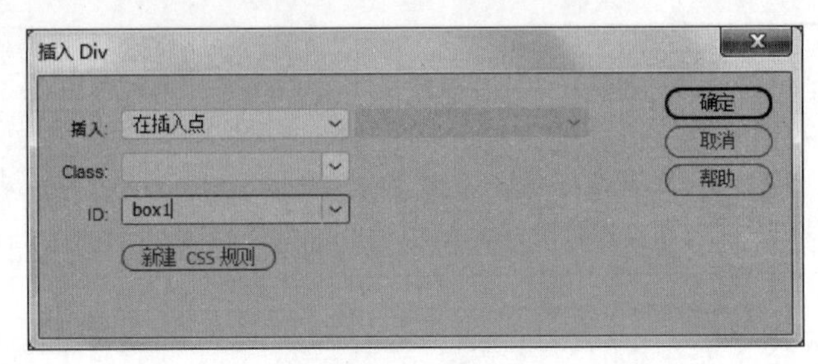

图 7-45　插入父层 box1

步骤 4: 将光标置入层 box1 中,选择“插入”→Image,在“选择图像源文件”对话框中,images 文件夹中选择 pasbanner. jpg,如图 7-46 所示。单击“确定”按钮,插入图像,之后删除“此处显示 id"box1"的内容”这段文字。

图 7-46　“选择图像源文件”对话框

步骤5: 选中刚插入的图像,按右向箭头→,选择“插入”→Div,在“插入 Div”的对话框中,设置“插入”为“插入点”,ID 为 box1-1,单击“确定”按钮,插入子层 box1-1。

步骤6: 将光标置入层 box1-1 中,选择“插入”→Table,插入 1 个 1 行 7 列,表格宽度为 100%,边框粗细为 0 像素的表格,如图 7-47 所示。单击“确定”按钮,插入嵌套表格,之后删除层内的文字。

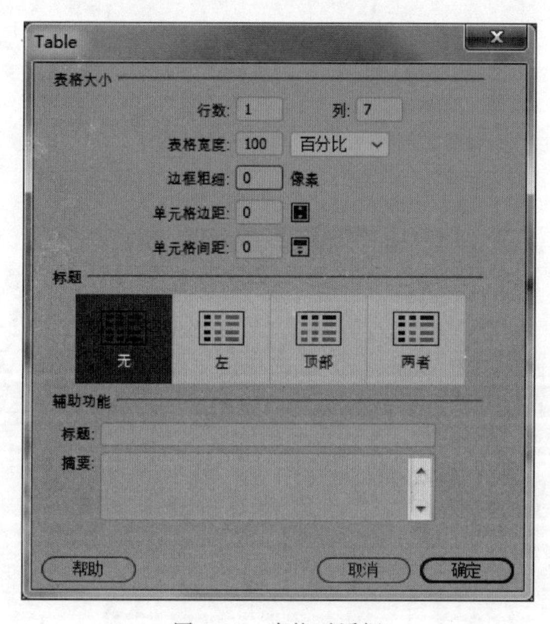

图 7-47　表格对话框

步骤7: 在表格的单元格里依次插入 images 文件夹下的图像 pasbanner1. png、pasbanner2. png、pasbanner3. png、pasbanner4. png、pasbanner5. png、pasbanner6. png、pasbanner7. png,效果如图 7-48 所示。

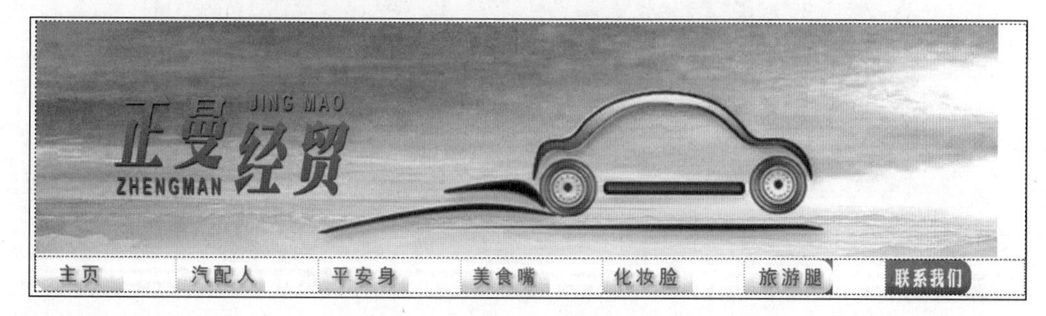

图 7-48　效果图

步骤8: 现在为插入的层和图像设置 CSS 规则。新建层 box1 的样式规则,右击任一图像,在快捷菜单中选“CSS 样式”→“新建”,如图 7-49 所示。

步骤9: 在“新建 CSS 规则”对话框中,“选择器类型”选择“ID(仅应用一个 HTML 元素)”,“选择器名称”选择 box1,“规则定义”选择“(新建样式表文件)”,如图 7-50 所示。

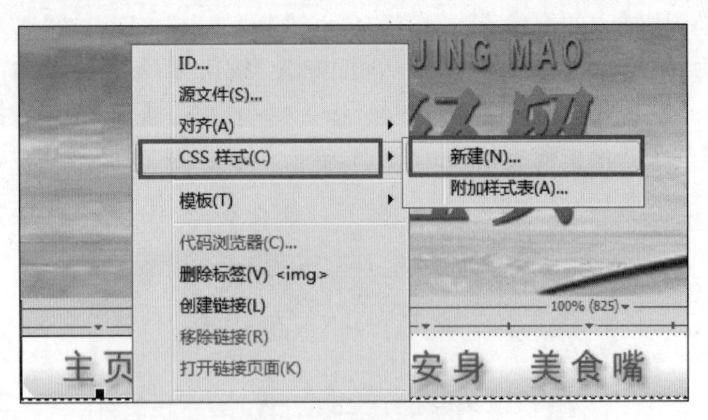

图 7-49　新建 CSS 样式

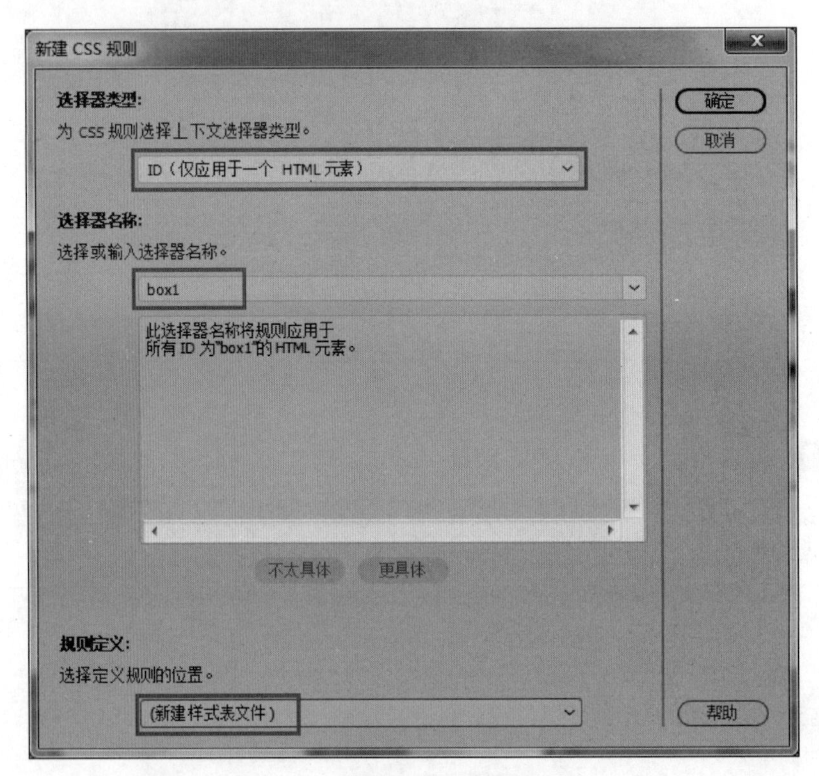

图 7-50　“新建 CSS 规则”对话框

步骤 10: 单击“确定”按钮，在“将样式表文件另存为”对话框中，单击“新建文件夹”按钮，新建 css 文件夹并单击进入，“文件名”为 style，如图 7-51 所示。

步骤 11: 单击“保存”按钮，进入“#box1 的 CSS 规则定义”对话框，选择“方框”选项，设置“方框”的“Width(宽度)”为 80%，“Height(高度)”为“auto(自动)”，“Margin(外边距)”的“Right(右边距)”为“auto(自动)”，“Left(左边距)”为“auto(自动)”，如图 7-52 所示。选择“定位”选项，设置“Position(位置)”为“relative(相对定位)”，单击“确定”按钮。

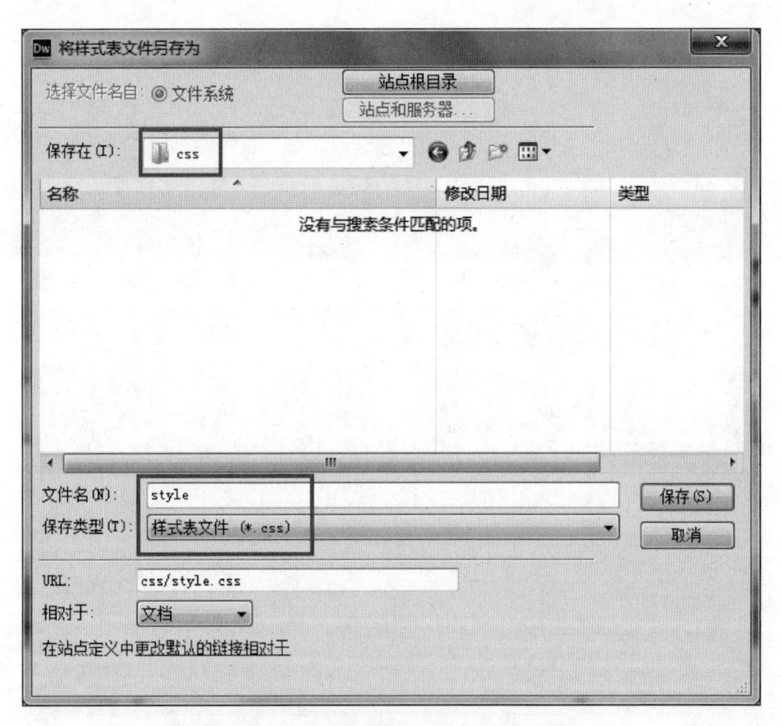

图 7-51　“样式表文件另存为”对话框

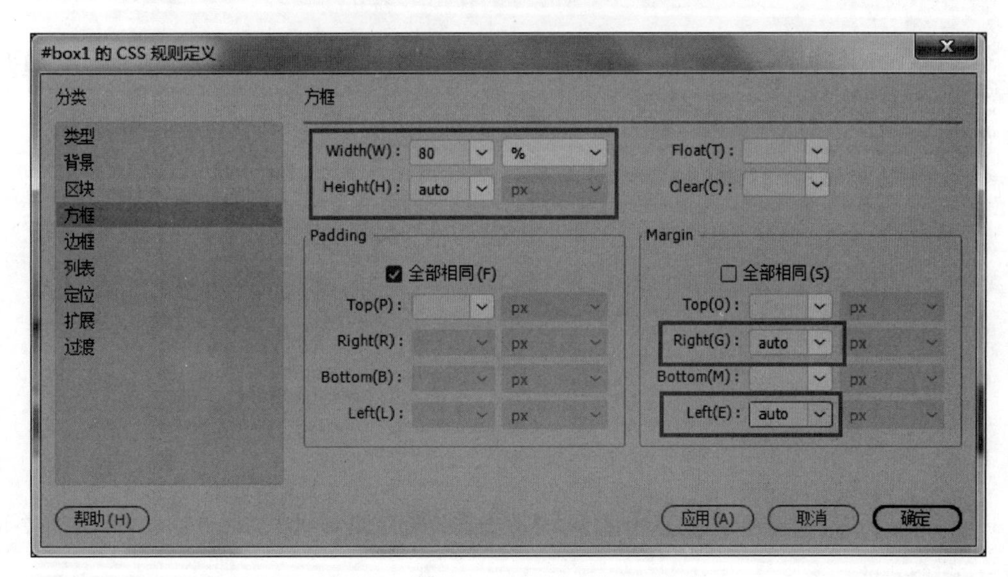

图 7-52　设置 box1 的“方框”选项参数

小提示

在“方框”选项中设置 Margin 的 Right 和 Left 为 auto 是为了实现层 box1 的居中效果。

步骤 12: 新建图像样式规则“.img1”，右击图像选择“CSS 样式”→“新建”，在“新建 CSS 规则”对话框中，设置“选择器类型”为“类(可应用于任何 HTML 元素)”，“选择器名称”为“.img1”，“规则定义”为 style.css，如图 7-53 所示。

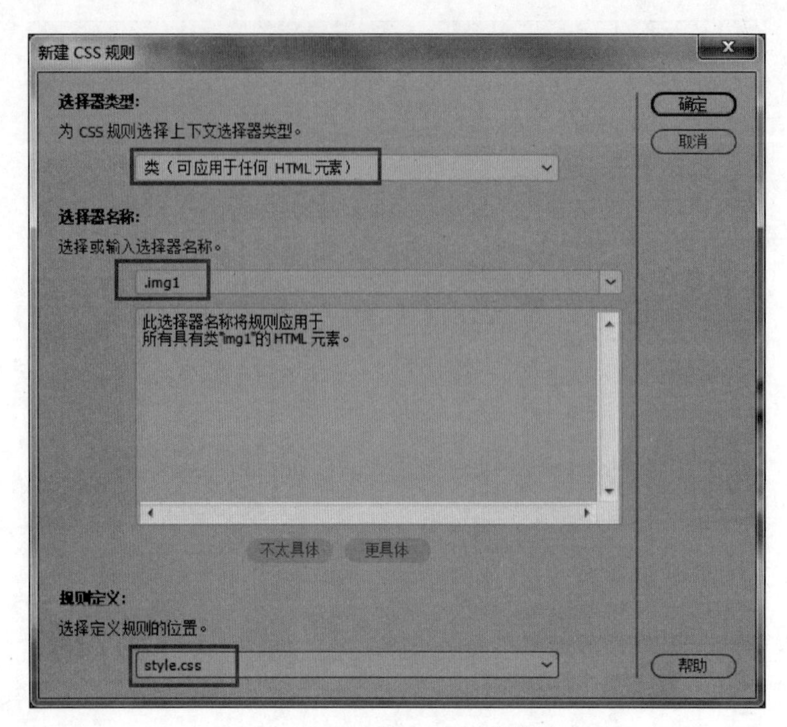

图 7-53　新建“.img1”样式规则

步骤 13: 单击“确定”按钮，在“.img1 的 CSS 样式规则”对话框中，选择“方框”选项，设置“Width(宽度)”为 100%，设置“Height(高度)”为 auto，单击“确定”按钮。

步骤 14: 选中图像 images/pasbanner.jpg，在属性面板上应用样式“.img1”，如图 7-54 所示。

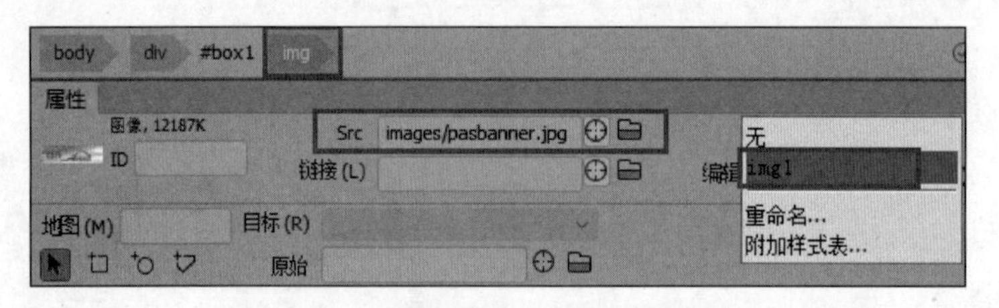

图 7-54　应用类样式“.img1”属性面板

步骤 15: 用同样的方法为表格里的其他图像应用样式“.img1”，效果如图 7-55 所示。

步骤 16: 新建样式 box1-1，在“新建 CSS 规则”对话框中，设置“选择器类型”为“ID (仅应用一个 HTML 元素)”，“选择器名称”为 box1-1，“规则定义”为 style.css。

步骤 17: 单击“确定”按钮，在“#box1-1 的 CSS 规则定义(在 style.css 中)”对话框中，选择“定位”选项，设置“Position(位置)”为“absolute(绝对定位)”，“Width(宽度)”为 50%，“Height(高度)”为 auto，“Placement”区的 Top 为 1rem，Left 为 37%，如图 7-56 所示。单击“确定”按钮，完成#box1-1 的样式规则的设置。

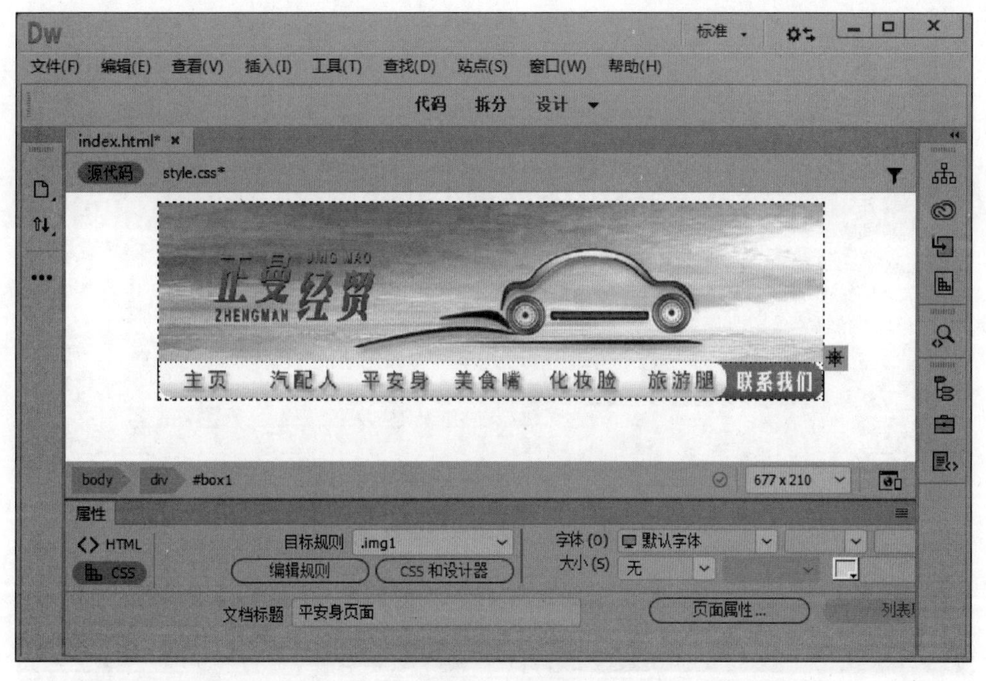

图 7-55　效果图

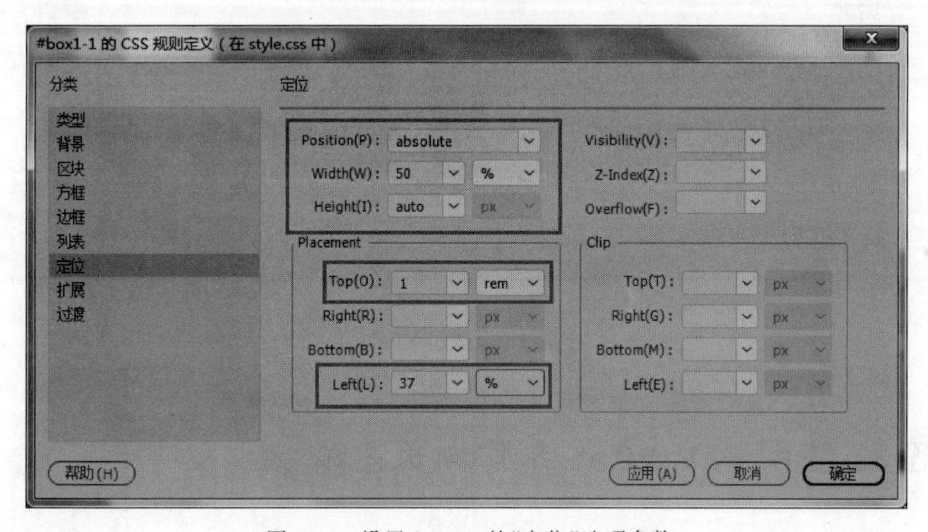

图 7-56　设置 box1-1 的“定位”选项参数

小提示

在自适应网页中对象大小或位置的单位一般都使用 rem 或百分比%，具体值可根据版面的设计需要来确定。设置层#box1-1 为绝对定位，是相对于它的父层#box1 的相对位置。

步骤 18: 单击“文件”→“页面属性”或者单击属性面板的“页面属性”，设置如图 7-57 所示。

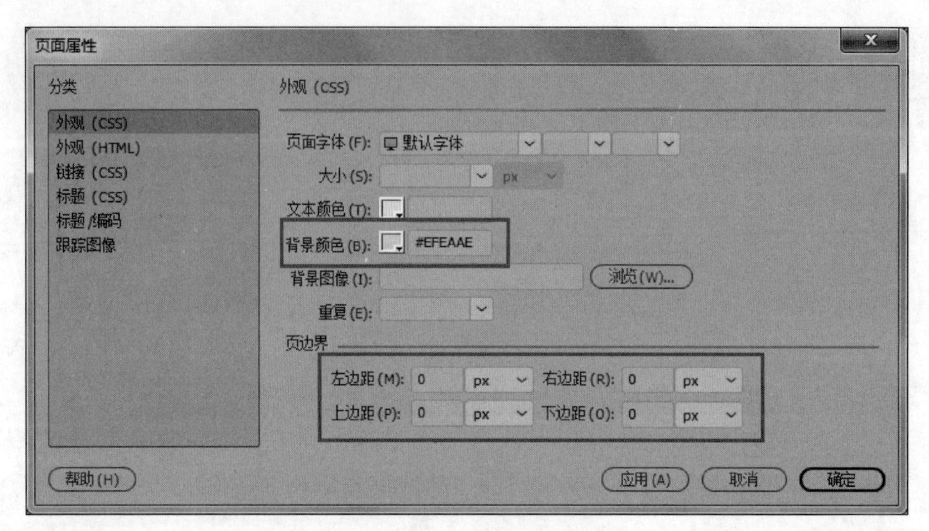

图 7-57　页面属性设置

步骤 19: 选择"文件"→"保存全部",按 F12 预览效果,如图 7-58 所示。

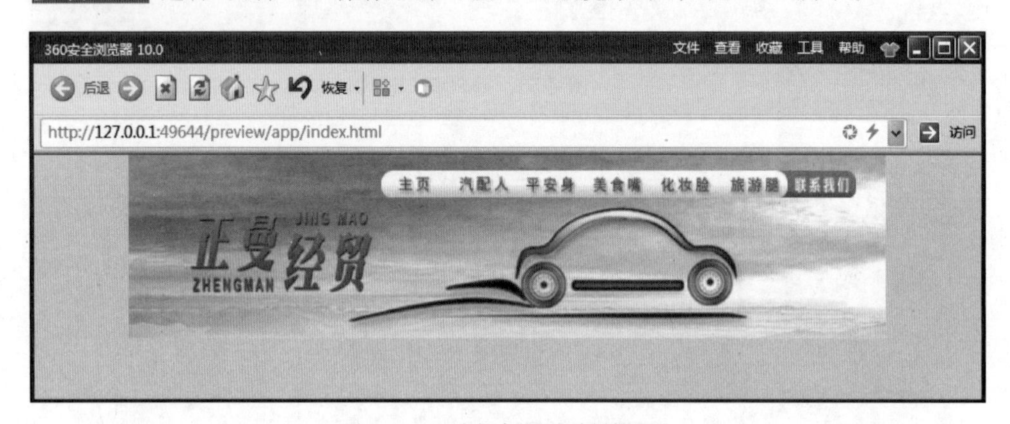

图 7-58　"平安身"导航栏效果图

视频讲解

任务 3:使用 DIV+CSS 制作网页主体

任务描述

本任务将完成网页主体部分的制作,使用了菜单插入和代码快速插入两种方法来插入嵌套层。通过设置 CSS 样式,使嵌套层在父层里占据不同的百分比来实现元素的合理摆放,完成后的"平安身"的主体部分效果如图 7-59 所示。

图 7-59　"平安身"主体部分效果

设计要点

- 嵌套层的使用；
- 层内嵌套表格的使用；
- 图像对象自适应的设置；
- 多子层自适应设置。

知识链接

1. 插入选项介绍

"插入 Div"面板的"插入"选项如图 7-60 所示，大部分读者不知道怎么选择。下面对各个选项进行介绍。

- 在插入点：插入到当前对象之中，box1 嵌套于 box 之中，代码如图 7-61 所示。

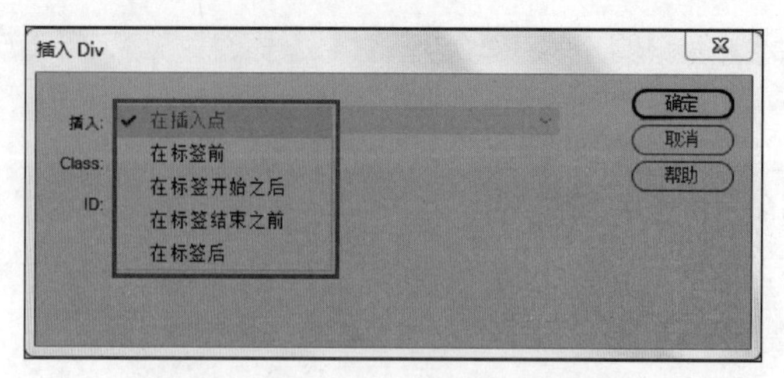

图 7-60 “插入 Div”的“插入”选项面板

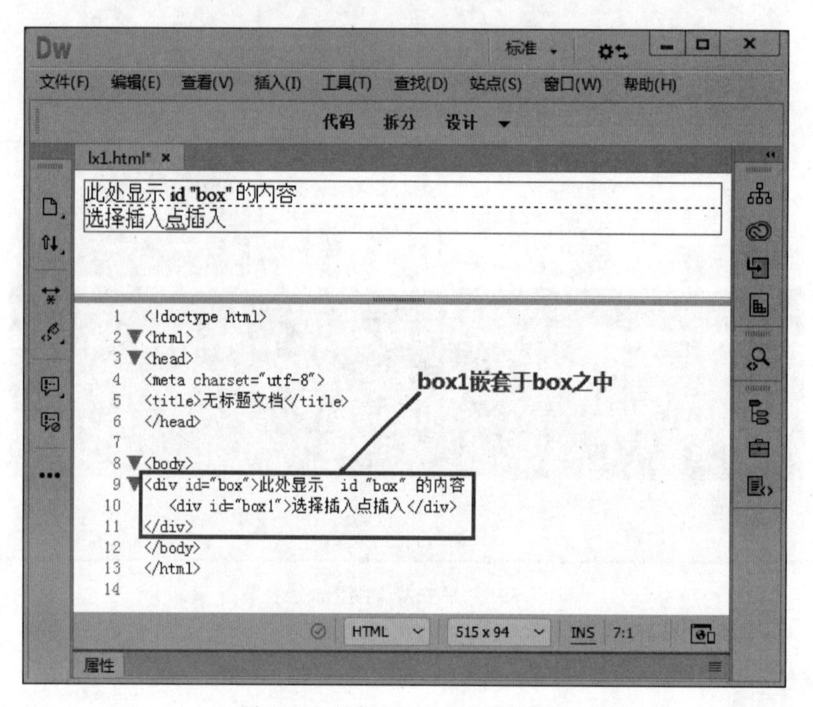

图 7-61 选择“在插入点”插入层

- 在标签前：插入到当前对象之前，box1 与 box 是同级层，box1 在 box 之前，代码如图 7-62 所示。
- 在标签后：插入到当前对象之后，box1 与 box 是同级层，box1 在 box 之后，代码如图 7-63 所示。
- 在标签开始之后：插入到起始位置，box1 嵌套于 box 之中，代码如图 7-64 所示。
- 在标签开始之前：插入到 box 的结尾位置，box1 嵌套于 box 之中，代码如图 7-65 所示。

2. 使用代码快速插入层 div 元素

使用代码快速插入层 div 元素有以下两种方法。

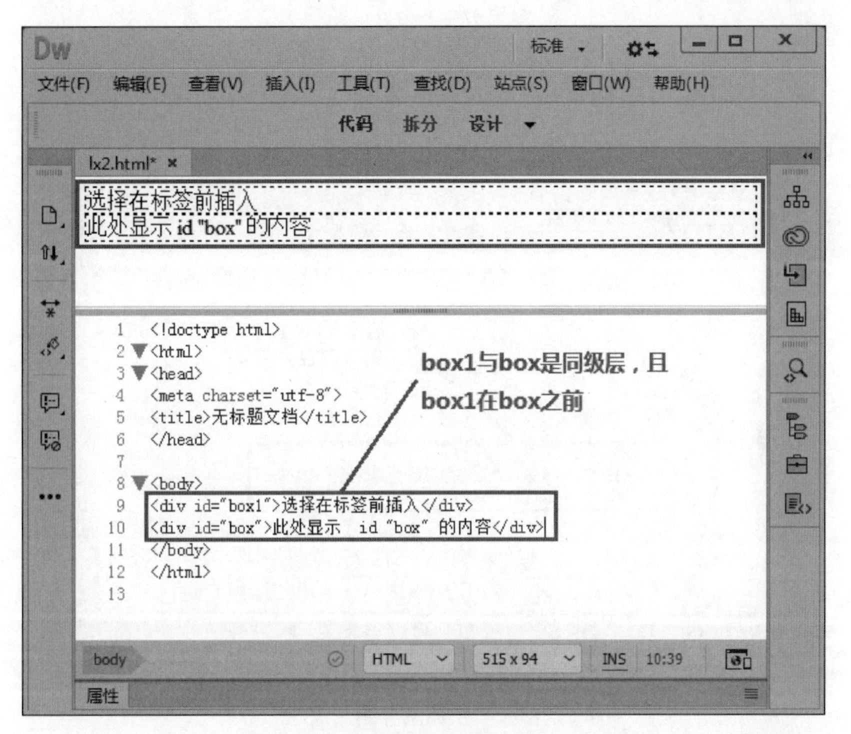

图 7-62　选择“在标签前”插入层

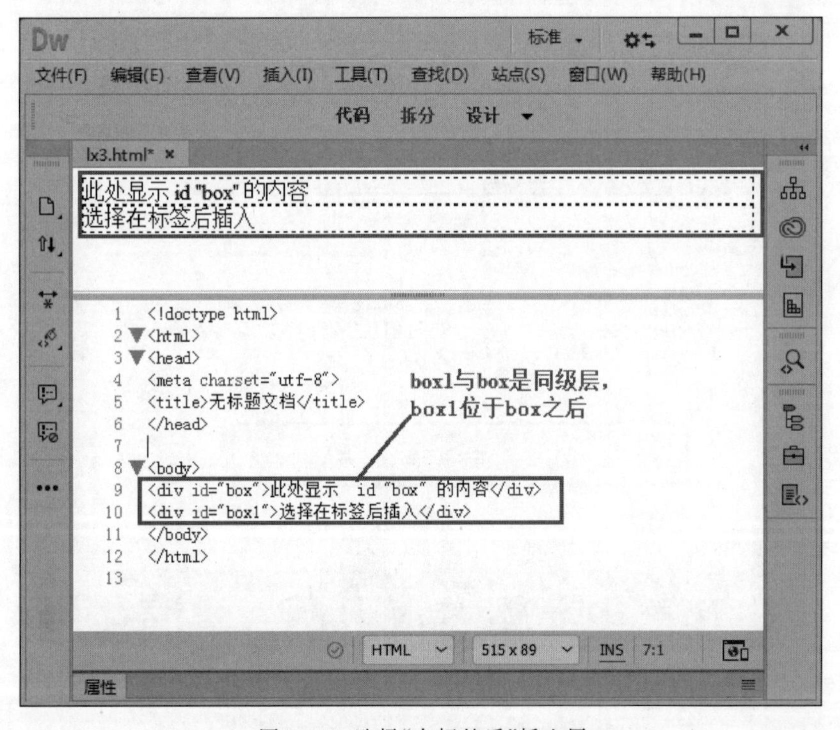

图 7-63　选择“在标签后”插入层

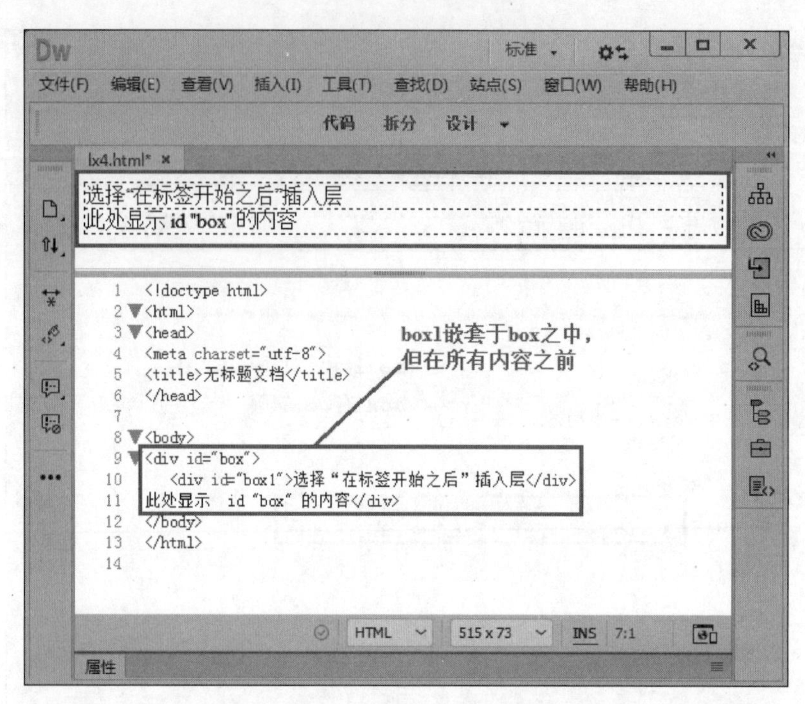

图 7-64 选择"在标签开始之后"插入层

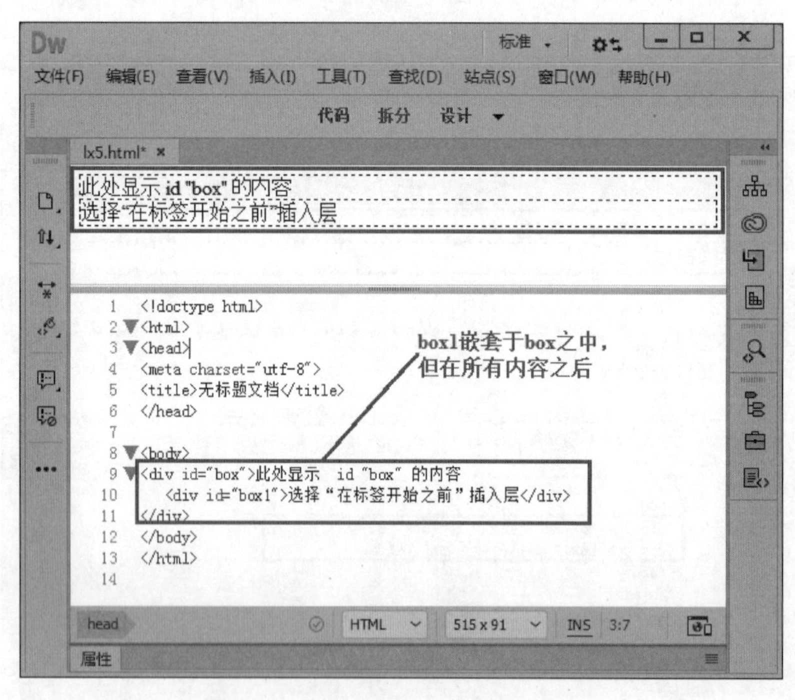

图 7-65 选择"在标签开始之前"插入层

1) 多个层 div 元素一次插入法

步骤 1: 在代码视图下，在需要插入层的地方输入代码"#box*4"，如图 7-66 所示。

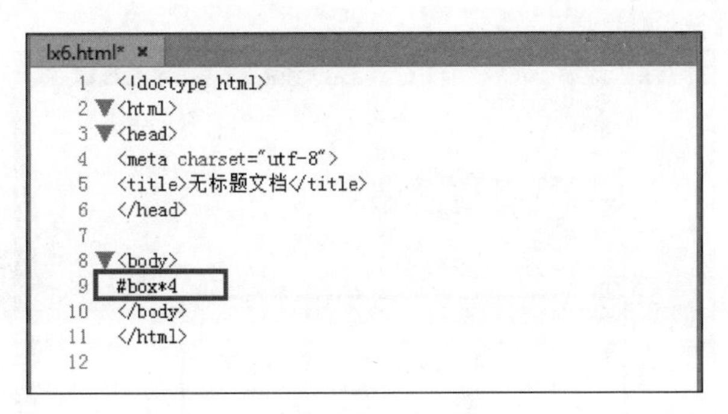

```
1  <!doctype html>
2  <html>
3  <head>
4  <meta charset="utf-8">
5  <title>无标题文档</title>
6  </head>
7
8  <body>
9  #box*4
10 </body>
11 </html>
12
```

图 7-66　一次插入多个层 div 元素

步骤 2: 按 Tab 键,生成如图 7-67 所示代码,插入 4 个并列的层元素。

```
1  <!doctype html>
2  <html>
3  <head>
4  <meta charset="utf-8">
5  <title>无标题文档</title>
6  </head>
7
8  <body>
9  <div id="box"></div>
10 <div id="box"></div>
11 <div id="box"></div>
12 <div id="box"></div>
13 </body>
14 </html>
15
```

图 7-67　一次插入多个层的代码

2) 嵌套层的插入法

步骤 1: 在代码视图下,在需要插入层的地方输入代码"# box1 > # box1-1 * 2 > # box1-1-1 * 3",如图 7-68 所示。插入多级嵌套层 div 元素,即 box1 嵌套了 2 个 box1-1 子层,每个 box1-1 子层里又嵌套了 3 个 box1-1-1 子层。

```
1  <!doctype html>
2  <html>
3  <head>
4  <meta charset="utf-8">
5  <title>无标题文档</title>
6  </head>
7
8  <body>
9  #box1>#box1-1*2>#box1-1-1*3
10 </body>
11 </html>
12
```

图 7-68　插入多级嵌套层 div 元素

步骤 2: 按 Tab 键,生成如下代码,如图 7-69 所示。

小提示

用代码快速插入多个层 div 元素后,要修改相应的 ID 序号。代码快速插入法也可用于其他元素的插入。

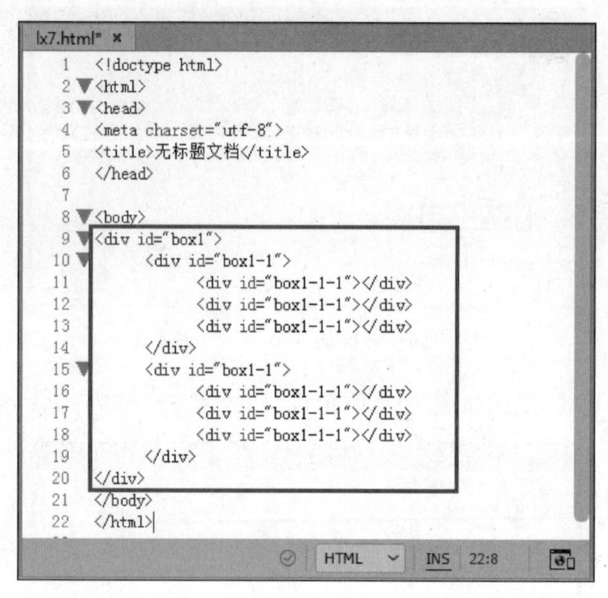

图 7-69　多级嵌套层 div 代码

任务实施

步骤 1: 在 E 盘新建文件夹 mysite07，将 Dreamweaver CC 素材\project07 文件夹下 task03 文件夹复制到该文件夹中。

步骤 2: 打开软件 Dreamweaver CC 2019，选择"站点"→"新建站点"，在"站点设置对象"对话框中，设置"站点名称"为 mysite07-3，设置"本地站点文件夹"为 E:\mysite07\task03\。

步骤 3: 打开 index.html 网页，在设计视图下，将光标移到图像的后面，选择"插入"→Div，在"插入 Div"的对话框中，设置"插入"为"在标签后""< div id="box1">"，ID 为 box2，如图 7-70 所示。单击"确定"按钮，插入层 box2。

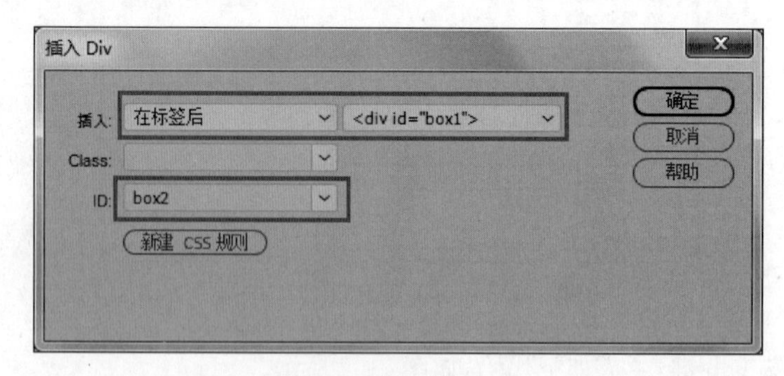

图 7-70　插入层 box2

步骤 4: 将光标置入 box2 中，插入嵌套层 box2-1，在"插入 Div"的对话框中，设置"插入"为"在插入点"，ID 为 box2-1，如图 7-71 所示。单击"确定"按钮，插入层 box2-1。

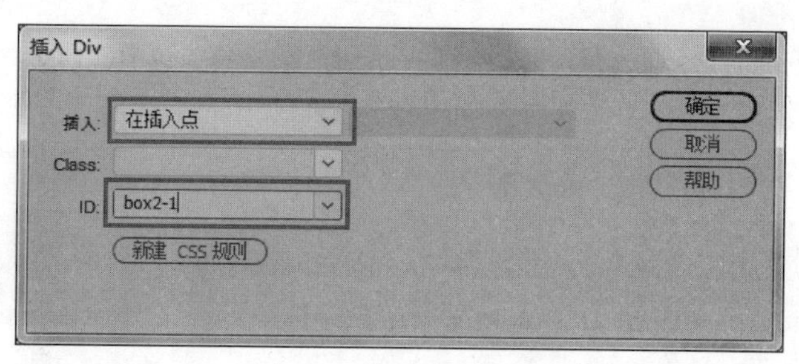

图 7-71　插入层 box2-1

步骤 5: 将光标置入 box2-1 中，用步骤 3 的方法，依次插入嵌套层 box2-2、box2-3、box2-4，“在标签后”依次选择“< div id="box2-1">”“< div id="box2-2">”“< div id="box2-3">”。

步骤 6: 切换到代码视图下，将光标置入 43 行层 box2 的结束标签</div >的后面，按 Enter 键转到下一行，输入代码“#box3 >#box3-1 * 3”，按 Tab 键，修改后两个 box3-1 为 box3-2、box3-3，即可快速插入层 box3 及其子层 box3-1、box3-2、box3-3。

步骤 7: 将光标置入 48 行后，按 Enter 键转到下一行，输入代码“#box4”，按 Tab 键，插入层 box4。按照图 7-72 所示的代码部分，输入相应内容。

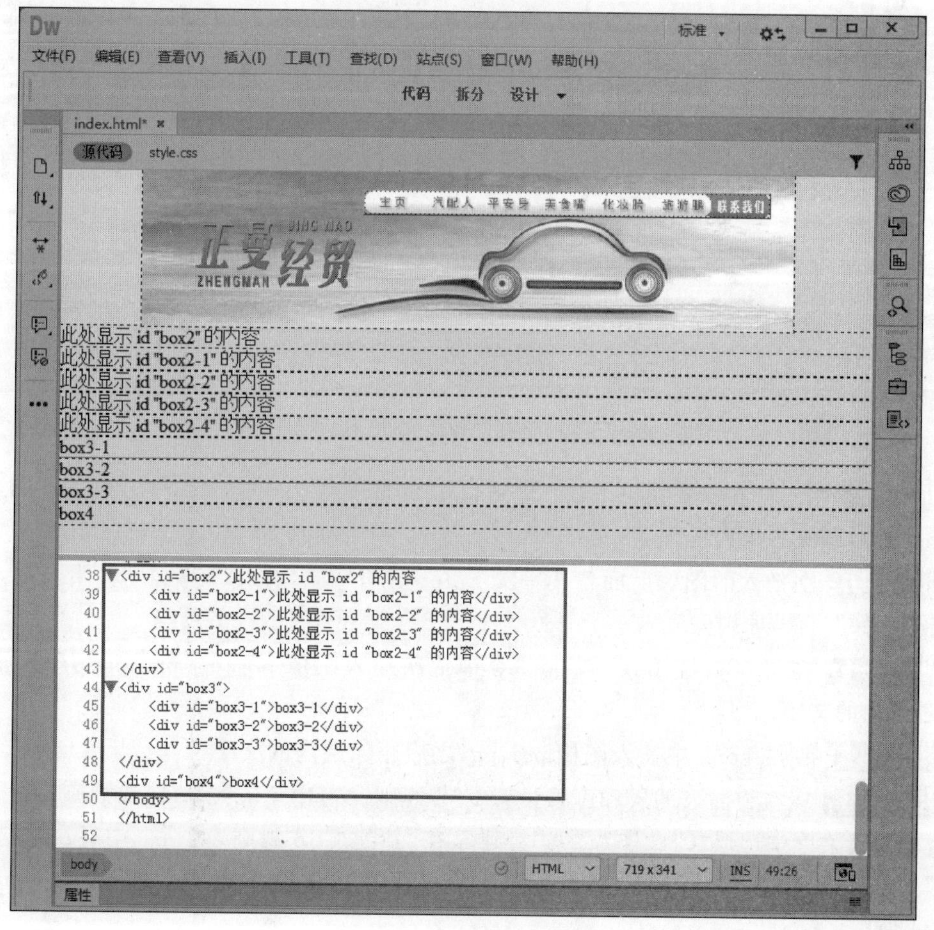

图 7-72　效果及代码视图

步骤 8： 切换到设计视图下，将光标置入层 box2-1 中，选择“插入”→Image，在“选择图像源文件”对话框中，images 文件夹中选择 p1.png，如图 7-73 所示。单击“确定”按钮，插入图像。

图 7-73 “选择图像源文件”对话框

步骤 9： 用同样的方法在层 box2-2、box2-3、box2-4 中依次插入图像 p2.png、p3.png、p4.png，之后删除各层内的文字。

步骤 10： 在插入的图像后面各按一次 Enter 键，并依次输入“平安车险”“平安 e 生保”“平安全家保”“百万家财险”。

步骤 11： 在层 box3-1、box3-2、box3-3 中依次插入图像 p5.jpg、p6.jpg、p7.jpg，之后删除各层内的文字。

步骤 12： 在层 box4 中插入图像 p8.jpg，之后删除层内的文字。

步骤 13： 现在为插入的层和图像设置 CSS 规则。新建#box2 的样式规则，右击任一图像，在快捷菜单中选择“CSS 样式”→“新建”，在“新建 CSS 规则”对话框中，设置“选择器类型”为“ID(仅应用一个 HTML 元素)”，“选择器名称”为 box2，“规则定义”为 style.css，如图 7-74 所示。

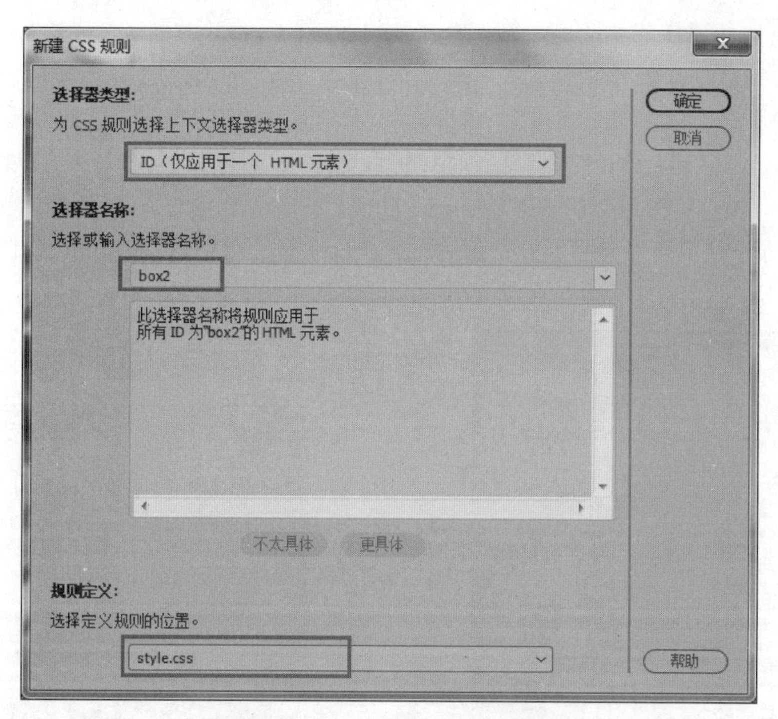

图 7-74　“新建 CSS 规则”对话框

步骤 14: 单击“确定”按钮，进入“＃box2 的 CSS 规则定义（在 style. css 中）”对话框，选择“方框”选项，设置“方框”的“Width（宽度）”为 80％，“Height（高度）”为 auto，“Margin（外边距）”的“Right（右边距）”为 auto，“Left（左边距）”为 auto，如图 7-75 所示，单击“确定”按钮。

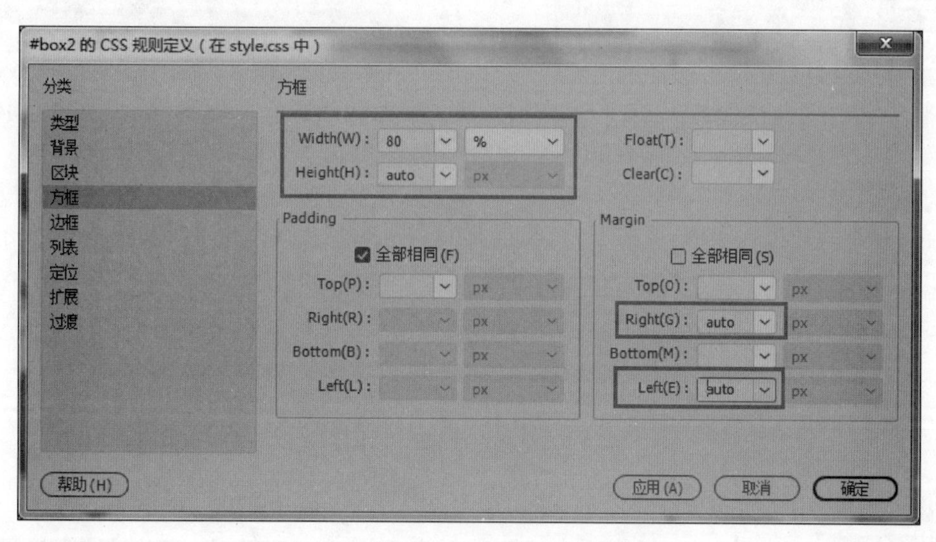

图 7-75　设置 box2 的“方框”选项参数

步骤 15: 新建样式＃box3。在 CSS 设计器面板上，右击＃box2，选择“直接复制”，如图 7-76 所示。把复制的样式改名为＃box3 即可。

步骤 16: 新建样式＃box4。在 CSS 设计器面板上，右击＃box2，选择“直接复制”，把复制的样式改名为＃box4 即可。

步骤 17: 新建类样式“. div1”。单击 CSS 设计器面板上“选择器”前面的 **+** 按钮，在输入框内输入“. div1”；单击“属性”前面的 **+** 按钮添加属性，设置“Width(宽度)”属性的值为 25%，“Height(高度)”属性的值为“auto(自动)”，“Float(浮动)”属性的值为“left(左对齐)”，“Text-align(水平对齐)”属性的值为“center(居中)”，“Vertical-align(垂直对齐)”属性的值为“middle(居中)”，如图 7-77 所示。

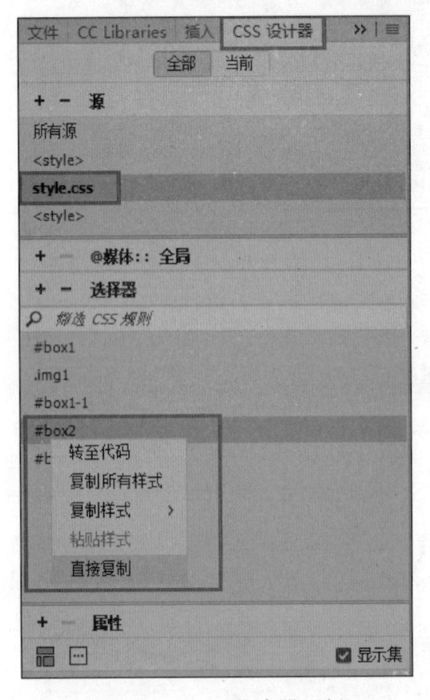

图 7-76　CSS 设计器面板

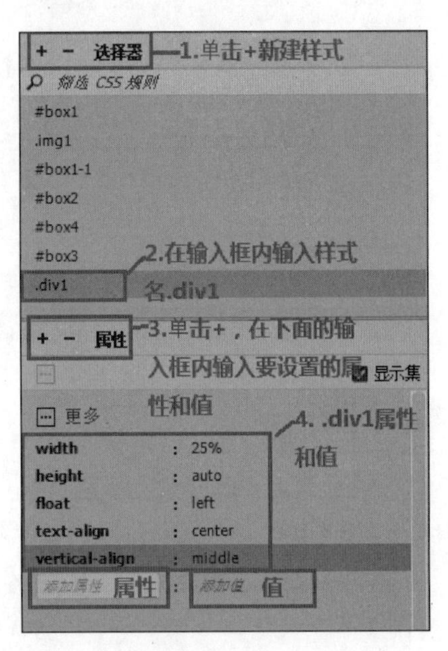

图 7-77　新建样式“. div1”设计器面板

步骤 18: 将光标置入“平安车险”位置，选中状态栏的标签＃box2-1，在属性面板上单击 Class 后面的下拉列表框，选择 div1，为层＃box2-1 应用样式“. div1”，如图 7-78 所示。

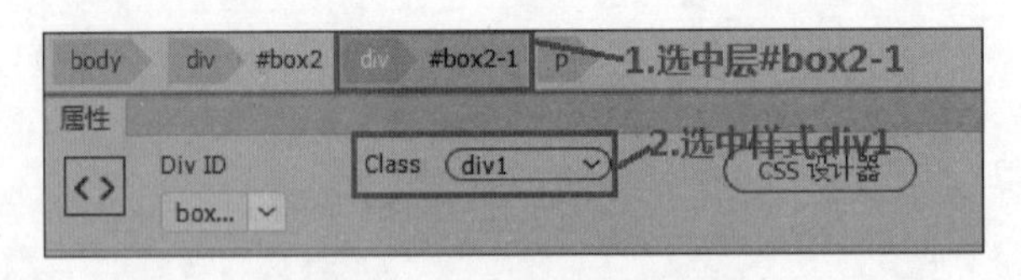

图 7-78　在属性面板上应用样式

步骤 19: 用同样的方法为层 box2-2、box2-3、box2-4 应用样式“. div1”。

步骤 20: 新建样式＃box3-1。在 CSS 设计器面板上，右击“. div1”，选择“直接复制”，把复制的样式改名为“＃box3-1”，修改“Width(宽度)”属性的值为 19%，如图 7-79 所示。

步骤 21: 新建样式＃box3-2。在 CSS 设计器面板上，右击＃box3-1，选择“直接复制”，把复制的样式改名为“＃box3-2”，修改“Width(宽度)”属性的值为 47%，如图 7-80 所示。

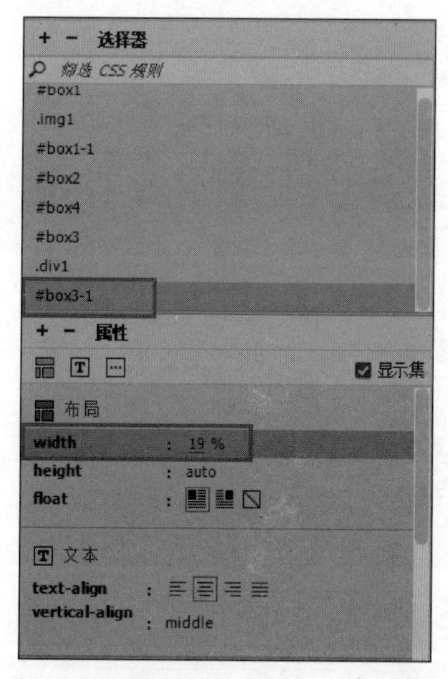

图 7-79　新建样式＃box3-1 设计器面板

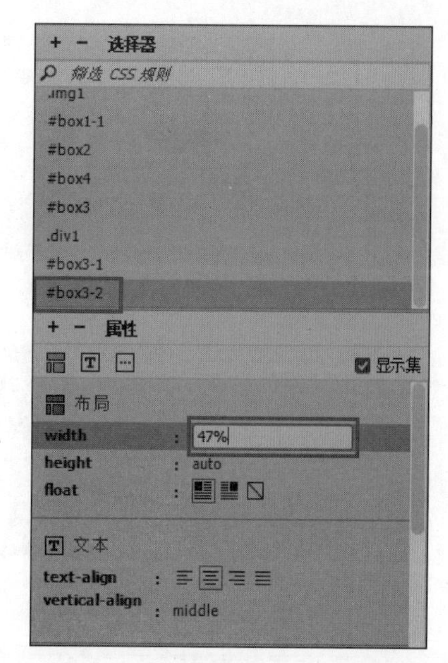

图 7-80　新建样式＃box3-2 设计器面板

步骤 22: 新建样式＃box3-3。在 CSS 设计器面板上，右击＃box3-2，选择“直接复制”，把复制的样式改名为“＃box3-3”，修改“Width(宽度)”属性的值为 33％。

步骤 23: 新建类样式“. img2”。在 CSS 设计器面板上单击“选择器”前面的 ➕ 按钮，在输入框内输入“. img2”；单击“属性”前面的 ➕ 按钮添加属性，设置“Width(宽度)”属性的值为 50％，“Height(高度)”属性的值为“auto(自动)”，“Margin 的 Right(右边距)”属性的值为 auto，“Margin 的 Left(左边距)”属性的值为 auto，如图 7-81 所示。

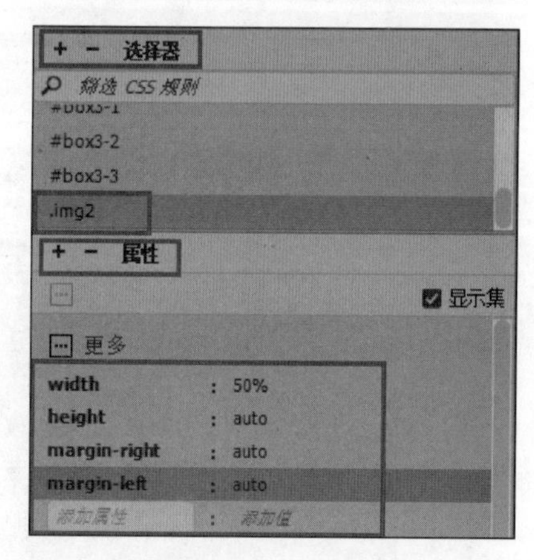

图 7-81　新建样式“. img2”设计器面板

步骤 24: 新建样式“. img3”。在 CSS 设计器面板上，右击“. img2”，选择“直接复制”，把复制的样式改名为“. img3”，修改“Width(宽度)”属性的值为 80％。

步骤 25: 选中“平安车险”文字上面的图片，再选中状态栏的标签 img，在属性面板上点击下拉列表框选择“img2”，为图像应用样式“. img2”，如图 7-82 所示。

步骤 26: 用相同的方法为“平安 e 生保”“平安全家保”“百万家财险”上面的图像应用样式“. img2”。

步骤 27: 用相同的方法为层 box3 里“中国平安”“邀请客户”“店家宝”等字样的图像应用样式“. img3”。

步骤 28: 用相同的方法为层 box4 里“不一样的自己”字样的图像应用样式“. img1”，效果如图 7-83 所示。

图 7-82 应用图像样式“.img2”

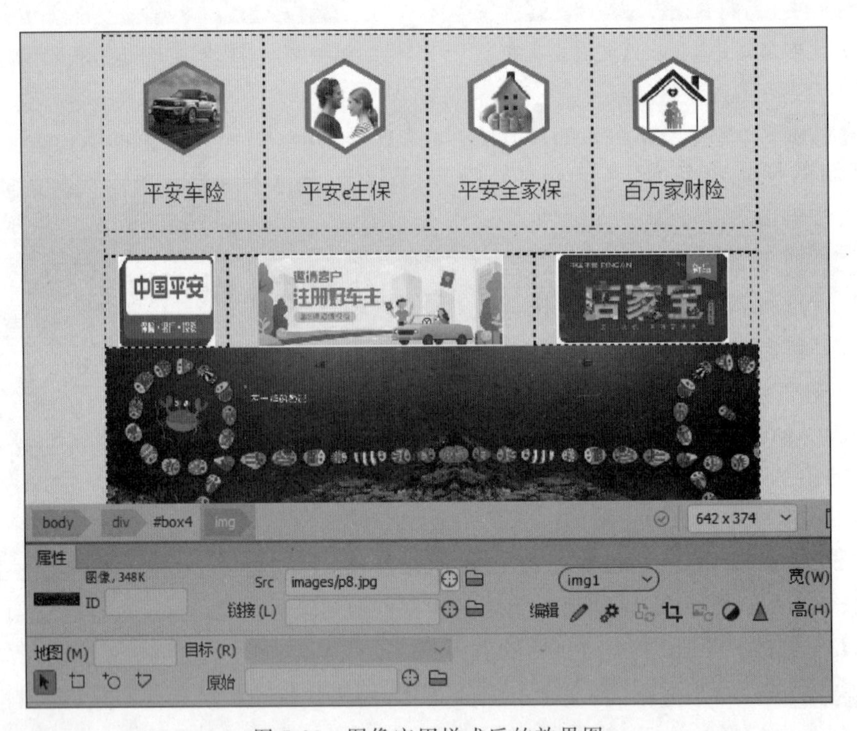

图 7-83 图像应用样式后的效果图

步骤 29： 为文字新建“.td-text1”样式规则。右击任一图像→“CSS 样式”→“新建”，在“新建 CSS 规则”对话框中，设置“选择器类型”为“类(可应用一个 HTML 元素)”，“选择器名称”为“.td-text1”，“规则定义”为 style.css。在“.td-text1 的 CSS 规则定义(在 style.css 中)”对话框中，设置“类型”选项的“Font-family(字体)”为“微软雅黑”，“Font-size(大小)”为 1rem，“Font-weight(粗细)”为“bold(粗体)”，“Color(颜色)”为＃580B5A，如图 7-84 所示。

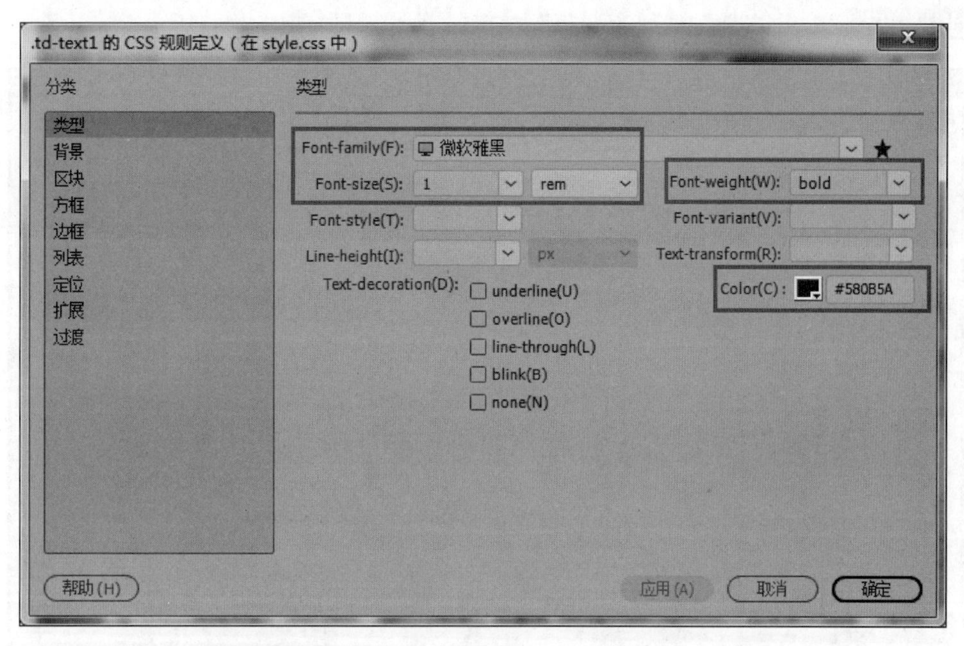

图 7-84　设置“. td-text1”样式的“类型”选项的参数

小提示

在自适应网页中字体大小的单位一般都使用 rem。

步骤 30： 设置“区块”选项的“Text-align(水平对齐)”为“center(居中对齐)”，“Vertical-align(垂直对齐)”为“middle(居中对齐)”，单击“确定”按钮。

步骤 31： 将光标置入“平安车险”文字处，选中状态栏的标签 p，在属性面板上“目标规则”后面的下拉列表框选择“. td-text1”，为文字应用样式“. td-text1”。用同样的方法为后面的文字应用样式“. td-text1”，效果及属性面板如图 7-85 所示。

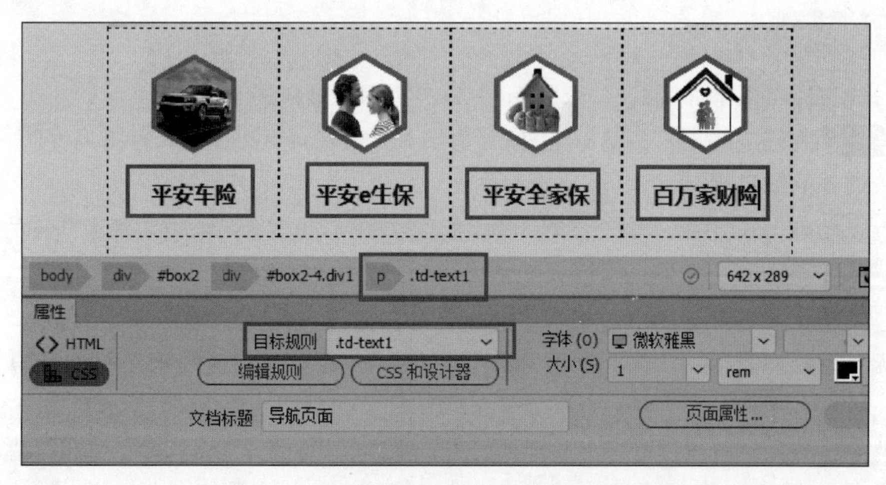

图 7-85　文字应用样式后的效果图及属性面板

步骤 32： 选择“文件”→“保存全部”，按 F12 预览效果，如图 7-86 所示。

图 7-86 “平安身”主体部分效果图

任务拓展

为“平安身”页面添加版权层，效果如图 7-87 所示。操作提示如下：

步骤 1： 在任务 3 网页的基础上，插入层 box5，跟任务 3 的 box4 的插入方法一样，设置样式表的各参数也相同。

步骤 2： 在 box5 中插入 1 个 3 行 1 列，宽度为 98%，边框、间距、边距都为 0px 的表格。

步骤 3： 第 1 行按照效果图输入文字，为其新建样式并应用。

步骤 4： 第 2 行效果图中的文字要以列表对象插入，新建样式表，设置列表的“项目符号”为“无”，设置列表项的 Float 参数为“left(左对齐)”，实现列表的水平排列和自动换行效果。

步骤 5： 在第 3 行内嵌套 1 个 1 行 4 列的表格，根据效果分别设置每个单元的宽度。在第 2 个单元格里插入图像../images/weidian1.png，第 3 个单元格里插入图像../images/gserm.jpg，并为它们新建相应的样式表应用。

图 7-87　加入版权层后的"平安身"页面效果图

项目小结

本项目使用 DIV＋CSS 制作了网站主页和"平安身"页面这两个页面，网站主页使用了一列满屏自适应屏宽的布局方式，"平安身"页面使用了流式布局方式。在插入元素和新建 CSS 规则时使用了多种方法，以期让读者能根据个人习惯灵活运用。

思考题

1. DIV＋CSS 布局的优势有哪些？
2. 一列满屏自适应屏宽的布局中如何让背景图覆盖整个背景区域？
3. 在 CSS 规则中如何设置对象自动水平居中？
4. 如何制作水平菜单并能根据屏宽自动换行？

项目八

使用模板和库提高制作效率

学习要点

- 掌握资源面板的使用方法；
- 掌握模板的创建和属性编辑；
- 掌握库的创建和属性编辑；
- 使用模板和库实现网页的批量制作和修改。

视频讲解

任务1：模板的使用

任务描述

本任务通过使用资源面板，掌握创建、设计模板的方法，并了解模板的属性。使用模板批量生成多个布局相似、内容不同的网页，如图8-1所示。

设计要点

- 资源面板的使用；
- 定义模板的区域；
- 通过修改模板中的可编辑区域快速生成相似页面。

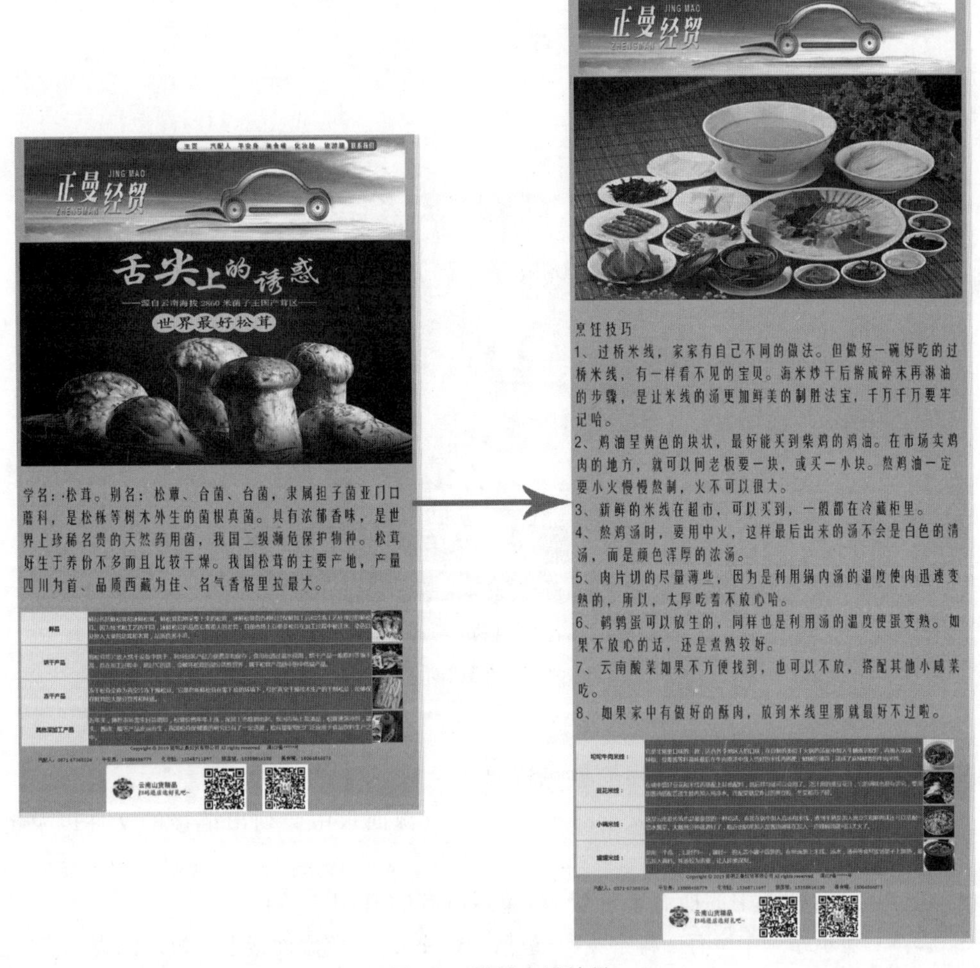

图 8-1　模板应用效果

知识链接

1. 模板的概念

当设计者设计网站时，会根据需求制作一系列具有相同风格的网页。这样的网页通常布局相似，图像和内容有所差别。此时，使用模板制作网页会更简便快捷，有助于减少重复性的工作。

在 Dreamweaver CC 2019 中，模板是一种用于设计统一风格的页面布局的特殊文档。模板其实就是一个预先制作的模具，当要制作相同的东西时，只须将材料注入模具中即可实现。

模板有以下几个优点。

- 能使网站风格保持统一。

- 利于网站的后期维护,更新页面时只须修改模板后更新即可。
- 极大地提高网页制作的效率。

2. 资源面板的使用

打开“窗口”→“资源”,如图 8-2 所示。

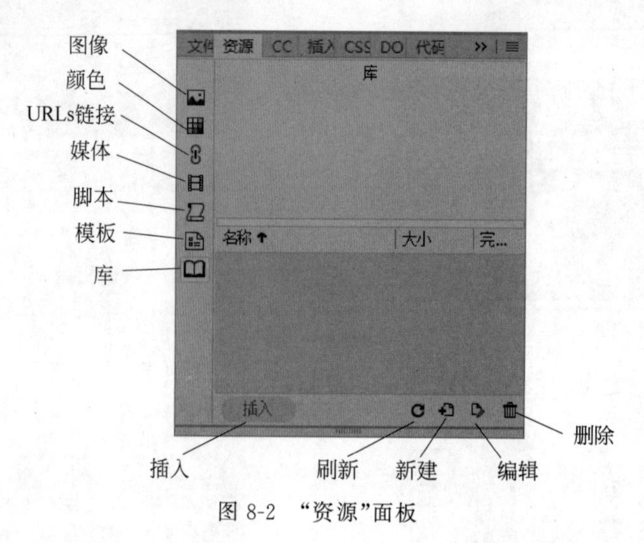

图 8-2 “资源”面板

- 图像:显示站点中的所有图像资源。
- 颜色:显示站点中定义的所有颜色资源。
- URLs 链接:显示站点中设置的所有链接,资源面板中会列出链接的文件以及链接的 url 地址。
- 媒体:显示站点中的所有影片资源,包括所有的 flash 动画。
- 脚本:显示站点中所有的脚本资源,包括 JavaScript 在资源面板上方显示的脚本代码。
- 模板:显示站点中所有的模板资源。
- 库:显示站点中所有的库资源。
- 插入:可以将在资源面板中选定的元素直接插入页面中。
- 刷新:可以刷新站点列表。
- 新建:可以新建一个模板。
- 编辑:可以编辑在资源面板中选定的元素。
- 删除:可以将当前选定的元素删除。

3. 模板的创建和删除

1) 创建模板

创建模板有两种方法:一种是新建空白模板,另一种是将现有页面保存为模板。

- 使用 Dreamweaver 创建空白模板。

步骤 1: 选择“窗口”→“资源”,打开“资源”面板,单击“模板”选项(该选项须在设计视图下才显示),如图 8-3 所示。

步骤 2： 单击“模板”选项右下角的“新建模板”选项，就添加了一个未命名的模板，如图 8-4 所示。

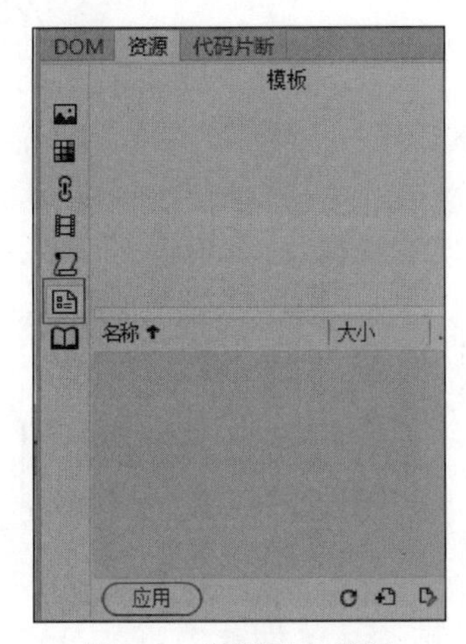

图 8-3　“模板”面板图

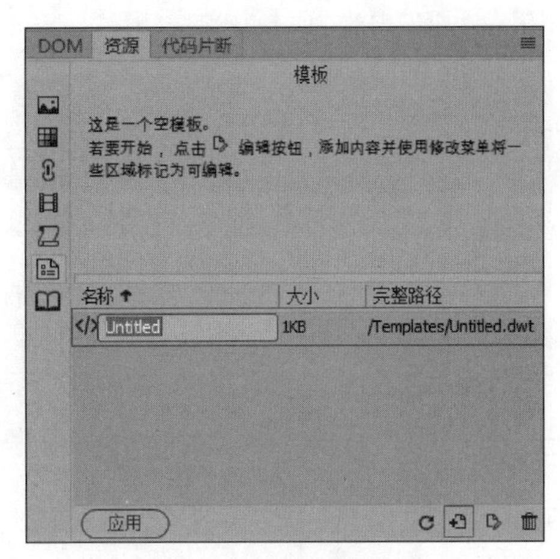

图 8-4　新建空白模板

- 将文档保存为模板。

在 Dreamweaver 中，还可以将正在编辑的网页或已有的网页保存为模板，具体方法如下。

步骤 1： 打开需要保存为模板的页面文件。

步骤 2： 选择“文件”→“另存为模板”，如图 8-5 所示。在弹出的“另存模板”对话框中选择要保存为模板的站点，并输入模板的文件名，单击“保存”按钮完成设置，如图 8-6 所示。不选择站点则存入默认的模板页面所属站点。

图 8-5　另存为模板

步骤 3： 在弹出的询问是否更新链接的对话框中进行选择，“是”则将所有使用该模板的页面进行修改，“否”则只更改模板，不更新使用该模板的页面，如图 8-7 所示。保存好的模板将在右下角“模板”面板中显示出来。

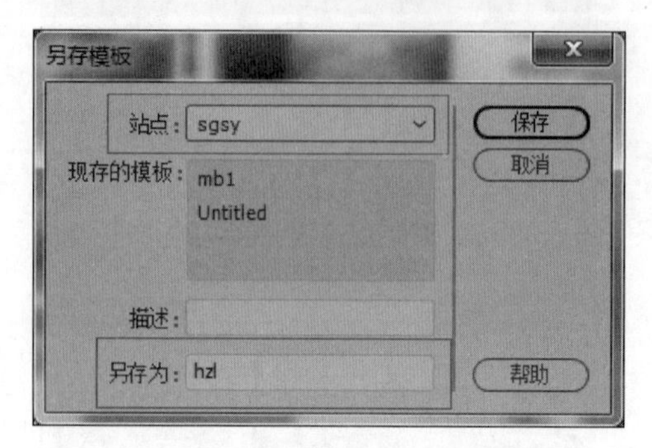

图 8-6 “另存模板”对话框

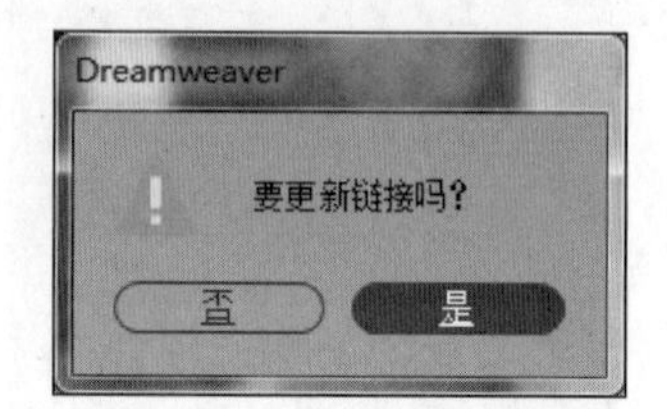

图 8-7 询问更新对话框

2）删除模板

在“模板”面板中选中要删除的模板，单击下方垃圾桶选项进行删除即可。

4. 定义模板区域

模板是一种用于网页的特殊文档。网页设计时根据需求对模板的内容进行编辑，指定哪些内容是可以编辑的，哪些内容是不可以编辑的。当新建一个模板或者将已有网页存为模板时，默认对所有区域进行锁定，因此，要根据需要定义和修改可编辑区域。Dreamweaver CC 2019 中共有 4 种类型的模板区域。

- **可编辑区域**：该区域是基于模板文档中的未锁定区域，它是模板中用户可以编辑的部分。模板创作者可以将模板的任何区域指定为可编辑区。要让模板生效，它应该至少包含一个可编辑区域，否则，将无法编辑基于该模板的页面。
- **重复区域**：该区域是文档中设置为重复的布局部分，例如可以设置重复一个表格行。通常重复部分是可编辑的，这样模板用户可以编辑重复元素中的内容，同时使设计本身处于模板创作者的控制之下。在基于模板的文档中，模板用户可以根据需要使用重复区域，控制选项添加或删除重复区域的副本。在模板中可以插入两种类型的重复区域：重复区域和重复表格。
- **可选区域**：该区域是在模板中指定为可选的部分，用于保存有可能在基于模板的文档中出现的内容，如可选文本或图像。在基于模板的页面上，模板用户通常控制是否显示内容。
- **可编辑标签属性**：该区域可以在模板中解锁标签属性，以便该属性可以在基于模板的页面中编辑，例如可以锁定在文档中出现的图像，让模板用户将对齐设为左对齐、右对齐或居中对齐。

定义模板的区域可以在新建的空白模板中完成，也可以对已有的模板进行定义。下面举例说明。

1）定义空白模板区域

步骤 1： 将光标放在要插入可编辑区域的位置，选择“插入”→“模板”→“可编辑区域”，或者按 Ctrl＋Alt＋V，打开“新建可编辑区域”对话框，在“名称”框中输入该区域的唯一名称，这里输入“kbj1”，如图 8-8 所示。

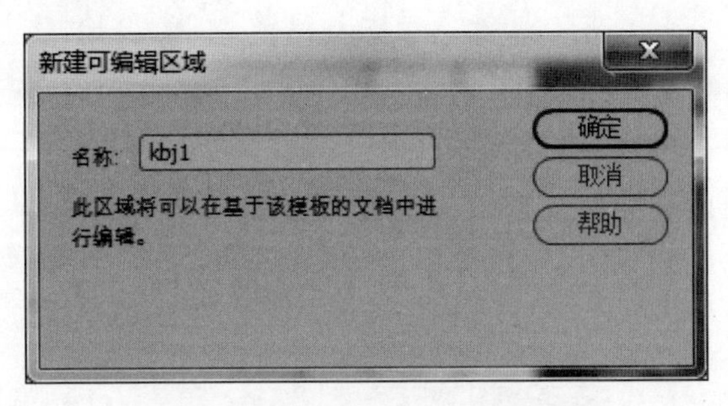

图 8-8　“新建可编辑区域”对话框

步骤 2： 单击“确定”按钮，即可插入一个可编辑区域，如图 8-9 所示。

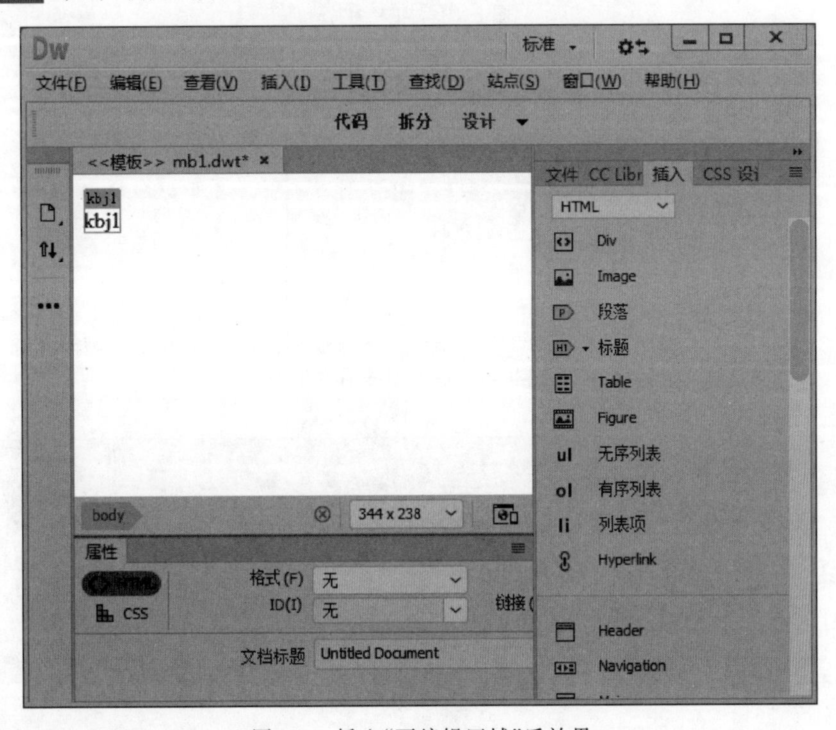

图 8-9　插入“可编辑区域”后效果

可将光标放入该可编辑区域内，删除文字，插入其他对象，如插入一幅图片，过程及效果如图 8-10 和图 8-11 所示。

步骤 3： 使用同样方法分别插入可选区域 kx1、重复区域 cf1、可编辑的可选区域 kbjkx1、重复表格 kcfbg1，如图 8-12 所示。

其中，在插入“可选区域”和“可编辑的可选区域”时，会弹出“新建可选区域”对话框，“基本”和“高级”两个选项界面分别如图 8-13 和图 8-14 所示。

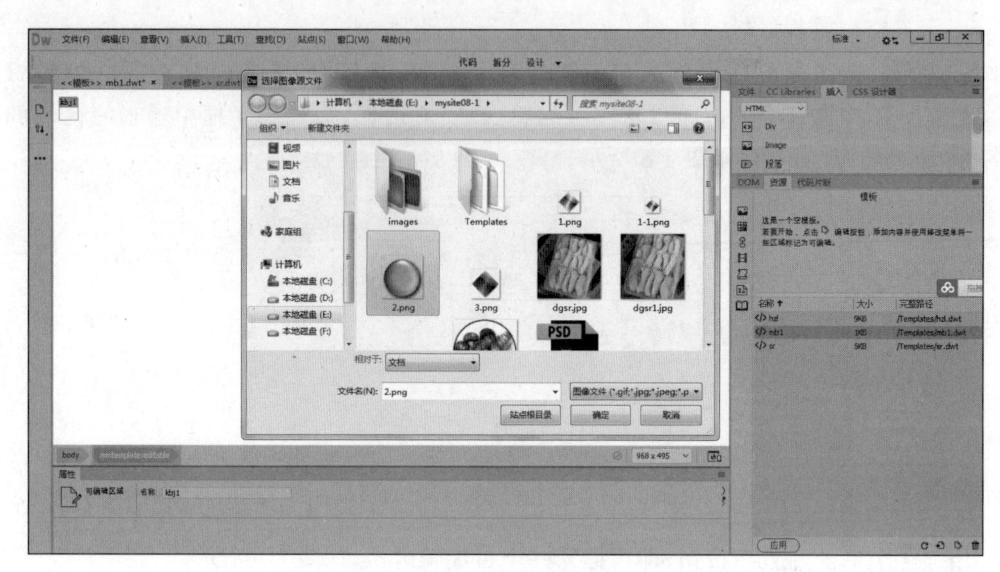

图 8-10　插入图片

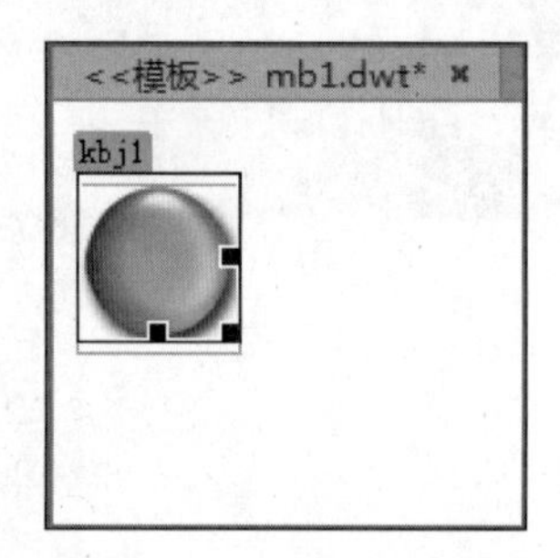

图 8-11　插入图片后效果

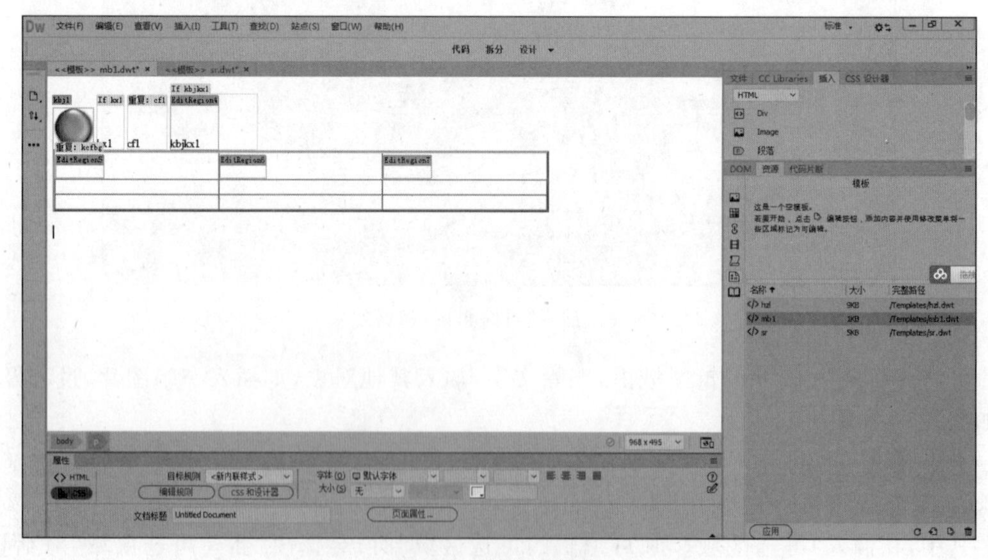

图 8-12　插入后效果

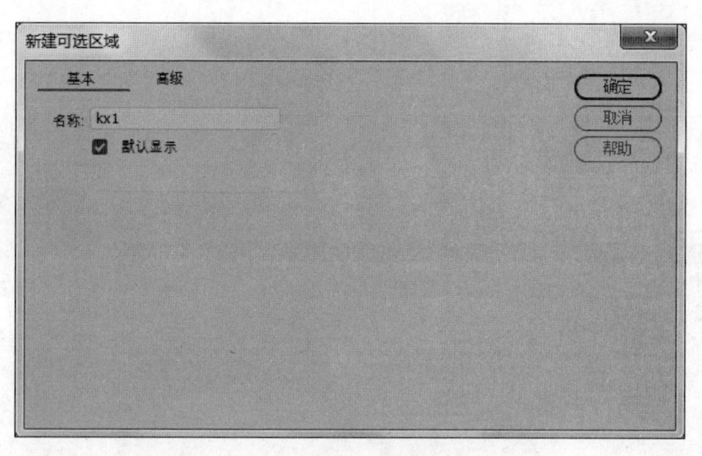

图 8-13 “基本”选项

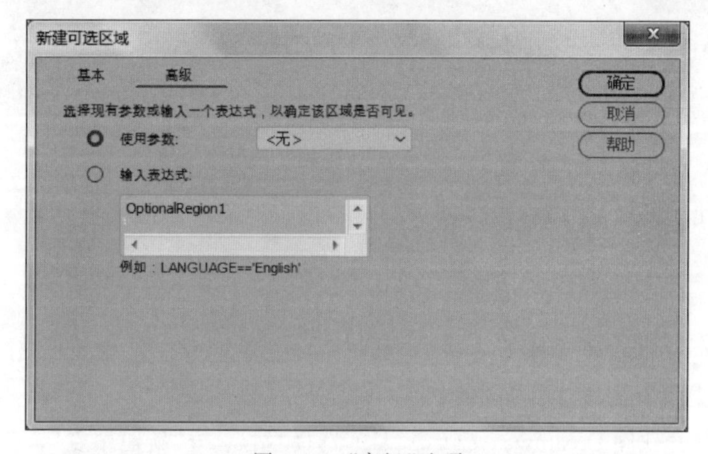

图 8-14 “高级”选项

小提示

在“基本”选项中“名称”框里输入可选区域的名称，勾选“默认显示”就表示在网页文档中该区域默认显示。

在“高级”选项中，选中“使用参数”单选项，在右边的下拉列表框中选择要与选定内容链接的现有参数。选中“输入表达式”单选项，然后在下面的文本框中输入表达式内容。即需要满足设置好的一定的条件才能显示该区域。

当插入“重复表格”时，会弹出“插入重复表格”对话框，须进行表格属性设置，如图 8-15 所示。

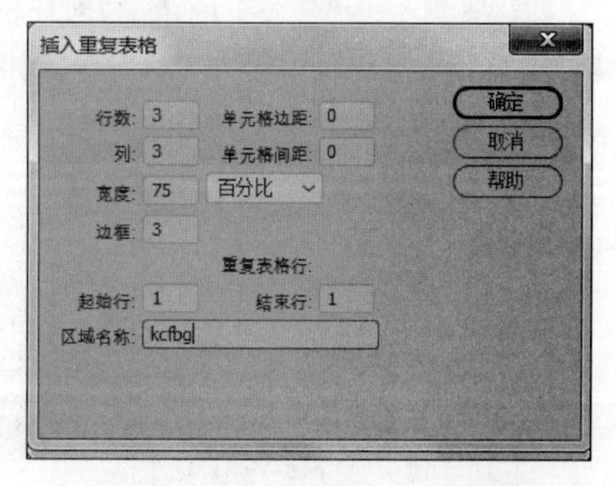

图 8-15 “插入重复表格”对话框

2）定义已有模板区域

步骤 1： 打开已有的模板文档 gqmx.dwt，选中要定义区域的网页图片，选择“插入”→“模板”→“可编辑区域”，在弹出的对话框中输入名称“mxt”,即可将选中内容定义为可编辑区域。在定义后的图片上方会显示该区域名称,如图 8-16 所示。

图 8-16　可编辑区域“mxt”

步骤 2: 使用同样的方法,可将网页中其他内容定义为其他模板区域。

任务实施

步骤 1: 在 E 盘新建文件夹 mysite08,将 Dreamweaver CC 素材\project08 文件夹下的 task01 文件夹复制到该文件夹中。

步骤 2: 打开软件 Dreamweaver CC 2019,选择“站点”→“新建站点”,在“站点设置对象”对话框中,设置“站点名称”为 mysite08-1,设置“本地站点文件夹”为 E:\mysite08\task01。

步骤 3: 打开 pages 下的文件 index. html,选择“文件”→“另存为模板”,在“另存模板”对话框中,设置“另存为”为 sr,如图 8-17 所示。

步骤 4: 单击“保存”按钮。在弹出来的“要更新链接吗?”对话框中选择“是”。此时资源面板里就存入模板文件 sr. dwt。

步骤 5: 选中“舌尖上的诱惑”图片,单击状态栏的标签 td,选择“插入”→“模板”→“可编辑区域”,在对话框中输入名称“ggt”,如图 8-18 所示。单击“确定”按钮。

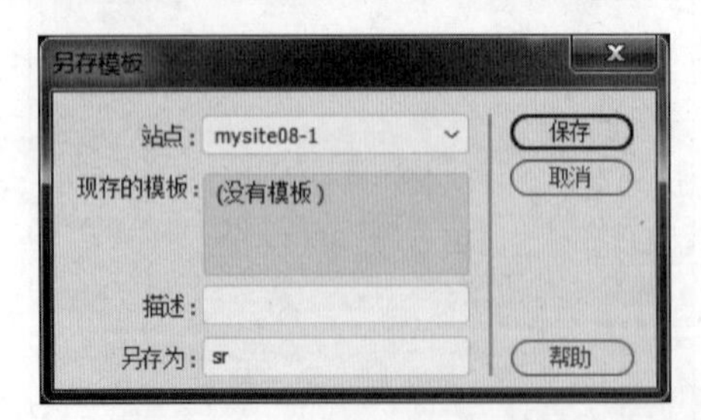

图 8-17　“另存模板”对话框

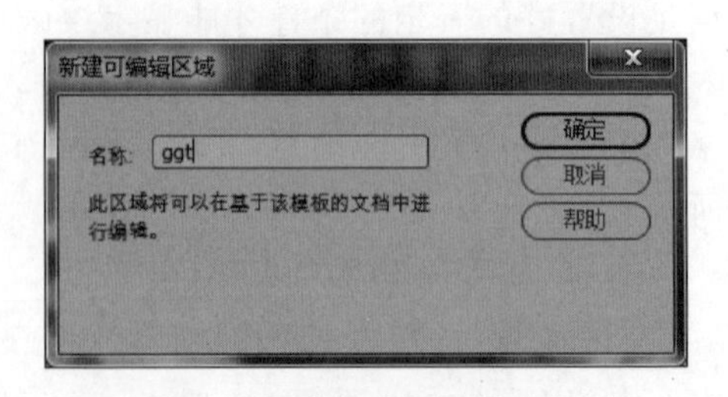

图 8-18　“新建可编辑区域”对话框

步骤 6： 将光标置入"学名：松茸"等文字所在单元格，选中状态栏上标签 td，显示如图 8-19 所示。选择"插入"→"模板"→"可编辑区域"，设置"名称"为 spjs，如图 8-20 所示。

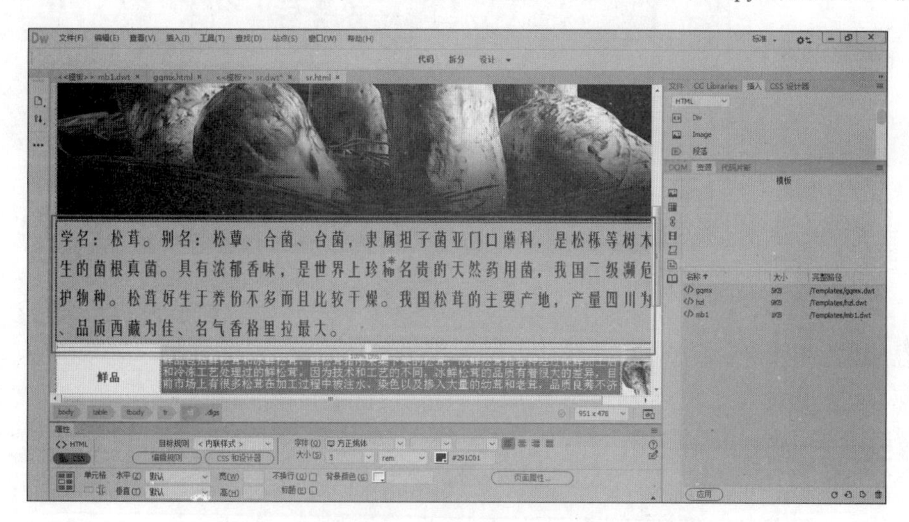

图 8-19　选择单元格

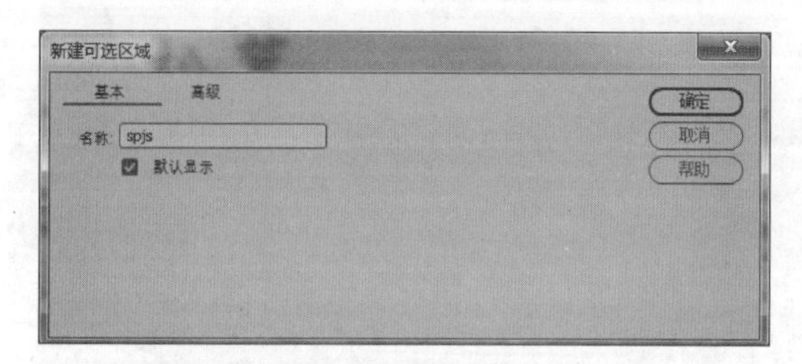

图 8-20　"新建可编辑区域"对话框

步骤 7： 将光标置入"鲜品"文字所在单元格，选择状态栏的表格标签 table，如图 8-21 所示，选择"插入"→"模板"→"可编辑区域"，设置"名称"为 spzl，如图 8-22 所示。

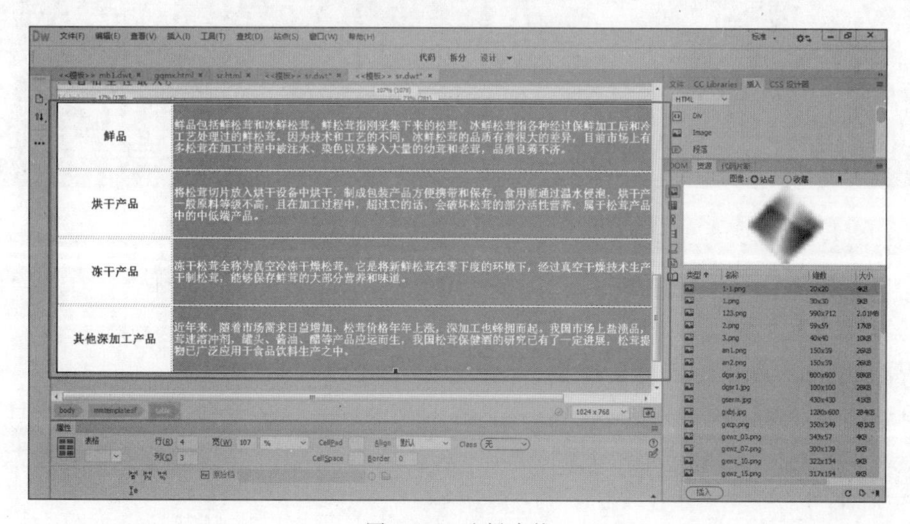

图 8-21　选择表格

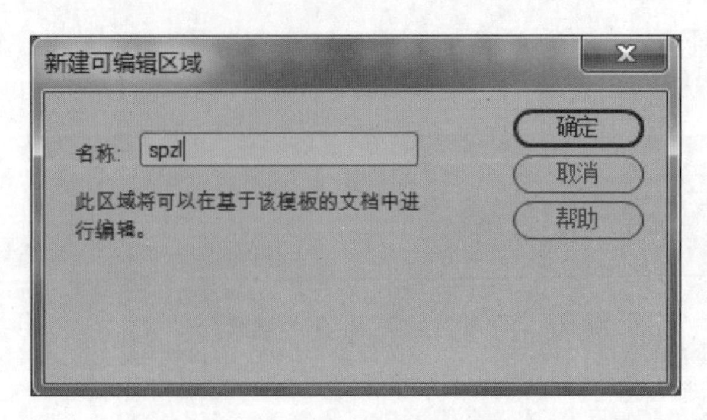

图 8-22　修改可编辑区域名称

步骤 8： 单击“确定”按钮，保存并关闭该模板。

步骤 9： 新建网页，选择网站模板 sr. dwt，创建基于该模板的网页。

步骤 10： 选择模板可编辑区域“ggt”的图片，单击“属性”栏里 Scr 源文件的“浏览文件”选项，选中 mysite08\task01\images 里的图片 mx. jpg，单击“确定”按钮更换图片。在属性栏上将图片的宽度改为 129%，效果及属性面板设置如图 8-23 所示。

图 8-23　更换可编辑区域“ggt”里的图片

步骤 11： 打开 mysite08\task01 下的“米线资料. docx”文档，复制“烹饪技巧”这部分文字，替换可编辑区域 spjs 里的文字，操作如图 8-24 所示。

步骤 12： 选择模板可编辑区域“spzl”里的表格，将 mysite08\task01 下的文档“米线资料”里“米线种类”的部分分别替换相应内容，并设置适当的字体和字号，选择 mysite08\task01\images 文件夹里的图片 mx1. jpg～mx4. jpg，替换相应图片，效果如图 8-25 所示。

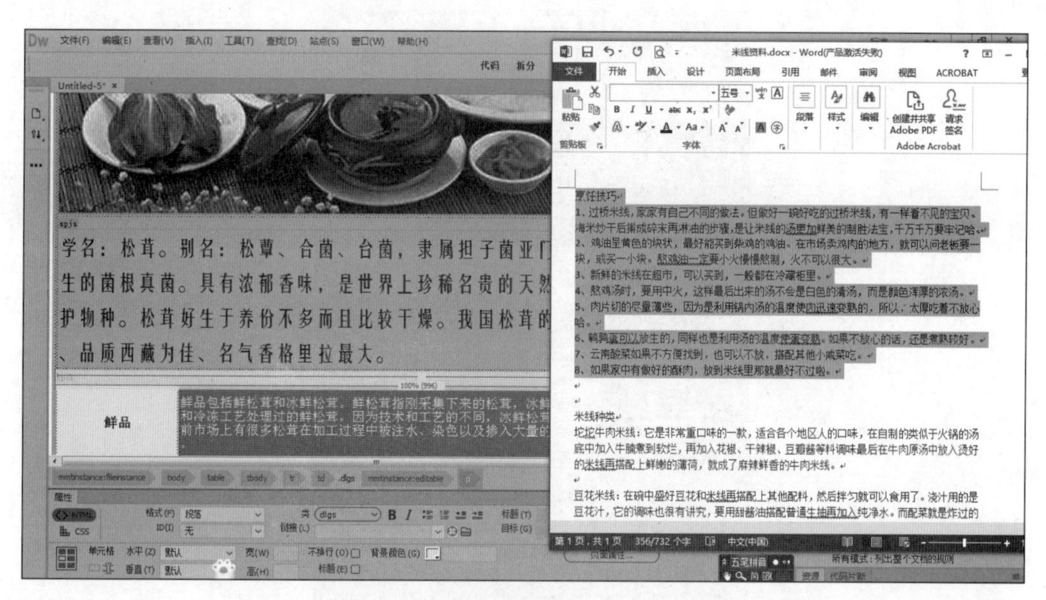

图 8-24　替换可编辑区域“spjs”里的文字

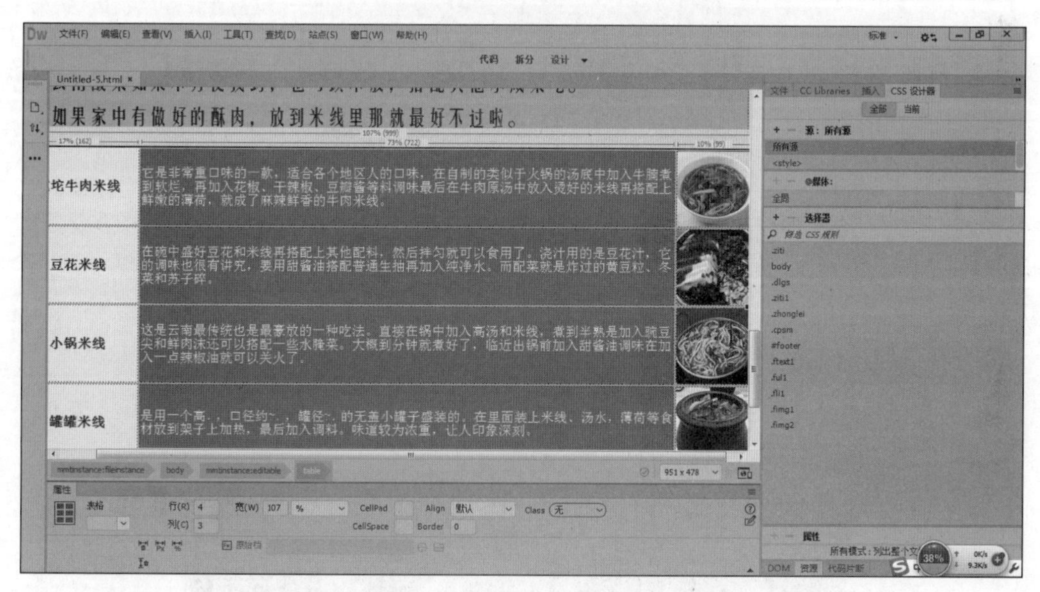

图 8-25　替换可编辑区域“spzl”里的文字和图片

步骤 13： 保存网页到 mysite08\task01\pages 文件夹里，文件名为 mx. html。完成效果如图 8-26 所示。

任务拓展

打开 mysite08\task01\pages 文件里的 gxcp. html，另存为模板 gxcp. dwt。按照图 8-27 所示，创建各部分模板区域。

图 8-26　完成效果

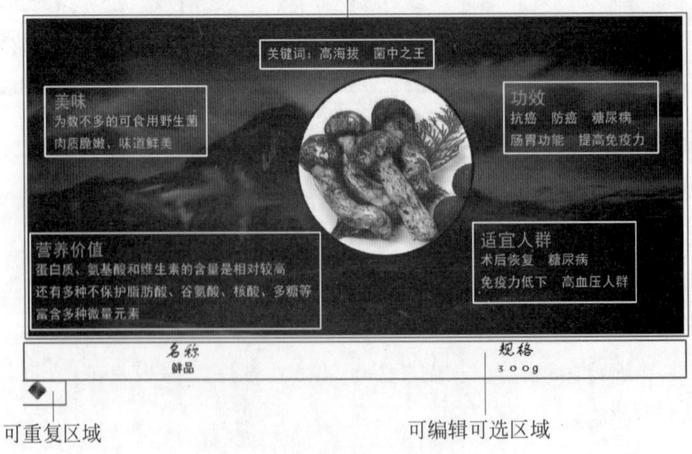

图 8-27　模板区域设置示意图

任务2：库

任务描述

本任务通过添加、修改、更新库项目来实现对网站中 Banner 的修改。

设计要点

- “库”面板的使用；
- 使用库项目制作网页。

知识链接

1. 库的概念

库可以用来存储网站中经常出现或重复使用的页面元素，是一种特殊的 Dreamweaver CC 2019 文件，库文件也称为库项目。一般情况下，先将经常使用或更新的页面元素创建成库文件，需要时将库文件插入到网页中。当修改库文件时，所有包含该项目的页面都将被更新，如版权信息、导航栏等。如果一个一个的设置会十分烦琐，这时就可以将其设计为库文件。当用户需要这些信息时，直接插入该项目即可，而且使用库比模板具有更大的灵活性。

2. 创建库项目

库项目可以包含网页< body >部分中的任意元素，包括文本、表格、图片、表单、插件、导航条等。库项目文件的扩展名为“. lbi”。

小提示

所有库项目都默认放置在“站点文件夹\Library”文件夹内。对于链接项(如图像等)，库只存储对该项的引用，原始文件必须保留在指定的位置才能使用库项目正确调用。

创建库项目的具体操作如下。

步骤1： 在网页文档中，选中要创建为库项目的元素。

步骤2： 执行以下两种方法均可创建库项目。

- 选择对象，单击“资源”面板中的“库”选项，单击“新建库项目”，将选中对象添加入库面板中，修改库项目名称，如图 8-28 所示。
- 执行“工具”→“库”→“添加对象到库”，也可将选中对象添加到库面板，如图 8-29 所示。

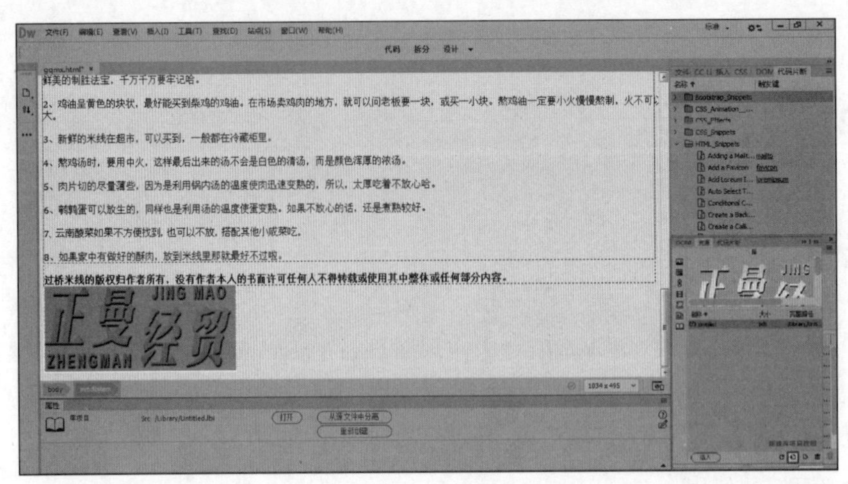

图 8-28　库面板

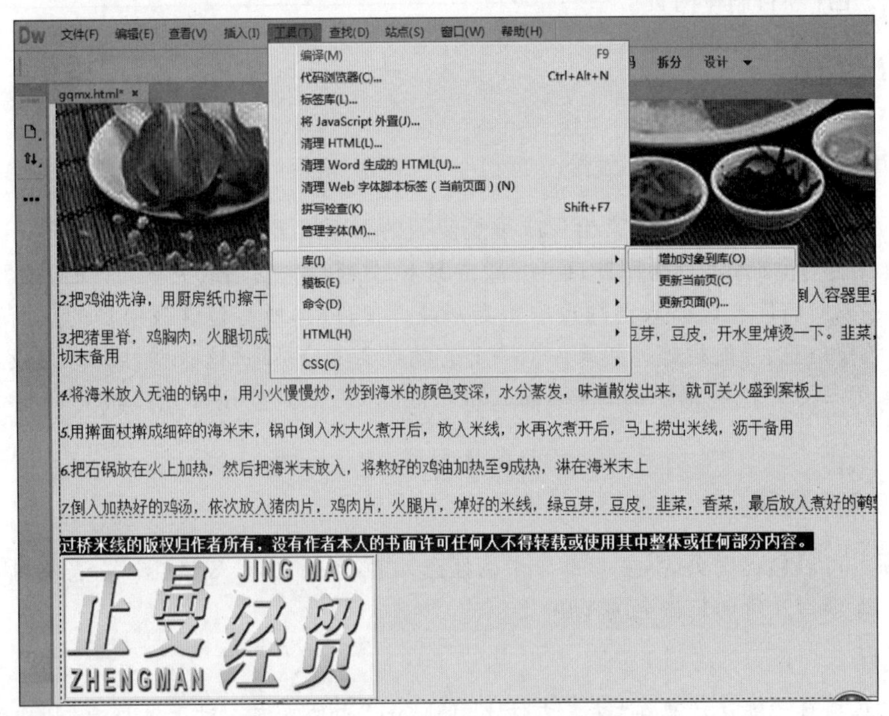

图 8-29　“添加对象到库”面板

3. 库项目属性面板

库项目属性面板可用来设置库项目的源文件，编辑库项目等。选中网页中的库项目，打开属性面板，各选项功能如图 8-30 所示。

4. 编辑库项目

对库项目可以进行更新、重命名、删除等操作。

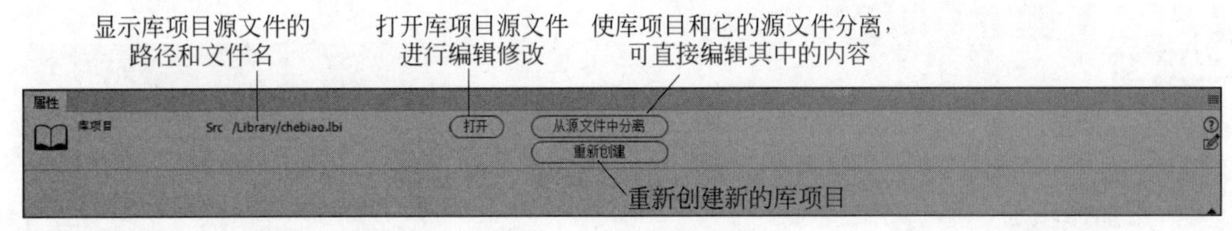

图 8-30　库项目属性模板

1）更新库项目

步骤 1： 在“库”面板中右击打开快捷菜单，选择“更新站点”，打开“更新页面”对话框，如图 8-31 所示。

图 8-31　“更新页面”对话框

步骤 2： 勾选“库项目”可以更新站点中所有的库项目，勾选“模板”可以更新站点中的所有模板。

2）重命名库项目

步骤 1： 选中库面板中的库项目，单击名称框即可进行重命名。

步骤 2： 输入新的名称，按 Enter 键即可，如图 8-32 所示。

3）删除库项目

选中库面板中的库项目，单击库面板上的“删除”即可，如图 8-33 所示。

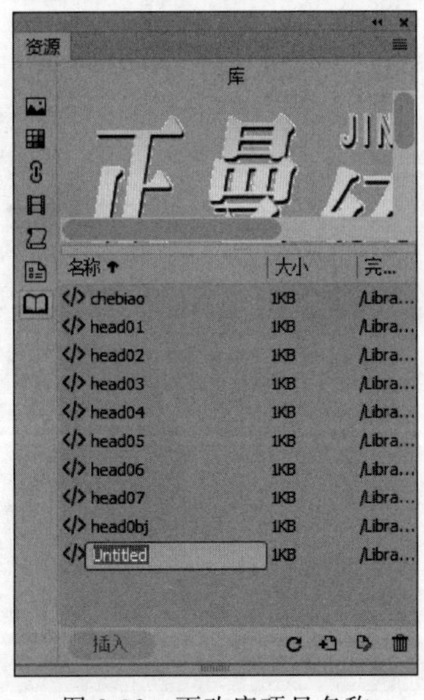

图 8-32　更改库项目名称

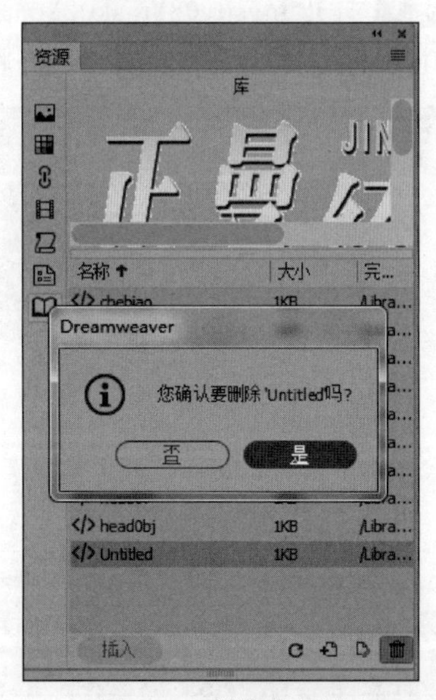

图 8-33　删除库项目

小提示

右击要删除的库项目，在快捷菜单中选择“删除”，或者按 Delete 键，都可以删除库项目。

4）添加库项目

在网页中添加库项目时，库项目的引用和实际内容将被一同插入至页面中。具体操作如下。

步骤 1： 将光标置入页面中要插入库项目的位置。

步骤 2： 在库面板中选择要添加的库项目，单击“库”面板上的“插入”选项进行添加，如图 8-34 所示。

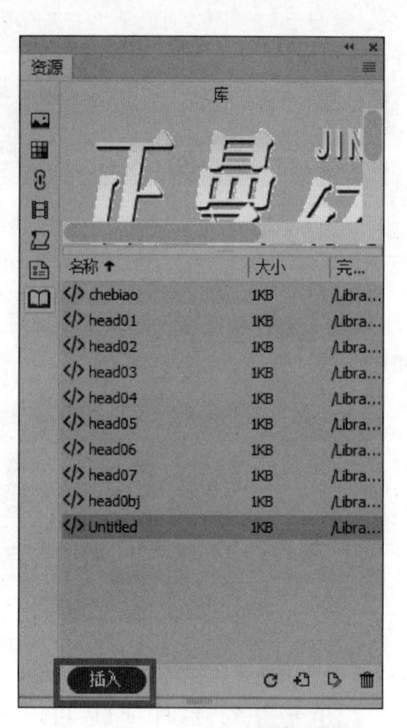

图 8-34　添加库

小提示

右击要添加的库项目，在快捷菜单中选择“插入”，也可以进行添加。

任务实施

步骤 1： 在 E 盘新建文件夹 mysite08，将 Dreamweaver CC 素材\project08 文件夹下的 task02 文件夹复制到该文件夹中。

步骤 2： 打开软件 Dreamweaver CC 2019，选择“站点”→“新建站点”，在“站点设置对象”对话框中，设置“站点名称”为 mysite08-2，设置“本地站点文件夹”为 E:\mysite08\task02。

步骤 3： 打开 mysite08\task02\pages 里的网页 header0. html，选择页面中的背景图，单击“新建库项目”选项，创建库项目，并将其名称改为 head0bj，如图 8-35 所示。

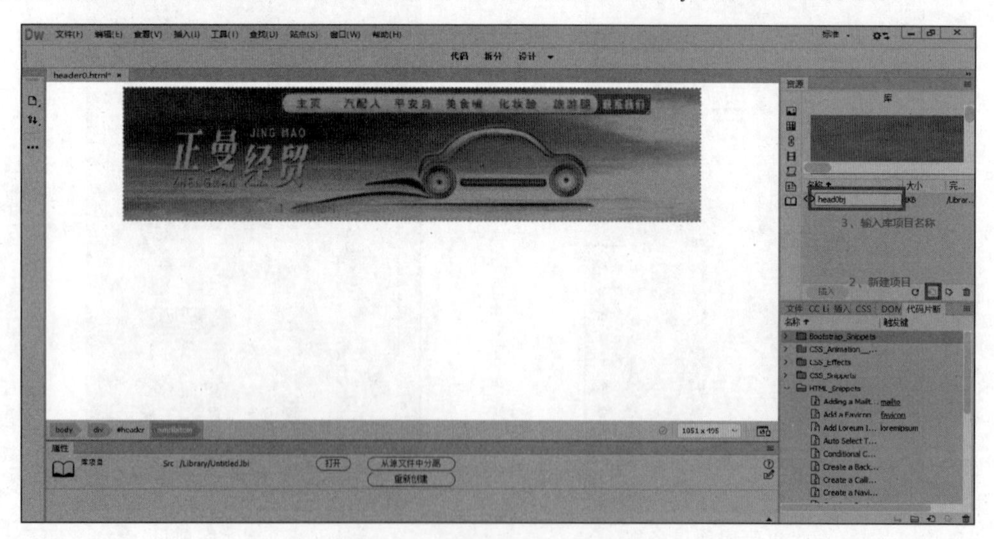

图 8-35　创建库“head0bj”

小提示

创建库项目还可以选择“工具”→“库”→“增加对象到库”。

步骤4： 使用同样的方法，将导航条上的各个图片添加为库项目，具体如图 8-36 所示。

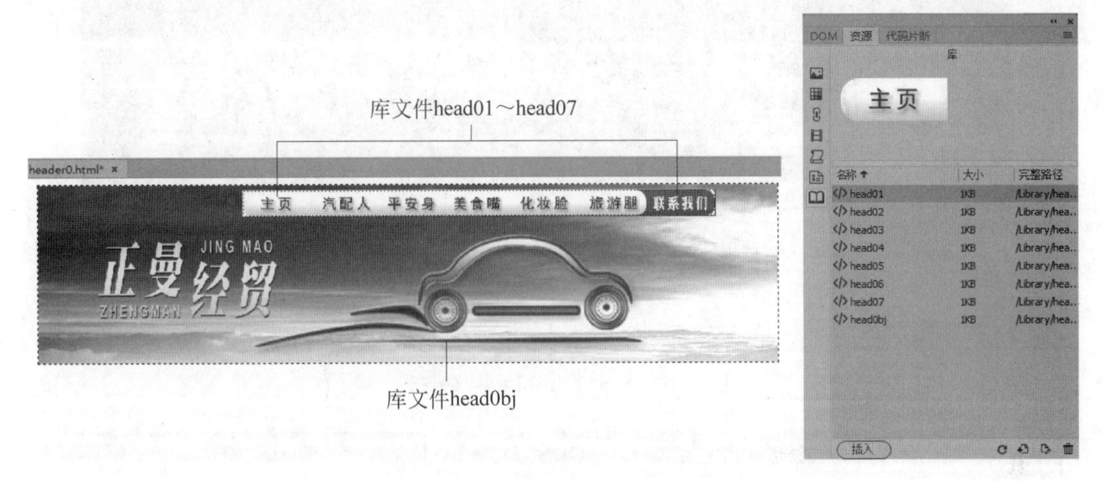

图 8-36　添加库文件

步骤5： 切换到代码视图，选中定义 CSS 部分的代码，进行复制，如图 8-37 所示。

图 8-37　复制 header0. html 代码

步骤6： 打开 pages 里的网页 sr1. html，切换到代码视图，将光标置入网页 sr1. html 的< style >里，粘贴上一步复制的 CSS 代码，如图 8-38 所示。

步骤7： 选择 header0. html 里< body >部分相应的代码，进行复制，如图 8-39 所示。

```
<!-- TemplateEndEditable -->
<style type="text/css">
#header {
    height: auto;
    width: 100%;
    margin-right: auto;
    margin-left: auto;
}
.himg1 {
    height: auto;
    width: 100%;
}
#hbox1 {
    height: auto;
    width: 50%;
    margin-top: 1rem;
    margin-left: 45%;
    position: absolute;
    z-index: 15;
    left: -130px;
    top: 1px;
}
.himg2 {
    height: auto;
    width: 100%;

}
.ziti {
    font-size: 60px;
    font-family: "庞中华简体 V2007";
    color: #361601;
    line-height: 1;
    text-align: center;
}
body {
    background-color: #DBC66D;
```

图 8-38　在 sr1. html 中粘贴代码

```
}
.himg2 {
    height: auto;
    width: 100%;

}
</style>
</head>

<body>
<div id="header"><img src="../../task01/images/bannerbj.jpg" alt="" width="1280" height="300" class="himg1"/>
  <div id="hbox1"><table width="100%" border="0" cellspacing="0" cellpadding="0">
  <tbody>
    <tr>
      <td><a href="../../task01/index.html"><img src="../../task01/images/banner_01.png" alt="" width="118" height="45" class="himg2"/></a>
      </td>
      <td><!-- #BeginLibraryItem "/Library/he.lbi" --><a href="../../task01/pages/qpr.html"><img src="../../task01/images/banner_02.png"
      alt="" width="118" height="45" class="himg2"/></a><!-- #EndLibraryItem --></td>
      <td><!-- #BeginLibraryItem "/Library/head03.lbi" --><a href="../../task01/pages/pas.html"><img src="../../task01/images/banner_03.png"
      alt="" width="118" height="45" class="himg2"/></a><!-- #EndLibraryItem --></td>
      <td><!-- #BeginLibraryItem "/Library/head04.lbi" --><a href="../../task01/pages/msz.html"><img src="../../task01/images/banner_04.png"
      alt="" width="118" height="45" class="himg2"/></a><!-- #EndLibraryItem --></td>
      <td><!-- #BeginLibraryItem "/Library/head05.lbi" --><a href="../../task01/pages/hzl.html"><img src="../../task01/images/banner_05.png"
      alt="" width="118" height="45" class="himg2"/></a><!-- #EndLibraryItem --></td>
      <td><!-- #BeginLibraryItem "/Library/head06.lbi" --><a href="../../task01/pages/lyt.html"><img src="../../task01/images/banner_06.png"
      alt="" width="118" height="45" class="himg2"/></a><!-- #EndLibraryItem --></td>
      <td><!-- #BeginLibraryItem "/Library/head07.lbi" --><a href="../../task01/pages/lxwm.html"><img src="../../task01/images/banner_07.png"
      alt="" width="118" height="45" class="himg2"/></a><!-- #EndLibraryItem --></td>
      </tr>
  </tbody>
</table>
</div>
</div>
</body>
</html>
```

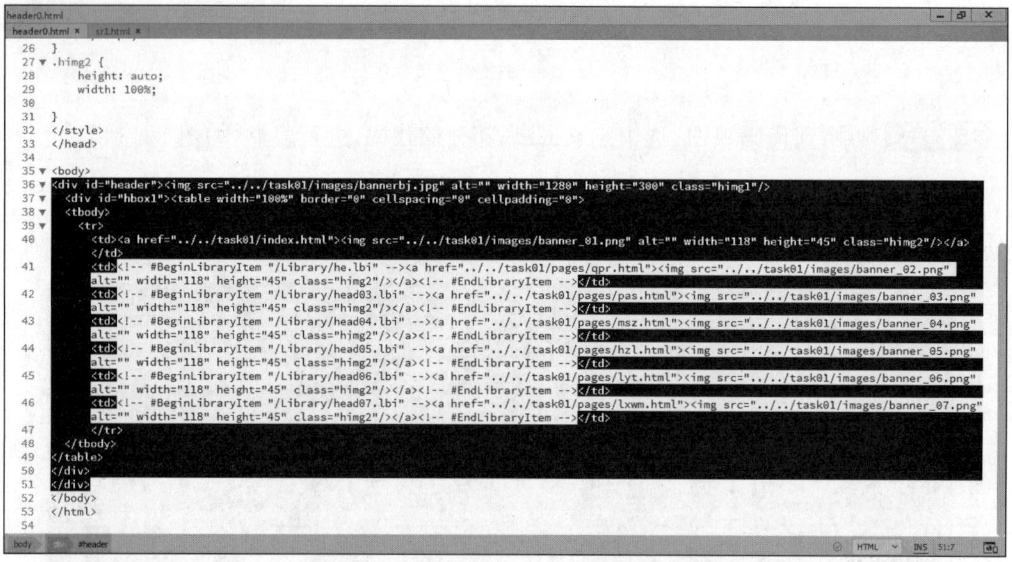

图 8-39　复制 header0. html 代码

步骤 8: 将光标置入网页 sr1. html 的< body >里,把复制好的代码粘贴到相应部分,如图 8-40 所示。

步骤 9: 这样就将整个 header0. html 复制到了 sr1. html 页面中,包含其 CSS 部分。可在设计视图下查看,如图 8-41 所示。

小提示

因为 header0. html 中的图片及表格都设置了 CSS 样式,在复制时须将 CSS 样式一起复制过去。可通过代码来复制 CSS 样式。

```
132         height: auto;
133         width: 100%;
134
135     }
136     </style>
137     <!-- TemplateParam name="kx1" type="boolean" value="true" -->
138     </head>
139
140     <body>
141     <div id="header"><img src="../images/bannerbj.jpg" alt="" width="1037" height="300" class="himg1"/>
142       <div id="hbox1"><table width="100%" border="0" cellspacing="0" cellpadding="0">
143       <tbody>
144         <tr>
145           <td><a href="../index.html"><img src="../images/banner_01.png" alt="" width="118" height="45" class="himg2"/></a></td>
146           <td><a href="../pages/qpr.html"><img src="../images/banner_02.png" alt="" width="118" height="45" class="himg2"/></a></td>
147           <td><a href="../pages/pas.html"><img src="../images/banner_03.png" alt="" width="118" height="45" class="himg2"/></a></td>
148           <td><a href="../pages/msz.html"><img src="../images/banner_04.png" alt="" width="118" height="45" class="himg2"/></a></td>
149           <td><a href="../pages/hzl.html"><img src="../images/banner_05.png" alt="" width="118" height="45" class="himg2"/></a></td>
150           <td><a href="../pages/lyt.html"><img src="../images/banner_06.png" alt="" width="118" height="45" class="himg2"/></a></td>
151           <td><a href="../pages/lxwm.html"><img src="../images/banner_07.png" alt="" width="118" height="45" class="himg2"/></a></td>
152           </tr>
153       </tbody>
154     </table>
155     </div>
156     </div>
157     <table width="100%" border="0">
158       <tbody>
159         <tr>
160           <td><img src="../images/sr.png" width="1280" height="712" alt=""/></td>
161         </tr>
162         <tr>
163           <td class="dlgs" style="text-align: left; font-size: 3rem; color: #291C01; font-family: '方正姚体';"><p>学名：松茸。别名：松蕈、合菌、台菌，隶属担子菌亚门口蘑科，是松栎等树木外生的菌根真菌。具有浓郁香味，是世界上珍稀名贵的天然药用菌，我国二级濒危保护物种。松茸好生于养份不多而且比较干燥。我国松茸的主要产地，产量四川为首、品质西藏为佳、名气香格里拉最大。</p></td>
164         </tr>
165     </tbody>
```

图 8-40　在 sr1. html 中粘贴代码

图 8-41　加入 header0. html 后的 sr1. html

步骤 10: 选中 header0. html 中的背景图，在属性栏中单击“打开”，或者双击库面板中的 head0bj. lbi，打开该库项目文件。

步骤 11: 在打开的库项目文件窗口里，选中图片，单击属性栏上源文件的“浏览文件”选项，如图 8-42 所示。

步骤 12: 选择 images 里的图片 banner2bj. png，单击“确定”按钮进行背景图的替换。

步骤 13: 保存该项目，弹出“更新库项目”对话框，如图 8-43 所示。

步骤 14: 单击“更新”按钮，完成后可看到 head0bj. lbi、head0. html 和 sr. html 的相应部分都进行了更新替换。

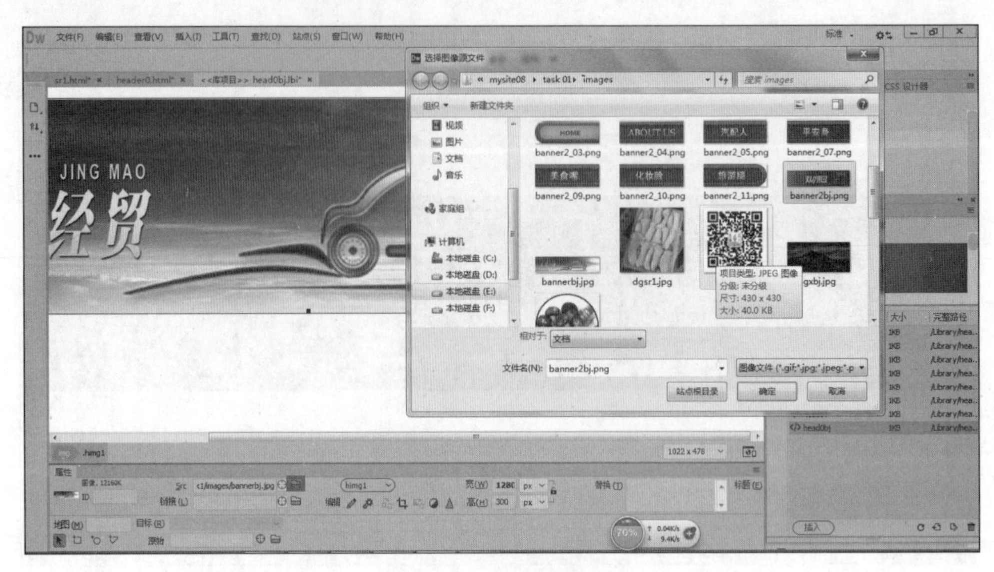

图 8-42　修改库项目的元素

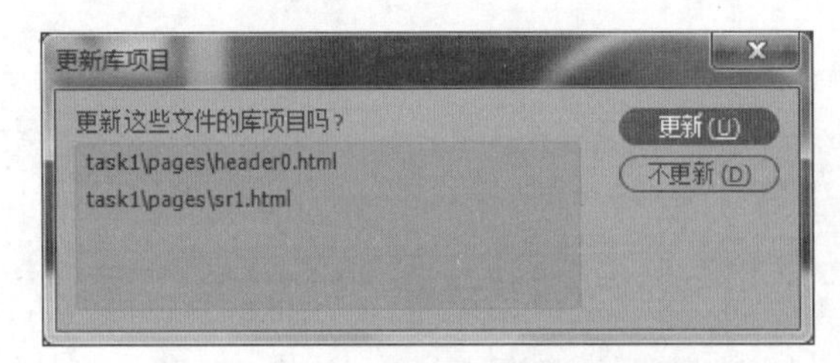

图 8-43　“更新库项目”对话框

步骤 15： 使用同样的方法，用图片 banner2_01. png～banner2_07. png 更新其他库项目 head01. lib～head07. lib 里的图，更新后效果如图 8-44 所示。

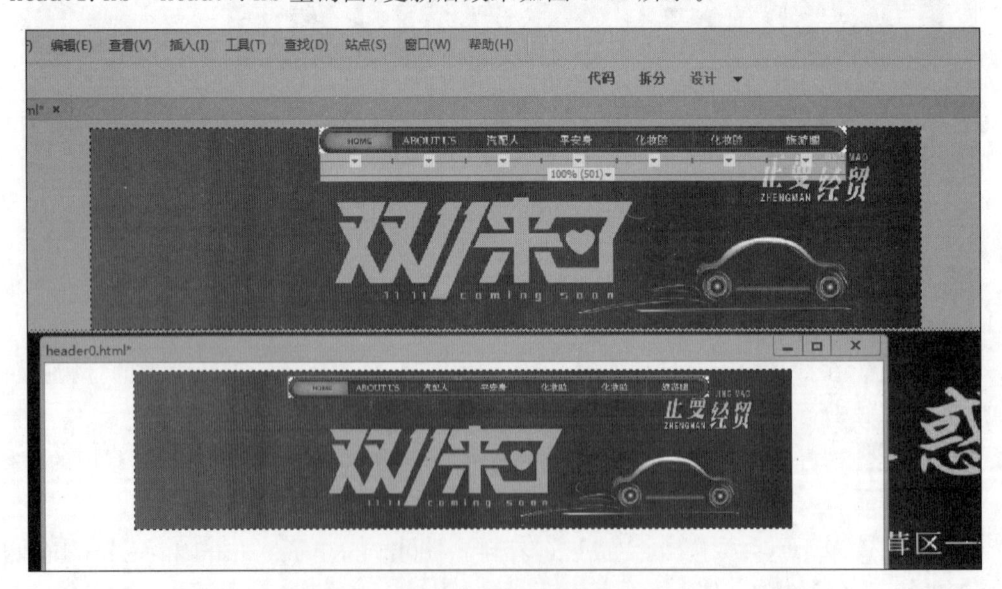

图 8-44　更新后效果图

小提示

选择“更新”可及时更新所有应用该项目的网页，这里显示的是更新 header0. html 和 sr1. html。如果选择“不更新”，也可在完成其他库项目修改后进行站点一次性更新。

任务拓展

新建一个库项目，设置名称为 chebiao. lbi，打开该项目插入图片，图片使用 mysite08\task02\images 下的图片 bannerchebiao. png，并将它插入到 mysite08\task02\pages 里的网页 footer0. html 中，效果如图 8-45 所示。

图 8-45　插入库项目后效果

项目小结

本项目通过对模板及库的案例进行实际操作，介绍了模板及库的概念和使用方法。通过对任务的实际操作，使读者能够更好地理解模板及库，掌握模板及库的编辑和应用，以达到快速制作网页和批量维护网站的目的。

思考题

1. 什么是模板？模板有什么作用？
2. 怎么利用模板？
3. 库项目与模板有哪些区别？

项目九

网页行为特效

学习要点

- 掌握行为面板的使用；
- 掌握行为的应用及其属性的设置；
- 掌握动作面板的使用；
- 掌握各动作命令的应用。

视频讲解

任务1：使用行为制作主页按钮效果

任务描述

本项目介绍了 Dreamweaver CC 2019 里的行为。通过案例的实际操作，帮助读者进一步理解行为的概念并掌握内置行为的使用方法。本案例中，对照步骤进行实际操作，即可学会应用行为特效的方法。

设计要点

- 认识行为；
- 掌握行为的添加和修改；
- 熟练掌握事件和动作的设置。

在 Dreamweaver CC 2019 中，行为可以说是最具特色的功能之一。它可以让用户不用写 JavaScript 代码就可以实现多种动态网页效果。每个行为都是由一个动作和一个事件组成的，两者相辅相成，事件是动作触发的结果。任何一个事件都要由一个动作来触发。

1. 行为概述

行为是事件和动作的组合。在 Dreamweaver CC 2019 中，行为被规定要附属于页面上某个特定的元素，这个元素可以是一个文本链接、一幅图像，也可以是一个标签元素。

1）行为简介

行为有几个非常重要的概念。

- 对象是产生行为的主体，许多网页元素（如图片、文字、多媒体文件等）甚至是整个页面都可以成为对象。
- 事件是触发动态效果的原因，它可以附加在各个页面元素上，如鼠标常见的三个事件（onMouseOver、onMouseOut、onClick）。
- 动作是行为通过事件来完成的动态效果，如交换图像、打开浏览器窗口、弹出信息、播放声音等。动作通常是一段 JavaScript 代码，在 Dreamweaver CC 2019 中内置的行为系统会自动添加代码，不需要用户编写。

2）行为面板

在 Dreamweaver CC 2019 中，对行为的添加和控制主要通过行为面板来实现。执行菜单“窗口”→“行为”，就可以打开行为面板，如图 9-1 所示。

下面为几个常用的行为面板选项。

- 显示设置事件：显示当前所设置的所有事件。
- 显示所有事件：显示行为面板所包含的事件。
- 标签：当前所选择对象的标签属性。
- 添加行为：弹出动作菜单，添加行为。添加时，从下拉列表框中选取一个即可。
- 删除事件：在面板中删除所选的事件和行为。
- 增加/减少事件值：通过控制增加或减少选项来移动所选择的动作的顺序。在“行为”面板中，事件和动作按照它们在面板上的顺序显示，设计时要根据实际情况调整动作的顺序。单击“添加行为”选项，可以为指定的对象加载动作，会打开如图 9-2 所示的下拉列表框，用户可以在其中指定该动作的参数。

下面介绍几个常用的动作。

- 交换图像：通过改变 img 标签的 src 属性来改变图像。可用该动作创建活动按钮或其他图像效果。
- 弹出信息：显示一个带有用户指定的 JavaScript 警告，最常见的信息框只有一个“确定”按钮。
- 恢复交换图像：恢复交换图像为原图。

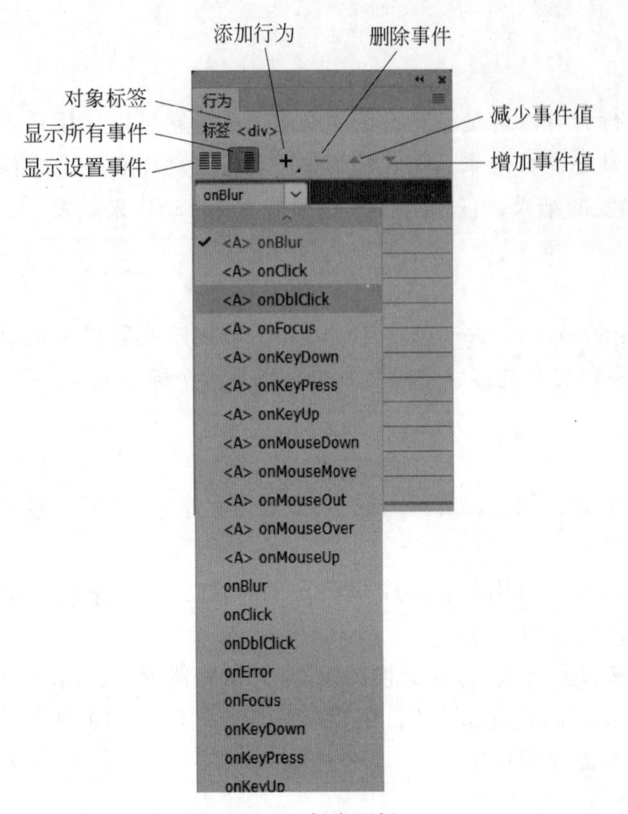

图 9-1　行为面板

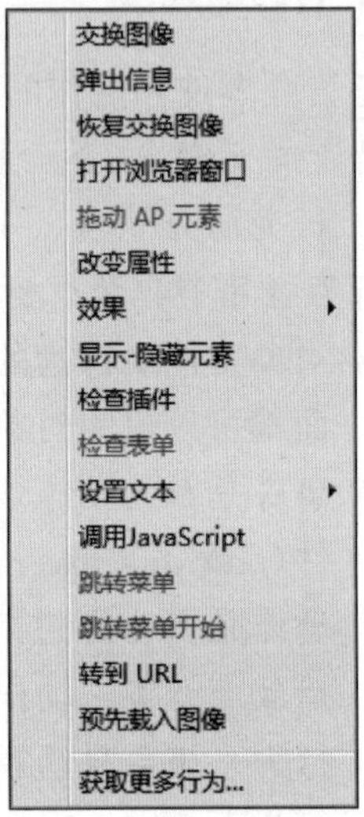

交换图像
弹出信息
恢复交换图像
打开浏览器窗口
拖动 AP 元素
改变属性
效果
显示-隐藏元素
检查插件
检查表单
设置文本
调用JavaScript
跳转菜单
跳转菜单开始
转到 URL
预先载入图像
获取更多行为...

图 9-2　动作下拉列表框

- 打开浏览器窗口：在新窗口中打开 URL，并可设置新窗口的尺寸。
- 拖动 AP 元素：利用该动作可允许用户拖动层。
- 改变属性：改变对象的属性值。
- 效果：制作一些类似增大、搜索的效果。
- 显示-隐藏元素：显示或隐藏一个或多个层窗口，也可以恢复其默认属性。
- 检查插件：利用该动作可根据访问者所安装的插件，发送给不同的网页。
- 检查表单：检查输入框中的内容，以确保用户输入的数据格式正确无误。
- 调用 JavaScript：调用已经编写好的 JavaScript 代码。
- 转到 URL：在当前窗口或指定框架中打开新页面。

2. 行为的使用

行为的使用就是将内置的行为附加到网页元素或页面上。下面通过展示几个行为的使用来掌握应用方法。

1）交换图像

“交换图像”动作因为只是改变图像的 src 属性，所以交换图像的尺寸应该和原图像一致，否则用于交换的图像在显示时会被压缩或拉伸。具体操作如下。

步骤 1： 在页面中插入一幅图像，在属性面板中将 ID 修改为 im1，如图 9-3 所示。

步骤 2: 选择插入的图像,单击行为面板上的“添加行为”选项,在打开的下拉菜单中选择“交换图像”,如图 9-4 所示。

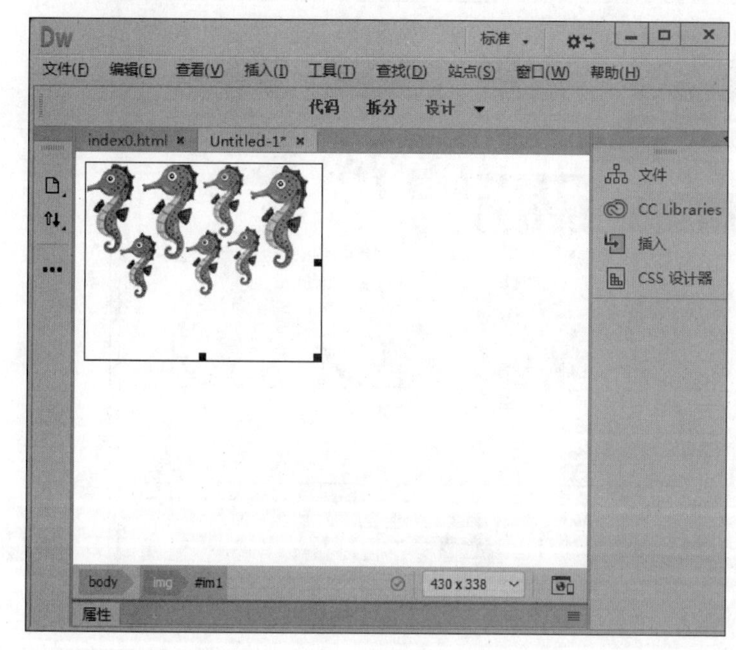

图 9-3　插入图像

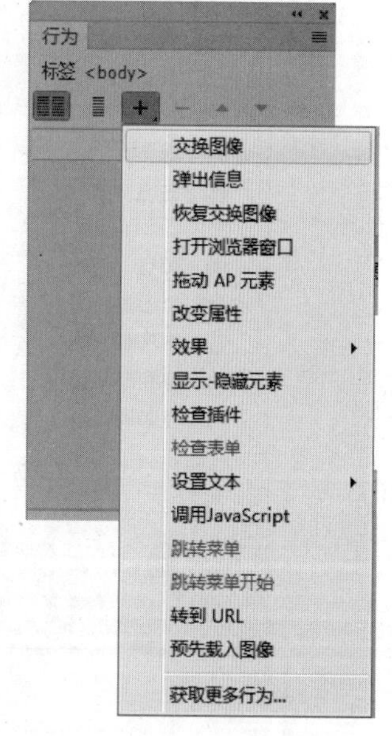

图 9-4　交换图像

步骤 3: 在打开的“交换图像”对话框中,选择要交换的图像 im1,单击“浏览”按钮,选择 mysite09\task01\images 文件夹里的图像 haitun. jpg,如图 9-5 和图 9-6 所示。

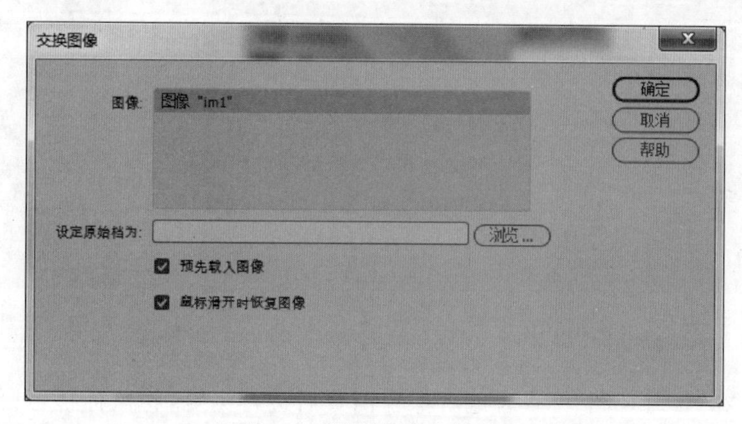

图 9-5　“交换图像”对话框

步骤 4: 单击“确定”按钮返回,在“交换图像”对话框中显示文件的路径,如图 9-7 所示。

步骤 5: 单击“交换图像”对话框里的“确定”按钮,在行为面板中会出现“交换图像”,如图 9-8 所示。

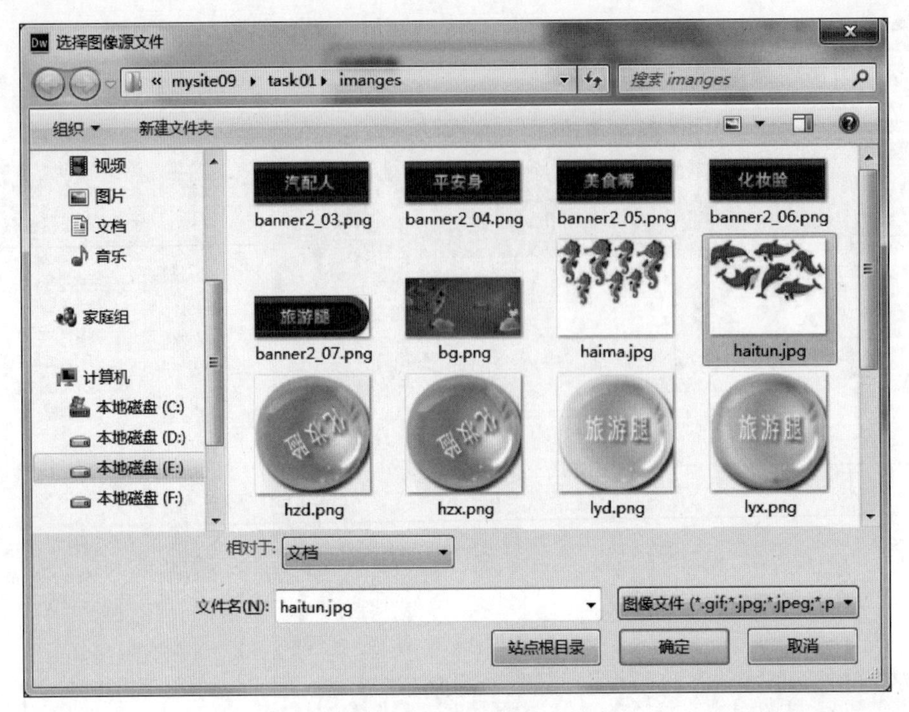

图 9-6　选择图像文件

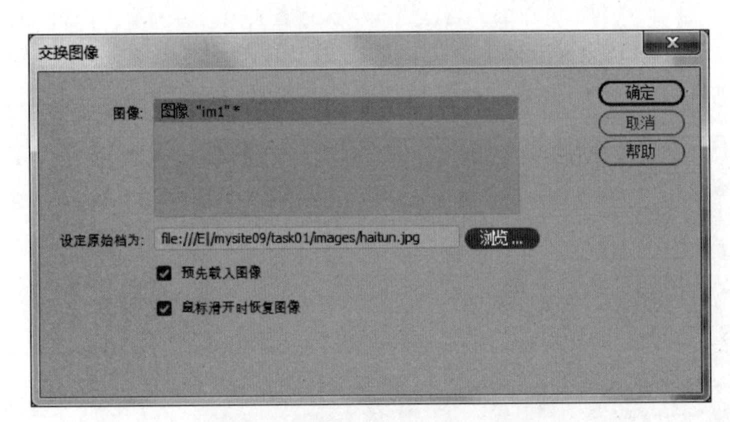

图 9-7　返回"交换图像"对话框

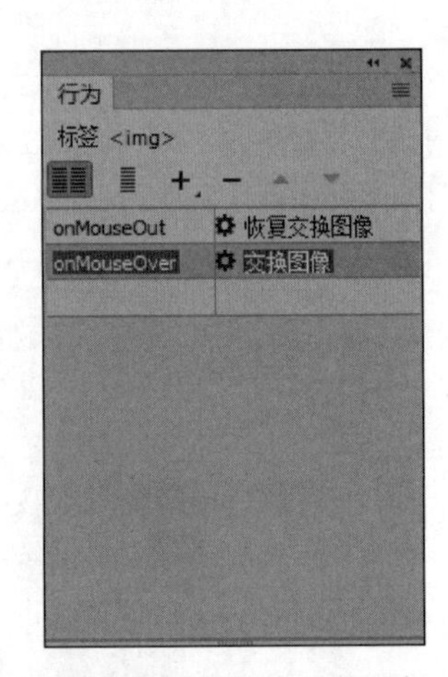

图 9-8　添加行为后的面板

步骤 6： 在"实时视图"下查看或者保存网页后进行浏览，将鼠标移至原始图像上，图像会进行变换，效果如图 9-9 所示。

小提示

在"交换图像"对话框中是默认勾选了"预先载入图像"和"鼠标滑开时恢复图像"的。"预先载入图像"表示在页面打开时就预先载入图像到缓存，防止由于下载而导致出现图像时有延迟。"鼠标滑开时恢复图像"会自动添加"恢复交换图像"动作。如果要手动设置，则不要勾选。

图 9-9　效果图

2）打开浏览器窗口

使用该动作会在一个新窗口打开 URL，并且可以同时指定新窗口的属性，包括大小、特性和名称等。具体操作如下。

步骤 1： 新建空白文档，在文档中输入"打开此页面时会自动打开欢迎页面"，单击状态栏的< body >标签，选中整个网页。

步骤 2： 打开行为面板，单击"添加行为"选项，在下拉菜单中选择"打开浏览器窗口"，如图 9-10 所示。

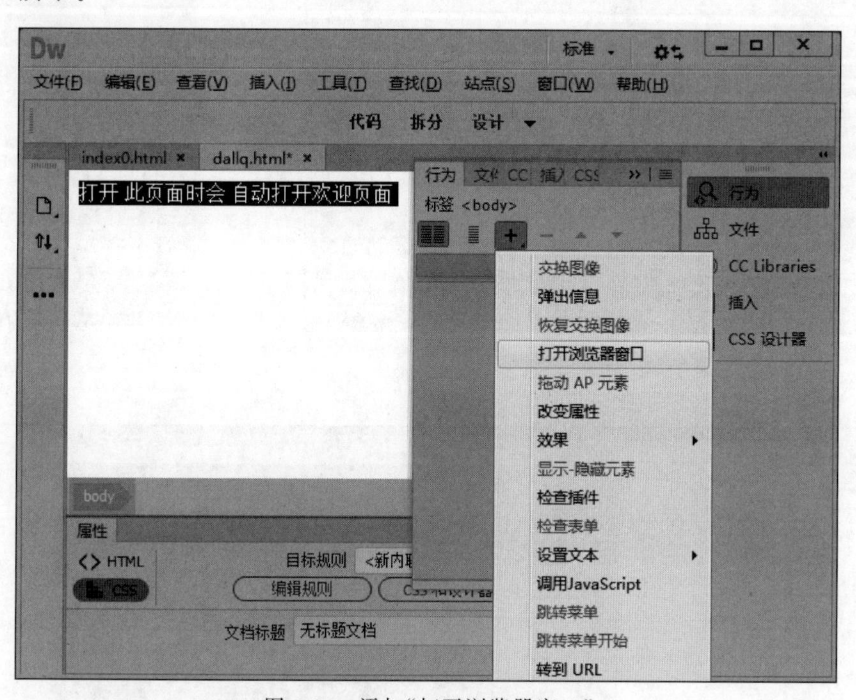

图 9-10　添加"打开浏览器窗口"

步骤 3： 在弹出的对话框中单击"浏览"按钮，选择要打开的网页"hyym. html"，如图 9-11 所示。

步骤 4： 单击"确定"返回对话框，设置相应参数如图 9-12 所示。

步骤 5： 单击"确定"按钮，行为面板中就添加了此行为，如图 9-13 所示。默认事件为 onLoad，即打开此网页时会在新窗口按照所设置的参数打开一个网页。

步骤 6： 保存网页，在浏览器中查看，效果如图 9-14 所示。

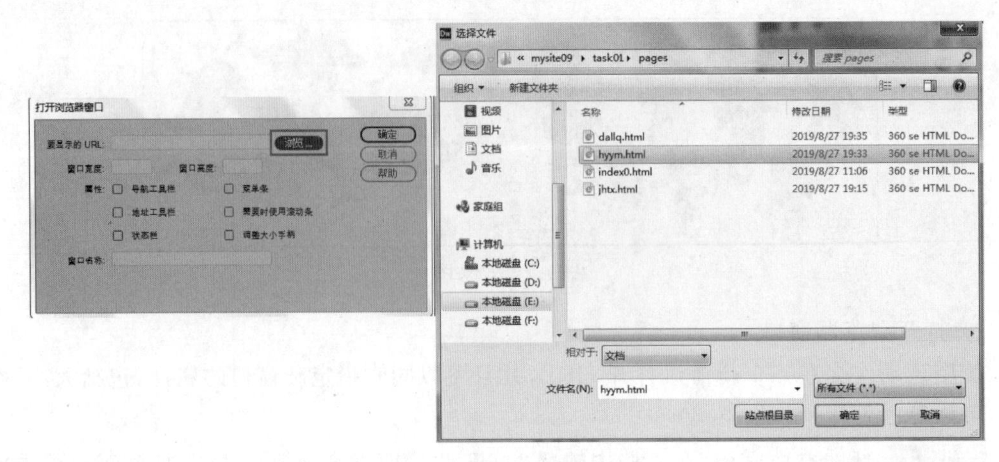

图 9-11　选择要打开的页面

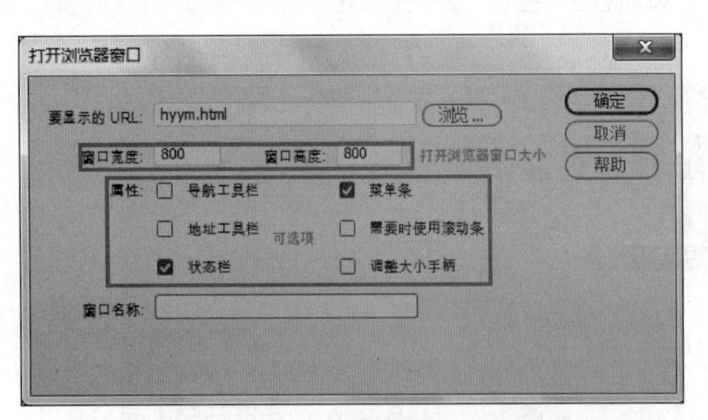

图 9-12　设置参数

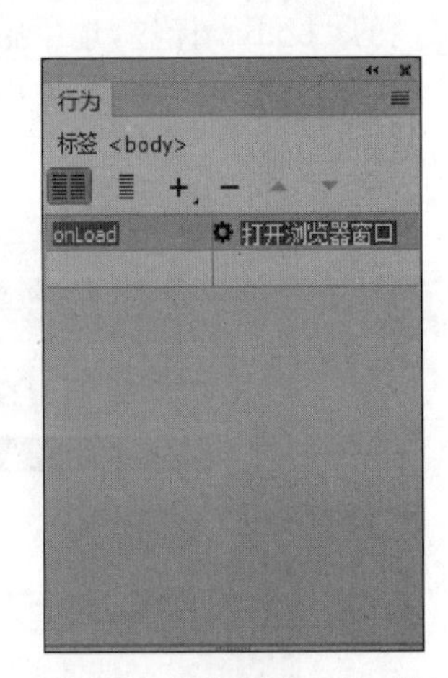

图 9-13　添加行为后的面板

图 9-14　效果图

小提示

“打开浏览器窗口”行为的效果可在 IE、360、Chrome 等浏览器中查看完整显示。但需要设置“始终允许弹出”，否则默认会被拦截。

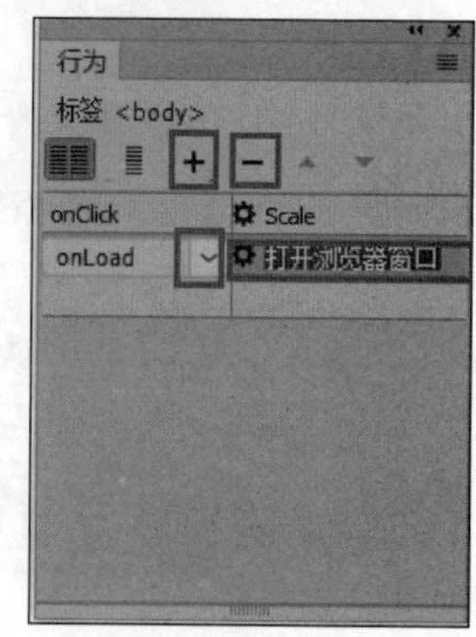

图 9-15　选择对应选项进行操作

其他常用行为，如弹出信息、转到 URL 等应用方法和以上两种行为的应用方法基本一致，请自行操作练习。

3. 行为的管理修改

行为有添加、删除、修改、排序等操作，这些操作都可以在行为面板中实现，如图 9-15 所示。

- 添加行为：前面已经操作过，此处不再赘述。
- 删除行为：选中要删除的行为，单击面板上的“删除行为”选项即可删除。
- 修改动作：双击要修改的行为，即可在打开的相应对话框中进行修改。

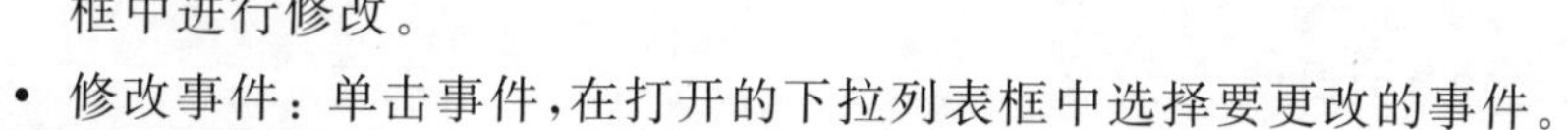

- 修改事件：单击事件，在打开的下拉列表框中选择要更改的事件。

任务实施

步骤 1: 在 E 盘新建文件夹 mysite09，将 Dreamweaver CC 素材\project09 文件夹下的 task01 文件夹复制到该文件夹中。

步骤 2: 打开软件 Dreamweaver CC 2019，选择“站点”→“新建站点”，在“站点设置对象”对话框中，设置“站点名称”为 mysite09-1，设置“本地站点文件夹”为 E:\mysite09\task01。

步骤 3: 打开 task01 文件夹下的 index. html 网页。

步骤 4: 选择层 box1 中的图片“旅游腿”，单击“窗口”→“行为”，添加行为到右侧的面板上，单击“行为”面板上的“添加行为”，在下拉菜单中选择“交换图像”，如图 9-16 所示。

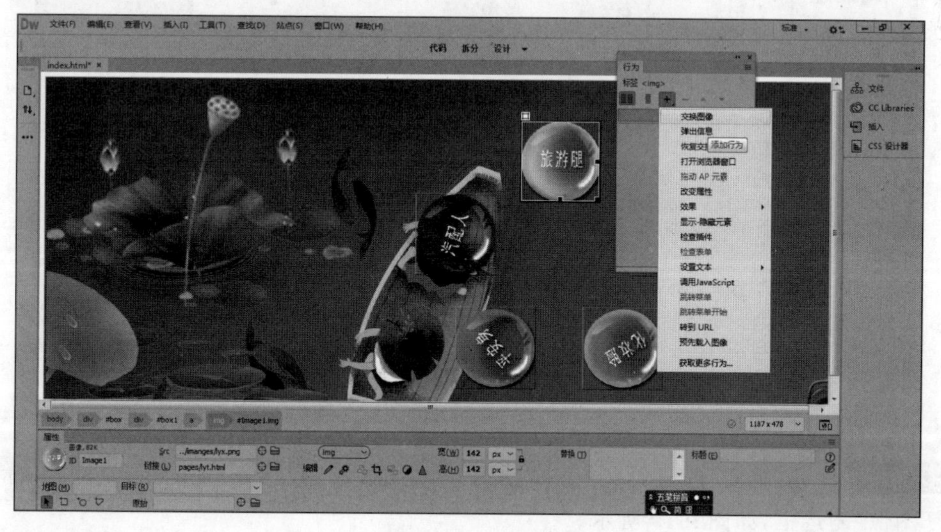

图 9-16　对“旅游腿”添加“交换图像”行为

步骤 5： 在打开的“交换图像”对话框中，单击“浏览”按钮，如图 9-17 所示。

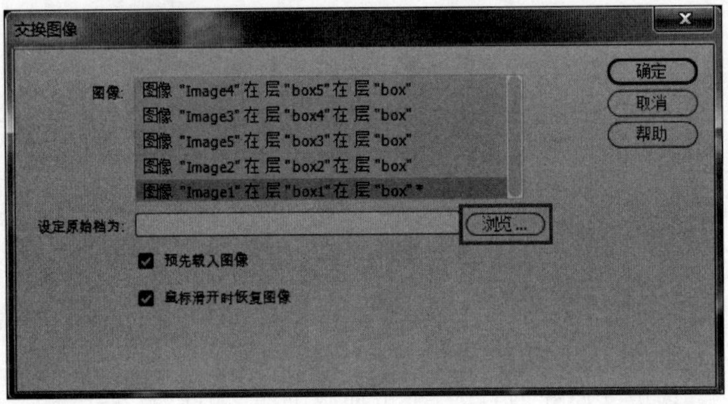

图 9-17　“交换图像”对话框

小提示

此处一定要选中对应的图像。

步骤 6： 在打开的“选择图像源文件”对话框中，选择 mysite09\task01\images 中的 lyd.png，如图 9-18 所示。

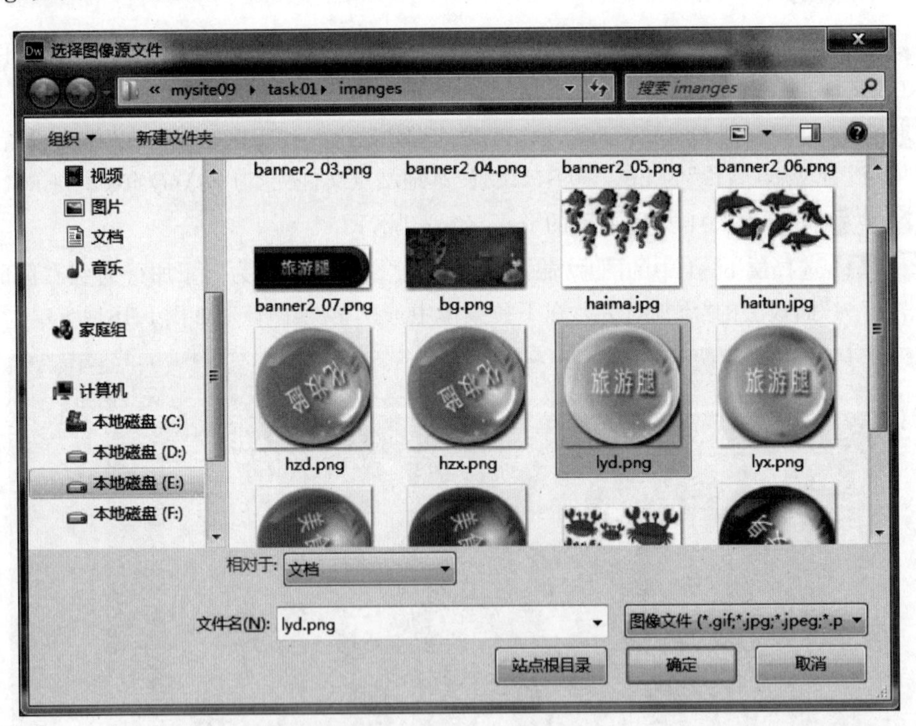

图 9-18　选择交换图像

步骤 7： 单击“确定”按钮返回“交换图像”对话框，勾选“预先载入图像”和“鼠标滑开时恢复图像”复选框，如图 9-19 所示。

步骤 8: 单击“确定”按钮,“行为”面板中就添加了“交换图像”行为,且自动添加了“恢复交换图像”行为。默认的事件为 onMouseOver 和 onMouseOut,如图 9-20 所示。

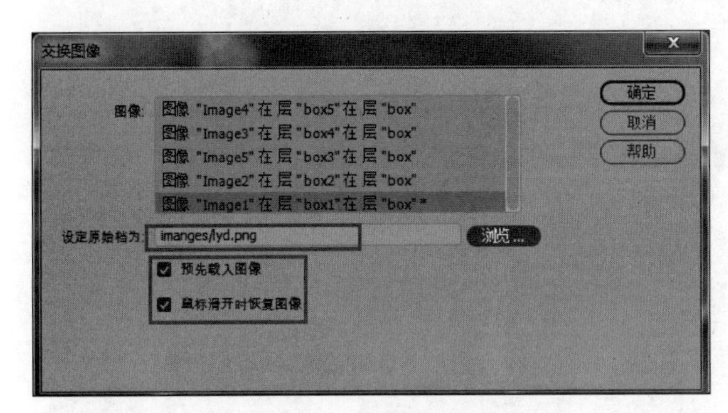

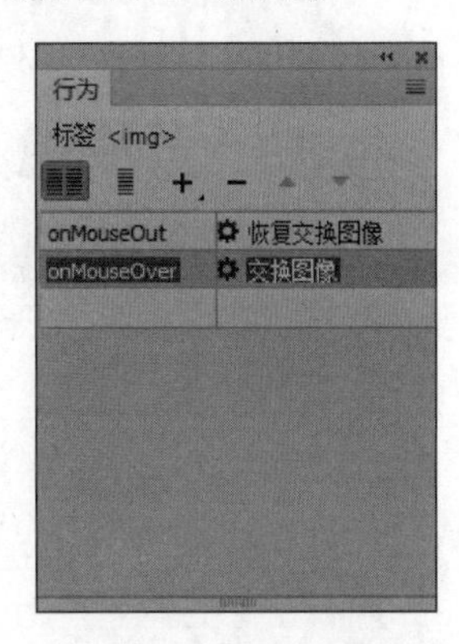

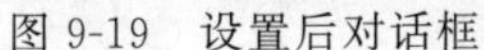
图 9-19　设置后对话框　　　　图 9-20　添加行为后面板

步骤 9: 使用同样的方法,给其他几个选项分别添加“交换图像”行为。用于交换的图像选择 mysite09\task01\images 中的 qprd. png、msd. png、pasd. png 和 hzd. png。

步骤 10: 保存页面到 mysite09\task01\pages 文件夹中,在浏览器中打开该页面查看,将鼠标指向“汽配人”按钮,效果如图 9-21 所示。

图 9-21　鼠标指向“汽配人”按钮效果图

任务拓展

使用行为“弹出信息”来制作载入页面时的提示信息。具体步骤如下。

步骤 1: 打开 mysite09\task01\pages 文件夹中的 bld. html。

步骤 2: 添加行为“弹出信息”,在打开的窗口里输入消息“价格以实际报价为准！页面价格仅供参考。”,如图 9-22 所示。

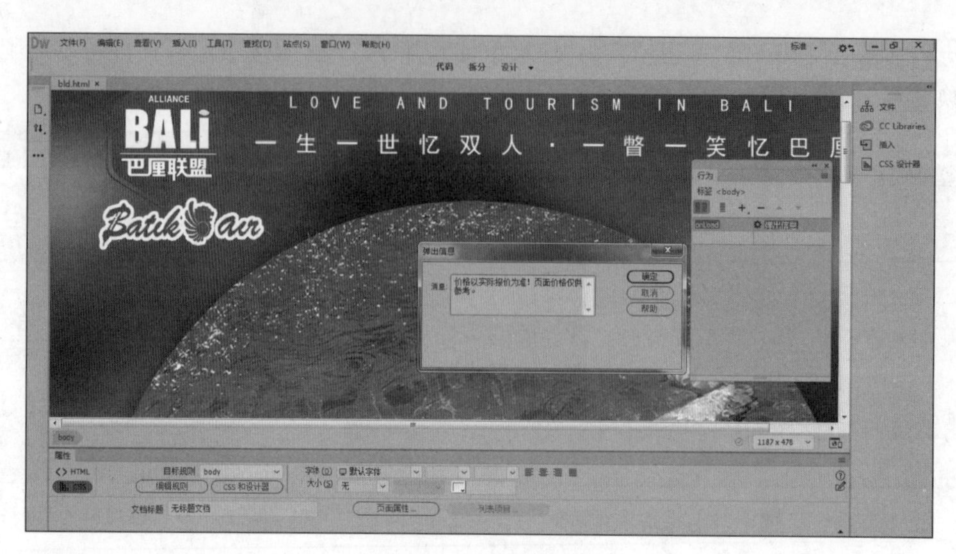

图 9-22　设置“弹出信息”

步骤 3： 单击“确定”按钮返回。保存页面，在浏览器中查看该页面，效果如图 9-23 所示。

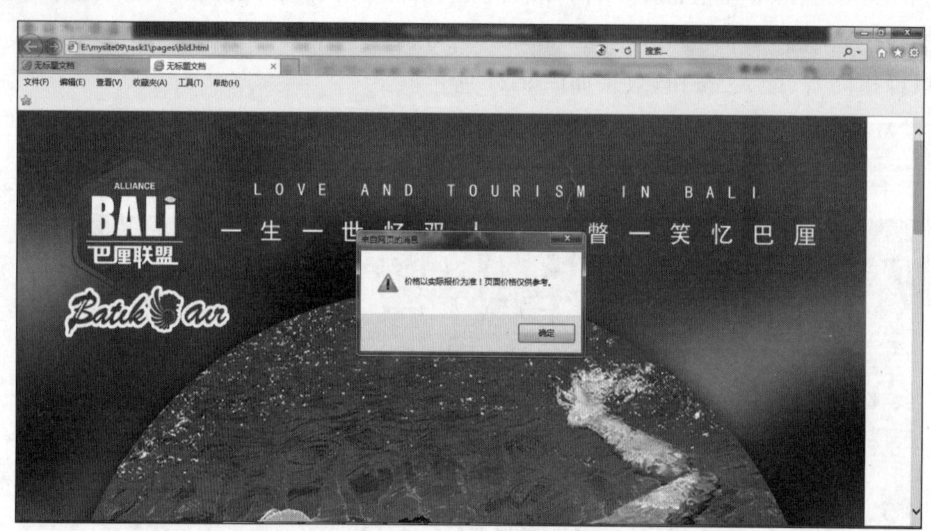

图 9-23　效果图

任务 2：使用行为实现 DIV 的显示/隐藏

视频讲解

任务描述

通过设置 DIV 的显示/隐藏行为制作旅游产品的查看效果。当单击小图时，能在页面右边显示出相应产品信息的大图。

设计要点

- 行为显示/隐藏元素的应用；
- DIV 的定位。

任务实施

步骤 1: 在 E 盘新建文件夹 mysite09，将 Dreamweaver CC 素材\project09 文件夹下 task02 文件夹复制到该文件夹中。

步骤 2: 打开软件 Dreamweaver CC 2019，选择“站点”→“新建站点”，在“站点设置对象”对话框中，设置“站点名称”为“mysite09-2”，设置“本地站点文件夹”为 E:\mysite09\task02。

步骤 3: 打开 pages 文件夹中的 bld1. html，选择“窗口”→“行为”，添加行为到右侧的面板上，选择页面左边的第 1 个小图，选中状态栏上标签 # bld5 的层 div。单击行为面板上的“添加行为”→“显示/隐藏元素”，如图 9-24 所示。

图 9-24　添加行为“显示/隐藏元素”

步骤 4: 在打开的“显示/隐藏元素”对话框中，将 div "bld2"、div "bld3"和 div "bld4"设为“隐藏”，其余各层为“显示”，如图 9-25 所示。

步骤 5: 单击“确定”按钮返回，行为面板中就添加了动作“显示/隐藏元素”，默认事件为 onMouseOver，如图 9-26 所示。

步骤 6: 使用同样的方法给第 2 个图添加动作“显示/隐藏元素”，将 div "bld1"、div "bld3"和 div "bld4"设为“隐藏”，其余各层为“显示”，如图 9-27 所示。

步骤 7: 使用同样的方法给第 3 个图添加动作“显示/隐藏元素”，将 div "bld1"、div "bld2"和 div "bld4"设为“隐藏”，其余各层为“显示”，如图 9-28 所示。

图 9-25　各 DIV 参数设置

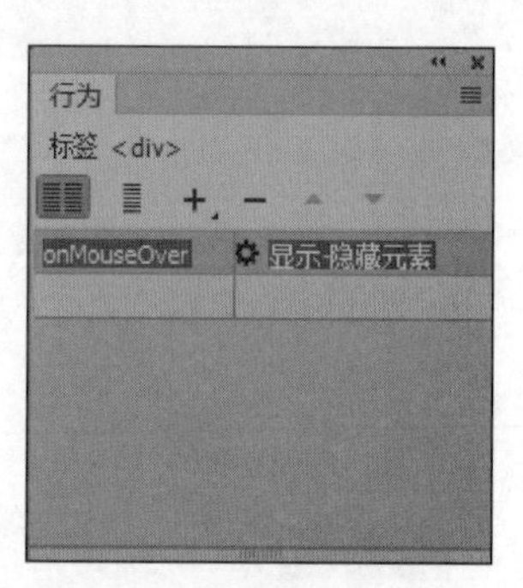

图 9-26　添加行为后面板

图 9-27　第 2 个图添加动作

图 9-28　第 3 个图添加动作

步骤 8： 使用同样的方法给第 4 个图添加动作“显示/隐藏元素”，将 div "bld1"、div "bld2"和 div "bld3"设为“隐藏”，其余各层为“显示”，如图 9-29 所示。

图 9-29　第 4 个图添加动作

步骤 9： 保存网页，在浏览器中查看该网页，效果如图 9-30～图 9-33 所示。

图 9-30　鼠标放第 1 个图上的显示效果

图 9-31　鼠标放第 2 个图上的显示效果

图 9-32　鼠标放第 3 个图上的显示效果

图 9-33　鼠标放第 4 个图上的显示效果

项目小结

本项目通过案例来介绍网页制作中行为的含义及使用方法。使读者能够理解行为的事件及动作的概念，并掌握行为的使用方法。行为对于制作网页特效是非常有用的。

思考题

1. 网页设计中，什么是行为、动作和事件？
2. 如何给网页中的“用户名”和“密码”设置文本行为？

项目十

jQuery和jQuery UI的使用

学习要点

- 了解 jQuery 和 jQuery UI；
- 掌握 jQuery 的简单应用；
- 掌握 jQuery UI 插件的使用。

视频讲解

任务 1：使用 jQuery 制作淡入效果

任务描述

本任务讲述了下载和安装 jQuery 的方法，并讲述了如何通过在页面中添加 jQuery 代码来实现隐藏按钮和显示图片的效果，单击鼠标前后的效果如图 10-1 和图 10-2 所示。

图 10-1　鼠标单击前的界面

图 10-2　鼠标单击后的界面

设计要点

- 下载和安装 jQuery；
- jQuery 选择器；
- jQuery 事件。

知识链接

1. jQuery 简介

JavaScript(简称 JS)是一种客户端脚本语言，是一种面向 Web 的编程语言，用来给 HTML 网页增加动态功能。由于 JavaScript 有一定的学习难度，所以才有了 jQuery。jQuery 极大地简化了 JS 编程，学习门槛较低。

jQuery 是一个快速、简洁、兼容多浏览器、开源的 JS 框架，是一个优秀的 JS 代码库。Query 是查询的意思，jQuery 就是用 JS 更加方便地查询和控制页面控件。jQuery 封装了 JS 的属性和方法，并且增强了 JS 的功能，让用户使用起来更加方便。

jQuery 能提供以下功能。

- 快速获取 HTML 文档中的元素；
- 动态修改页面样式；
- 动态修改文档的内容；
- 响应用户的交互操作；
- 为页面添加特效和动画；
- 无须刷新页面从服务器获取信息。

此外，jQuery 还提供了大量的 jQuery 插件，可以快速实现一些特定功能。

2. jQuery 的安装和使用

jQuery 是开源免费的，无须安装，只需要将源码文件下载后添加到网页头部就可以使用了。jQuery 官方网站 http://jquery.com/包含该库的最新稳定版本，通过单击官网首页右上方的“Download jQuery”链接就可以进入下载页面。有两种版本的 jQuery 可供下载。

- Production version：用于实际的网站中，已被精简和压缩。
- Development version：用于测试和开发，未压缩，是可读的代码。

目前官网上的两个最新版本的下载链接如图 10-3 所示。适合学习使用的是该库的未压缩版(uncompressed)，在正式发布的页面中，则可以使用压缩版(compressed)。

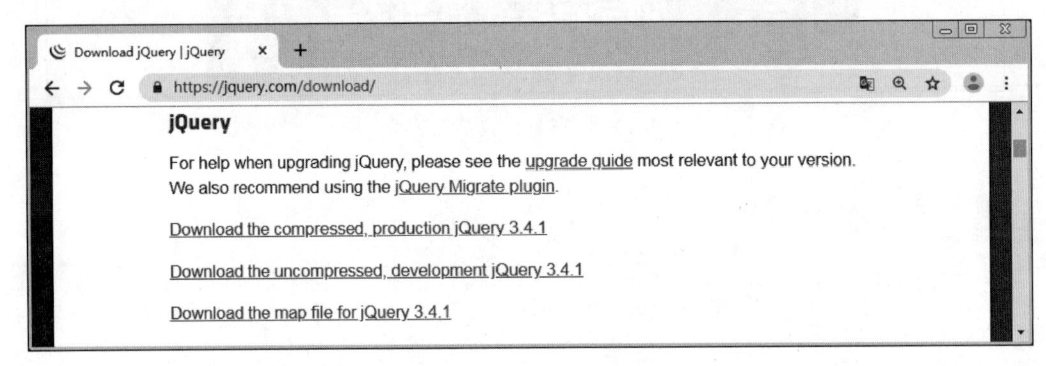

图 10-3　jQuery 下载链接

jQuery 有三个大版本。

- 1.x：兼容 IE 6/7/8，是使用最为广泛的，官方只做 BUG 维护，功能不再新增。因此对于一般项目来说，使用 1.x 版本就可以了，最终版本为 1.12.4。
- 2.x：不兼容 IE 6/7/8，很少有人使用，官方只做 BUG 维护，功能不再新增。如果不考虑兼容低版本的浏览器就可以使用 2.x，最终版本为 2.2.4。
- 3.x：不兼容 IE 6/7/8，只支持最新的浏览器。除非特殊要求，一般不会使用 3.x 版本，因为很多老的 jQuery 插件不支持这个版本。目前该版本是官方主要更新维护的版本。

jQuery 所有版本的下载地址为 https://code.jquery.com/jquery/。

jQuery 库是一个 JavaScript 文件，要在网页中使用 jQuery，只须在 HTML 文档中的<head></head>区域添加一行代码。

```
<script src="js/jquery.js"></script>
```

这行代码的作用就是引用 js 文件夹下的 jquery.js 文件。

小技巧：如果不希望下载并存放 jQuery，那么也可以通过 CDN(内容分发网络)来引用它。一些知名的 CDN 服务器都存有 jQuery，如果站点用户是国内的，建议使用百度、新浪等国内 CDN 地址。以下分别是新浪和百度 CDN 的引用方法(jQuery 版本号是 1.9.1)。

```
<script src="http://lib.sinaapp.com/js/jquery/1.9.1/jquery-1.9.1.min.js"></script>
<script src="http://libs.baidu.com/jquery/1.9.1/jquery.min.js"></script>
```

3. 编写 jQuery 代码

jQuery 代码的编写方法和 JavaScript 代码的编写方法一样，可以直接写在 HTML 文档中，也可以放在单独的 js 文件里面。推荐把 jQuery 代码放入一个单独的 js 文件，然后在 HTML 文件中引用它。操作示例如下。

步骤 1： 新建一个 JavaScript 文件，文件名为 test1.js，保存在当前站点文件夹下的 js 文件夹中(若文件夹不存在，则新建一个)，输入如下代码：

```
$(document).ready(function(){
alert("欢迎");
});
```

document ready 是文档就绪事件，一般书写的所有 jQuery 代码都会放入一个 document ready 函数(也叫 jQuery 入口函数)中，这是为了防止文档在完全加载(就绪)之前运行 jQuery 代码时出错。以后书写 jQuery 代码只要把 alert("欢迎")；这一行替换为功能代码即可。

上面三行代码的作用是当页面所有的 HTML 标签(包括图片等)都加载完成(即浏览器已经响应完成)后，弹出一个欢迎窗口。以上三行代码实际上可以分成两部分。

- $(document).ready();：表示当文档所有元素加载完成时。
- ```
  function(){
      alert("欢迎");
  }
  ```

表示执行一个匿名函数，函数的功能是弹出欢迎窗口。

小技巧：上面三行代码的另一种等价的简洁写法为：

```
$(function(){
    alert("欢迎");
});
```

步骤 2： 新建一个 HTML 文件，文件名为 test1.html，在引入 jQuery 行的下一行添加如下代码：

```
<script src="js/test1.js"></script>
```

这一行代码的作用是引入 js 文件夹下的 test1.js 文件，完整的 HTML 代码如图 10-4 所示。

小技巧：以上代码的第 6 行与第 7 行的顺序不能颠倒，因为 test1.js 文件的运行需要先加载 jQuery 库文件。

步骤 3： 保存 HTML 和 js 文件，在 Dreamweaver CC 2019 中按下 F12 键，可以看到浏览器中的运行效果，如图 10-5 所示。
```

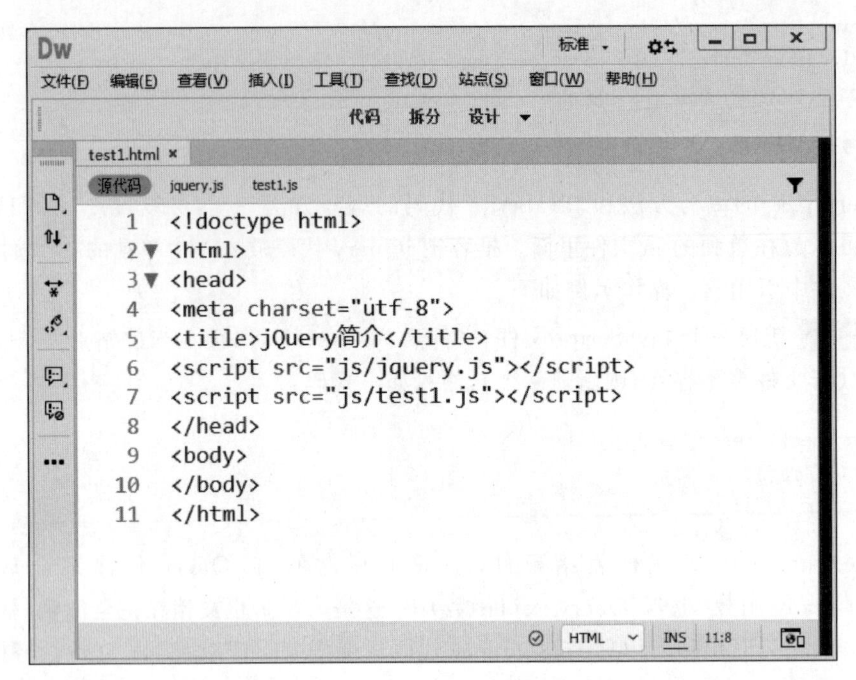

图 10-4　js 文件的引入

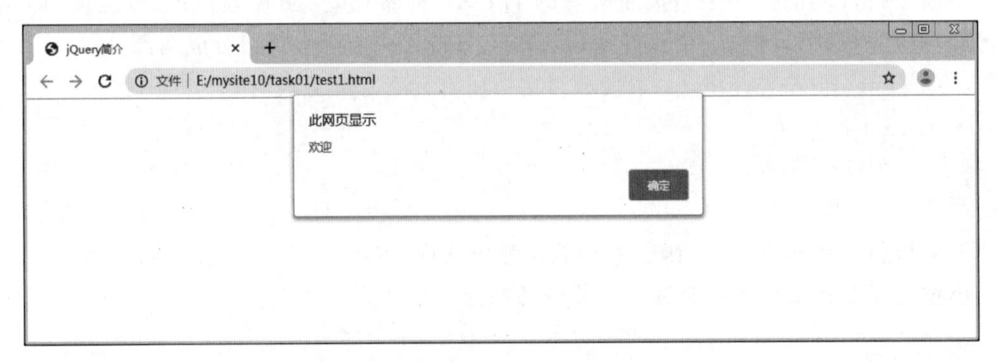

图 10-5　jQuery 代码的运行

4. jQuery 语法

jQuery 语法选取 HTML 元素，并对选取的元素执行某些操作(action)。

其基础语法为 $(selector). action()。

- 美元符号 $：定义 jQuery；
- 选择符(selector)：选取 HTML 元素；
- action()：执行对元素的操作。

下面展示一些实例。

- $(this). hide()：隐藏当前元素；
- $("p"). hide()：隐藏所有< p >元素；

- $("p. red"). hide()：隐藏所有 class="red"的<p>元素；
- $("#box"). hide()：隐藏所有 ID="box"的元素。

5. jQuery 选择器

jQuery 选择器允许对单个或一组 HTML 元素进行操作。jQuery 选择器是基于元素的 ID、类、类型、属性、属性值等来查找(或选择)HTML 元素，它基于已有的 CSS 选择器，除此之外，它还有一些自定义的选择器。

jQuery 中所有选择器都以美元符号开头 $()，CSS 中的后代选择器、兄弟选择器、复合选择器在 jQuery 中都可以使用，表 10-1 列举了一些常见的 jQuery 选择器。

表 10-1　jQuery 选择器示例

语　　法	描　　述
$("*")	选取所有元素
$(this)	选取当前 HTML 元素
$("div. red")	选取所有 class 为 red 的<div>元素
$("p:first")	选取第一个<p>元素
$("ul li:first")	选取第一个<ul>元素的第一个<li>元素
$("ul li:first-child")	选取每个<ul>元素的第一个<li>元素
$("[href]")	选取带有 href 属性的元素
$("a[target='_blank']")	选取所有 target 属性值等于_blank 的<a>元素
$("a[target!='_blank']")	选取所有 target 属性值不等于_blank 的<a>元素
$(":button")	选取所有 type="button"的<input>元素和<button>元素
$("tr:even")	选取偶数行的<tr>元素
$("tr:odd")	选取奇数行的<tr>元素

6. jQuery 事件

页面对不同访问者的响应叫作事件。事件处理程序指的是当 HTML 中发生某些事件时所调用的方法。在 jQuery 中，大多数事件都有一个对应的 jQuery 方法，常用的 jQuery 事件方法如下。

- $(document). ready()

$(document). ready()方法允许在文档完全加载后执行函数，前面已经提到，它等价于 $()。

- click()

当鼠标单击某个元素时，会发生 click 事件，例如：

```
$("p").click(function(){
    $(this).hide();
});
```

- dblclick()

当鼠标双击某个元素时，会发生 dblclick 事件，例如：

```
$("p").dblclick(function(){
    $ (this).hide();
});
```

- mouseenter()

当鼠标指针穿过元素时，会发生 mouseenter 事件，例如：

```
$("#p1").mouseenter(function(){
alert('你的鼠标移到了 ID 为 p1 的元素上!');
});
```

- mouseleave()

当鼠标指针离开元素时，会发生 mouseleave 事件，例如：

```
$("#p1").mouseleave(function(){
alert("再见,你的鼠标离开了该段落.");
});
```

- mousedown()

当鼠标指针移动到元素上方，并按下鼠标按键时，会发生 mousedown 事件，例如：

```
$("#p1").mousedown(function(){
alert("鼠标在该段落上按下!");
});
```

- mouseup()

当在元素上松开鼠标按键时，会发生 mouseup 事件，例如：

```
$("#p1").mouseup(function(){
alert("鼠标在段落上松开.");
});
```

- hover()

hover()方法用于模拟光标悬停事件。当鼠标移动到元素上时，会触发指定的第一个函数(mouseenter)；当鼠标移出这个元素时，会触发指定的第二个函数(mouseleave)，例如：

```
$("#p1").hover(
function(){
        alert("你进入了 p1!");
    },
function(){
        alert("再见!现在你离开了 p1!");
    }
);
```

- focus()

当通过单击选中元素或通过 tab 键定位到元素时，该元素就会获得焦点，例如：

```
$("input").focus(function(){
    $(this).css("background-color","#cccccc");
});
```

• blur()

当元素失去焦点时，会发生 blur 事件，例如：

```
$("input").blur(function(){
    $(this).css("background-color","#ffffff");
});
```

表 10-2 列举了常见的 jQuery 事件。

表 10-2　jQuery 事件

鼠标事件	键盘事件	表单事件	文档/窗口事件
click	keypress	submit	load
dblclick	keydown	change	resize
mouseenter	keyup	focus	scroll
mouseleave		blur	unload
hover			

任务实施

步骤 1： 在 E 盘中新建文件夹 mysite10，将 Dreamweaver CC 素材\project10 文件夹下的 task01 复制到该文件夹中，并在 E:\mysite10\task01 下新建一个名为 js 的子文件夹。

步骤 2： 在 Dreamweaver CC 2019 中，选择"站点"→"新建站点"，设置"站点名称"为 mysite10-1，设置"本地站点文件夹"为 E:\mysite10\task01，如图 10-6 所示。

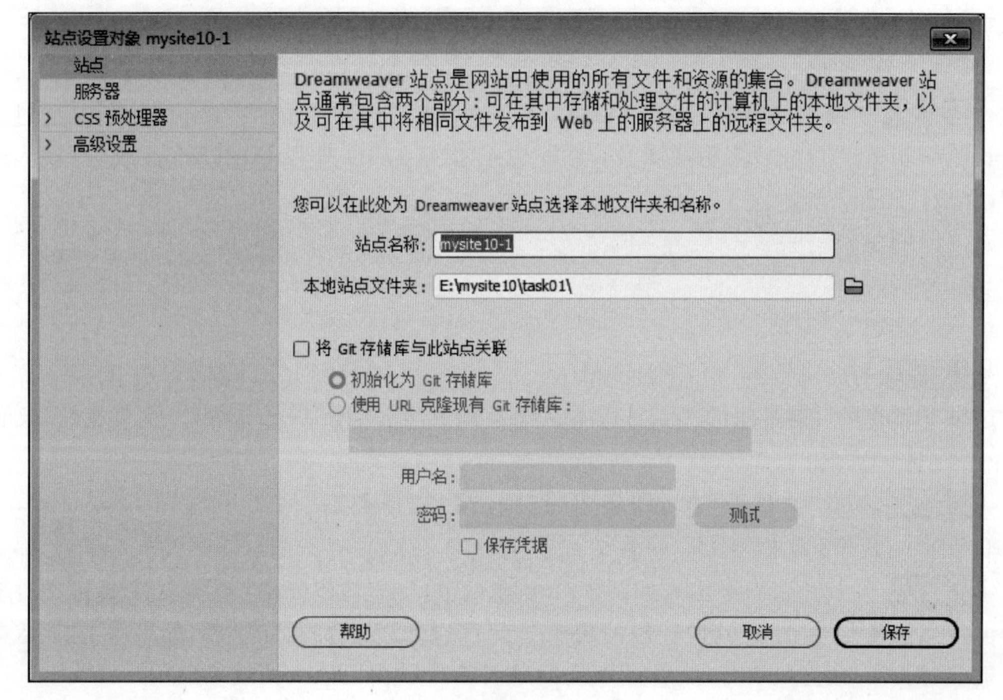

图 10-6　设置站点文件夹

步骤 3: 在 Dreamweaver CC 2019 中打开文件 index.html,将网页中"这里是功能区"几个字删除,并选择"插入"→Image,将图片文件 E:\mysite10\task01\images\qx.jpg 插入到当前位置,如图 10-7 所示,接着选择"插入"→"表单"→"按钮"。

图 10-7　插入图像

步骤 4: 切换到代码视图,定位到第 62 行,给 qx.jpg 图像添加".img"样式,并通过代码 style="display:none"来隐藏图片,将第 63 行按钮的 ID 改为 btn1,value 改为"淡入效果",详细代码如下所示:

```
<img src="images/qx.jpg" width="1280" height="482" alt="" class="img" style="display:
none"/>
<input type="button" name="btn1" id="btn1" value="淡入效果">
```

步骤 5: 打开浏览器,输入网址"http://jquery.com"后按 Enter 键,下载 jQuery 库文件(这里下载的是目前最新的 3.4.1 版本),保存到 E:\mysite10\task01\js 文件夹下,文件重命名为 jquery.js。

步骤 6: 单击"文件"菜单的"新建"选项,在"文档类型"列表中选择 JavaScript,如图 10-8 所示,单击"创建"按钮。

步骤 7: 在代码窗口中输入如图 10-9 所示的 jQuery 代码,保存当前文件至 js 文件夹中,设置文件名为 10-1.js,这段代码的功能是当 HTML 文档加载完毕后,如果单击"淡入效果"选项,则会隐藏选项本身,然后将 qx.jpg 图片在 5 秒内以淡入的效果显示。

步骤 8: 切换到代码视图,光标定位到第 6 行,单击"插入"→HTML→Script,选择

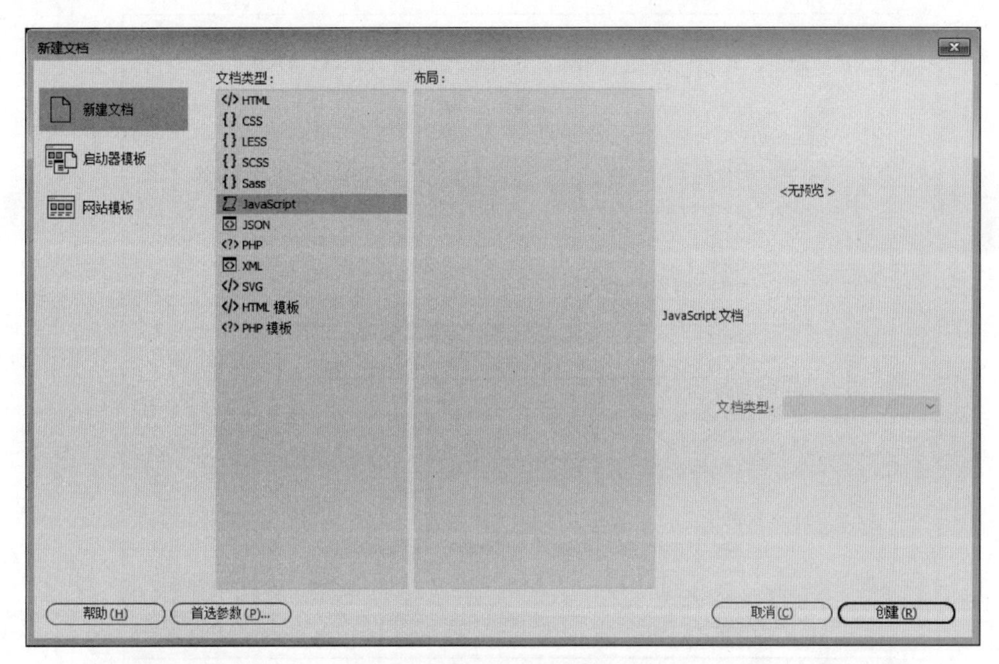

图 10-8　新建 JavaScript 文档

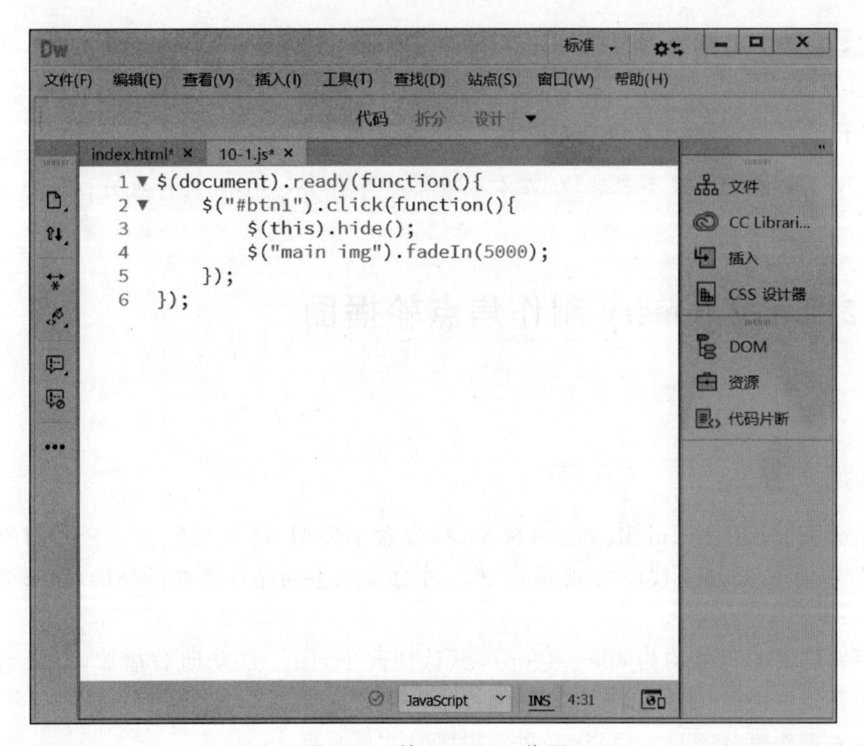

图 10-9　输入 jQuery 代码

E:\mysite10\task01\js 文件夹中的 jquery. js 文件，引入 jquery. js 文件，再重复刚才的操作，引入 10-1. js 文件。最终生成的 index. html 源文件代码如图 10-10 所示。

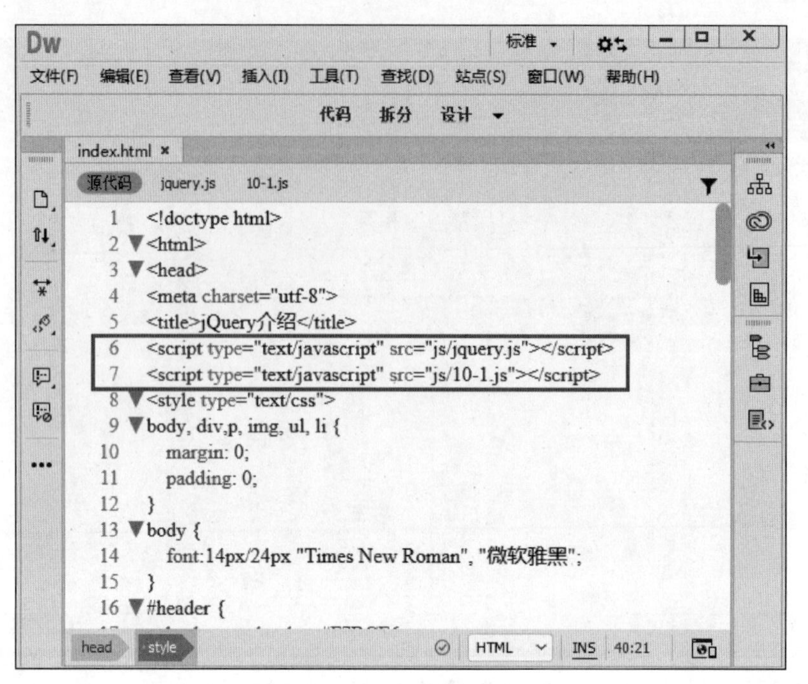

图 10-10 引入 js 文件

步骤 9： 按 F12 键或者选择“文件”→“在浏览器中打开”，选择浏览器，即可在本机测试并查看运行结果。

小提示

jQuery 不必依赖于服务器环境，在本地直接打开 index.html 文件也可以进行测试。

视频讲解

任务 2：使用 jQuery 制作焦点轮播图

任务描述

本任务通过使用 div、ul、li、img 等标签，结合盒子模型、浮动与定位、CSS3 圆角边框等相关知识点，编写 jQuery 代码实现了 10 张图片自动和手动循环播放的功能，该页面的具体功能如下。

- 每张图片的尺寸均为 600×400px，默认情况下，图片自动向右播放，但是当鼠标经过轮播区时暂停播放，移开则继续；
- 左右箭头默认不显示，鼠标经过轮播区时才显示；
- 单击左侧箭头显示上一张图，单击右侧箭头显示下一张图；
- 当鼠标滑到下方数字指示点的时候，显示对应的那张图。

网页的预览效果如图 10-11 所示。

图 10-11 图片轮播效果

设计要点

- 定位元素的居中显示;
- 多张图片的展示原理;
- 手动播放和自动播放。

知识链接

1. 定位元素的居中显示

在 CSS 中,Position 属性用于定义元素的定位模式,它有四个取值: static(自动定位,默认定位方式)、relative(相对定位)、absolute(绝对定位)和 fixed(固定定位)。一般地,元素的 position 取值不是 static 时,称该元素为定位元素。

Position 属性仅仅用于定义元素以哪种方式定位,并不能确定元素的具体位置,还需要通过边偏移属性 Top、Left、Bottom 和 Right 来精确定义定位元素的位置。

很多时候会遇到两个 div 父子嵌套的情况,如果对子元素进行水平或垂直居中,一般会将父 div 的 position 属性设置为 relative,子 div 的定位属性设置为 absolute,然后修改子 div 的 Left、Top、Right、Bottom 4 个属性中的两个(如 left 为 0,top 为 50%)来进行偏移,但这种方法还是无法做到真正的居中。因为子 div 本身还占宽高,此时还需要设置 Margin 的

Top(取自身高度的一半)或 Margin 的 Left(取自身宽度的一半)为负值。

下面是一个示例：

假定有两个 div 嵌套，父 div 的尺寸为 400×200px，子 div 的尺寸为 200×30px，现在希望子 div 的位置显示在距离父 div 底部 20px 的位置处，且水平居中，效果如图 10-12 所示，HTML 和 CSS 代码如图 10-13 所示。

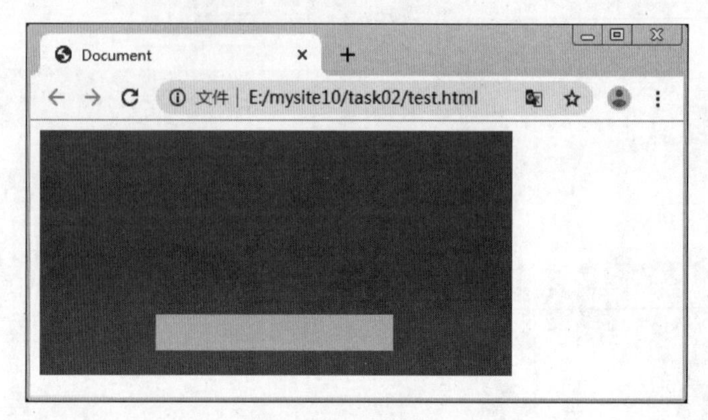

图 10-12　绝对定位元素的水平居中

```
4       <meta charset="UTF-8">
5       <title>Document</title>
6       <style>
7           #father{
8               width: 400px;
9               height: 200px;
10              background: #f00;
11              position: relative;
12          }
13          #son{
14              width: 200px;
15              height: 30px;
16              background: #0f0;
17              position: absolute;
18              bottom:20px;
19              left:50%;
20              margin-left:-100px;
21          }
22      </style>
23  </head>
24  <body>
25      <div id="father">
26          <div id="son"></div>
27      </div>
28  </body>
29  </html>
```

图 10-13　绝对定位元素的水平居中代码

图 10-11 中右箭头">"进行垂直居中靠右定位的关键 CSS 代码如下：

```
position: absolute;
right:0;
top:50%;                    /*距离父元素顶端的距离为父元素高度的一半*/
margin-top: -30px;          /*使子元素向上移动自身高度(60px)的一半*/
```

同理,图 10-11 中底部数字列表进行水平居中靠下定位的关键 CSS 样式代码如下：

```
position:absolute;
bottom:10px;
left:50%;                   /*距离父元素左侧的距离为父元素宽度的一半*/
margin-left: -140px;        /*使子元素向左移动自身宽度(280px)的一半*/
```

2. 相关的 jQuery 方法(函数)

相关的 jQuery 方法有以下几种。

1) eq()方法

eq 是"等于"的意思,eq(index)方法用于获取第 index+1 个元素,index 值从 0 开始,所以第 1 个元素的 index 值是 0 而不是 1。例如,有如下 HTML 代码：

```
<div class="box">
<p>段落 1</p>
<p>段落 2</p>
<h2>标题 2</h2>
<p>段落 3</p>
</div>
<div class="box">
<p>段落 1</p>
<p>段落 2</p>
<p>段落 3</p>
</div>
```

那么,在 jQuery 中"$(".box p").eq(1).css("background","red");"语句的功能是什么呢?

css("background","red")方法的作用是设置背景为红色,一般情况下可能会理解为给两个.box 下的第 2 个 p 元素设置背景色。但实际上运行的结果是只为第 1 个.box 下的第 2 个 p 元素设置了背景色。

小技巧：*若想给两个.box 下的第 2 个 p 元素都设置红色背景,应该这样书写代码：*

```
$(".box p:nth-child(2)").css("background","red");
```

又例如：

```
$(".box p").eq(5).css("background","red");
```

上边的代码的运行结果是为第 2 个.box 下的第 3 个 p 元素设置背景色,也就是所有.box 元素中的所有 p 元素中的第 6 个。

因此,eq()方法的元素获取与排队原理为：先获取所有满足条件的元素并全部进行排队,然后在这个排队的基础上选取某个位置上的元素。

2）index()方法

index()方法用于返回指定元素在父元素中的索引位置。还是前面那段 HTML 代码,以下三行代码的执行结果将会如何呢?

```
$(".box p").click(function() {
alert( $(this).index());
});
```

如果单击第 1 个.box 中的第 1 个 p 元素,弹出结果将为 0；单击第 1 个.box 中的第 3 个 p 元素,弹出结果将为 3；单击第 2 个.box 中的第 1 个 p 元素,弹出结果将为 0。

3）addClass()方法

addClass()方法可用于为被选元素添加一个或多个类样式,例如：

```
$(".menu li").eq(0).addClass("red");
```

给第 1 个 li 添加“.red”样式。

```
$("p:first").addClass("red big");
```

给第 1 段添加“.red”和“.big”两个 CSS 样式。

4）removeClass()方法

removeClass()与 addClass()相反,用于从被选元素中移除一个或多个类样式,例如：

```
$("p").removeClass("red");
```

从所有的< p >元素中移除“.red”类。

```
$("p").removeClass("red").addClass("blue");
```

给所有段落移除“.red”类,并添加“.blue”类。

5）hover()方法

hover()方法规定了当鼠标指针悬停在被选元素上时要运行的两个函数,该方法会触发 mouseenter 和 mouseleave 事件。如果只指定一个函数,则 mouseenter 和 mouseleave 都执行它。例如,当鼠标进入段落时,背景变红,鼠标离开段落时,背景变绿,代码如下所示：

```
$("p").hover(function(){
    $("p").css("background","red");
},function(){
    $("p").css("background","green");
});
```

6）siblings()方法

siblings()方法用于选取每个匹配元素的所有同辈元素(不包括自己),即返回被选元素的所有同胞(级)元素,同胞(级)元素是共享相同父元素的元素,例如：

```
$("li.red").siblings().css({"color":"red","border":"2px solid red"});
```

返回带有类名"red"的每个< li >元素的所有同级元素，并设置文字颜色和边框。

7) setInterval()

Interval 是“时间间隔”的意思，setInterval()方法的作用是每隔指定的时间(以毫秒为单位)执行一个表达式或者函数，它有两种用法。

• 直接用方法名。

在 jQuery 中直接使用方法名调用，不用加括号和引号，但必须用于 ready 方法内部，例如：

```
$(document).ready(function(){
    function f(){
alert("hello");
}
setInterval(f,1000);
});
```

以上方法将每隔 1 秒执行 1 次 f()函数，弹出"hello"提示。

• 变为全局方法。

把方法写在 ready 方法的外面，让它变成全局方法，这样就能直接调用，此时引号和函数名后的括号不能少，例如：

```
function f(){
alert("hello");
}
$(document).ready(function() {
setInterval("f()",1000);
} );
```

8) setTimeout()

setTimeout()方法是指延迟指定的时间后再执行一个表达式或者函数，仅执行一次。它和 setInterval()方法的语法相似，它们都有两个参数，一个是将要执行的代码字符串，另一个是以毫秒为单位的时间间隔，当过了这个时间间隔之后就将执行那段代码。不过这两个方法还是有明显区别，setInterval()在执行完一次代码之后，再经过了那个固定的时间间隔，它还会自动重复执行代码，而 setTimeout()只执行一次那段代码。

9) clearInterval()

clearInterval()方法可取消由 setInterval()方法设定的定时执行操作，即停止 setInterval()方法的定时器。clearInterval()方法的参数必须是由 setInterval()返回的 ID 值(一般把它叫做定时器 timer)，例如：

```
var timer = setInterval(moveRight,4000);
     $(".wrap").hover(function(){
         clearInterval(timer);
     },function(){
         timer = setInterval(moveRight,4000);
     });
```

以上代码定义了一个定时器 timer，它每隔 4 秒执行一次 moveRight 函数，当鼠标进入轮播区域(class 为. wrap 的 div)时，清除定时器；当鼠标离开轮播区域时，恢复定时器。

10) clearTimeout()

clearTimeout()方法的用法跟 clearInterval()方法的用法类似，用于停止 setTimeout()的定时器，类似于生活中的取消预约。如果希望阻止 setTimeout()方法的运行，就可以使用 clearTimeout()方法。

任务实施

步骤 1: 在 E 盘中新建文件夹 mysite10，将 Dreamweaver CC 素材\project10 文件夹下的 task02 文件夹复制到该文件夹中。打开软件 Dreamweaver CC 2019，选择“站点”→“新建站点”，设置“本地站点文件夹”为 E:\mysite10\task02。

步骤 2: 打开文件 E:\mysite10\task02\index. html，切换到设计视图，将文字“这里是功能区”删除，选择“插入”→Div，在弹出的对话框中的“ID”后输入“box”，单击“确定”按钮。

步骤 3: 将文字“此处显示 id"box"的内容”删除，输入数字 1～10，每个数字占一行，行与行之间按 Enter 键分隔。参照步骤 2 的方法，插入一个 ID 为 left 的 Div，将文字“此处显示 id"left"的内容”修改为向左箭头“＜”，该 Div 用作单击图片时向左轮播的按钮。

步骤 4: 按下键盘上的向右方向键“→”，参照步骤 3，插入一个 ID 为 right 的 Div，文字内容修改为向右箭头“＞”。

步骤 5: 再次按下键盘上的向右方向键“→”，输入数字 1～10，每个数字占一行，行与行之间按 Enter 键分隔，如图 10-14 所示。

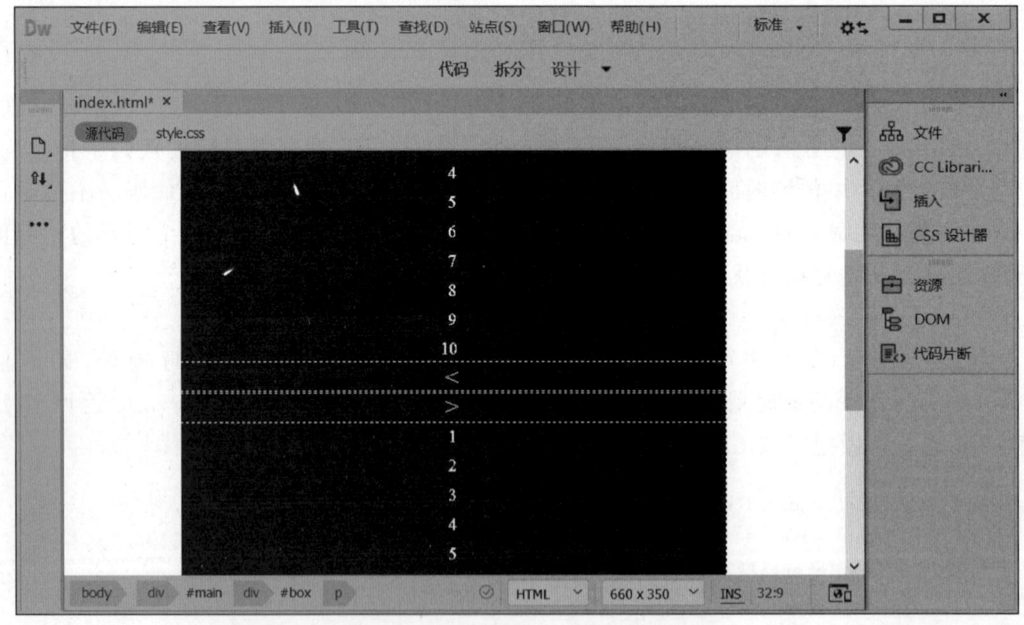

图 10-14 插入 Div 和数字

小技巧：对于 HTML 代码输入比较熟练的读者，建议在代码视图下进行操作，代码视图下操作效率高，代码可以快速复制粘贴，不易出错。

步骤 6： 选择"窗口"→"属性"，打开属性面板，选中前面的数字 1～10，单击"插入"→"无序列表"，将 ID 后的"无"修改为 pic，按 Enter 键确认，如图 10-15 所示。

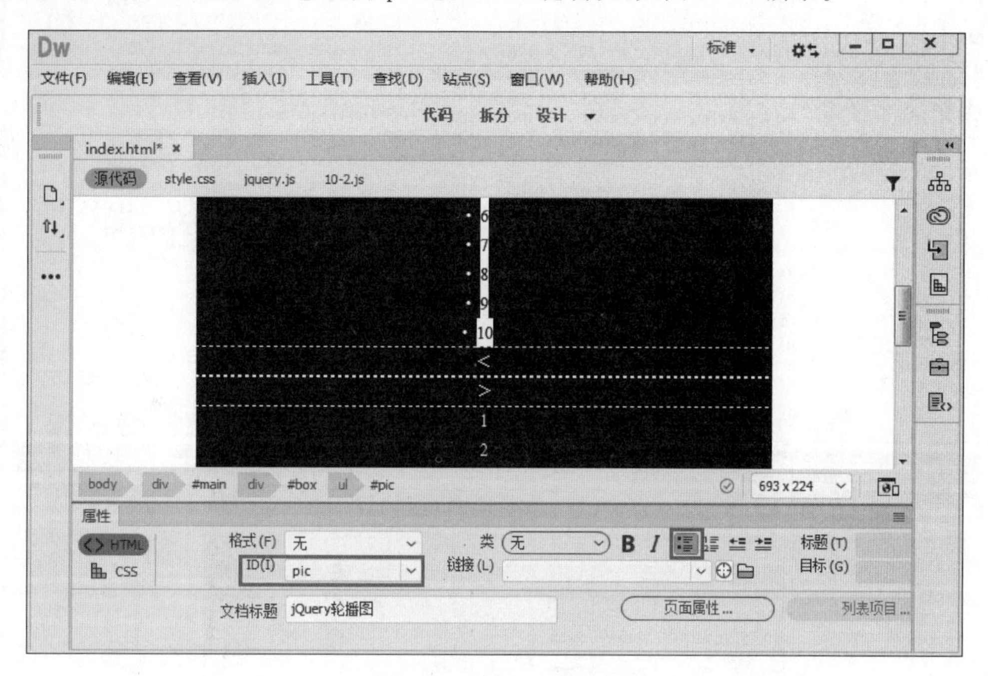

图 10-15　插入无序列表

步骤 7： 同样地，将后面的数字 1～10 也修改为"无序列表"，ID 改为 menu，操作同步骤 6。

步骤 8： 将前面的数字 1～10 更换为对应的图片。删除最前面的无序列表 pic 中的数字 1，选择"插入"→Image，选择 E:\mysite10\task02\images 文件夹中的 1.jpg，单击"确定"按钮完成替换，数字 2～10 也作同样的替换。至此，本任务的所有 HTML 部分已经完成，具体代码如图 10-16 所示，接下来要设置 CSS 样式。

步骤 9： 选择"窗口"→"CSS 设计器"，打开 CSS 设计器，单击"源"左侧的 + 选项添加 CSS 源，选择"创建新的 CSS 文件"，在弹出的对话框中单击"浏览"，将文件保存到 E:\mysite10\task02\css 下，设置文件名为 10-2.css，单击"保存"按钮，勾选"链接"，单击"确定"完成创建，如图 10-17 所示。

步骤 10： 单击"选择器"左侧的 + 选项，输入"#box"后按 Enter 键，如图 10-18 所示。在"布局"中设置："Width(宽度)"为 600px，"Height(高度)"为 400px；单击"Margin"后的"设置速记"，输入"30px auto"，这样可以使得#box 这个容器距离上下各为 30px 且水平方向居中；在"Position"后选择 relative，使得该容器进行相对定位；在"Overflow-x"后选择"hidden"，"Overflow-y"后选择 hidden，这样做的目的是将超出容器范围的内容隐藏。

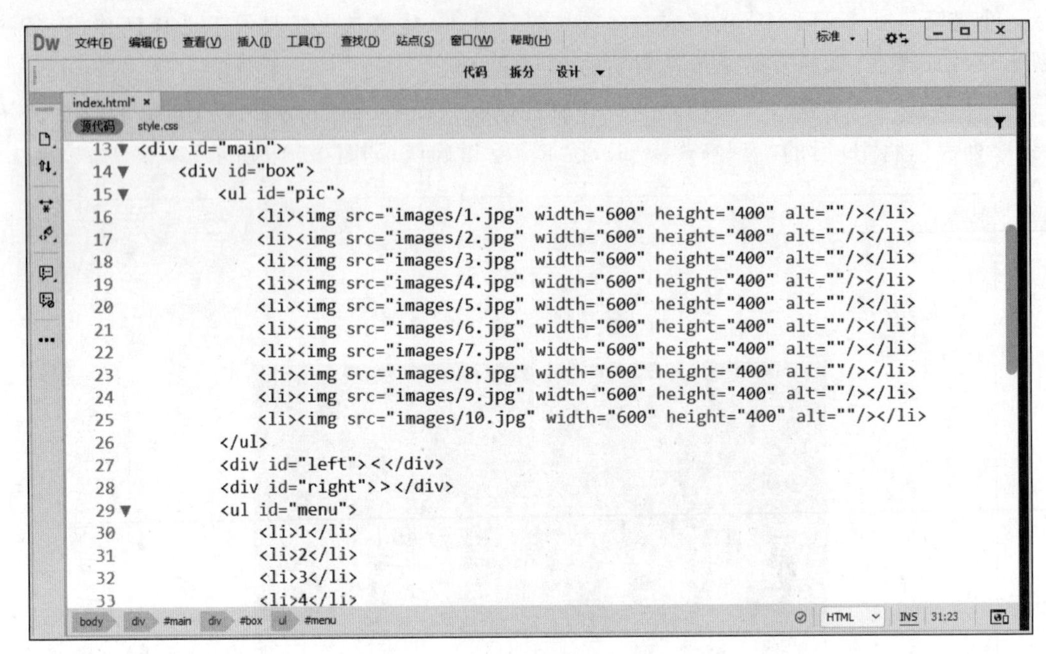

图 10-16　轮播图 HTML 代码

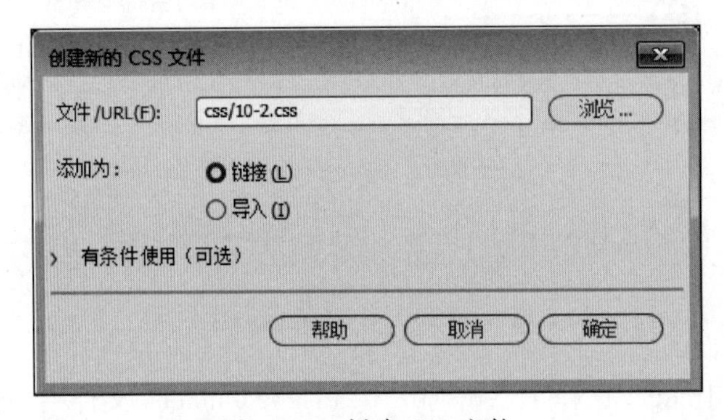

图 10-17　创建 CSS 文件

步骤 11: 单击“选择器”左侧的 + 选项，输入“＃left”后按 Enter 键，在“布局”中进行如下设置：“Width(宽度)”为 30px，“Height(高度)”为 60px；设置“Position(定位)”为 absolute，“Left”为 0px，“Top”为 50%，“Margin-Top”为－30px，“Display(默认隐藏)”为 none。在“文本”中进行如下设置：“Font-size(字号)”为 30px，“Text-align(文本对齐水平)”为 center，“Line-height(行高)”为 60px。在“背景”中设置 Background-color 为 rgba(255，255，255，0.2)。

小提示

rgba()是 CSS3 中的一个颜色函数，括号中的前 3 个数字分别代表 red、green 和 blue 三种颜色的 rgb 值，取值范围为 0～255 或 0～100%，最后一个数字表示颜色的 alpha 通道，它规定了对象的不透明度，取值范围为 0～1 的小数，越接近 1 代表透明度越低。

图 10-18　添加选择器

步骤 12: 右击“＃left”，选择“直接复制”，输入“＃right”，将“Position”下的“Left”的值0px删除，将“Right”设置为0px。

步骤 13: 单击“选择器”左侧的 + 选项，输入“＃box：hover ＃left”后按Enter键，这是一个复合选择器，表示当鼠标进入图片区域时的向左按钮，设置Display为block。在“＃box：hover ＃left”上右击，选择“直接复制”，将“Left”改为“Right”，其他参数不变。

步骤 14: 单击“选择器”左侧的 + 选项，输入“＃left：hover”后按Enter键，表示当鼠标悬停在向左按钮上方时，设置Cursor为pointer，改变鼠标指针为手指形状，设置“background-color”为“rgba(0,0,0,0.3)”。在“＃left：hover”上右击，选择“直接复制”，将Left改为Right，其他参数不变。

步骤 15: 单击“选择器”左侧的 + 选项，输入“＃menu”后按Enter键，进行如下样式设置：Width为280px，Height为30px，Position为absolute，Left为50％，Bottom为10px，Margin-Left为－140px，Padding-left为8px，Line-height为30px，Background-color为rgba(255,255,255,0.2)，Border-radius为15px。

小提示

设置border-radius为15px的作用是设置圆角边框的半径为15px。

步骤 16: 单击“选择器”左侧的 + 选项，输入“＃menu li”后按Enter键，进行如下样式设置：Width为20px，Height为20px，Line-height为20px，Margin-Right为8px，Margin-Top为5px，Float为left，List-style-type为none，Color为＃fff，text-align为center，Border-radius为50％，Background-color为rgba(100,100,100,1.00)，Cursor为pointer。

步骤 17: 现在可以设置图片所在的 li 默认为不显示，单击“选择器”左侧的 ✚ 选项，输入“#pic li”后按 Enter 键，进行如下样式设置：Display 为 none，List-style-type 为 none，Position 为 absolute，Left 为 0px，Top 为 0px，至此，CSS 样式设置完成，接下来要添加 jQuery 代码。

步骤 18: 打开浏览器，输入网址“http://jquery.com”后按 Enter 键，下载 jQuery 库文件，保存到 E:\mysite10\task02\js 文件夹下，将文件重命名为 jquery.js。

步骤 19: 切换到 index.html 文件的代码视图，选择第 7 行行尾，按 Enter 键转到下一行，按下 Backspace 键删除第 8 行行首空格，选择“插入”→HTML→Script，选择 E:\mysite10\task02\js 下的 jquery.js 文件。

步骤 20: 选择“文件”→“新建”，在“文档类型”列表中选择 JavaScript，单击“创建”，在代码窗口中输入下列 jQuery 代码，然后保存当前文件至 js 文件夹中，设置文件名为 10-2.js。完整代码如下所示。

```
$(function(){                    //手动轮播
    var i = 0;
    $('#pic li').eq(0).fadeIn(1000);
    $('#menu li').eq(0).addClass('red');
    $('#menu li').mouseover(function(){
    i = $(this).index();
    play();
    });

    //自动轮播
    var timer = setInterval(moveRight,4000);
    $('#box').hover(function(){
    clearInterval(timer);
    },function(){
        timer = setInterval(moveRight,4000);
    });

    //鼠标单击左右按钮
    $('#left').click(function(){
    moveLeft();
    }
    );
    $('#right').click(function(){
    moveRight();
    }
    );
    function moveLeft(){
    if(--i<0)
        i = 9;
    play();
    }
    function moveRight(){
    if(++i>9)
           i = 0;
```

```
        play();
    }
    function play(){
        $('#menu li').eq(i).addClass('red').siblings().removeClass('red');
        $('#pic li').eq(i).stop().fadeIn(1000).siblings().fadeOut(1000);
    }
});
```

步骤 21: 切换到 index.html 文件的代码视图，单击第 8 行行尾，按 Enter 键转到下一行，按下 Backspace 键删除第 9 行行首空格，选择“插入”→HTML→Script，选择 E:\mysite10\task02\js 下的 10-2.js 文件。

小技巧： *由于 jQuery 代码较多，js 文件已经放在素材里面了，没有编程基础的读者只要能看懂并会调用即可。可省略步骤 20，直接做步骤 21，把文件 10-2.js 换成 lunbo.js。*

步骤 22: 保存全部文件，按 F12 键测试，此时会发现图片底部的数字背景并不会变红色，这是由于还缺少一个“.red”的类样式，单击“选择器”左侧的 **+** 选项，输入“.red”后按 Enter 键，设置“Background-color”为任意红色，并切换到代码视图，如图 10-19 所示，在该代码后输入“!important”，将该样式的优先级提至最高，否则红色背景不生效，原因是“.red”样式的优先级没有“#menu li”样式的优先级高，“#menu li”对 li 设置了灰色背景。

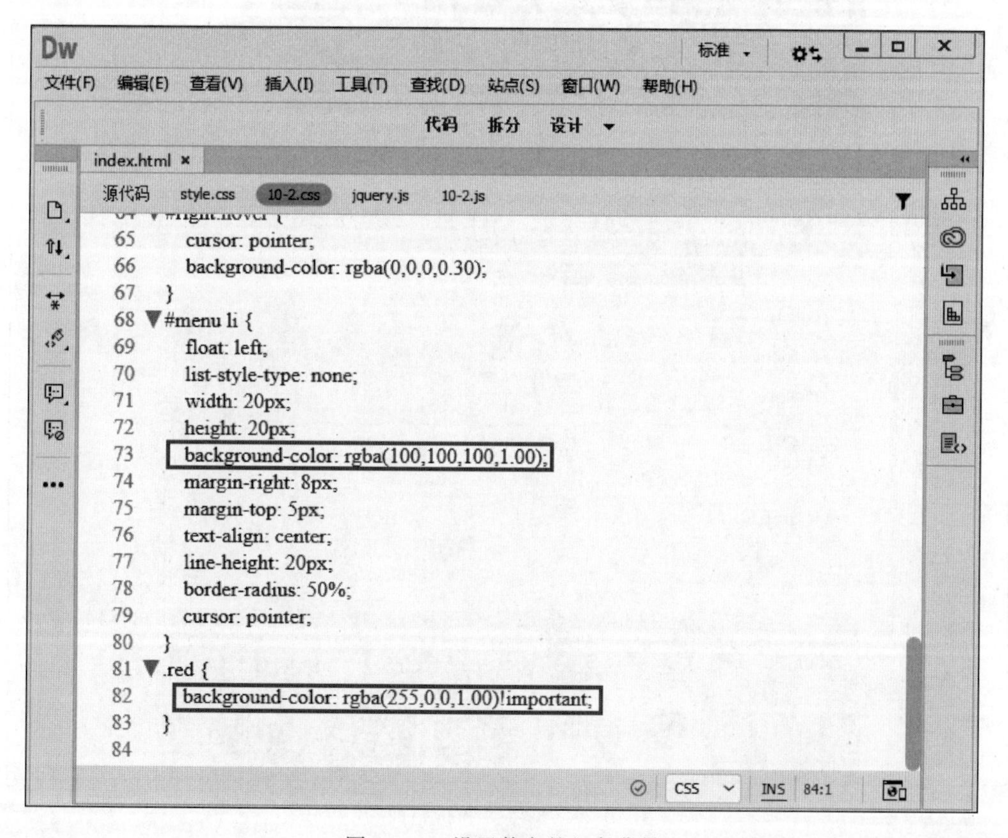

图 10-19 设置数字的红色背景

步骤 23: 全部操作完成，按 F12 键或者选择“文件”→“在浏览器中打开”，选择浏览器，即可在本机测试并查看运行结果。

视频讲解

任务 3：使用 jQuery UI 制作标签页和折叠面板

任务描述

本任务讲述了 jQuery UI 插件的使用方法，通过插入 Tabs（标签页）、Accordion（折叠面板）和 Datepicker（日期选择器）三个小部件实现了一个简单旅游资讯页面的制作。网页打开效果如图 10-20 所示。

图 10-20 标签页和折叠面板

设计要点

- 下载和安装 jQuery UI；
- Widgets(小部件)的使用。

知识链接

1. jQuery UI 介绍

jQuery UI 是基于 jQuery 的、免费、开源的网页用户界面代码库，可以使用它创建高度交互的 Web 应用程序。jQuery UI 主要分为三部分。

- Interactions(交互)

交互是指一些与鼠标交互相关的内容，包括 Resizable(缩放)、Draggable(拖动)、Droppable(放置)、Selectable(选择)和 Sortable(排序)等。

- Widgets(小部件)

小部件主要是一些界面的扩展，包括 Accordion(折叠面板)、Autocomplete(自动完成)、Button(按钮)、Datepicker(日期选择器)、Dialog(对话框)、Menu(菜单)、Progressbar(进度条)、Slider(滑块)、Spinner(旋转器)、Tabs(标签页)和 Tooltip(工具提示框)等，新版本的 UI 将包含更多的小部件。

所有的 jQuery UI 小部件都使用相同的模式，所以，只要学会使用其中一个，就知道如何使用其他的小部件。

- Effects(效果库)

效果库用于提供丰富的动画效果，让动画不再局限于 jQuery 的 animate()方法。它主要包括 Effect(特效)、Show(显示)、Hide(隐藏)、Toggle(切换)、AddClass(添加 Class)、RemoveClass(移除 Class)、ToggleClass(切换 Class)、SwitchClass(转换 Class)和 ColorAnimation(颜色动画)等。

2. jQuery UI 的下载

jQuery UI 的运行依赖于 jQuery 库，所以使用 jQuery UI 前请确保已经下载并引用了 jQuery 库。如果是在 Dreamweaver CC 2019 中直接使用“插入”选项创建的 jQuery UI 部件，则不需要下载 jQuery 和 jQuery UI，因为 Dreamweaver CC 2019 会自动生成一个名为 jQueryAssets 的文件夹，该文件夹中包含所需的所有资源文件，并且会在 HTML 文档的头部自动引用这些资源。

jQuery UI 的官方网址为 https://jqueryui.com，如图 10-21 所示。

单击主页右上方的“Custom Download”进入自定义下载页面，jQuery UI 使用下载生成器(Download Builder)进行自定义下载，创建自定义 jQuery UI 下载需要以下三个步骤。

步骤 1: 选择需要的组件。下载生成器页面列出了 jQuery UI 所有的 JavaScript 组件分类，分别是 UICore(核心)、Interactions(交互)、Widgets(小部件)和 Effects(效果库)，所选的组件将会合并到一个 jQueryUI JavaScript 文件中。

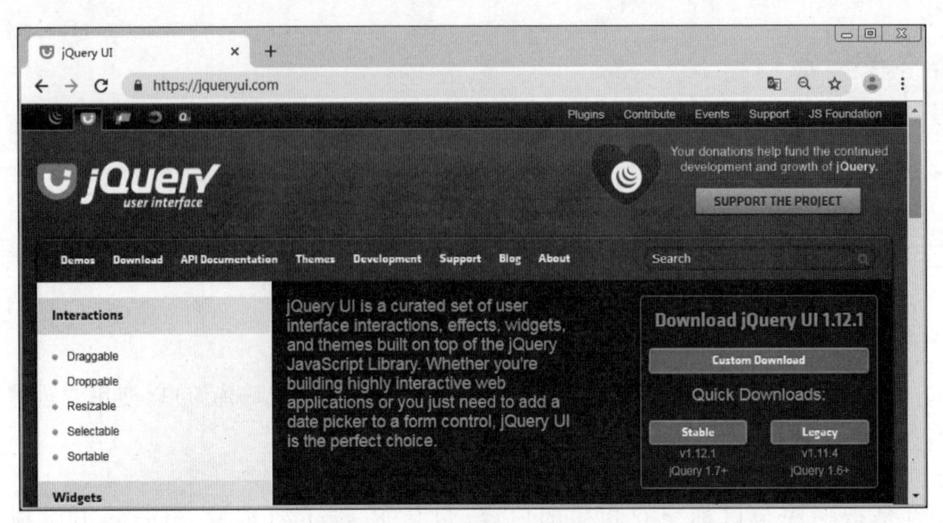

图 10-21　jQuery UI 官网

步骤 2: 选择或者自定义一个主题。主题决定了 jQuery UI 部件的外观效果,最终对应到 CSS 文件。在下载生成器页面,将看到一个下拉文本框,该文本框列出了一系列为 jQuery UI 小部件预先设计的主题。可以从这些提供的主题中选择一个,也可以自定义主题。

步骤 3: 选择 jQuery UI 的版本。这个步骤很重要,因为 jQuery UI 的版本是配合特定的 jQuery 版本设计的。单击页面底部的 Download,完成下载后将得到一个包含所选组件的自定义 zip 文件,zip 文件解压后的文件列表如图 10-22 所示,jquery. js 文件在 external 文件夹中。

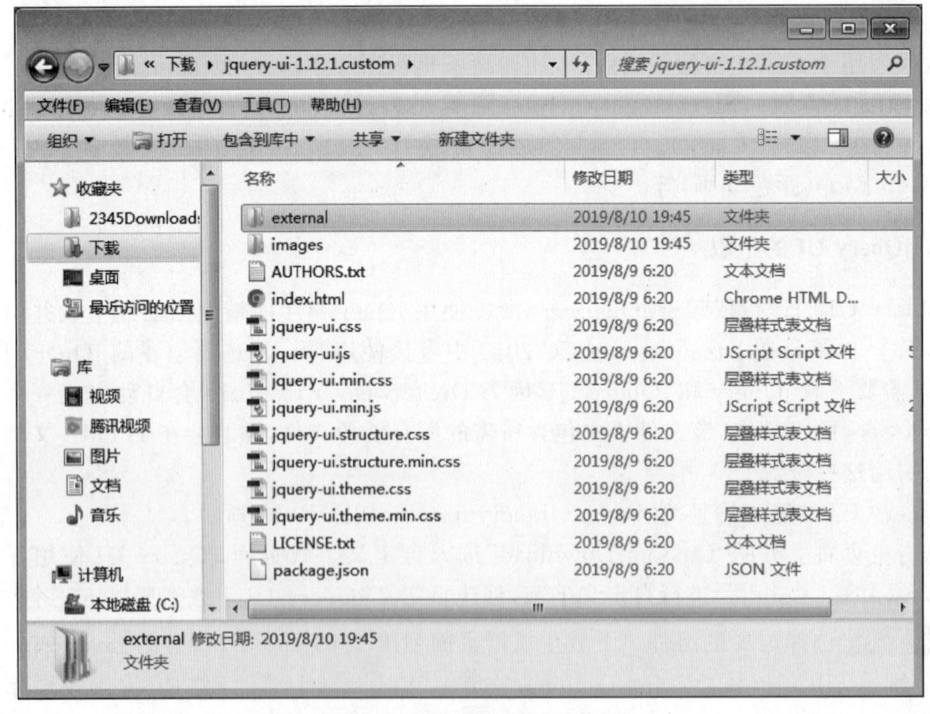

图 10-22　jQuery UI 下载

小技巧：用以上方法有时会出现下载失败的情况，此时可以单击蓝色的快速下载链接，Stable 表示稳定版本，Legacy 表示旧版本，Themes 表示版本对应的主题，单击 All jQuery UI Downloads 链接可以打开所有 jQuery UI 的版本的下载页面，如图 10-23 所示。

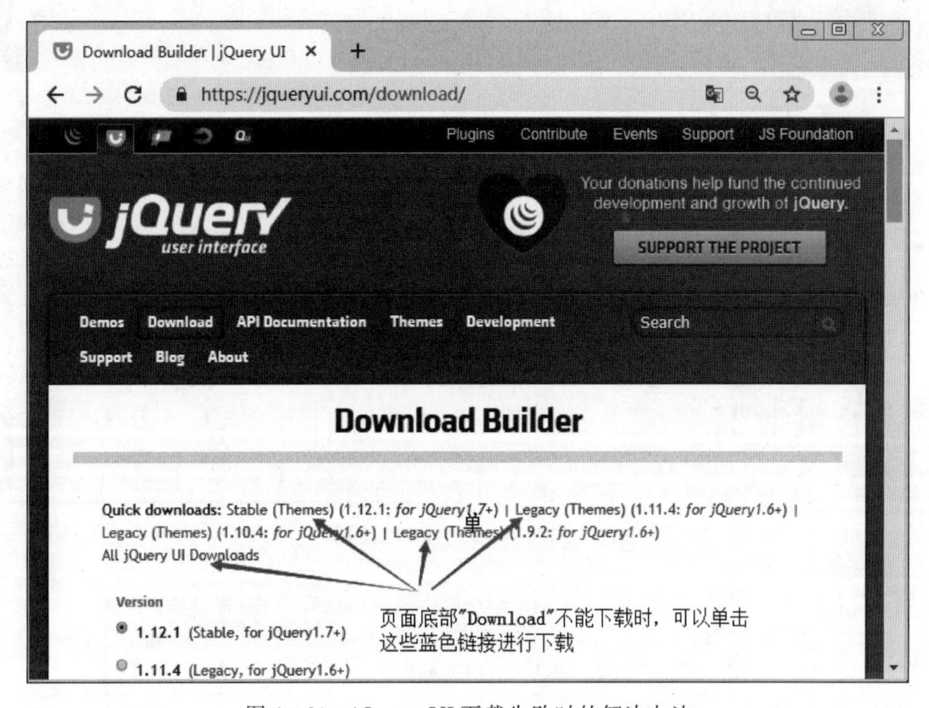

图 10-23　jQuery UI 下载失败时的解决办法

3. 在网页中使用 jQuery UI

下面通过一个示例来讲述 jQuery UI 的 datepicker(日期选择器)的使用。

步骤 1: 将下载好的 jQuery UI 压缩包解压，把 jquery-ui. css 文件复制到当前站点的 css 文件夹中，再将 jquery-ui. js 文件复制到 js 文件夹中，并将 external\jquery 文件夹中的 jquery. js 文件复制到 js 文件夹中，新建一个名为 test2. js 的文件并保存到 js 文件夹中。

步骤 2: 新建一个名为 test2. html 的 HTML 文档，在网页头部引用步骤 1 中的 4 个文件，并向页面中添加一个输入文本框，HTML 代码如图 10-24 所示。

步骤 3: 打开 test2. js 文件，添加如下代码：

```
$(function(){
    $("#date").datepicker();
});
```

步骤 4: 保存全部文件，用浏览器打开 test2. html 文件，即可看到如图 10-25 的效果。

图 10-24　jQuery UI 的使用

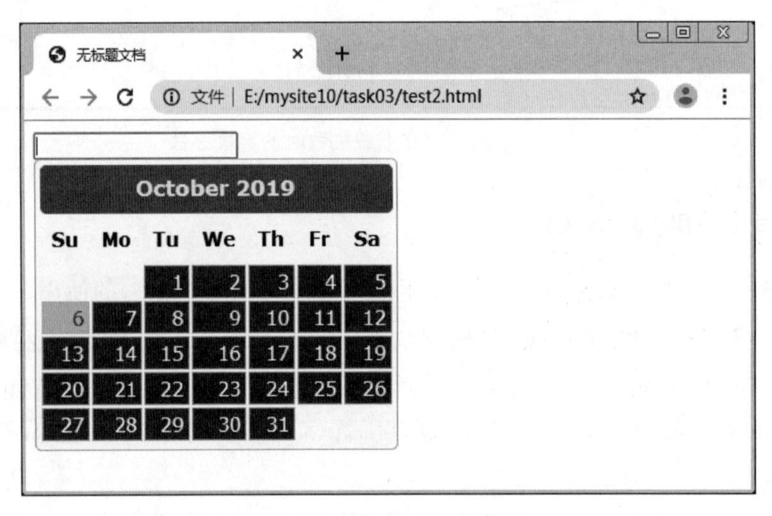

图 10-25　datepicker 的使用

任务实施

步骤 1： 在 E 盘新建文件夹 mysite10，将 Dreamweaver CC 素材\project10 文件夹下的 task03 复制到该文件夹中，并在 E:\mysite10\task03 下新建一个名为 js 的子文件夹。

步骤 2： 打开软件 Dreamweaver CC 2019，选择“站点”→“新建站点”，设置“本地站点文件夹”为 E:\mysite10\task03，如图 10-26 所示。

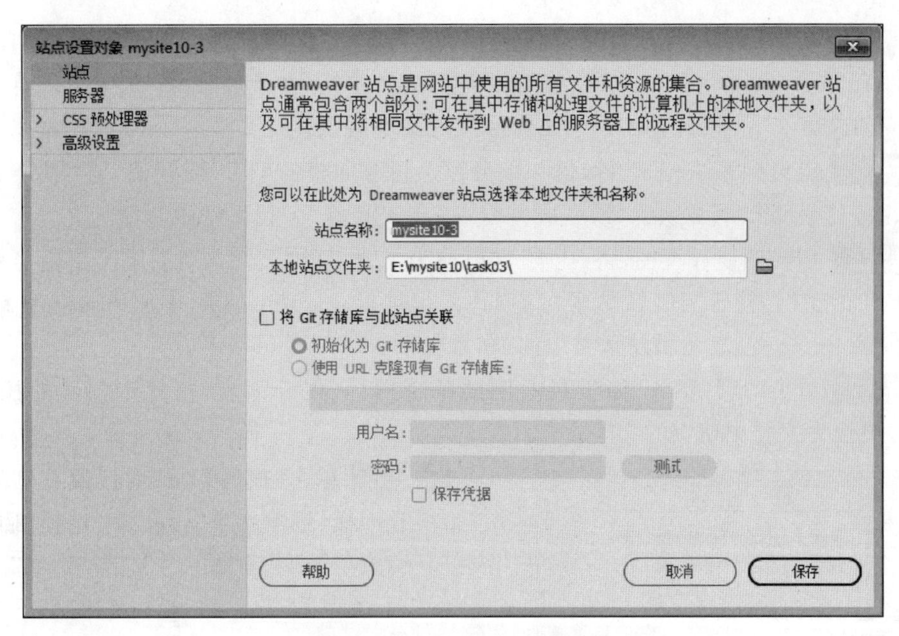

图 10-26 设置站点文件夹

步骤 3: 打开本站点根目录下的 index. html 文件，在设计视图下，将网页中文字“这里是功能区”删除，并选择“插入”→jQuery UI→Tabs，按向右方向键，再按两次 Enter 键，再次选择“插入”→jQuery UI→Accordion，以上操作即完成了 Tabs(标签页)和 Accordion(折叠面板)的插入，如图 10-27 所示。

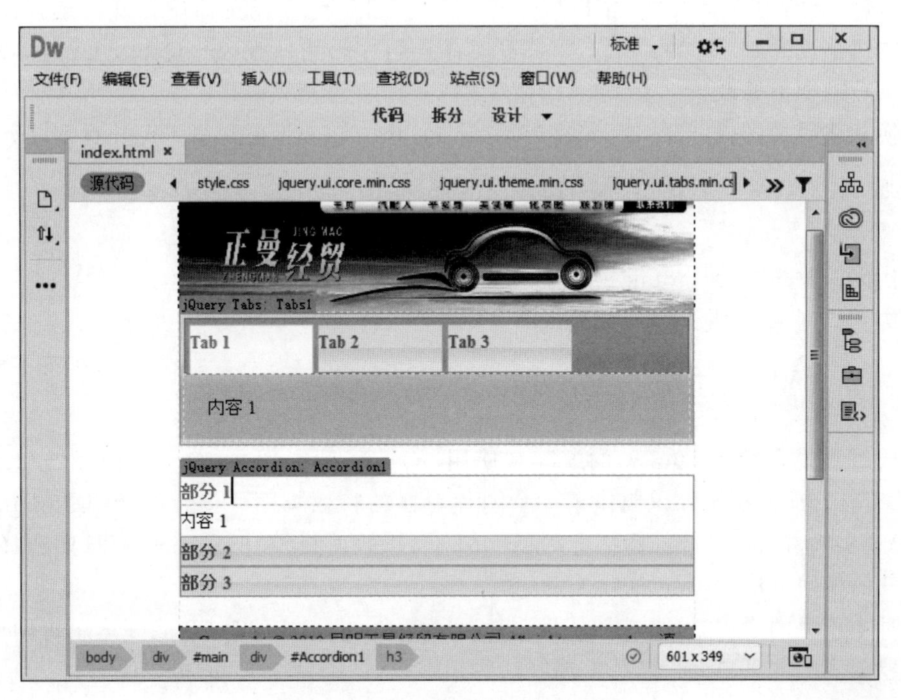

图 10-27 插入标签页和折叠面板

步骤 4: 切换到代码视图,定位到第 21～36 行,这一部分即为标签页的 HTML 代码,打开文件 project10\task03\文字素材.docx,将 Tab1 更换为"大理旅游","内容 1"更换为素材中相应的段落文字,Tab2 和 Tab3 也作同样的文字替换。

步骤 5: 定位到第 38～50 行,这一部分即为折叠面板的 HTML 代码,将"部分 1"更换为"联系我们","部分 2"更换为"预订服务","部分 3"更换为"投诉举报"。

步骤 6: 切换到设计视图,将"内容 1"更换为素材中的"公司名称：昆明正曼经贸有限公司",按 Enter 键,接着复制粘贴素材中的"公司地址：云南省昆明市五华区北京路 1009 号",再次按 Enter 键,复制粘贴素材中的"联系电话：0871-6666666"。

步骤 7: 单击"预订服务"面板最右侧的眼睛图标,展开面板,重复步骤 6 的操作,将"内容 2"更换为素材中相应的文字。

步骤 8: 单击"投诉举报"面板最右侧的眼睛图标,展开面板,删除文字"内容 3",选择"插入"→"表单"→"表单";选择"插入"→"表单"→"文本",将 Text Field 改为"投诉对象";选择"插入"→"表单"→"数字",将 Number 改为"联系电话";转到下一行输入"日期时间",选择"插入"→jQuery UI→"Datepicker(小控件)",效果如图 10-28 所示。

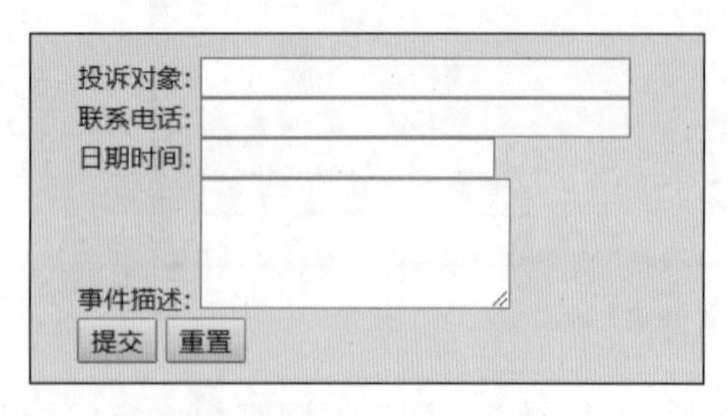

图 10-28　插入表单

步骤 9: 选择"插入"→"表单"→"文本区域",将 TextArea 改为"事件描述",打开属性面板,将 Rows 设置为 8,Cols 设置为 30,按 Enter 键确认。

步骤 10: 保存全部文件,按 F12 或者选择"文件"→"在浏览器中打开",选择浏览器,即可在本机测试并查看运行结果。如果发现背景图片影响外观(跟 jQuery UI 版本和主题有关),则可做如下修改:

切换到代码视图,打开文件 jquery.ui.theme.min.css,定位到第 7 行并找到以下代码。

```
background:#eee url("images/ui-bg_highlight-soft_100_eeeeee_1x100.png") 50%
top repeat-x;
```

将代码修改为"background:#eee;"。

再次测试网页,至此全部操作完成。

项目小结

本项目首先介绍了 jQuery 的安装和使用、jQuery 基本语法、jQuery 选择器和 jQuery 事件,然后结合前面所学知识制作了一个图片轮播的特效页面。接着又介绍了 jQuery UI 插件,通过实例讲解了 Tabs(标签页)、Accordion(折叠面板)和 Datepicker(日期选择器)三个小部件的使用方法。

通过本项目的学习,读者能够了解 jQuery 和 jQuery UI 的功能,能够运用这两个库来快速搭建美观的网页界面。熟练掌握好这些知识,有助于后续项目的学习。

1. JavaScript 与 jQuery 有什么区别?

2. jQuery 与 jQuery UI 有什么区别?

3. 如何在 HTML 文件中使用 jQuery UI?

4. 新建一个 HTML 页面,利用给定的图片素材 E:\project10\思考题素材\images 以及任务 2 的 js 文件 E:\project10\task02\js\lunbo.js,参照任务 2 的方法,制作一个京东首页焦点轮播的促销页面,效果如图 10-29 所示。

图 10-29　京东首页轮播图

5. 给任务 3 更换一个主题,使页面外观跟原来不一样,如图 10-30 所示(注:可以去官网下载 jQuery UI,也可以使用文件夹 E:\project10\思考题素材下已经下载好的文件 jquery-ui-1.12.1.custom.zip)。

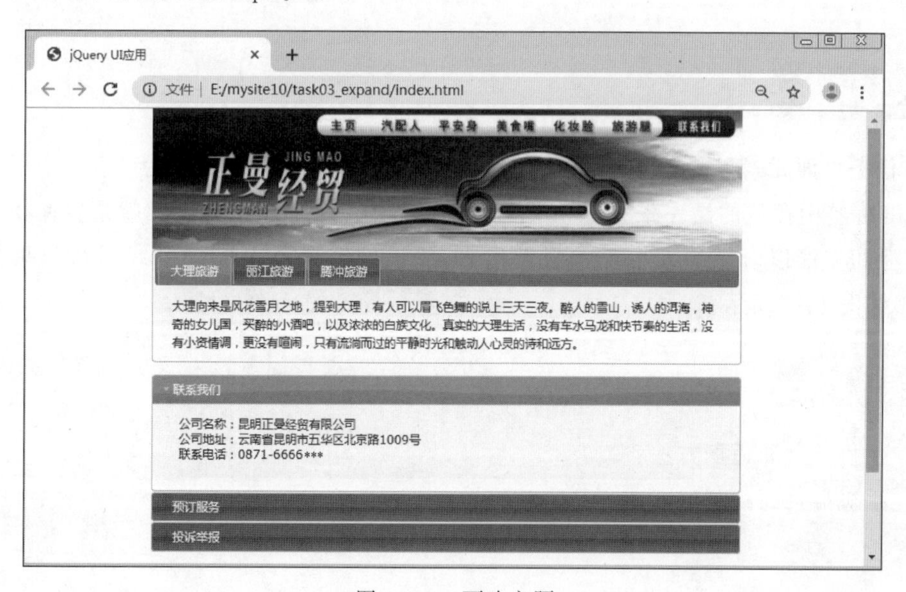

图 10-30　更改主题

项目十一

jQuery Mobile的使用

学习要点

- 手机端网页的制作；
- jQuery Mobile 简介；
- jQuery Mobile 插件的使用。

视频讲解

任务1：制作并测试第一个手机端页面

任务描述

本任务页面元素只有一个 div 和一个 img 标签，div 中存放的是文字“第一个手机端页面”，img 标签中存放的是一张宽 120px、高 150px 的图片，本任务的目标就是要使得文字和图片在手机上能以合理的大小正常显示出来，错误的结果及正确的最终运行效果分别如图 11-1 和图 11-2 所示。

设计要点

- 手机端页面适配方法；
- 手机端页面的测试方法。

图 11-1　错误的结果

图 11-2　正确的结果

知识链接

1. 基本术语

常用的基本术语有以下几种。

1）设备像素（物理像素）

设备像素是指屏幕的实际物理像素点，如华为 Mate20 手机的屏幕是 2244×1080 的像素分辨率，代表它纵向有 2244 个物理像素点，横向有 1080 个物理像素点。

2）CSS 像素（逻辑像素）

CSS 像素是 Web 编程中的概念，是抽象的，不是实际存在的。它是一个相对概念，是独立于设备、用于逻辑上衡量像素的单位，所以又叫密度独立像素，例如 CSS 样式 p{font-size:16px;}，这里的 px 就是 CSS 像素。

3）屏幕尺寸

屏幕尺寸指屏幕的对角线长度，单位是英寸（inch），1 英寸≈2.54 厘米。现在流行的屏幕尺寸有 5.5 英寸、6.0 英寸和 6.5 英寸等。

4）屏幕像素密度

屏幕像素密度（pixels per inch，ppi）指屏幕上每英寸可以显示的物理像素点的数量，如 Mate20 的屏幕是 6.53 英寸（指的是对角线的长度），分辨率（物理像素）是 2244×1080 像素，那么它的 ppi=$\sqrt{2244^2+1080^2}\div6.53\approx381$，也就是说它每英寸可以显示 381 个物理像素点。

5）设备像素比(DPR)

设备像素比指设备像素和 CSS 像素的比值，即 DPR=设备像素/CSS 像素(水平或垂直方向上)。设备的 DPR 是固定的，一般的桌面显示器的 DPR 为 1，主流手机的显示屏为 2 或 3，如 Mate20 手机的屏幕宽度为 360px(CSS 像素)，所以它的 DPR=1080/360=3。

6）viewport(视口)

viewport 是指 Web 页面上用户的可见区域。viewport 的大小是和设备相关的，在移动端 viewport 的大小比 PC 端要小，一般无论手机还是平板电脑，默认的 viewport 的宽度多数都是 980px。

在 Internet 的早期，网页仅仅是在 PC 端进行查看的，但是后来随着移动互联网的发展，越来越多的 Web 访问是通过移动端进行的，但是因为 PC 端的 viewport 要比移动端大，所以移动端的浏览器默认只是把 PC 端的整个页面等比例缩小到移动端的 viewport 大小。这样做的后果就是，用户看到的是一个缩小版的整个页面，字体、图标和内容等都非常小，想要查看需要放大页面，但是放大之后又会出现横向滚动条，这对用户体验来说是非常不好的。

为了解决移动端页面不匹配的问题，需要在网页头部添加一个 meta 标签：

```
< meta name = "viewport" content = "width = device - width, initial - scale = 1">
```

这个声明是告诉浏览器将其页面内容缩放到恰好填满设备的宽度(即 viewport 宽度为设备宽度)，这样可以较好地解决网页在移动端显示过小的问题。viewport 只对移动端浏览器有效，PC 端浏览器会将其忽略。如果不想让用户进行缩放操作的话，还可以这样写：

```
< meta name = "viewport" content = "width = device - width, initial - scale = 1, maximum - scale =
1, user - scalable = no">
```

代码中的 device-width 是指这个设备最理想的 viewport 宽度，不同的设备的 device-width 是不一样的。例如，iPhone6 之前的苹果手机的 device-width 都是 320px，iPhone6 是 375px，iPhone6+是 414px，安卓手机的 device-width 有 320px、360px 和 384px 等，这里的 px 都是指 CSS 像素。

当 Web 页面宽度的 CSS 像素值等于 device-width 时，对应到手机上就是占满全屏的宽度。因此，以上 meta 标签即可解决移动端的屏幕适配问题，以后移动端网页中都要加上这一行。以下是一些相关属性的解释：

- initial-scale=1 是指移动端页面初始化的时候缩放比例是 1∶1，也就是不缩放，这一句与 width=device-width 的作用相同，但为了解决各浏览器的兼容问题，一般 width=device-width 和 initial-scale=1 这两句都要写上。
- user-scalable=no 是指禁止用户进行缩放(部分浏览器仍可缩放)，yes 表示允许缩放。
- maximum-scale=1 是指用户最大缩放比例是 1，其实在禁止用户缩放以后，这一句可以省略。

2. 手机端网页的调试方法

查看手机端的运行效果有以下三种方式。

1）Chrome 浏览器模拟

用谷歌浏览器 Chrome 测试网页，在网页窗口中任意位置右击，在弹出的菜单中选择“检查”(也可以按 F12 键)，如图 11-3 所示。

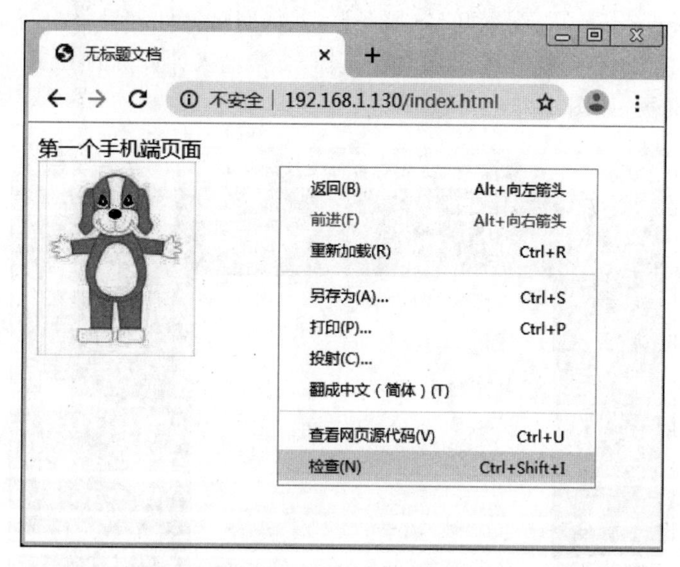

图 11-3 打开 Chrome 调试

在调试窗口的工具栏中单击手机图标(也可以按组合键 Ctrl＋Shift＋M)，即可切换到手机模拟模式，还可以从下拉列表框中选择不同型号的手机进行效果预览，如图 11-4 所示。

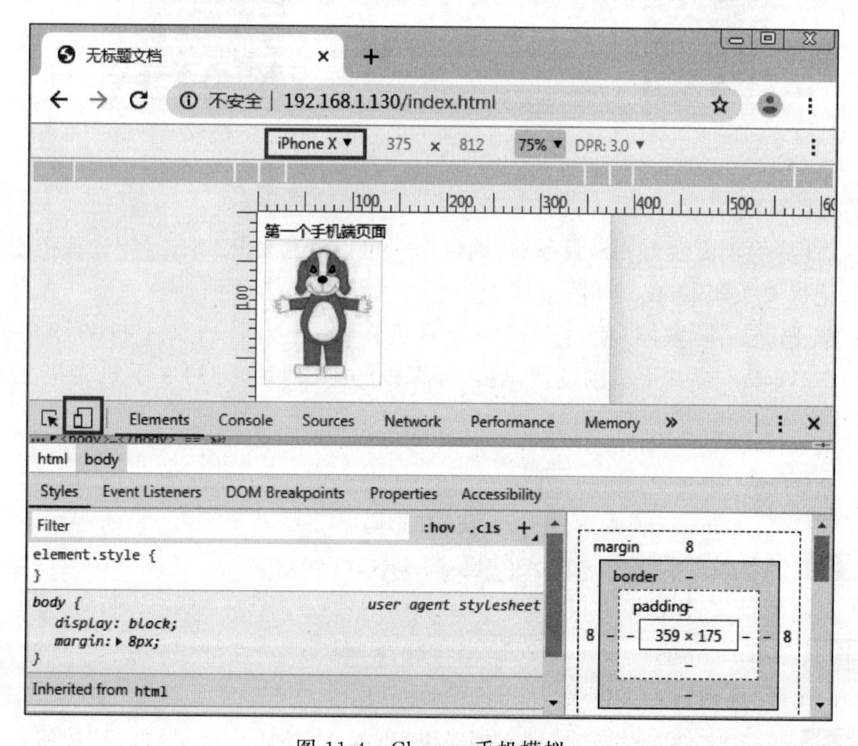

图 11-4 Chrome 手机模拟

2）Genymotion 安卓模拟器

Genymotion 是一款优秀的安卓模拟器软件，软件官网是 https://www.genymotion.com，用户需要注册一个账号并登录后才能下载软件，个人使用是免费的。

下载安装 Genymotion 后，配置好 IIS 服务器，并将网页文件夹设置为网站主目录，将网页文件设置为默认文档。启动模拟器后，打开浏览器，直接输入计算机的 IP 地址（或 192.168.56.1）即可正常访问网页，如图 11-5 所示。

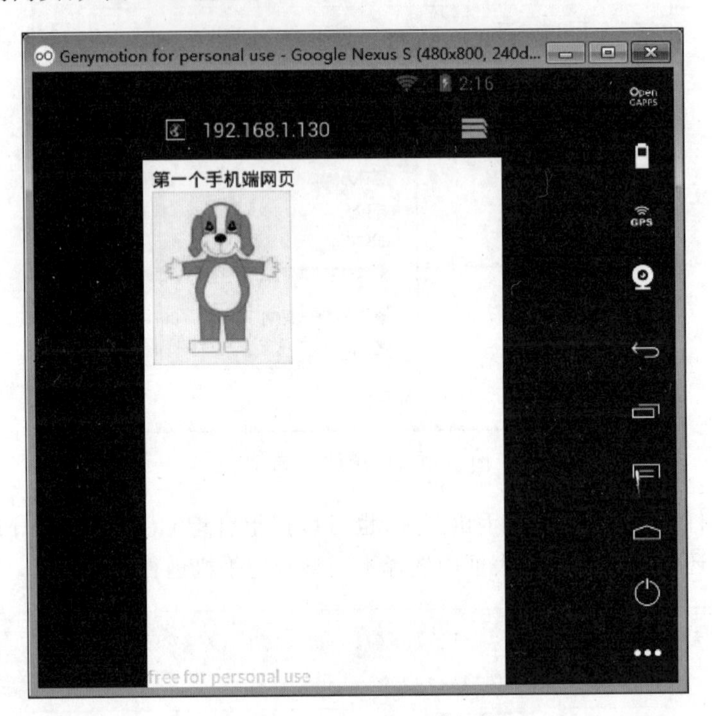

图 11-5 Genymotion 模拟器

3）手机真机测试

首先在计算机上配置好 IIS 服务器，确保网页可以通过输入"http://计算机 IP"的方式正常访问，记得要关闭 windows 防火墙。

手机 Wi-Fi 连接局域网，使得手机和计算机在同一个网段（如手机和计算机都处于 192.168.1.* 网段），打开手机浏览器，输入计算机的 IP 地址，即可在手机真机上看到网页的运行效果。

任务实施

步骤 1： 在 E 盘新建文件夹 mysite11，将 Dreamweaver CC 素材\project11 文件夹下的 task01 复制到该文件夹中。

步骤 2： 在 Dreamweaver CC 2019 中，选择"站点"→"新建站点"，设置站点名为 mysite11-1，设置"本地站点文件夹"为 E:\mysite11\task01。

步骤 3： 选择"文件"→"新建"，"文档类型"选择 HTML5，单击"创建"按钮。

步骤 4: 切换到设计视图,选择"插入"→Div,在弹出的对话框中单击"确定"按钮,将"在此处显示新 Div 标签的内容"修改为"第一个手机端页面"。

步骤 5: 将鼠标光标定位到 Div 的后面,选择"插入"→Image,将图像文件 E:\mysite11\task01\images\dog.jpg 插入到 Div 的下方。

步骤 6: 将当前 HTML 文档保存到 E:\mysite11\task01 文件夹下,设置文件名为"index.html",按 F12 键在本机预览文件。

步骤 7: 在手机端预览网页,此时会出现图 11-1 所示的错误结果,图片较小,文字也较小,页面看不清楚,原因如下。

假定手机的屏幕分辨率是 2244×1080 像素,手机的设备宽度(device-width)为 360px,手机的 DPR 为 3,由于没有添加 meta 标签适配页面宽度,此时手机浏览器会把 980px 作为 viewport 的默认宽度,如果把手机的屏幕横向分成 980 份,CSS 中 1px 占用 1 份。但是真正的像素点横向有 1080 个,这就意味着,实际上 1px 渲染出来的宽度是 1080/980≈1.1 个物理像素大小,也就是说,此时 1px 会以 1.1 个物理像素来渲染。本任务中的图片宽度为 120px,它理论上要占据的屏幕物理像素宽度为 120×1.1≈132 个,这相对于屏幕的总宽度 1080 个来说是很小的(手机屏幕的分辨率越高,物理像素点的大小越小),所以图片看着很不清晰,需要添加下面一行代码:

```
<meta name = "viewport" content = "width = device - width, initial - scale = 1">
```

加上 meta 行后,手机端浏览器会将页面的 viewport 宽度设置为设备宽度 360px,如果将屏幕横向分成 360 份,CSS 中 1px 占用 1 份,但是实际上存在的物理像素点横向是 1080 个,所以在写 CSS 时 1px 对应到屏幕上是占用了 1080/360=3 个物理像素点,图片占据的物理像素宽度为 120×3=360 个,这个大小已经占了屏幕宽度的 1/3 了,足够看清图片和文字。

步骤 8: 切换到网页的代码视图,在网页< head ></head >区域添加如下代码。

```
<meta name = "viewport" content = "width = device - width, initial - scale = 1">
```

再次在手机端预览效果,完整的 HTML 代码如图 11-6 所示。

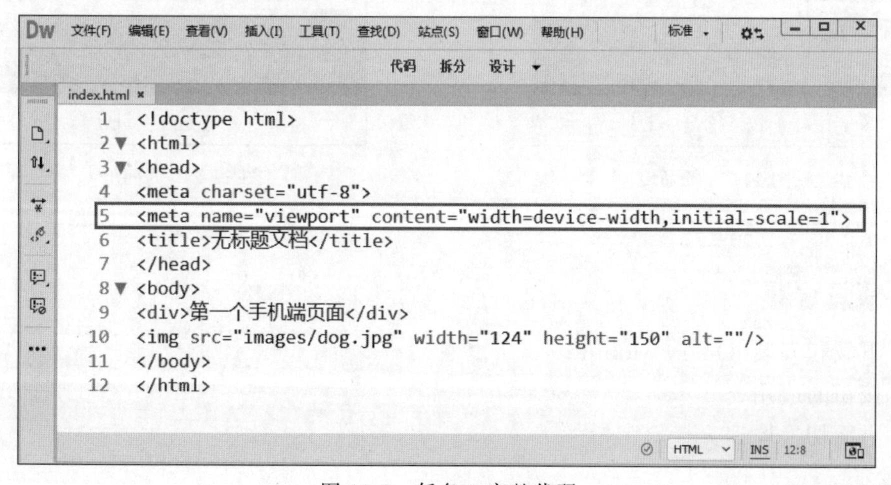

图 11-6　任务 1 完整代码

任务2：创建手机端“旅游小助理”页面

视频讲解

本任务通过jQuery Mobile页面、jQuery Mobile按钮、jQuery Mobile列表视图、jQuery Mobile网格等部件的应用，创建了一个具有两个页面且能在两者之间进行切换的单文件网页，手机端的运行效果如图11-7和图11-8所示。

图11-7　页面1

图11-8　页面2

设计要点

- 下载和安装jQuery Mobile；
- 按钮的应用；
- 页面切换原理。

知识链接

1. jQuery Mobile 概念

项目十介绍了 jQuery UI 库，它能帮用户构建起完善的用户界面，但是，还有另一类问题需要应对，那就是如何在移动设备中优雅地展示页面和交互。如果需要为智能手机和平板电脑创建网站或应用，那就可以考虑使用 jQuery Mobile 项目。jQuery Moblie 提供 Ajax 驱动的导航系统，面向移动设备优化的交互式元素以及高级的触摸事件处理程序。

jQuery Mobile 是一个 jQuery 的插件，是一个创建移动端 Web 应用程序的框架，它使用 HTML5＋CSS3，通过尽可能少的脚本对页面进行布局。jQuery Mobile 包含了 Web 应用中的各种常用部件，如按钮、对话框、工具条、列表、表单等，它可以轻松制作美观、跨设备的 Web 应用程序。jQuery Mobile 具有以下特点。

- 基于 jQuery；
- 兼容主流的移动端浏览器和桌面浏览器；
- HTML5 风格的配置；
- 通过 data-role 属性自动对页面部件进行初始化；
- 提供丰富的 UI 部件。

2. jQuery Mobile 安装

jQuery Mobile 的运行依赖于 jQuery，要使用 jQuery Mobile 必须首先引入 jQuery 库。可以通过以下两种方式将 jQuery Mobile 添加到网页中。

1）从 CDN 中加载 jQuery Mobile(推荐)

国内用户建议使用百度 CDN，只需要在网页头部< head >…</head >区域引入下列代码即可。

```
<! -- 引入 jQueryMobile 样式 -->
< link rel = "stylesheet"
href = "http://apps.bdimg.com/libs/jquerymobile/1.4.5/jquery.mobile - 1.4.5.min.css">
<! -- 引入 jQuery 库 -->
< script src = "http://apps.bdimg.com/libs/jquery/1.10.2/jquery.min.js">
</script >
<! -- 引入 jQueryMobile 库 -->
< script src = "http://apps.bdimg.com/libs/jquerymobile/1.4.5/jquery.mobile - 1.4.5.min.js">
</script >
```

2）从官网 jQuerymobile.com 上下载 jQuery Mobile 库到本地后再引用

还可以从 jQuerymobile.com 上下载 jQuery Mobile 库(先下载好 jQuery 库)，并将 js 文件放在网站的 js 文件夹下，css 文件放在 css 文件夹下(为了避免部分页面缺少图片文件，建议把下载的 images 文件夹也全部复制到 css 文件夹下)，然后在网页头部< head >…</head >区域引入下列代码即可。

```
<link rel="stylesheet" href="css/jquery.mobile-1.4.5.min.css">
<script src="js/jquery.min.js"></script>
<script src="js/jquery.mobile-1.4.5.min.js"></script>
```

3. jQuery Mobile 部件

jQuery Mobile 提供了丰富的部件供用户使用，在 Dreamweaver CC 2019 中可以通过“插入”→jQuery Mobile 来选择要插入的部件，如图 11-9 所示。下面列举几个常用的部件的使用方法。

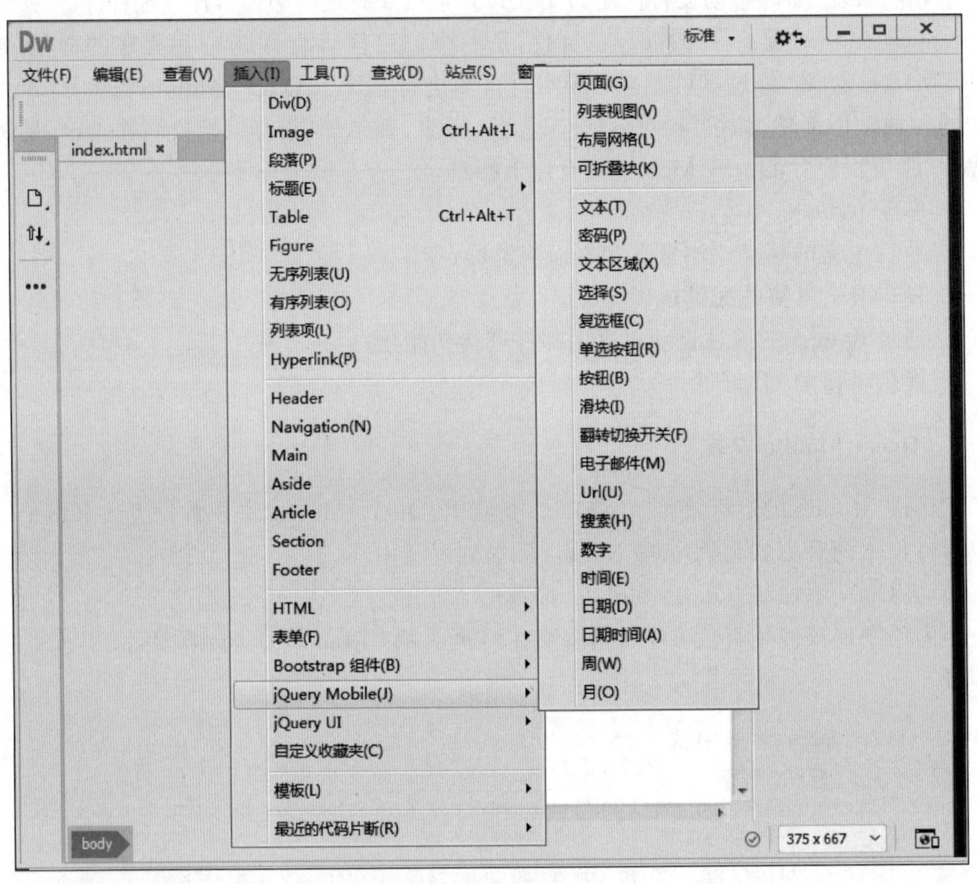

图 11-9 插入 jQuery Mobile 部件

1）Page 页面部件

在 Dreamweaver CC 2019 中可以单击“插入”→jQuery Mobile→“页面”来插入 page 页面部件，单击“确定”并保存文件后，将在代码视图的 body 区域中生成如图 11-10 所示代码。

jQuery Mobile 依赖 HTML5 中的 data-* 自定义属性来支持各种 UI 元素、过渡和页面结构，不支持它们的浏览器会自动弃用它们。HTML5 规范允许在元素中插入任何需要的属性，只要加上前缀 data-即可，这种属性在页面渲染期间会被忽略，但 jQuery 脚本可以访

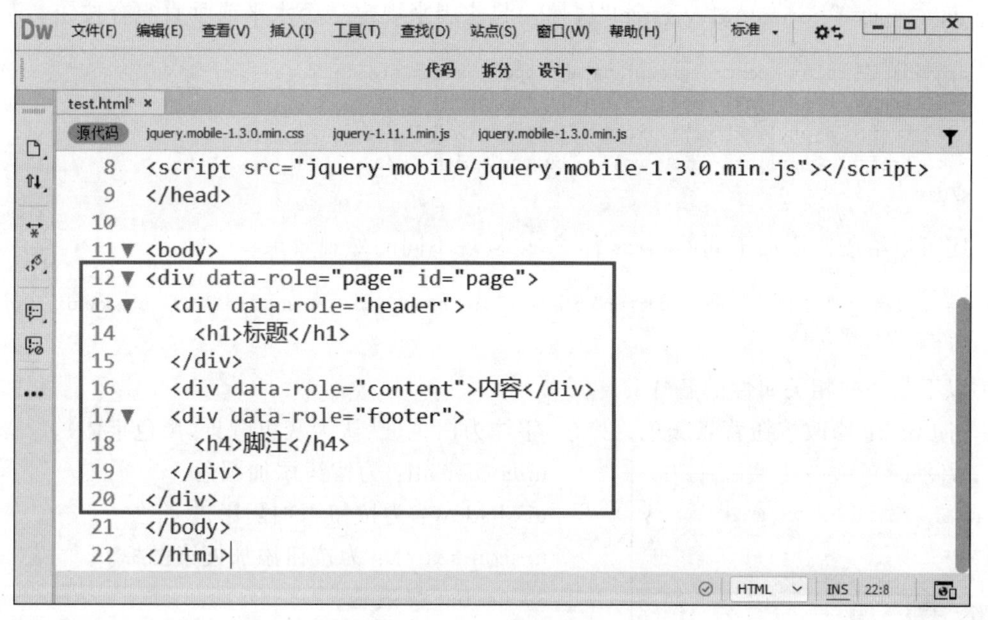

图 11-10　Page 部件代码

问它们。在页面中包含了 jQuery Mobile 之后，脚本可以扫描页面中的 data-*属性，然后为相应的元素添加适合移动设备的特性。以下是一些例子：

data-role="page"定义了在浏览器中显示的一个页面。

data-role="header"定义了在页面顶部创建的工具条（通常用于标题或者搜索按钮）。

data-role="content"定义了页面中间的内容，如文本，图片，表单，按钮等。

data-role="footer"定义了页面底部工具条。

在以上容器中可以添加任何 HTML 元素，如段落、图片、标题、列表等。

2）按钮部件

除了< button >按钮</button >和< input type="button" value="按钮">两种按钮，还可以使用< a >元素来创建一个按钮：

```
<a href = "#" data - role = "button">按钮</a>
```

在 jQuery Mobile 中，以上三种按钮都会自动样式化，让它们在移动设备上更具吸引力和可用性。一般推荐使用带有 data-role="button"的< a >元素在页面间进行链接，使用< input >或< button >元素进行表单提交，例如以下导航按钮即可实现链接到 ID 为 page2 的页面。

```
<a href = "#page2" data - role = "button">访问第二个页面</a>
```

如须创建后退按钮，请使用 data-rel="back"属性（这会忽略锚的 href 值）。

```
<a href = "#" data - role = "button" data - rel = "back">返回</a>
```

jQuery Mobile 提供了一个简单的方法将按钮组合在一起，把 data-role="controlgroup"属

性和 data-type="horizontal|vertical"属性一起使用来规定是否水平或垂直组合按钮。

```
<div data-role="controlgroup" data-type="horizontal">
  <a href="#anylink" data-role="button">按钮 1</a>
  <a href="#anylink" data-role="button">按钮 2</a>
  <a href="#anylink" data-role="button">按钮 3</a>
</div>
```

还可以给按钮添加不同的 class 样式,以实现不同的外观效果。

```
<a href="#" data-role="button" class="ui-btn-b ui-corner-all ui-shadow ui-icon-search">按钮</a>
```

以下是一些相关属性的解释。

ui-btn-b:修改按钮背景颜色为黑色,字体为白色(默认为灰色背景,黑色字体)。

ui-corner-all:为按钮添加圆角。

ui-shadow:为按钮添加阴影。

ui-icon-search:为按钮添加搜索图标。

3) navbar 导航栏

导航栏由一组水平排列的链接组成,如图 11-11 所示,使用 data-role="navbar"属性来定义导航栏,通常导航栏放在页面头部或底部区域内。

默认情况下,导航栏中的链接将自动变成按钮(不需要添加 data-role="button"),按钮的宽度与它的内容长度一样。可以使用一个无序列表来平均地划分按钮的宽度,使用 data-icon 属性为导航按钮添加图标,使用 data-iconpos 属性来指定位置,当导航栏中的某个链接被单击,它将获得被激活的外观,如果想在不单击链接时获得这种外观,可以使用 class="ui-btn-active",如图 11-12 中所示的代码是图 11-11 导航栏的主要 HTML 示例。

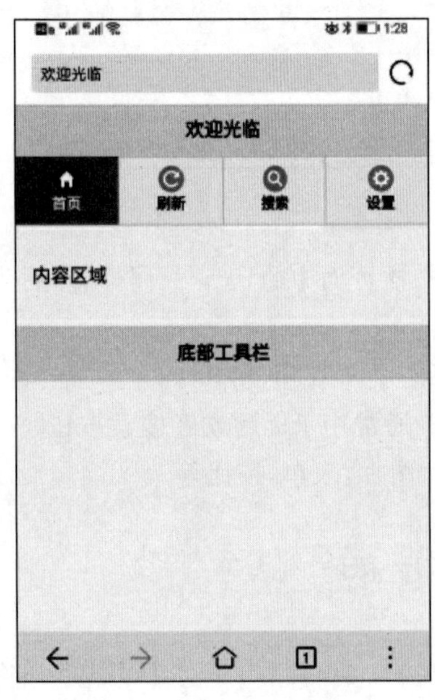

图 11-11　navbar 导航栏

4) ListView 列表视图部件

jQuery Mobile 中的列表视图是标准的 HTML 列表:有序(<ol>)或无序(<ul>),使用方法就是在 ol 或 ul 标签中添加 data-role="listview"属性,如须使这些项目可被单击,要在每个列表项(<li>)中添加链接。

```
<ul data-role="listview">
    <li><a href="#">列表项 1</a></li>
    <li><a href="#">列表项 2</a></li>
    <li><a href="#">列表项 3</a></li>
</ul>
```

默认情况下,列表项的链接会自动变成一个按钮(不需要用 data-role="button")。给 ol 或 ul 添加 data-inset="true"属性,可以给列表添加圆角和外边距。

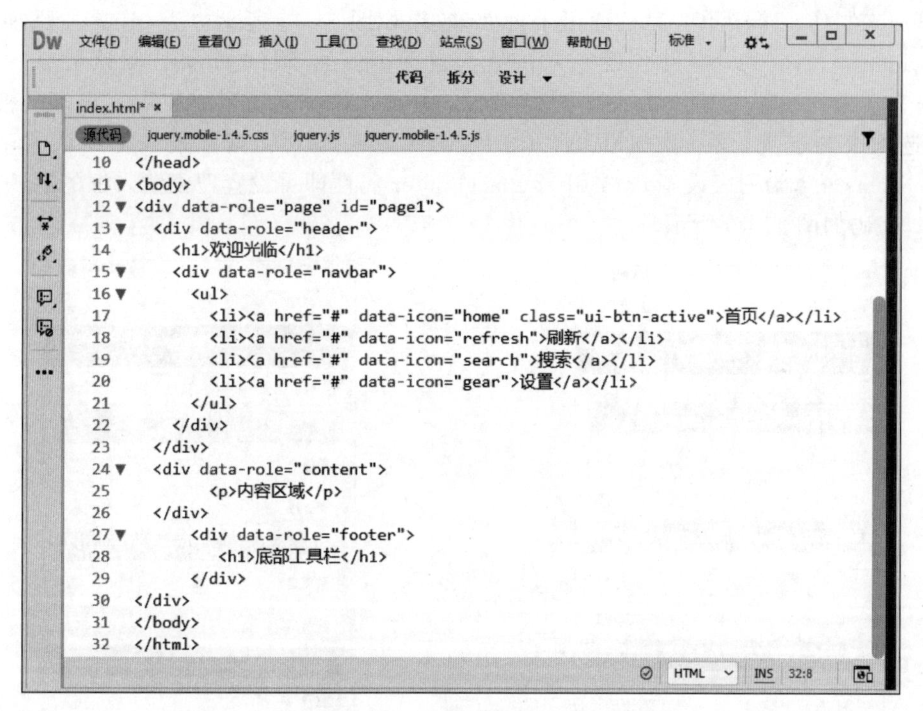

图 11-12　导航栏 HTML 代码

列表项还可以转化为列表分割项，用来组织列表，使列表项成组。只需要给列表项< li >元素添加 data-role="list-divider"属性即可，代码如图 11-13 所示，效果如图 11-14 所示。

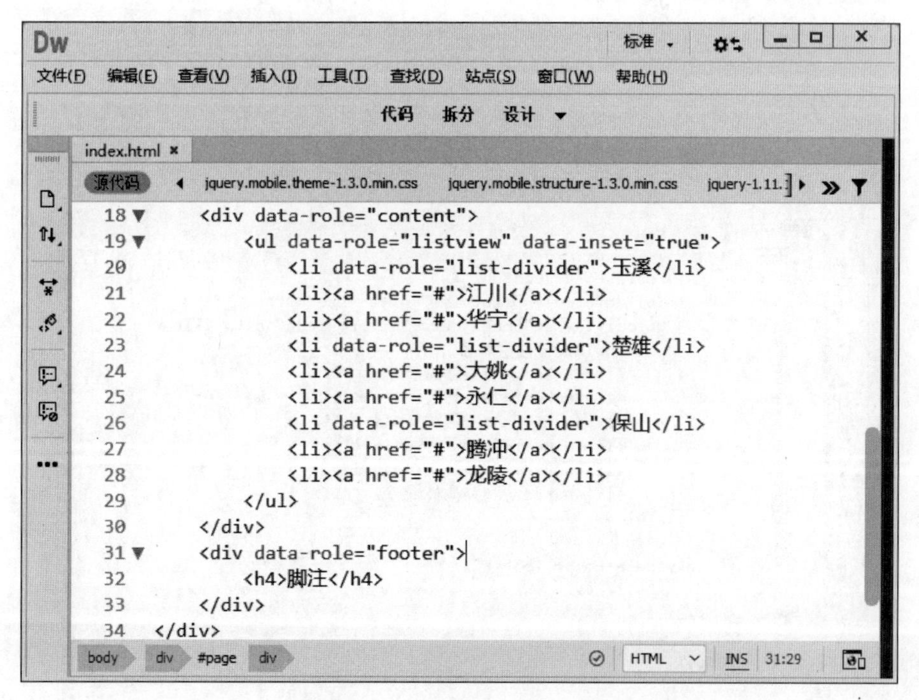

图 11-13　手动列表分割项代码

下面来制作一个简单的手机通讯录页面,效果如图 11-15 所示。为 ol 或 ul 添加 data-autodividers="true"属性可以将列表项配置为自动生成的项目的分隔。默认情况下,创建的分隔文本是列表项文本的第一个大写字母。jQuery Mobile 还可以实现客户端的搜索功能,筛选列表的选项,只须添加 data-filter="true"属性即可。搜索输入框默认的字符为"Filter items…",给列表设置 data-filter-placeholder 属性即可设置搜索输入框的默认字符。HTML 代码如图 11-16 所示。

图 11-14　手动列表分割项

图 11-15　自动列表分割项

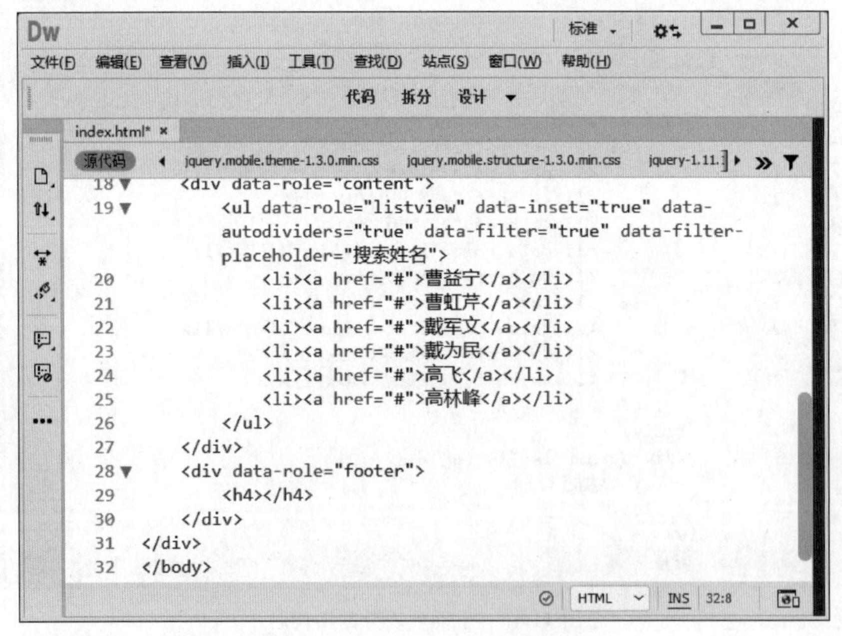

图 11-16　自动列表分割项代码

5）grid 布局网格部件

在移动设备上，由于手机狭窄的屏幕宽度，一般不建议使用分栏分列布局。jQuery Mobile 提供了一套基于 CSS 的分列布局。有时想要将较小的元素（如按钮或导航标签）并排地、平均地排列在一行，就像是在一个表格中一样，这种情况下，推荐使用分列布局。网格中的列是等宽的（合计是 100%），没有边框、背景、margin 或 padding。表 11-1 列出了可使用的四种布局网格。

表 11-1　jQuery Mobile 四种布局网格

样　式	列　数	列　宽	对应列样式
ui-grid-a	2	每列各占 50%	ui-block-a|b
ui-grid-b	3	每列各占 33.3%	ui-block-a|b|c
ui-grid-c	4	每列各占 25%	ui-block-a|b|c|d
ui-grid-d	5	每列各占 20%	ui-block-a|b|c|d|e

其中，一行两列的网格布局方法如下：

```
<div class = "ui - grid - a">
<div class = "ui - block - a">< span>文本</span></div>
<div class = "ui - block - b">< span>文本</span></div>
</div>
```

两行三列的网格布局方法如下：

```
<div class = "ui - grid - b">
<div class = "ui - block - a">< span>文本 11 </span></div>
<div class = "ui - block - b">< span>文本 12 </span></div>
<div class = "ui - block - c">< span>文本 13 </span></div>
<div class = "ui - block - a">< span>文本 21 </span></div>
<div class = "ui - block - b">< span>文本 22 </span></div>
<div class = "ui - block - a">< span>文本 23 </span></div>
</div>
```

任务实施

步骤 1： 在 E 盘新建文件夹 mysite11，将 Dreamweaver CC 素材\project11 文件夹下的 task02 文件夹复制到 mysite11 文件夹中。

步骤 2： 在 Dreamweaver CC 2019 中，选择“站点”→“新建站点”，设置“站点名”为 mysite11-2，设置“本地站点文件夹”为 E:\mysite11\task02。

步骤 3： 单击左侧的“服务器”，修改“连接方法”为“本地/网络”，选择“服务器文件夹”为 C:\wwwroot\，将 Web URL 设置为“http://127.0.0.1/”或“http://localhost”（这两个地址都代表了本地服务器 IP 地址），如图 11-17 所示，单击“保存”完成设置，然后选中“测试”，单击“保存”按钮。在 IIS 中配置好网站的物理路径（这里为 C:\wwwroot）和默认文档（index.html）。若只是在 Chrome 浏览器的手机调试模式下测试网页，则步骤 3 可以省略。

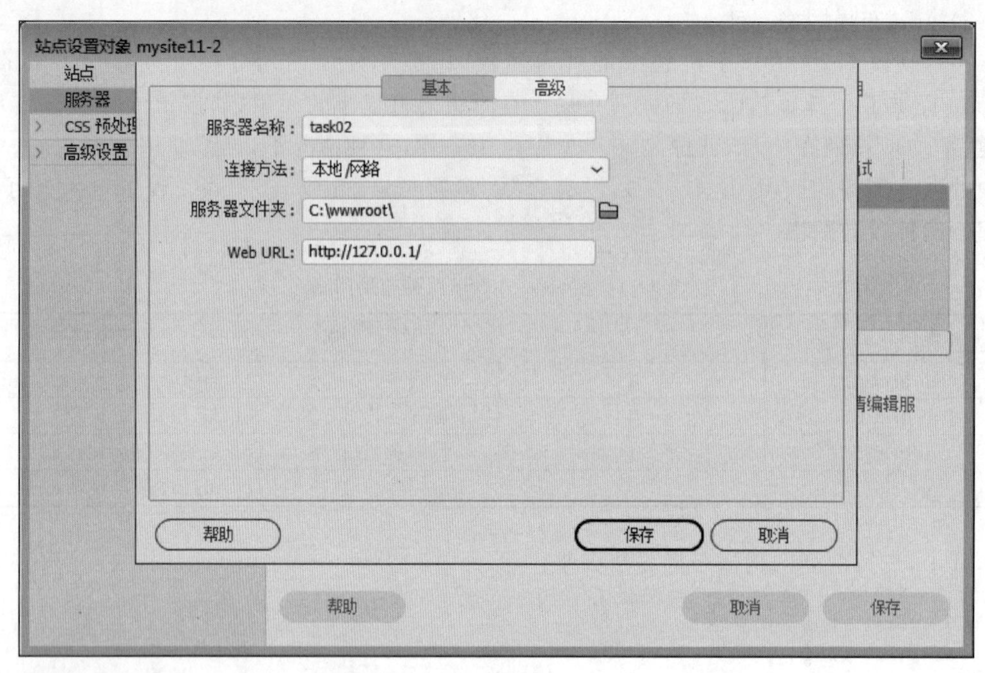

图 11-17　设置本地测试服务器

步骤 4: 在 Dreamweaver CC 2019 中，选择“文件”→“新建”，“文档类型”选择 HTML5，单击“创建”按钮；选择“文件”→“保存”，将文件命名为 index.html，单击“保存”按钮。

步骤 5: 切换到设计视图，选择“插入”→jQuery Mobile→“页面”，在弹出的对话框中选择“链接类型”为“本地”，选择“CSS 类型”为“组合”，如图 11-18 所示，单击“确定”按钮完成设置，在“页面”对话框中将 ID 设置为 page1，再次保存文件。

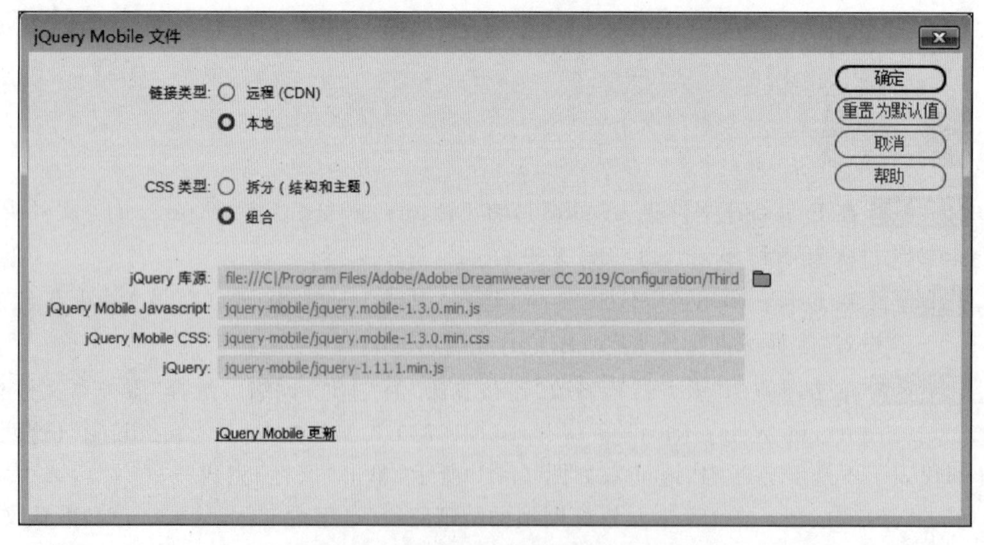

图 11-18　插入 jQuery Mobile 页面

步骤 6： 将文字“标题”修改为“旅游小助理”，把光标定位到“旅游小助理”的左边，选择“插入”→jQuery Mobile→“按钮”，按照图 11-19 所示进行选择。再次将光标定位到“旅游小助理”的右边，同样地插入一个链接类型的按钮，图标选择“齿轮”，图标位置选择“左对齐”，将左侧文字“按钮”改为“首页”，右侧文字“按钮”改为“设置”，至此，顶部标题栏制作完成。

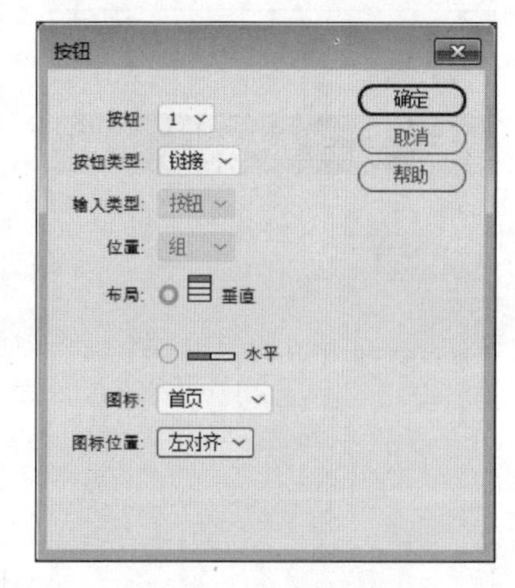

图 11-19　插入链接按钮

小提示

设计视图下光标定位往往不精确，容易出错，可以在代码视图下进行，如步骤 6 中的“旅游小助理”的左边就是< h1 >的左边，右边就是</h1 >的右边。

步骤 7： 切换到代码视图，在< head ></head >中添加手机端页面匹配代码：

```
< meta name = "viewport" content = "width = device - width, initial - scale = 1">
```

步骤 8： 定位到页面底部页脚栏，将文字“脚注”删除，选择“插入”→jQuery Mobile→“布局网络”，选择第 1 行第 4 列，单击“确定”按钮。将文字“区块 1,1”删除，选择“插入”→jQuery Mobile→“按钮”，插入 1 个链接按钮，选择按钮图标为“首页”，选择图标位置为“顶端”，将按钮文字替换为“首页”。同样地，按照图 11-7 所示将另外三个区块文字替换为链接按钮，图标依次选择“网格”“刷新”“右箭头”，按钮文字替换为“选项”“刷新”“下一页”。

步骤 9： 切换到代码视图，分别给页眉和页脚添加 data-position="fixed"属性，这样可以让页眉和页脚分别固定在顶端和底部。HTML 代码如图 11-20 所示。

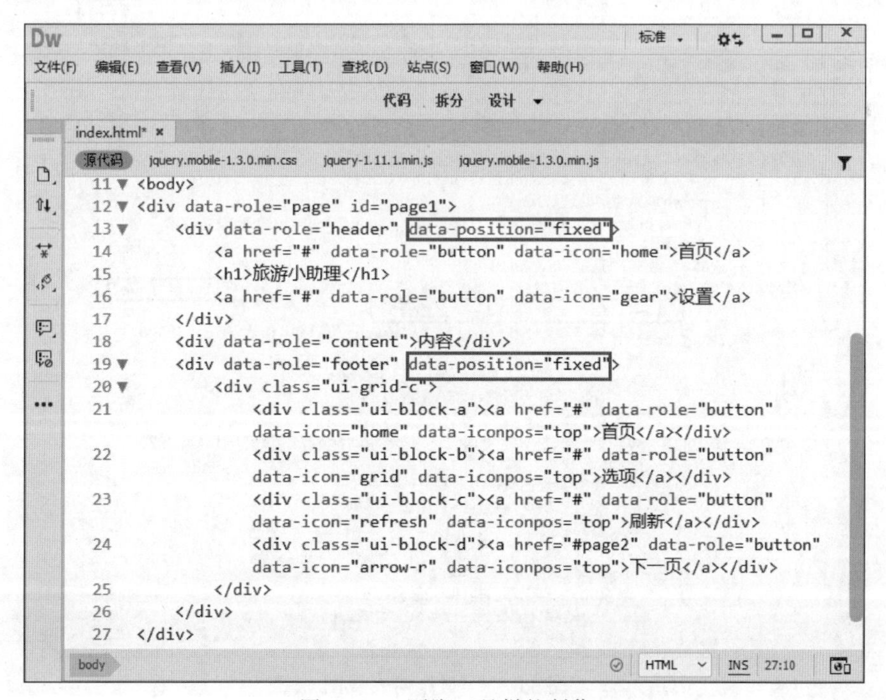

图 11-20　页脚工具栏的制作

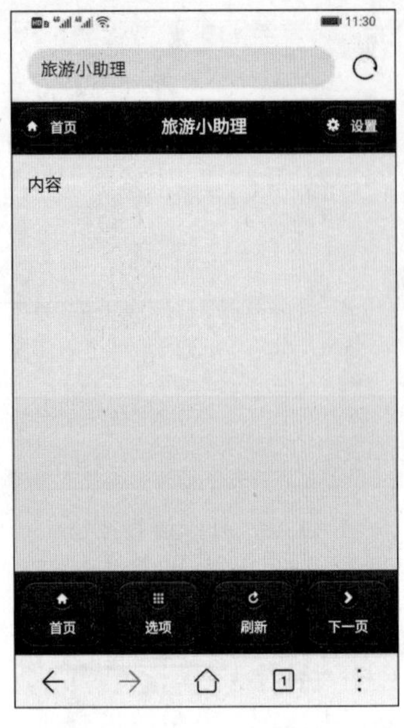

图 11-21　预览页脚工具栏

步骤 10: 保存文件，按 F12 发布测试网页，在手机端应该看到如图 11-21 所示效果。

步骤 11: 切换到设计视图，将主体区域的文字“内容”删除，选择“插入”→jQuery Mobile→“列表视图”，选择“列表类型”为“无序”，选择“项目”为“6”，勾选“凹入”和“文本说明”，单击“确定”按钮即可自动生成一个具有 6 个按钮的无序列表。

步骤 12: 打开 project11 文件夹下的 task02 文件夹中的“任务 2 文字素材. txt”文件，对照图 11-7，将页面中第一个列表项中的文字“页面”更改为“大理环洱海休闲骑行 1 日游”，Lorem ipsum 更改为“古城＋天镜阁＋双廊＋喜洲”，另外 5 个列表项也做同样的操作。

步骤 13: 将光标定位到“大理环洱海休闲骑行 1 日游”的左边，选择“插入”→Image，将 E:\mysite11\task02\images 下的 dali1. jpg 文件插入到第 1 个列表项的最前面，其他 5 个列表项也做同样的操作。

小提示

这里光标定位容易出错，可以在代码视图下单击< h3 >的左侧。

步骤 14: 现在给列表项添加过滤功能，切换到代码视图，定位到第 19 行的 ul 标签，给 ul 标签添加 data-filter＝"true"和 data-filter-placeholder＝"线路查询"两个属性，中间主体内容的部分 HTML 代码如图 11-22 所示。

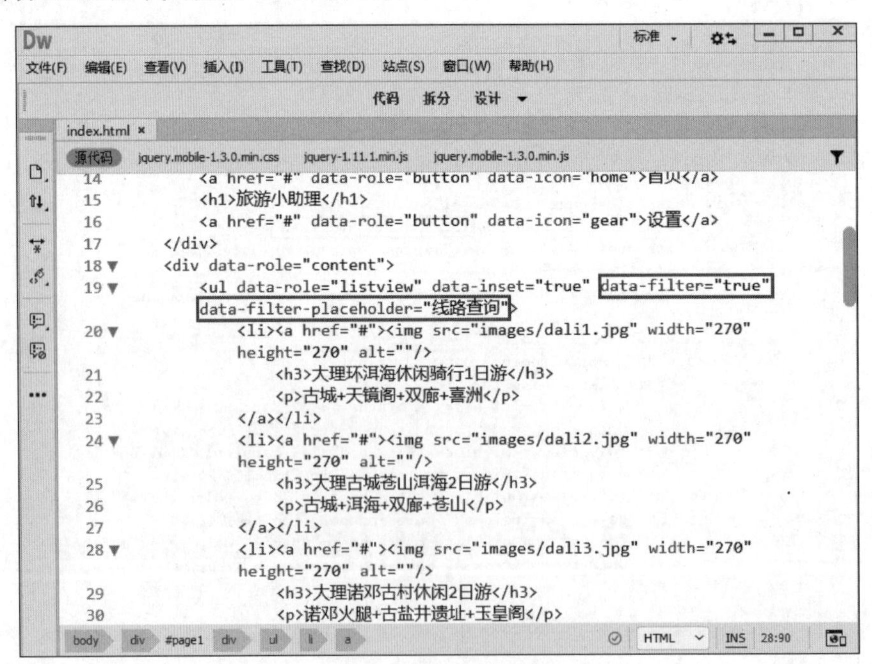

图 11-22　制作列表视图

步骤 15: 切换到代码视图,将< body ></body >之间的页面 1 的代码复制粘贴,并将新的页面 ID 更改为 page2,对照图 11-8 将素材文字和图片进行相应的替换,将页面 1 中"下一页"按钮的 href 链接目标改为 page2,即 href="#page2";将页面 2 中的"下一页"按钮文字更改为"返回",href 链接目标改为 page1,即 href="#page1";按钮图标更改为"返回"图标,即 data-icon="back"。

步骤 16: 所有操作完成,保存全部文件,按 F12 键,在手机端预览网页,通过"查询线路"可以过滤和查询线路,通过"下一页"和"返回"按钮,可以在两个页面之间进行切换。

小技巧:可以给"下一页"和"返回"按钮添加页面切换动画,如 data-transition="flip"属性可以实现切换时进行翻转,data-transition 属性取值如表 11-2 所示。

表 11-2　data-transition 属性取值

过渡效果	描　述
fade	默认,淡入淡出到下一页
flip	从后向前翻动到下一页
flow	抛出当前页面,引入下一页
pop	像弹出窗口那样转到下一页
slide	从右向左滑动到下一页
slidefade	从右向左滑动并淡入到下一页
slideup	从下到上滑动到下一页
slidedown	从上到下滑动到下一页
turn	转向下一页
none	无过渡效果

以上所有效果同时支持反向动作,例如,如果希望页面从左向右滑动,而不是从右向左滑动,可使用 data-direction="reverse"属性(在后退按钮上是默认的)。

例如:

```
<a href = "#page2" data - transition = "slide" data - direction = "reverse">下一页</a>
```

任务 3:制作会员注册和登录页面

视频讲解

本任务介绍了常见的手机端注册和登录页面的制作方法,通过插件 jQuery Mobile 的引入,快速地实现了一个单文件多页面的简单布局页面,手机端预览效果如图 11-23 和图 11-24 所示。

图 11-23　手机端注册页面

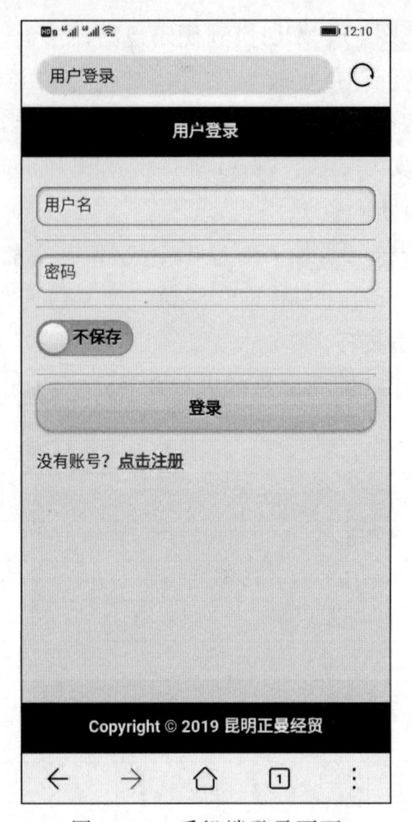

图 11-24　手机端登录页面

- jQuery Mobile 插件的使用方法；
- 表单元素的使用；
- jQuery Mobile 主题的应用。

1. 表单基础

表单(form)在网页中主要负责数据采集。jQuery Mobile 会自动为 HTML 表单添加优异的、便于触控的外观。jQuery Mobile 使用 CSS 来设置 HTML 表单元素的样式，以使其更有吸引力，更易用。在 jQuery Mobile 中，可以使用文本框、搜索框、单选框、复选框、选择菜单、滑动条、翻转切换开关等表单控件。

使用 jQuery Mobile 设置表单之前，应该了解以下信息。

- 表单< form >元素应设置 method 和 action 属性。
- 每个表单元素都必须设置唯一的 ID 属性。该 ID 在站点的页面中必须是唯一的，这是因为 jQuery Mobile 的单页面导航模型允许许多不同的页面同时呈现。

• 每个表单元素都要有一个标签(label),需要设置 label 的 for 属性来匹配元素的 ID。下面是一个基本的表单示例。

```
<form method = "post" action = "file2.php">
<label for = "sname">姓名:</label>
<input type = "text" name = "sname" id = "sname">
<input type = "submit" data - inline = "true" value = "提交">
</form>
```

还需要做以下几点说明。

• 如须隐藏标签(label),可以使用 class="ui-hidden-accessible"属性,此时会用元素的 placeholder 属性充当 label,这种用法十分常见,例如:

```
<form method = "post" action = "demoform.asp">
<label for = "fname" class = "ui - hidden - accessible">姓名</label>
<input type = "text" name = "fname" id = "fname" placeholder = "姓名">
<input type = "submit" data - inline = "true" value = "提交">
</form>
```

• 可以使用 data-clear-btn="true"属性来添加用于清除输入框内容的按钮(一个在输入框右侧的"×"图标),清除输入框的按钮可以在< input >元素中使用,但不能在< textarea >元素中使用,如:

```
<input type = "text" name = "sname" id = "sname" data - clear - btn = "true">
```

• 表单中的按钮是标准的 HTML < input >元素(button,reset,submit)。它们会自动渲染样式,可以自动适配移动设备与桌面设备。如果需要在< input >按钮中添加额外的样式,可以使用下列 data-* 属性。

data-corners: 指定按钮是否有圆角。

data-icon: 指定按钮图标。

data-iconpos: 指定图标位置。

data-inline: 指定是否为内联按钮。

data-mini: 指定是否为迷你按钮。

data-shadow: 指定按钮是否添加阴影效果。

• 为了使 label 和表单元素在宽屏上显示正常,可以用带有 data-role="fieldcontain"属性的< div >或< fieldset >元素来包装 label 和表单元素,这称为字段容器。它用增加边距和分割线的方式将容器内的元素和容器外的元素明显分隔,一般一个字段用一个容器。fieldcontain 属性是基于页面宽度来设置 label 和表单控件的样式,当页面宽度大于 480px 时,它会自动将 label 和表单控件放置于同一行; 当页面宽度小于 480px 时,label 会被放置于表单控件之上,以便于手机端的浏览,例如:

```
<form method = "post" action = "file2.php">
<div data - role = "fieldcontain">
<label for = "sno">学号: </label>
<input type = "text" name = "sno" id = "sno">
</div>
```

```
<div data-role="fieldcontain">
<label for="sname">姓名: </label>
<input type="text" name="sname" id="sname">
</div>
<input type="submit" data-inline="true" value="提交">
</form>
```

2. jQuery Mobile 表单输入元素

jQuery Mobile 表单输入元素主要有文本输入框、文本域、搜索输入框、单选按钮和复选框。

1) 文本输入框

jQuery Mobile 文本输入框是通过标准的 HTML 元素编码的，jQuery Mobile 将为它添加样式，使其看起来更具吸引力，在移动设备上更易使用。也可以使用 HTML5 新增的 <input>类型，例如：

```
<form method="post" action="file2.php">
    <div class="ui-field-contain">
        <label for="email">E-mail:</label>
        <input type="email" name="email" id="email" placeholder="电子邮箱">
    </div>
</form>
```

class="ui-field-contain"属性等同于 data-role="fieldcontain"属性的效果。

可以使用 placeholder 来指定一个简短的描述，用来描述输入字段的期望值，例如：

```
<input type="text" name="ExamNo" id="ExamNo" placeholder="请输入 8 位考号">
```

2) 文本域

对于多行文本输入，可使用<textarea></textarea>。当输入较多文本时，文本域会自动调整大小以适应新增加的行，例如：

```
<form method="post" action="file2.php">
  <div class="ui-field-contain">
    <label for="intro">产品介绍:</label>
    <textarea name="intro" id="intro"></textarea>
  </div>
</form>
```

3) 搜索输入框

type="search"类型的输入框是在 HTML5 中新增的，它为文字搜索定义提供了方便，例如：

```
<form method="post" action="file2.php">
<div class="ui-field-contain">
<label for="search">搜索</label>
<input type="search" name="search" id="search" placeholder="搜索内容…">
    </div>
    <input type="submit" data-inline="true" value="提交">
</form>
```

4）单选按钮

当需要用户从有限个可选项中仅选取一个时，可使用单选按钮。要实现单选按钮，必须添加 type="radio"的< input >类型以及相应的 label。为了方便，可以把单选按钮包围在< fieldset >元素内，也可以添加一个< legend >元素来定义< fieldset >的标题。注意要使用 data-role="controlgroup"属性来把按钮组合在一起，例如：

```
<form method = "post" action = "file2.php">
    <fieldset data - role = "controlgroup">
        <legend>请选择您的性别：</legend>
        <label for = "male">男性</label>
        <input type = "radio" name = "gender" id = "male" value = "male">
        <label for = "female">女性</label>
        <input type = "radio" name = "gender" id = "female" value = "female">
    </fieldset>
    <input type = "submit" data - inline = "true" value = "提交">
</form>
```

5）复选按钮

当用户在有限个可选项中选取一个或多个选项时，应该使用复选按钮，例如：

```
<form method = "post" action = "file2.php">
  <fieldset data - role = "controlgroup">
    <legend>请选择您喜爱的颜色：</legend>
    <label for = "red">红色</label>
    <input type = "checkbox" name = "favcolor" id = "red" value = "red">
    <label for = "green">绿色</label>
    <input type = "checkbox" name = "favcolor" id = "green" value = "green">
    <label for = "blue">蓝色</label>
    <input type = "checkbox" name = "favcolor" id = "blue" value = "blue">
  </fieldset>
  <input type = "submit" data - inline = "true" value = "提交">
</form>
```

小技巧：

- 如须水平组合单选按钮或复选框，可使用 data-type="horizontal"属性。

```
<fieldset data - role = "controlgroup" data - type = "horizontal">
```

- 如果想要按钮中的一个被预先选中，可使用< input >的 checked 属性。

```
<input type = "radio" checked>
<input type = "checkbox" checked>
```

3. jQuery Mobile 选择菜单

< select >元素用于创建带有若干选项的下拉列表框，< select >内的< option >定义了列表中的可用选项。

```
<form method = "post" action = "file2.php">
```

```
  <fieldset data-role="fieldcontain">
      <label for="day">选择季度</label>
      <select name="season" id="season">
        <option value="spring">春季</option>
        <option value="summer">夏季</option>
        <option value="fall">秋季</option>
        <option value="winter">冬季</option>
      </select>
  </fieldset>
<input type="submit" data-inline="true" value="提交">
</form>
```

如须在选择菜单中选择多个选项，可使用 multiple 属性。普通选择菜单的外观不太漂亮，可使用 jQuery 自带的自定义选择菜单 data-native-menu="false"，其用法如下：

```
<select name="day" id="day" multiple="multiple" data-native-menu="false">
……
</select>
```

如须为列表添加标题，请插入不包含 value 属性的 option 元素，例如：

```
<form method="post" action="file2.php">
    <fieldset>
        <label for="day">选择季度</label>
        <select name="season" id="season">
            <option>单击选择</option>
            <option value="spring">春季</option>
            <option value="summer">夏季</option>
            <option value="fall">秋季</option>
            <option value="winter">冬季</option>
        </select>
    </fieldset>
    <input type="submit" data-inline="true" value="提交">
</form>
```

如果有一个带有相关选项的很长的列表，请在<select>中使用<optgroup>元素。

```
<form method="post" action="file2.php">
<fieldset data-role="fieldcontain">
<label for="day">请选择</label>
<select name="day" id="day">
    <optgroup label="工作日">
        <option value="mon">星期一</option>
        <option value="tue">星期二</option>
        <option value="wed">星期三</option>
        <option value="thu">星期四</option>
        <option value="fri">星期五</option>
    </optgroup>
    <optgroup label="周末">
        <option value="sat">星期六</option>
```

```
            <option value = "sun">星期日</option>
        </optgroup>
    </select>
    </fieldset>
    <input type = "submit" data - inline = "true" value = "提交">
    </form>
```

4. jQuery Mobile 滑块

滑块允许用户从一定范围内的数字中选取值。使用<input type="range">可以创建滑块控件，它使用下列属性来规定限定。

max：规定允许的最大值。

min：规定允许的最小值。

step：规定合法的数字间隔。

value：规定默认值。

例如：

```
<form method = "post" action = "file2.php">
<div data - role = "fieldcontain">
<label for = "points">进度:</label>
<input type = "range" name = "pro1" id = "pro1" value = "50" min = "0" max = "100">
</div>
<input type = "submit" data - inline = "true" value = "提交">
</form>
```

如果希望突出显示截止滑块值的这段轨道，请添加 data-highlight="true"属性。

5. jQuery Mobile 切换开关

切换开关常用于开/关按钮或对/错按钮，使用 data-role="slider"的<select>元素并添加两个<option>元素即可创建切换开关。使用"selected"属性来把选项之一设置为预选（突出显示），例如：

```
<form method = "post" action = "demoform.asp">
<div data - role = "fieldcontain">
<label for = "switch">切换开关: </label>
<select name = "switch" id = "switch" data - role = "slider">
<option value = "on" selected>开</option>
<option value = "off">关</option>
</select>
</div>
<input type = "submit" data - inline = "true" value = "提交">
</form>
```

步骤1: 在E盘新建文件夹mysite11,并在mysite11下新建一个名为task03的子文件夹,打开软件Dreamweaver CC 2019,选择“站点”→“新建站点”,设置“站点名”为mysite11-3,设置“本地站点文件夹”为E:\mysite11\task03。

步骤2: 单击左侧的“服务器”,修改“连接方法”为“本地/网络”,选择“服务器文件夹”,将Web URL设置为http://127.0.0.1/或http://localhost,单击“保存”完成设置,然后选中“测试”圆圈,单击“保存”按钮。在IIS中配置好网站的物理路径(这里为C:\wwwroot)和默认文档(index.html)。若只是在Chrome浏览器的手机调试模式下测试网页,则步骤2可以省略。

步骤3: 选择“文件”→“新建”,“文档类型”选择HTML5,单击“创建”按钮;选择“文件”→“保存”,将文件命名为index.html,单击“保存”按钮。

步骤4: 切换到设计视图,选择“插入”→jQuery Mobile→“页面”,在弹出的对话框中选择“链接类型”为“本地”,选择“CSS类型”为“组合”,单击“确定”按钮。在“页面”对话框中将ID设置为login,单击“确定”按钮,再次选择“文件”→“保存”,此时会弹出如图11-25所示的对话框,单击“确定”按钮,则E:\mysite11\task03下会自动生成jquery-mobile文件夹,相关资源文件也会自动保存在该文件夹下。

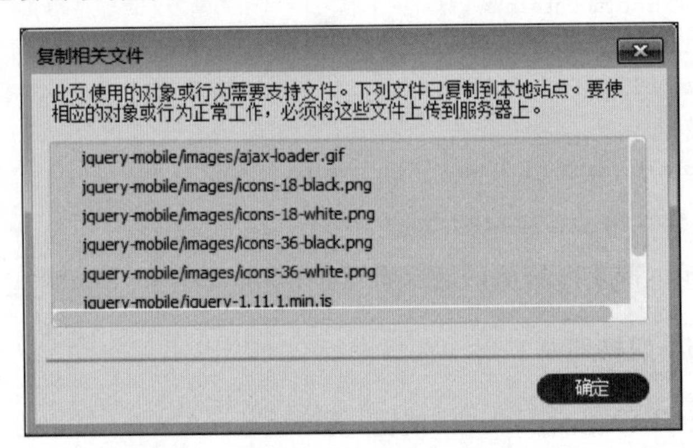

图11-25 保存jQuery Mobile资源文件

步骤5: 将文字“标题”修改为“用户登录”,将文字“脚注”修改为“Copyright © 2019 昆明正曼经贸”,切换到网页的代码视图,在< head ></head >区域添加如下移动端适配代码。

```
< meta name = "viewport" content = "width = device - width, initial - scale = 1">
```

步骤6: 为了让顶部标题和底部页脚保持在固定的位置上,可以给它们添加data-position="fixed"属性,body区域的代码如下。

```
< body >
< div data - role = "page" id = "login">
< div data - role = "header" data - position = "fixed">
< h1 >用户登录</h1 >
</div >
```

```
<div data-role="content">内容</div>
<div data-role="footer" data-position="fixed">
<h4>Copyright © 2019 昆明正曼经贸</h4>
</div>
</div>
</body>
```

步骤 7: 切换到设计视图,删除文字"内容",选择"插入"→"表单"→"表单"。

步骤 8: 切换到代码视图,将< body ></body >之间的登录页面的代码复制粘贴(第 13～24 行),再把第 25 行的页面 ID 从 login 更改为 register,把第 27 行的"用户登录"修改为"用户注册",把第 30 行的表单 ID 和 name 均改为 form2,至此,两个页面的基本结构已经制作完成,如图 11-26 所示。切换到设计视图,并在主窗口的右下角选择移动端的尺寸大小进行初步预览,红色虚线框为表单区域。

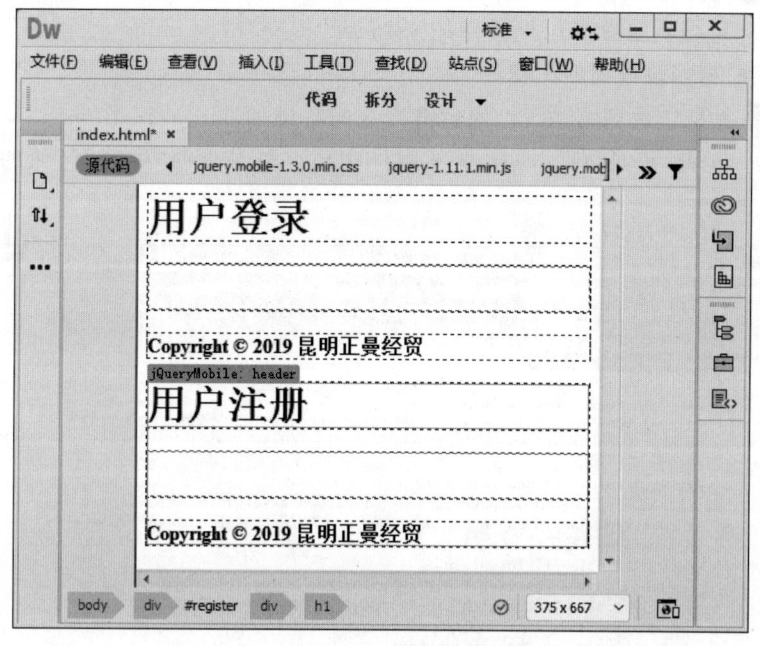

图 11-26　制作页面结构

步骤 9: 切换到设计视图,光标定位到"用户登录"页面的红色虚线框中,选择"插入"→jQuery Mobile→"文本",按下向右方向键"→";选择"插入"→jQuery Mobile→"密码",按下向右方向键"→";选择"插入"→jQuery Mobile→"翻转切换开关",按下向右方向键"→";选择"插入"→jQuery Mobile→"按钮",按照图 11-27 所示进行选择,单击"确定"按钮完成设置。

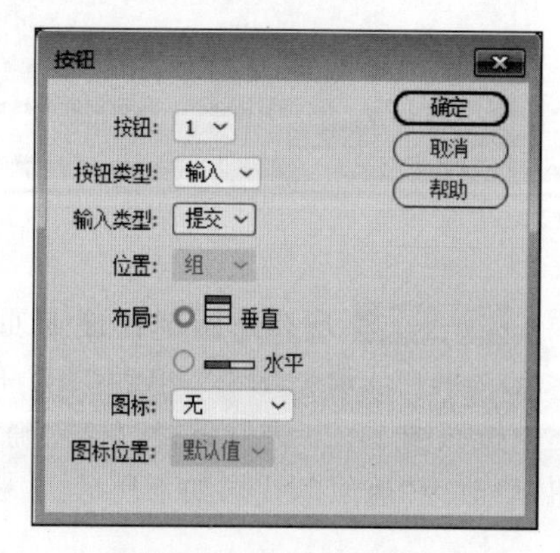

图 11-27　插入注册按钮

步骤 10: 单击"提交"按钮右侧的空白处,再单击窗口底部状态栏的＃form1,选中"用户登录"表单,按下向右方向键"→",再按 Enter 键,此时 Dreamweaver 会自动生成一个段落，输入文本“没有账号？点击注册”。

步骤 11: 选中文字“点击注册”，选择“窗口”→“属性”打开属性面板，在“链接”处输入“#register”后按 Enter 键，则该超链接指向了“用户注册”页面。

步骤 12: 切换到代码视图，定位到第 20～第 21 行，按下 Ctrl 键，选中三处 textinput，修改为 loginUser，给第 21 行的 input 标签内部添加 placeholder="用户名"，起到提示作用；同样地，定位到第 24～第 25 行，按下 Ctrl 键，选中三处“passwordinput”，修改为 loginPassword，给第 25 行的 input 标签内部添加 placeholder="密码"。这样做的主要目的是为了避免和后面注册表单中的 ID 和 name 重名，同时也是为了提高代码的可读性。

步骤 13: 光标定位到第 20 行，给 label 标签内部添加 class="ui-hidden-accessible"，实现 label 标签的隐藏，对第 24 行和第 27 行的 label 标签也进行同样的操作。

步骤 14: 光标定位到第 29 行，把“关”改为“不保存”；光标定位到第 30 行，把“开”改为“保存”；光标定位到第 32 行，把按钮的 value="提交"改为 value="登录"，并添加属性 data-theme="e"来修改按钮的主题。

步骤 15: 光标定位到第 36 行，给超链接 a 标签添加 data-transition="pop"属性实现弹出窗口效果。至此，登录页面 login 全部制作完成。登录页面“内容”区域的完整代码如图 11-28 所示。

图 11-28 登录表单主要代码

步骤 16: 现在开始制作注册页面。在代码视图下，定位到第 45 行附近的代码行“< h1 >用户注册</h1 >”，单击< h1 >的前面，选择“插入”→jQuery Mobile→“按钮”，在对话框中按照图 11-29 进行设置，单击“确定”按钮将链接目标指向登录页面 #login，将文字“按钮”修改为“返回”，代码如下所示。

```
< a href = "#login" data - role = "button" data - icon = "back" data - iconpos = "left">返回</a>
```

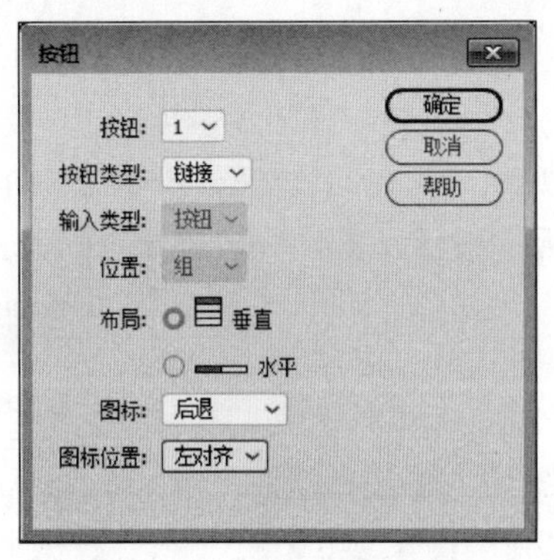

图 11-29　插入“返回”按钮

步骤 17: 切换到设计视图,单击“用户注册”表单的红色虚线框内部,按照前面登录页面的制作方法,对照图 11-24,插入一个“文本”输入框,两个“密码”输入框和一个“电子邮件”输入框；参照步骤 12 和步骤 13 的操作,设置 placeholder 属性,隐藏 4 个 label 标签,HTML 代码如图 11-30 所示。

图 11-30　“注册”表单的制作

步骤 18: 切换到设计视图,光标定位到“用户注册”表单区域,选中“电子邮件”所在的 div,按下向右方向键“→”,选择“插入”→jQuery Mobile→“单选按钮”,在对话框中设置“名称”为 gender,选择“单选按钮”为“2”,勾选“布局”为“水平”,单击“确定”按钮。将第 1 个“选项”改为“请选择性别：”,第 2 个“选项”改为“男”,第 3 个“选项”改为“女”。

步骤 19: 选中“请选择性别：”所在的 div,按下向右方向键“→”,单击“插入”→Query Mobile→“选择”,将“选项：”改为“请选择地区：”,单击选中页面的“选项 1”后再单击属性面板上的“列表值”,在弹出的“列表值”对话框中输入地区名,如图 11-31 所示,全部地区名在素材文件 E:\project11\task03\任务 3 文字素材.txt 中,这里只列出了前 4 个地区。给

select 标签添加 data-native-menu＝"false"属性，目的是去除原生的选择菜单样式来使用 jQuery Mobile 的样式。

步骤 20： 选中“请选择地区：”所在的 div，按下向右方向键“→”，单击“插入”→jQuery Mobile→“按钮”，如图 11-32 所示进行设置，单击“确定”按钮完成设置。

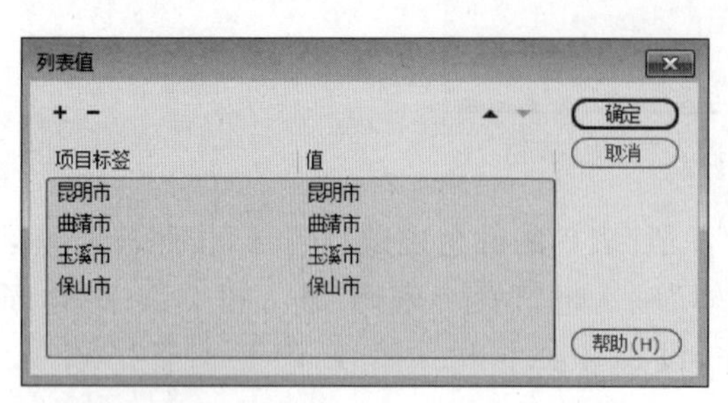

图 11-31　添加 select 标签的列表值

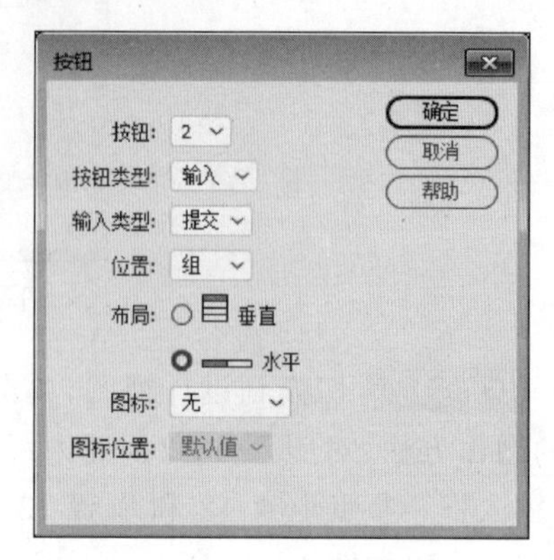

图 11-32　插入“按钮组”

步骤 21： 切换到代码视图，将第 82～85 行做出如下修改。

```
< div data - role = "controlgroup" data - type = "horizontal" style = "text - align:center;">
< input type = "submit" value = "提交" data - theme = "e"/>
< input type = "reset" value = "重置" data - theme = "e" />
</div >
```

步骤 22： 注册表单的性别、地区、提交重置按钮部分的 HTML 代码如图 11-33 所示，可以参照着进行代码修改，保存全部文件后，按下 F12 键，分别在计算机端和手机端测试网页效果。

```
62        <input type="email" name="email" id="email" value="" placeholder="电子邮件" />
63      </div>
64      <div data-role="fieldcontain">
65        <fieldset data-role="controlgroup" data-type="horizontal">
66          <legend>请选择性别：</legend>
67          <input type="radio" name="gender" id="gender_0" value="" />
68          <label for="gender_0">男</label>
69          <input type="radio" name="gender" id="gender_1" value="" />
70          <label for="gender_1">女</label>
71        </fieldset>
72      </div>
73      <div data-role="fieldcontain">
74        <label for="selectmenu" class="select">请选择地区：</label>
75        <select name="selectmenu" id="selectmenu" data-native-menu="false">
76            <option value="昆明市">昆明市</option>
77            <option value="曲靖市">曲靖市</option>
78            <option value="玉溪市">玉溪市</option>
79            <option value="保山市">保山市</option>
80        </select>
81      </div>
82      <div data-role="controlgroup" data-type="horizontal" style="text-align:center;">
83        <input type="submit" value="提交" data-theme="e" />
84        <input type="reset" value="重置" data-theme="e" />
85      </div>
86    </form>
```

图 11-33　插入“选择”菜单

项目小结

本项目首先介绍了 jQuery Mobile 的安装和使用，移动端页面的制作方法和 jQuery Mobile 常用部件的用法，然后结合“旅游小助理”的实例讲述了 jQuery Mobile 页面控件、按钮和列表视图的用法，最后讲述了 jQuery Mobile 表单元素的用法并通过实例“制作会员注册和登录页面”讲述了移动端表单页面的布局方法。

通过本项目的学习，读者应该能够了解 jQuery Mobile 库的功能，并且能够运用这个库来完成移动端页面的制作。

思考题

1. 什么是 jQuery Mobile？它有什么特点？

2. 简述在 HTML 文件中使用 jQuery Mobile 需要的步骤。

3. 为了使得用户在移动端浏览网页时网页不至于过小，网页设计时应该注意什么？

4. 制作一个具有两个页面的单文件移动端网页，两个页面之间能够互相跳转，第二个页面做成对话框的形式，跳转时要有过渡效果，制作完成后请在移动端进行测试。

小提示

移动端的对话框页面有两种做法。

- 方法一：

```
<div data-role="page" data-dialog="true" id="page2">…</div>
```

- 方法二：

```
<div data-role="dialog" id="page2">…</div>
```

项目十二

启动器模板的使用

学习要点

- 了解新建模板的总体布局；
- 熟悉 CSS 样式规则；
- 通过属性面板、代码视图、CSS 设计器来修改元素及所应用的规则。

视频讲解

任务 1：用简单网格模板制作"化妆脸"列表页

任务描述

本任务通过替换简单网格模板的相应元素，修改元素的 CSS 规则并删除不需要的元素，制作完成"化妆脸"的商品列表页面，效果如图 12-1 所示。

设计要点

- 根据需要替换相应的元素，如图像、文字、链接等；
- 通过选择标签选中元素进行规则的修改或删除；
- 通过属性面板、CSS 设计器修改相应的 CSS 样式规则。

图 12-1　“化妆脸”详情页效果图

1. 标签选择器的使用

标签选择器位于文档窗口下的状态栏最左边,其作用是快速选择网页中的元素,如层、表格、图像、CSS规则等,如图12-2所示。

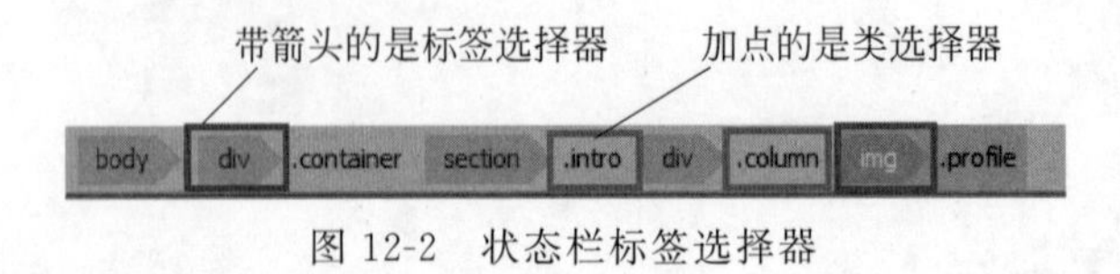

图12-2 状态栏标签选择器

2. 修改规则要考虑CSS的继承性

由于CSS的继承性,修改相应元素的CSS规则时,要注意可能会影响该元素的每一个样式规则。例如,图12-2所示的标签img应用的是“. profile”,可前面的类“. container”“. intro”“. column”的样式都会影响这里的img样式,因此,修改这个图像的CSS规则时,要先选中标签img,然后将光标移至旁边,再分别选择属性面板中“目标规则”下拉列表框的“. profile”“. container”“. intro”“. column”规则,进行相应参数的修改。

任务实施

步骤1: 在E盘中新建文件夹mysite12,将Dreamweaver CC素材\project12文件夹下的task01文件夹复制到该文件夹中。

步骤2: 打开Dreamweaver CC 2019软件,选择“站点”→“新建站点”,在“站点设置对象”对话框中,选择“站点”选项,设置“站点名称”为mysite12-1,设置“本地站点文件夹”为E:\mysite12\task01\,如图12-3所示,单击“保存”按钮。

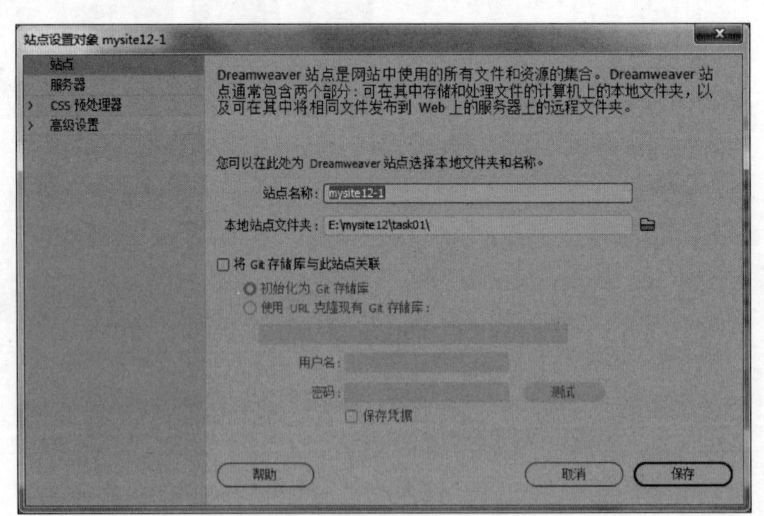

图12-3 新建站点

步骤 3: 选择"文件"→"新建"→"启动器模板"→"基本布局"→"基本-简单网格",如图 12-4 所示,单击"创建"按钮。效果如图 12-5 所示。

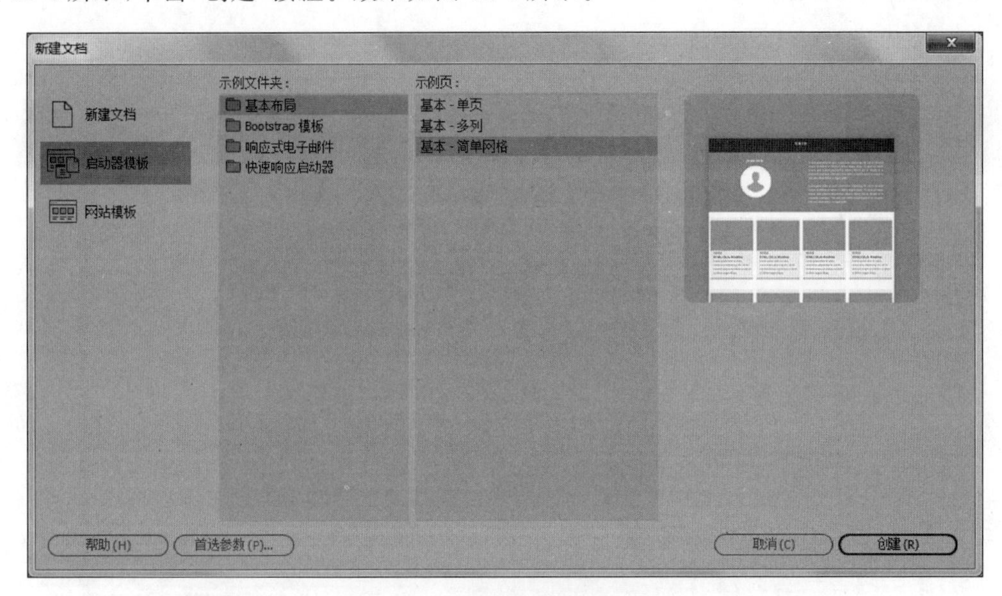

图 12-4　新建基本简单网格页

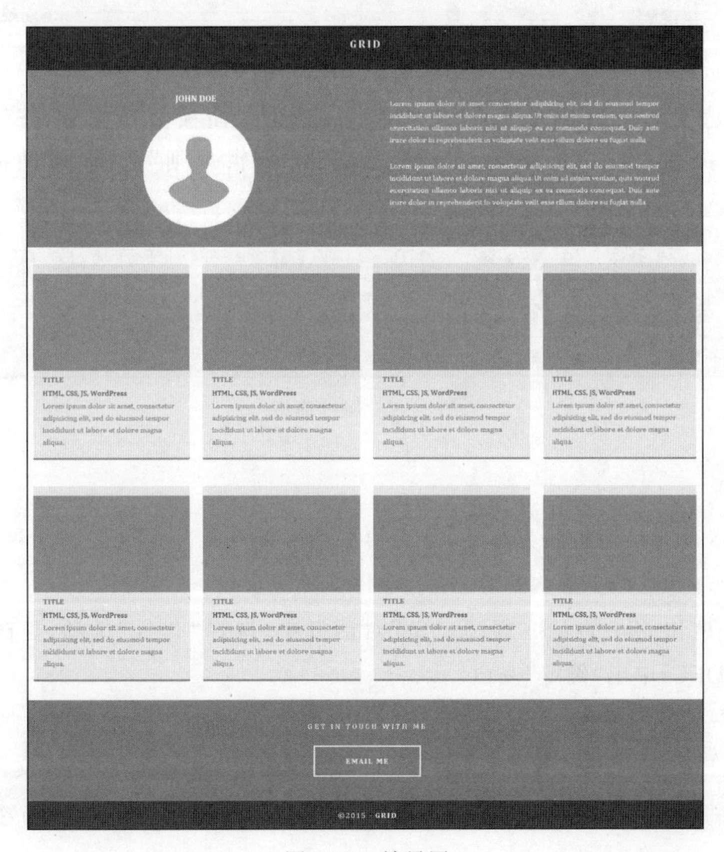

图 12-5　效果图

步骤 4: 选择“文件”→“保存”,在“另存为”对话框中,设置“文件名”为 index. html,如图 12-6 所示,单击“保存”按钮。

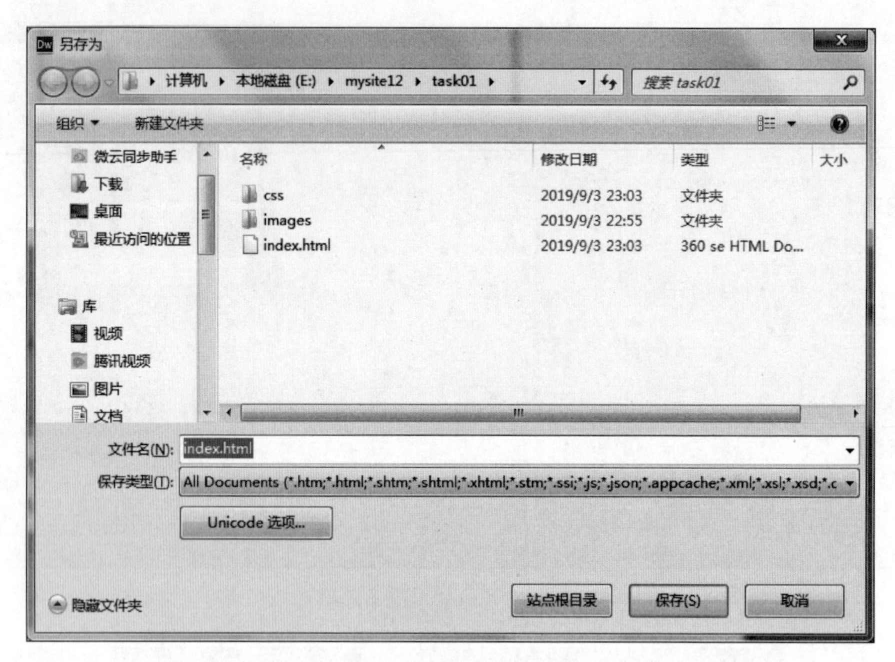

图 12-6 另存为 index. html

步骤 5: 选中文字 GRID,改为“化妆脸”。在属性面板上先单击 CSS 选项,然后在“目标规则”下拉列表框中选择 header,最后单击“编辑规则”选项,属性面板如图 12-7 所示。

图 12-7 属性面板

小提示

为了防止修改时误删除相关标签,造成相应的格式变化。建议在拆分视图下将光标置入要修改内容处,在代码中修改相应内容,这样不容易出错。

步骤 6: 在“header 的 CSS 规则定义”对话框中,选择“背景”选项,更改 Background-color 为＃1EFDEC,单击“确定”按钮。

步骤 7: 选择人像图像 images/profile. png,单击属性面板的文件夹选项,如图 12-8 所示,在“选择图像源文件”对话框中,选择 images 文件夹的 images/hzl. jpg 文件。

步骤 8: 将光标移到图像上面一行,从状态栏的标签选择器中选中标签 h3,按 Delete 键删除。

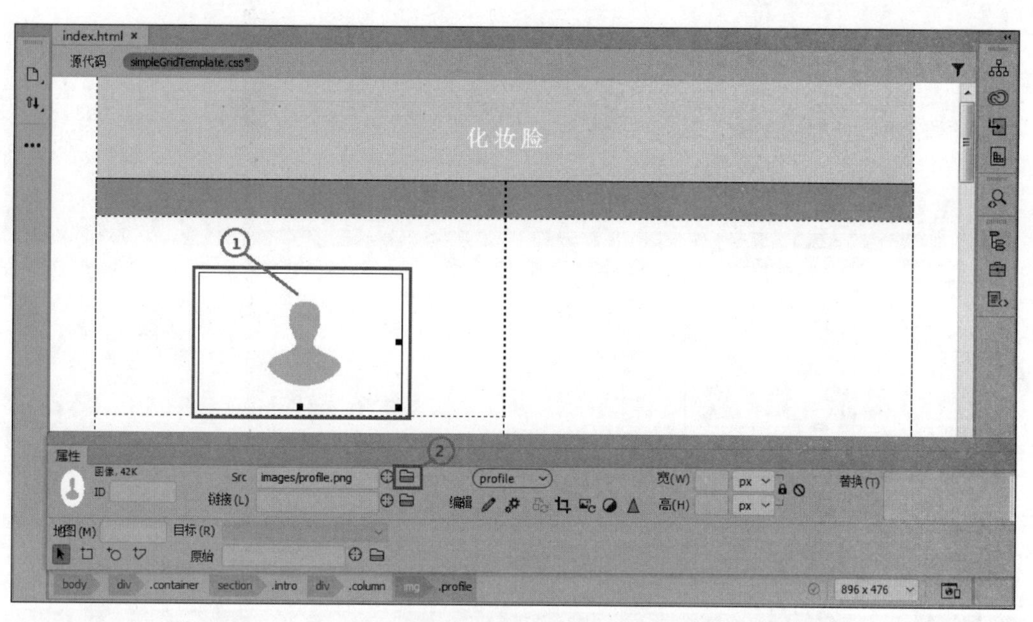

图 12-8　页面编辑视图

步骤 9: 将光标移到图像右边块中，从状态栏的标签选择器中选中.column 前面的标签 div，如图 12-9 所示，按 Delete 键删除。

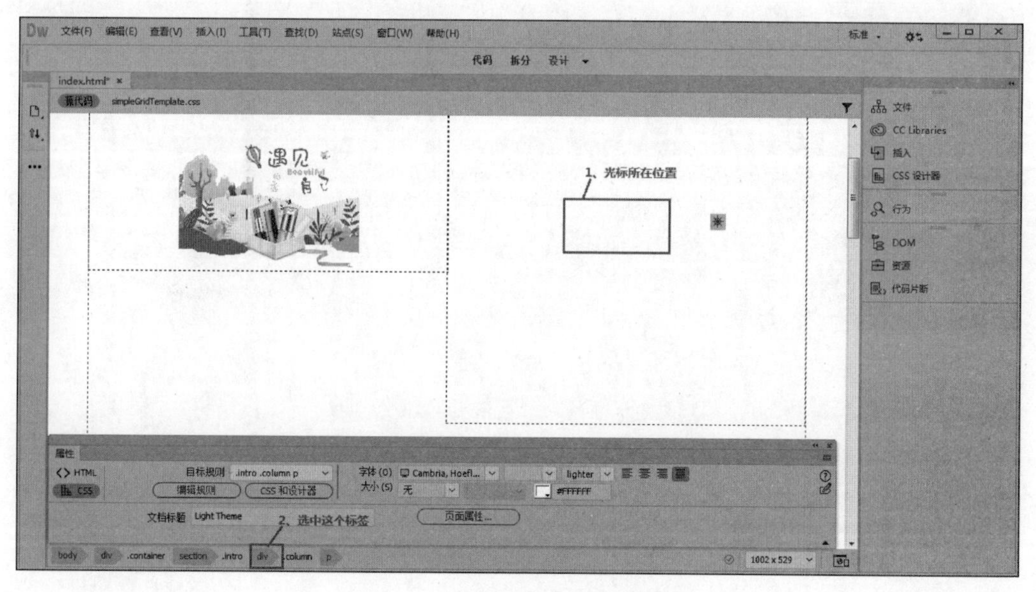

图 12-9　选中图像右边块编辑图

步骤 10: 将光标移到 hzl.jpg 图像右边，在属性面板上选择“目标规则”为“.column”，单击“编辑规则”按钮，如图 12-10 所示。

步骤 11: 在“.column 的 CSS 规则定义(在 simple Grid Template.css 中)”对话框中，选择“方框”选项，更改相关参数如图 12-11 所示，单击“确定”按钮。

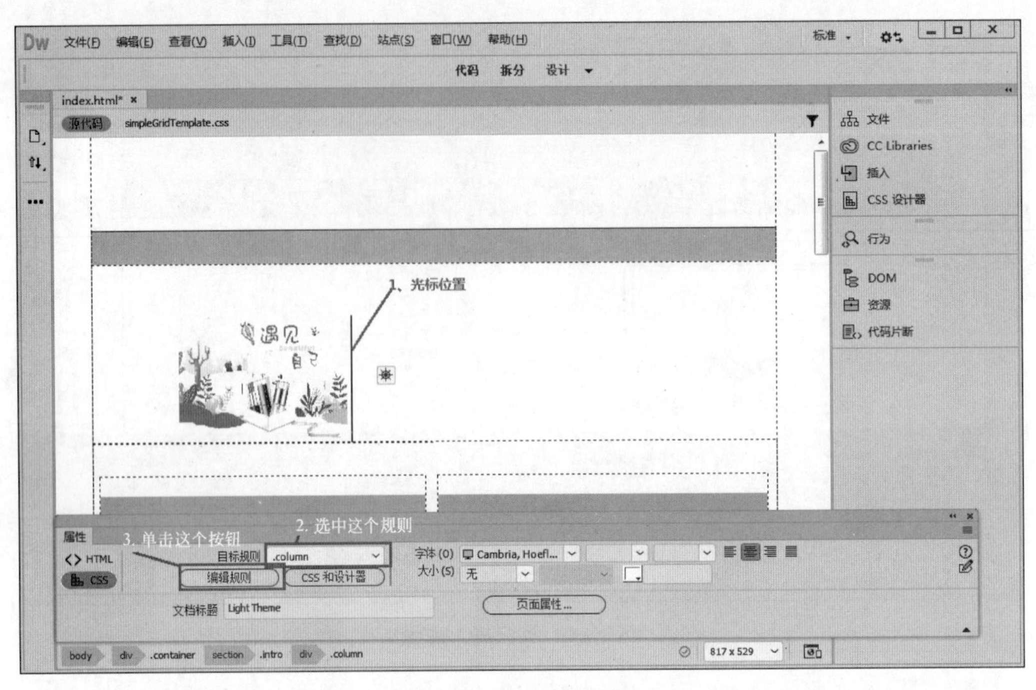

图 12-10　页面编辑视图

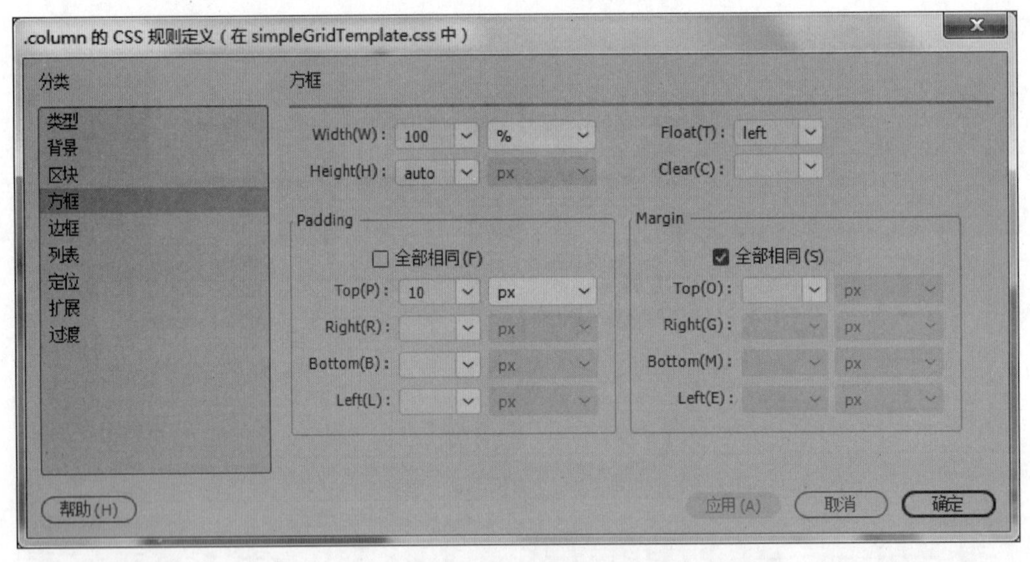

图 12-11　“.column 的 CSS 规则定义”对话框设置

步骤 12： 将光标移至 hzl.jpg 图像左边，在属性面板上选择“目标规则”为“.profile”，单击“编辑规则”按钮，如图 12-12 所示。

步骤 13： 在“.profile 的 CSS 规则定义”对话框中，选择“方框“选项，更改 Width 参数为 100%，Height 为 auto，单击“确定”按钮，效果如图 12-13 所示。

步骤 14： 用步骤 7 的方法把网页中的灰色图像依次更换为 images/12-1.png、

图 12-12　页面编辑视图

图 12-13　更改规则后的效果图

images/12-2. png、images/12-3. png、images/12-4. png、images/12-5. png、images/12-6. png、images/12-7. png 和 images/12-8. png，效果如图 12-14 所示。

步骤 15: 选中刚才更换的任一图像，单击右侧“CSS 设计器”，在“CSS 设计器”面板中，选中“. cards”→选择“布局”→修改 max-height 为 300px，如图 12-15 所示。

步骤 16: 把图像下面的 TITLE 依次更改为“活性冻干粉”“修护冻干粉”“蚕丝冰膜”“蚕丝冰膜”“天然种子原液”“祛印抽色精华液”“多肽眼霜”“新品上市”。

图 12-14　更换图像后的效果图

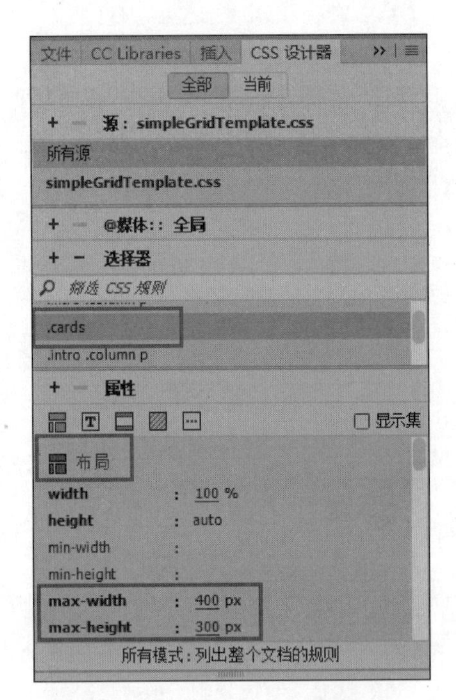

图 12-15　修改.cards 规则

步骤 17： 将光标移至第一个“HTML，CSS，JS，WordPress”前面，从状态栏的标签选择器中选中标签 p，按 Delete 键删除。将光标移到下面的英语段落中，从状态栏的标签选择器中选中标签 p，按 Delete 键删除。用同样的方法，把网页中的相同内容删除，效果如图 12-16 所示。

步骤 18： 将 GET IN TOUCH WITH ME 更改为“选择怡秀美丽自然来！”，EMAIL ME 更改为“扫二维码进店选购”，“© 2015-GRID”更改为“© 2019-正曼经贸”。

图 12-16　删除不要内容后的效果图

步骤 19: 将光标置于“选择怡秀美丽自然来!”这一行上,在属性面板上“目标规则”下拉列表框中选择 footer,单击“编辑规则”。在“footer 的 CSS 规则定义”对话框中,选择“背景”选项,更改 Background-color 的颜色为#99F0DE,单击“确定”按钮。

步骤 20: 将光标置入“扫二维码进店选购”这一行上,在属性面板上“目标规则”下拉列表框中选择“. button”,单击“编辑规则”。在“. button 的 CSS 规则定义”对话框中,选择“方框”选项,更改 Width 参数为 400px,单击“确定”按钮。在文字后面按一次 Enter 键,插入图像 images/weidian1. png。

步骤 21: 将光标置于“© 2019-正曼经贸”这一行上,在属性面板上“目标规则”下拉列表框中选择“. copyright”,单击“编辑规则”。在“. copyright 的 CSS 规则定义”对话框中,选择“背景”选项,更改 Background-color 的颜色为#1EFDEC,单击“确定”按钮。

步骤 22: 选择“文件”→“保存全部”,按 F12 预览。如果发现“化妆脸”下面的图片没有填充满容器,则用步骤 12 的方法修改类样式“. intro”规则,设置“方框”选项的 Width 参数为 100%,Height 为 auto,设置“padding-bottom:0px”,再次预览效果如图 12-1 所示。

任务拓展

在任务 1 的基础上修改相应设置,完成图 12-17 所示设置,操作提示如下。

步骤 1: 在 Dreamweaver CC 2019 软件中打开任务 1 完成的 index. html,另存到文件夹 pages 中,更名为 rwtz. html,更新链接。

步骤 2: 切换到资源管理器中,把 CSS 文件夹中的 simpleGridTemplate. css 文件复制到 pages 文件夹下,更名为 rwtz. css。

小提示

此操作是为了防止修改 rwtz.html 文件的 CSS 样式时影响 index 页面的效果。

步骤 3: 回到 Dreamweaver CC 2019 软件,打开右侧“CSS 设计器”,单击“源”窗格的 ➕,选择“附加现有的 CSS 文件”为 rwtz.css。选中 simpleGridTemplate.css,单击“源”窗格的 ➖,删除这个链接。

步骤 4: 将“化妆脸”下面的 hzl.jpg 图像文件更改为 images\hzl1.jpg。

步骤 5: 修改 CSS 规则“.logo”的字体大小为 30px。

步骤 6: 修改 CSS 规则“.gallery.thumbnail h4”的“字体大小”为 20px,“行高”为 1.5 倍,“对齐方式”为“center(居中)”。

步骤 7: 修改 CSS 规则“.hero_header”“.button”的“字体大小”为 20px,“颜色”为 #172EE0。

步骤 8: 保存网页,预览效果如图 12-17 所示。

图 12-17　任务拓展效果图

任务2：用启动器模板制作“汽配人”列表页

视频讲解

任务描述

本任务通过修改启动器模板的响应式——电子商务模板中的相应元素和CSS规则，制作完成“汽配人”的商品列表页面，效果如图12-18所示。

图12-18　汽配人详情页效果图

设计要点

- 根据需要替换相应的元素如图像、文字、链接等；
- 修改元素的 CSS 规则；
- 删除不要的元素。

知识链接

模板与启动器模板的区别

模板是一种特殊类型的文档，用于设计固定的页面布局，然后可以基于模板创建文档，创建的文档会继承模板的页面布局。设计模板时，可以指定基于模板的文档中，哪些内容是用户可编辑的。

启动器模板是 Dreamweaver CC 自带的响应式布局中的流体网格模板，当创建文档时，Dreamweaver CC 通过自动应用适当的类让网页快速响应，只须专注于内容并决定如何在不同尺寸的设备中重新排列即可。

任务实施

步骤 1： 在 E 盘中新建文件夹 mysite12，将 Dreamweaver CC 素材\project12 文件夹下的 task02 素材文件夹复制到该文件夹中。

步骤 2： 打开 Dreamweaver CC 2019 软件，选择“站点”→“新建站点”，在“站点设置对象”对话框中，选择“站点”选项，设置“站点名称”为 mysite12-2，设置“本地站点文件夹”为 E:\mysite12\task02\。

步骤 3： 单击左侧的“服务器”，修改“连接方法”为“本地/网络”，选择“服务器文件夹”，将 Web URL 设置为 http://127. 0. 0. 1/或 http://localhost，单击“保存”，然后选中“测试”圆圈，单击“保存”按钮。在 IIS 中配置好网站的物理路径（这里为 C:\wwwroot）和默认文档（index. html）。若只是在 Chrome 浏览器的手机调试模式下测试网页，则步骤 3 可以省略。

步骤 4： 选择“文件”→“新建”→“启动器模板”→“快速响应启动器”→“响应式-电子商务”，单击“创建”按钮。实时视图下效果如图 12-19 所示。

步骤 5： 选择“文件”→“保存”，在“另存为”对话框中，设置“文件名”为 index. html，单击“保存”按钮。

步骤 6： 把网页中的 LOGO 改为“汽配人”，在“CSS 设计器”面板上的“选择器”中选择 #logo，在“属性”中选择“背景”选项将 background-color 改为 rgba（237，146，147，1. 00），如图 12-20 所示。将 Login/Register 改为“登录/注册”，选择文字 Cart 修改为“购物车”。

步骤 7： 将光标置入 OFFER50％这一行，选中状态栏的标签 h2，按 Delete 键删除；将光标置入 REALLY AWESOME DISCOUNTS THIS JULY 这一行，选中状态栏的标签 p，按 Delete 键删除。

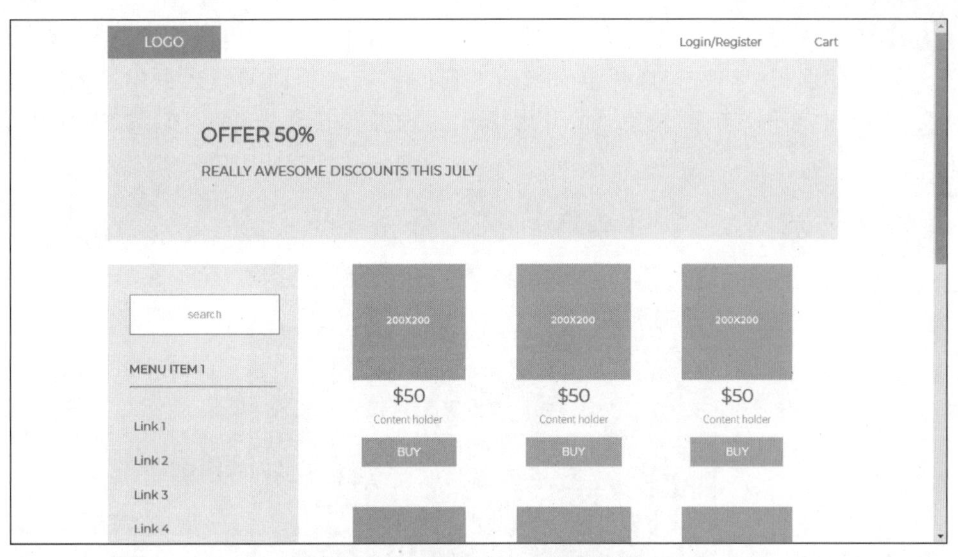

图 12-19　响应式电子商务模板

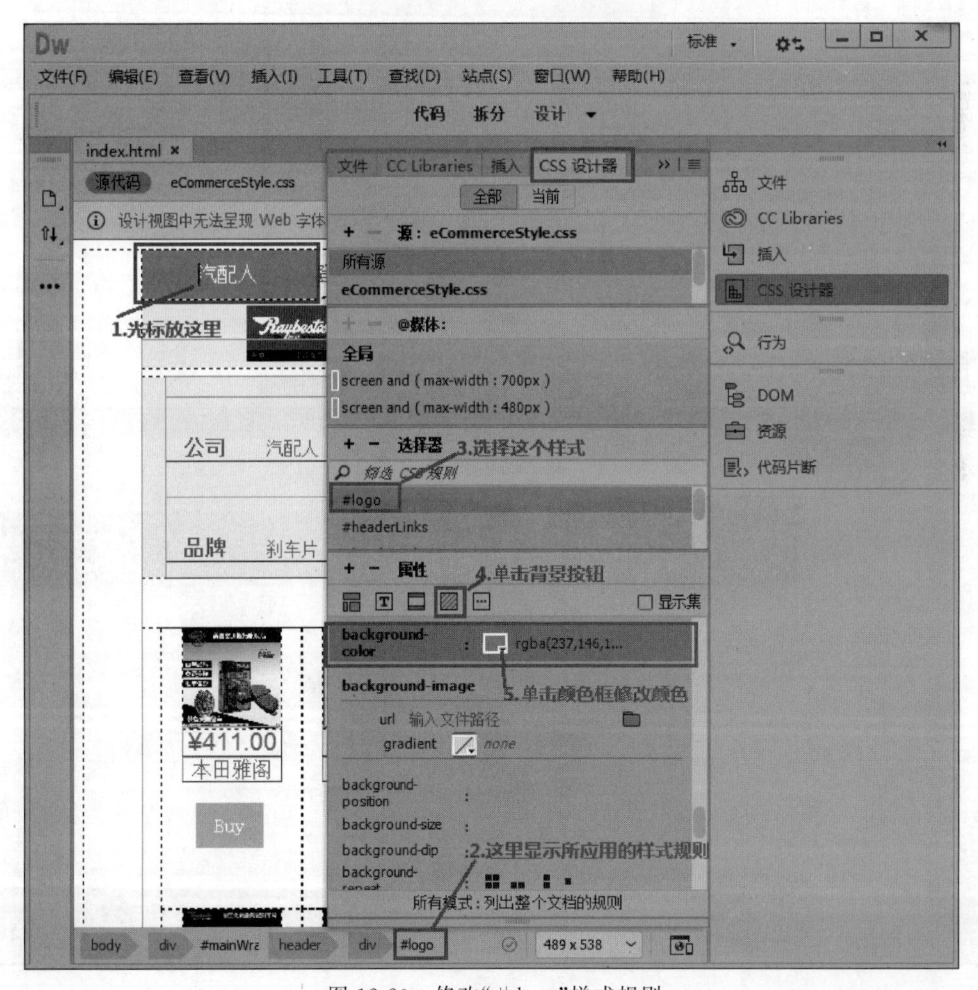

图 12-20　修改“＃logo”样式规则

步骤 8： 在删除内容的地方插入图像文件 images/lb. png。单击右侧"CSS 设计器"，在"CSS 设计器"面板中，单击"选择器"的"+"新建样式，在下面的输入框中输入". img1"，在"属性"中选择"布局"选项，设置 width 为 100%，设置 height 为 auto，如图 12-21 所示。

小提示

这里设置 width 为 100%是指设置的占父容器的百分比。

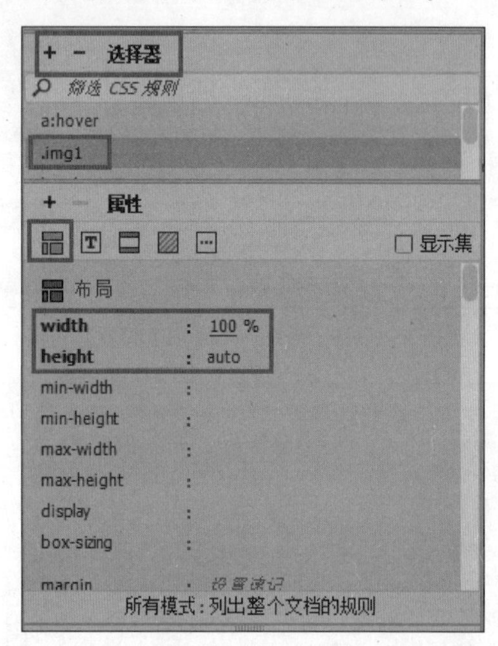

图 12-21　设置". img1"样式规则

步骤 9： 选中刚插入的图像，为其应用". img1"样式，效果如图 12-22 所示。

图 12-22　效果图

步骤 10: 将光标移到图像前面，在“CSS 设计器”面板上的“选择器”中选择“#offer”，在“属性”中勾选“显示集”，选择“布局”选项，更改 padding-top 为 5px，padding-bottom 为 5px，padding-left 为 0px，padding-right 为 0px，如图 12-23 所示。

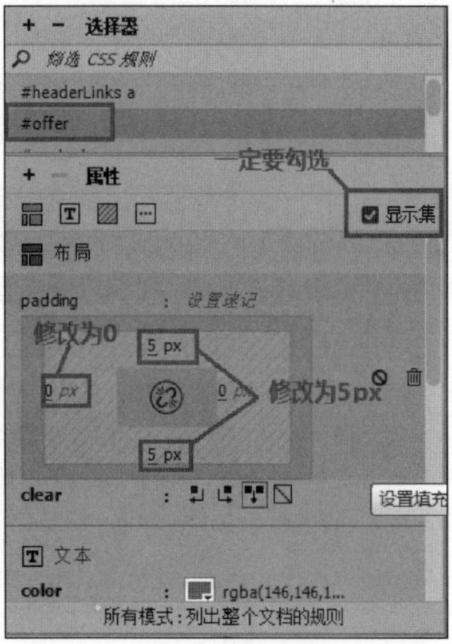

小提示

设置参数前请单击布局中间的链接符号断开其关联性，在断开状态下可分别设置值，在链接状态下则值是全部相同。

步骤 11: 将网页左边的 MENUITEM1 改为“公司”，link1～link4 分别改为“汽配人”“美食嘴”“化妆脸”“旅游腿”。将 MENUITEM2 改为“品牌”，link1～link4 分别改为“刹车片”“刹车盘”“刹车油”“养护套装”。

图 12-23　在“CSS 设计器”面板修改“#offer”的规则

步骤 12: 把右边的图像依次更换为 images/lb1. jpg、images/lb2. jpg、images/lb3. jpg、images/lb4.jpg、images/lb5. jpg、images/lb6. jpg、images/lb7. jpg、images/lb8. jpg、images/lb9 .jpg。下面的价格和说明参照素材 images 文件夹下的 tu1. png、tu2. png 进行修改。

步骤 13: 依次将光标放在最下面的区域里的文字里，选中状态栏的标签 div，按 Delete 键删除，之后将光标置入 footer 的空白区域内，输入文字“© 2019-正曼经贸”。

步骤 14: 保存全部文件，按下 F12 键，分别在计算机端和手机端测试网页效果。

任务拓展

在任务 2 的基础上修改相应设置完成图 12-24 所示效果。

操作提示如下。

步骤 1: 在 Dreamweaver CC 2019 软件中打开任务 2 完成的 index. html，另存到文件夹 pages 中并更名为 rwtz2. html，更新链接。

步骤 2: 切换到资源管理器中，把 eCommerceAssets\styles 文件夹中的 eCommerceStyle. css 文件拷贝到 pages 文件夹下，更名为 rwtz2. css。

步骤 3: 回到 Dreamweaver CC 2019 软件，打开右侧“CSS 设计器”，单击“源”窗格的 **+**，选择“附加现有的 CSS 文件”为 rwtz2. css。单击“源”窗格的 **−**，删除 styles\eCommerceStyle. css 的链接。

步骤 4: 在“CSS 设计器”面板中修改 CSS 规则“#headerLinks a”的字体颜色及粗细。

步骤 5: 修改表单 input 的 value 为“搜索”，并修改其样式“#content. sidebar #search”的字体颜色。

步骤 6: 修改 CSS 规则“#menubar . menu h2”的字体颜色及粗细。

图 12-24　效果图

步骤 7: 修改 CSS 规则“. sidebar ＃menubar . menu ul li a”规则的字体颜色及粗细。

步骤 8: 修改 CSS 规则“. productRow . productInfo . price”规则的字体颜色及粗细。

步骤 9: 修改 CSS 规则“. productRow . productInfo . productContent”规则的字体颜色及粗细。

步骤 10: 修改表单选项的 value 为“购买”,并修改其样式“. buyButton”的字体和背景颜色。

步骤 11: 修改 CSS 规则“＃mainWrapper footer”的背景颜色、字体颜色及粗细。

步骤 12: 保存全部文件,按下 F12 键,分别在计算机端和手机端测试网页效果。

小提示

字体大小、颜色、粗细等参数可根据喜好自由设置。

任务3：用 Bootstrap 模板制作云南美食页

任务描述

本任务通过替换 Bootstrap 电子商务模板页面的相应元素，修改相应元素的 CSS 规则并删除不需要的元素，制作完成“云南美食”页，效果如图 12-25 所示。

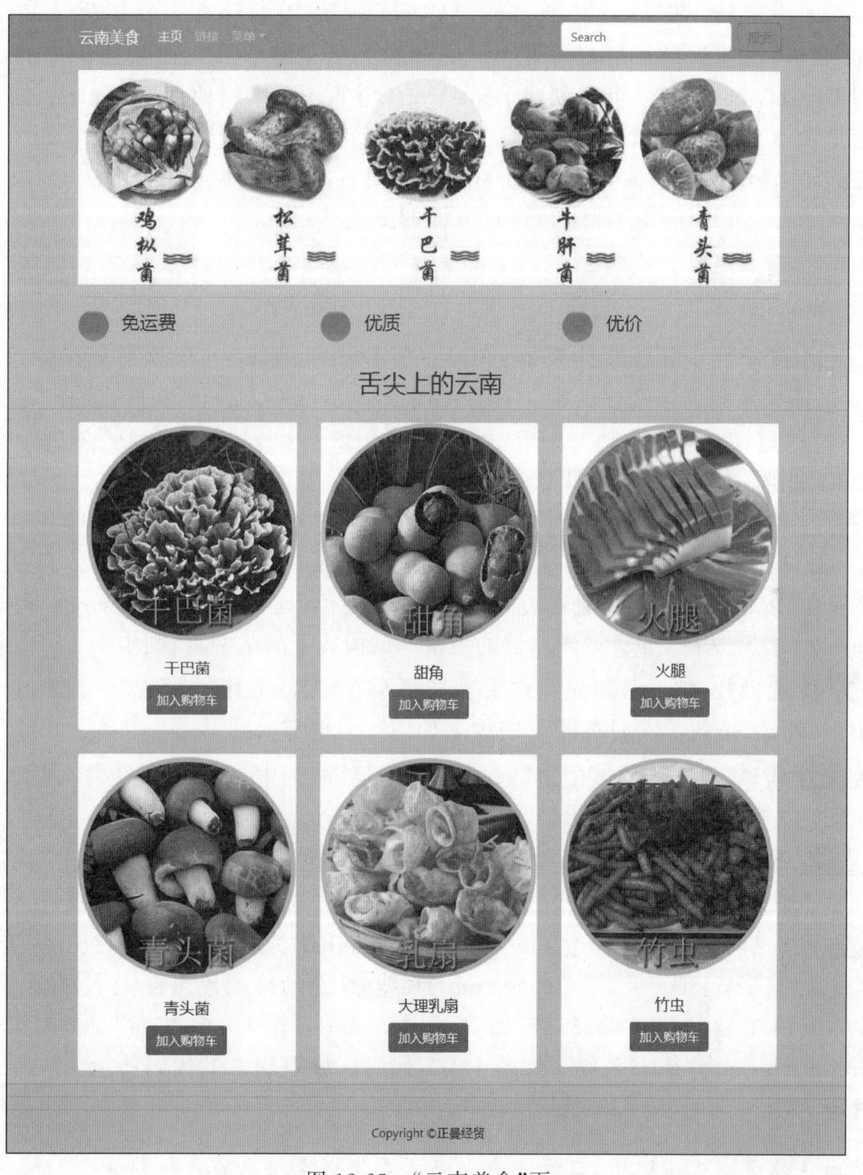

图 12-25　“云南美食”页

设计要点

- 根据需要替换相应的元素，如图像、文字、链接等；
- 修改相应元素应用的 CSS 规则；
- 删除不需要的元素。

知识链接

Bootstrap 是用于开发响应迅速、移动优先网站的最受欢迎的免费的 HTML、CSS 和 JavaScript 框架之一。该框架包括响应迅速的 CSS 和 HTML 模板，这些模板适用于按钮、表格、导航、图像旋转视图以及其他可能会在网页上使用的元素。它提供了几个可选的 JavaScript 插件，这使只具备基本编码知识的开发人员也能够开发出快速响应的出色的网站。利用 Dreamweaver CC，可以创建 Bootstrap 文档，还可编辑使用 Bootstrap 创建现有网页。无论是设计完善的 Bootstrap 网页还是仍在设计中的网页，都可以在 Dreamweaver CC 中编辑它们，并且不仅可以编辑代码，还可使用实时视图编辑、可视 CSSDesigner、可视媒体查询和 Extract 等可视编辑功能进行设计方面的更改。

任务实施

步骤 1： 在 E 盘中新建文件夹 mysite12，将 Dreamweaver CC 素材\project12 文件夹下 task03 文件夹复制到该文件夹中。打开 Dreamweaver CC 2019 软件，选择“站点”→“新建站点”，在“站点设置对象”对话框中，选择“站点”选项，设置“站点名称”为“mysite12-3”，“本地站点文件夹”为 E:\mysite12\task03\。

步骤 2： 单击左侧的“服务器”，修改“连接方法”为“本地/网络”，选择“服务器文件夹”，将 Web URL 设置为 http://127.0.0.1/或 http://localhost，单击“保存”，然后选中“测试”圆圈，单击“保存”按钮。在 IIS 中配置好网站的物理路径（这里为 C:\wwwroot）和默认文档（index.html）。若只是在 Chrome 浏览器的手机调试模式下测试网页，则步骤 2 可以省略。

步骤 3： 选择“文件”→“新建”→“启动器模板”→“Bootstrap 模板”→“Bootstrap-电子商务”，单击“创建”按钮。实时视图下的效果如图 12-26 所示。

步骤 4： 选择“文件”→“另存为”，在“另存为”对话框中，设置“文件名”为 index，单击“保存”按钮。

步骤 5： 选择“文件”→“页面属性”，设置“背景颜色”为＃F5C9D9，单击“确定”按钮。在属性面板上修改“文档标题”为“云南美食”。

步骤 6： 在拆分视图下，修改 nav 元素里的 Navbar 为“云南美食”，Home 为“主页”，Link 为“链接”，Dropdown 为“菜单”，Search 为“搜索”。切换到代码视图下，修改第 34 行的 Action 为“版纳美食”，修改第 35 行的 Another action 为“大理美食”，修改第 37 行的 Something elsehere 为“德宏美食”，如图 12-27 代码区域框起来的代码所示。

小提示

修改时注意观察代码视图，只修改内容而不要误删除相应的代码部分。

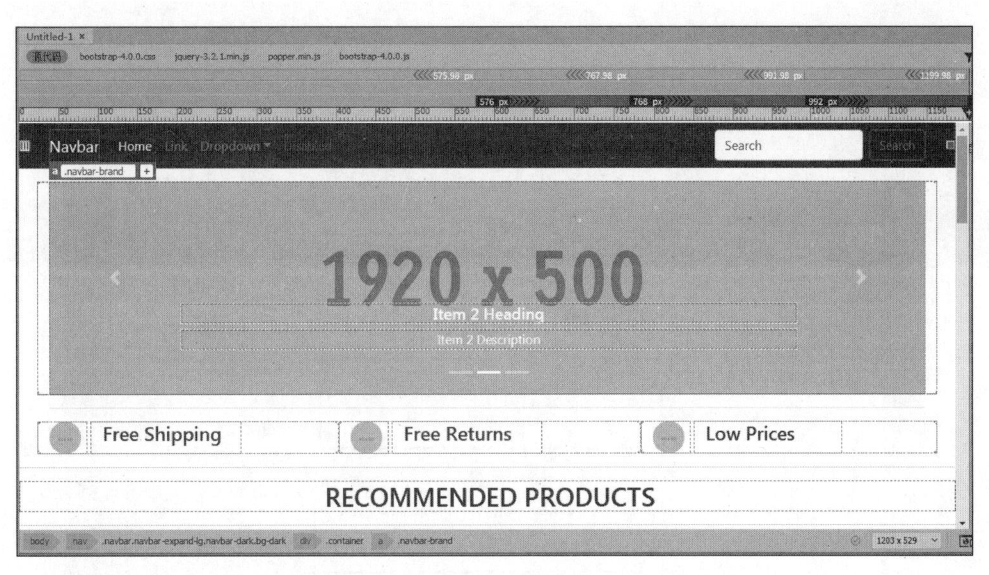

图 12-26　效果图

步骤 7： 切换到拆分视图下，将光标置入 Disabled 所处位置，选中状态栏的标签 li，按 Delete 键删除。选中标签 nav，修改“背景颜色”为＃F587D5，效果及属性面板设置如图 12-27 所示。

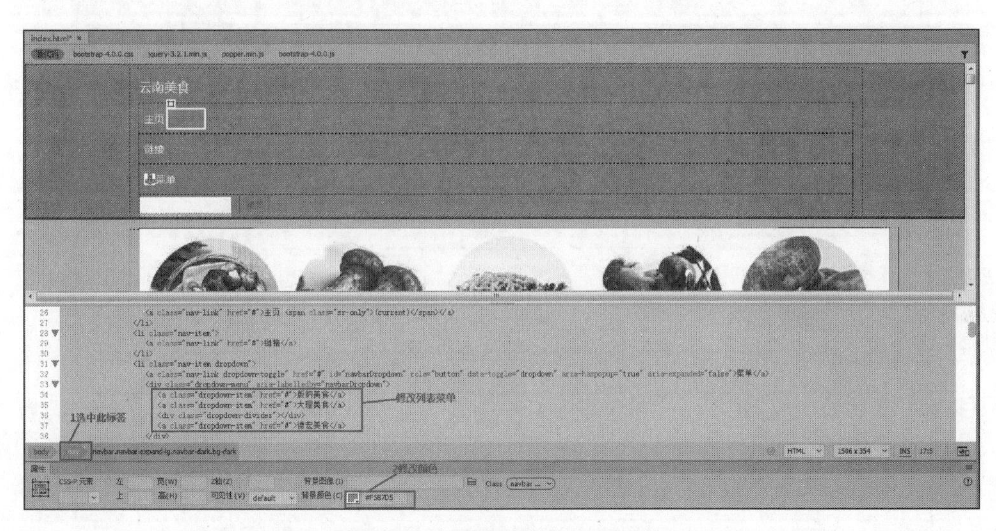

图 12-27　效果及属性面板设置

步骤 8： 切换到代码视图，把第 1 个 1920×500. gif 替换更改为 ms1. jpg，把第 2 个 1920×500. gif 替换为 ms2. jpg，把第 3 个 1920×500. gif 替换为 ms3. jpg，如图 12-28 所示。删除图中用虚线框中的代码段。

步骤 9： 切换到拆分视图，把 3 个 40×40 的图像都替换为 images/an. png，将 Free Shipping 更改为“免运费”，将 Free Returns 更改为“优质”，将 Low Prices 更改为“优价”，如图 12-29 所示。

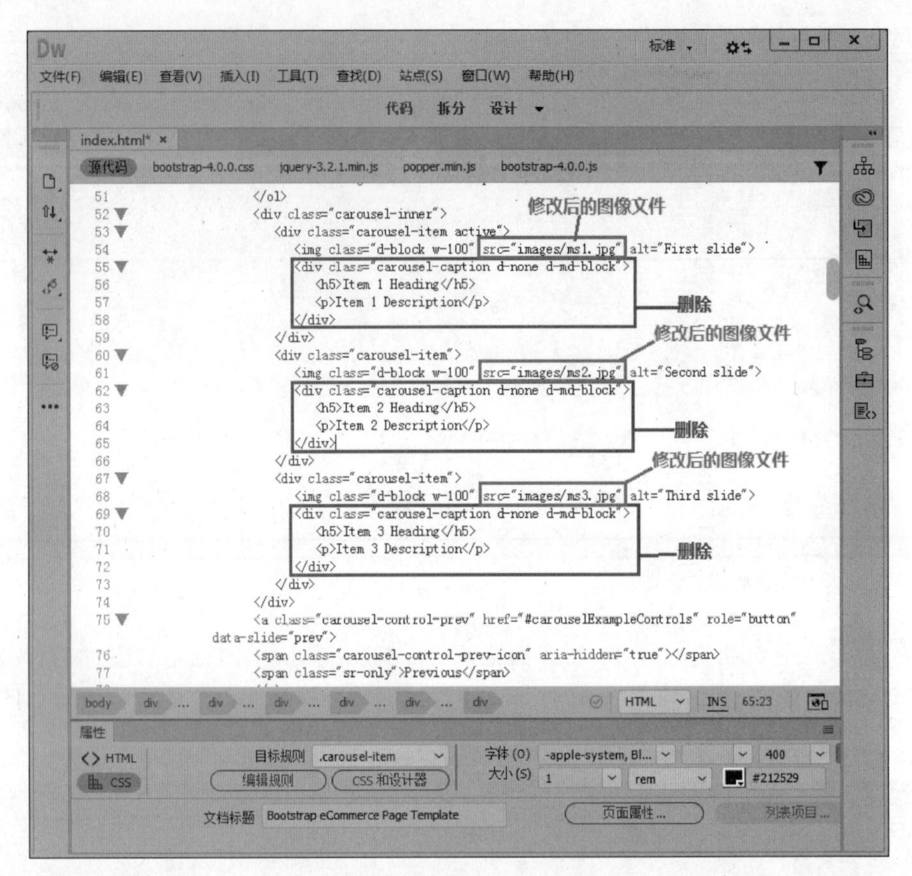

图 12-28 需要修改的代码图例

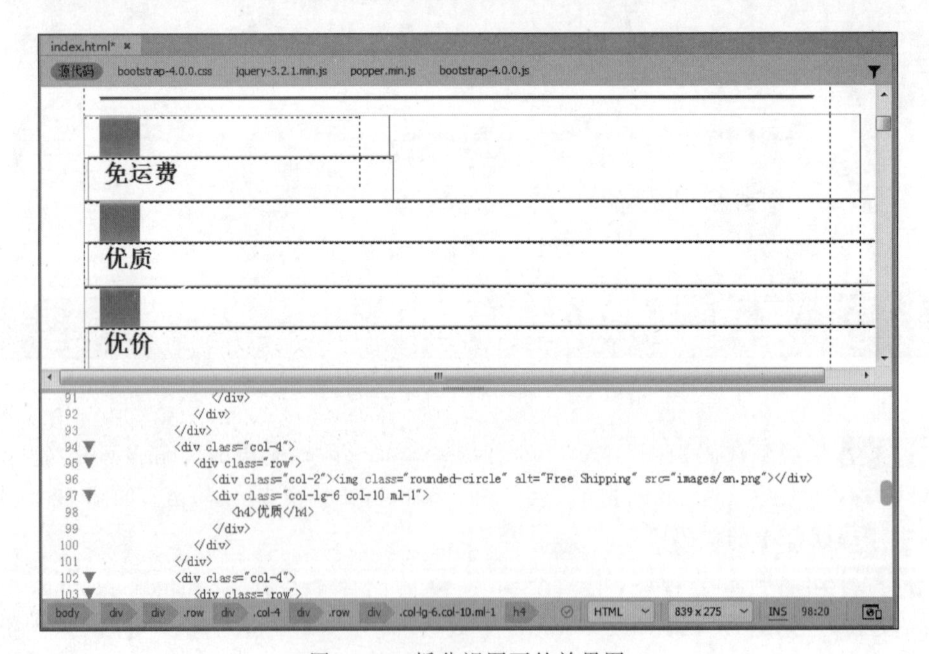

图 12-29 拆分视图下的效果图

步骤 10: 替换 **RECOMMENDED PRODUCTS** 为“舌尖上的云南”，将 6 个 400×200 的图像分别替换为 images/ms4. jpg、images/ms5. jpg、images/ms6. jpg、images/ms7. jpg、images/ms8. jpg、images/ms9. jpg。把图像下面的 Card title 分别替换为“干巴菌”“甜角”“火腿”“青头菌”“大理乳扇”“竹虫”。把 6 个 Add to Cart 替换为“加入购物车”。

步骤 11: 将光标置入每个“加入购物车”上面的英文段内，选中状态栏上的标签 p，按 Delete 键删除；将光标置入 FEATURED PRODUCTS 这一段内，选中状态栏上的标签 h2，按 Delete 键删除；将光标移到下面的 100×125 图像旁边，选中状态栏上的左数第一个 div 标签，按 Delete 键删除；将光标移到 Linkanchor 这段英文旁边，选中状态栏上的左数第一个 div 标签，按 Delete 键删除。

步骤 12: 修改“Copyright © My Website . All rights reserved. ”为“Copyright ©正曼经贸”。

步骤 13: 保存全部文件，按下 F12 键，分别在计算机端和手机端测试网页效果。

小提示

预览后如果没有达到预期效果，如背景颜色与设置的不一样等，请到资源管理器里修改 css 文件夹下的 bootstrap-4.0.0.css 文件的属性，取消只读属性，重新设置后全部保存即可。

项目小结

本项目用启动器的基本布局——简单网格模板制作了“化妆脸”详情页，用电子商务模板制作了“汽配人”详情页，用 Bootstrap 电子商务模板制作了“云南美食”页面。Bootstrap 启动器的模板可以让初学者快速地制作一个完整的网页，从而提高学习网页制作的热情。

思考题

1. 在“CSS 设计器”面板中，如何快速地找到 CSS 样式设置了哪些参数？
2. “CSS 设计器”面板包含哪几个窗格？

项目十三

实例网站制作及调试

任务1：策划“昆明正曼经贸”网站及建站流程

任务描述

俗话说：“没有规矩，不成方圆”。做任何事情前，一定要对这件事情做一个详细的规划和布局，统筹所有流程。这样才能保证工作在推进过程中能有条不紊地顺利进行，最后完美收工。

本任务进行“昆明正曼经贸”网站制作前的策划工作和建站流程的说明，策划内容包括网站的主题、名称、内容、栏目、布局和色彩等。

知识链接

虽然每个网站的主题、内容、规模、功能等方面都各有不同，但其基本的开发流程是一样的。网站的开发流程如图 13-1 所示。从图中可以看出，网站的开发主要分三个阶段。

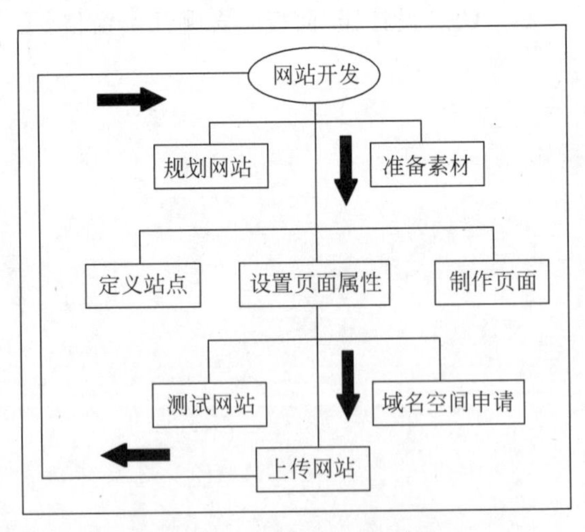

图 13-1　网站开发流程图

1. 规划和准备阶段

1）需求分析，决定网站的主题和风格

主题是网站所要表达的主要内容，是网站的灵魂，它决定了网站的内容和风格。

内容要为主题服务，尽量选用与主题相关的内容，例如，门户类的网站涵盖内容较多，主题可选择大气的；个人类网站一般要选择自己最擅长的题材，主题要小而精，切忌兼容并包，贵在创新。网站的风格是网站给用户的综合感受。整体风格应与网站的主题相匹配，风格统一，颜色基调要适合行业，突出重点，要有与众不同的特色，要能给浏览者专业、专注、舒适的体验。

2）规划网站结构和页面版式

网站的结构规划分为目录结构与页面结构。目录结构要扁平化，层级不可以太多，最多三级。页面结构是用户浏览时所能看到的页面，理论上说这个页面包含所有页面，要在这些页面上增加顶部导航条、底部展示栏、中间侧面的导航栏等，让用户能够方便地在网站内跳转。

3）设计版面布局

版面布局的设计，应当重视如下原则：

- 视觉美观，注重色彩对比和色彩色调的搭配。
- 布局清晰，能充分展示网站功能。
- 布局合理。网页设计作为一种视觉语言，应当要讲究编排和布局，这方面平面设计中有许多优秀案例，应充分加以利用和借鉴。

4）收集资料，整理素材

根据网站的主题、风格、内容进行素材的收集、整理。

2. 网页设计、制作阶段

1）定义站点

利用 Dreamweaver CC 2019 制作网站时，首先要新建一个本地站点，并将网站里需要的所有资料，包括子页、图片、视频、动画等素材，都归类放入到这个本地站点内，以便于控制站点结构，全面系统地管理站点中的每个文件及资源。

2）版面设计，制作网站中的各个网页

在制作网页的过程中仔细观察，版面设计虽然千变万化，但是仍有许多布局适用的范畴相当广，经久不衰。

3）将各个网页通过超链接进行整合

超链接是网站中各个页面之间链接的纽带，各个网页链接在一起后，才能真正构成一个网站。

3. 网站的发布、推广与维护阶段

1）申请域名和空间

制作网站的最终目的就是将其发布到 Internet 上，以便让用户浏览，这一过程被称为“上传”。上传网页之前，需要先在网上申请域名和空间。现在免费的域名和空间都只能试用很短的时间，大部分都需要付费。

2）上传网站

一切准备就绪后即可上传网站，可以使用 Dreamweaver CC 2019 自带的 FTP 功能上传,也可以直接使用FTP软件上传。

3)测试、调试与完善网站

任何一个刚刚开始运转的新网站都要测试一下性能,如果不做测试,就找不到网站的一些漏洞,这会影响以后网站的发展和更新。测试内容如下:

- 代码的测试;
- 链接的测试;
- 网站功能测试;
- 网络浏览器测试。

4)发布与推广网站

网站发布以后需要让更多的人浏览这个网站,知道这个网站。网站推广能给企业或个人带来意想不到的经济效益,作用是巨大的。

5)维护与更新网站

维护网站可以保证网站的安全,以防黑客入侵。更新网站可以给访客提供最新的内容,提高用户体验满意度。

4. "昆明正曼经贸"网站的策划

- 由于昆明正曼经贸是一家以汽车配件销售为主,化妆品、旅游、保险及云南土特产销售为辅的多种经营公司,因此网站的主题定位主要是以宣传公司为主。
- 栏目的设计可以根据公司的经营项目,将网站的栏目划分为汽配人、平安身、美食嘴、化妆脸、旅游腿。
- 色彩设计网页配色对于体现网站的整体风格具有重要作用,根据经营的对象的寓意分别给每个栏目的导航栏设计了以红、黄、蓝、绿、紫为主的色调,以示公司红红火火(红)、平安吉祥(黄)、顺顺利利(蓝)、绿色环保(绿)、紫气东来(紫)。

任务实施

步骤1: 根据公司要求确定网站主题及风格:以宣传为主,风格为端庄大气。

步骤2: 规划网站结构和页面布局:首页扁平化,子页采用"亘"字型布局,即导航栏、主体内容和版权信息。

步骤3: 收集资料、整理素材、讨论修改、确定方案。先把需要的文字和图像收集起来,用Photoshop软件设计网站效果图,再让团队成员讨论、修改、确定效果图,最后把需要用到的素材整理归类、备用。

步骤4: 开始制作本地网站。

步骤5: 在本地服务器上进行网站调试。

步骤6: 申请域名和空间,并进行备案。

步骤7: 网站上传。打开网站 http://www.kmzmjm.cn,查看网站实际效果。

步骤8: 推广、维护网站。

任务 2：完善“昆明正曼经贸”网站主页及站点调试

视频讲解

任务描述

本任务完善“昆明正曼经贸”网站的首页及进行整个网站的调试。

设计要点

- 服务器配置；
- 首页制作；
- 站点调试。

知识链接

首页设计原则如下：首页是网站给人的第一印象，应该布局合理、有个性，色彩、图像等视觉元素的应用要美观协调，能反映出网站的整体结构、风格和内容。现在流行的首页是像画一样的流畅和明快，寓意深远。

任务实施

步骤 1： 在 E 盘新建文件夹 kmzmjm，将 Dreamweaver CC 素材\project13 文件夹下 task01 文件夹中的内容复制到该文件夹中。

步骤 2： 打开 Dreamweaver CC 2019 软件，选择“站点”→“新建站点”，在“站点设置对象”对话框中，选择“站点”选项，设置“站点名称”为 kmzmjm，“本地站点文件夹”为 E:\kmzmjm，选择“服务器”选项，单击 + 选项，如图 13-2 所示。

步骤 3： 在“站点设置对象 昆明正曼经贸”对话框中，设置“服务器名称”为“昆明正曼经贸”，“连接方法”为“本地/网络”，“服务器文件夹”为 E:\kmzmjm，Web URL 为 http://192.168.3.91/，如图 13-3 所示。单击“保存”按钮，选择“测试”，如图 13-4 所示，单击“保存”按钮。

步骤 4： 最小化 Dreamweaver CC 2019 软件。在 Windows 7 系统的资源管理器中，选择“计算机”→“打开控制面板”→“系统和安全”→“管理工具”→“Internet 信息服务(IIS)管理器”。

小提示

Windows 系统控制面板的设置步骤为：在桌面右击→“个性化”→“主题”，选择“桌面图标设置”选项，勾选“控制面板”选项。

步骤 5： 在“Internet 信息服务(IIS)管理器”窗口的左侧列表中右击“网站”，选择“添加网站”选项。在打开的“添加网站”对话框中，输入网站名称“昆明正曼经贸”，选择“物理路径”为 E:\kmzmjm，绑定本机 IP 地址或保持“全部未分配”，端口号不变，如图 13-5 所示，单击“确定”按钮完成网站的添加。

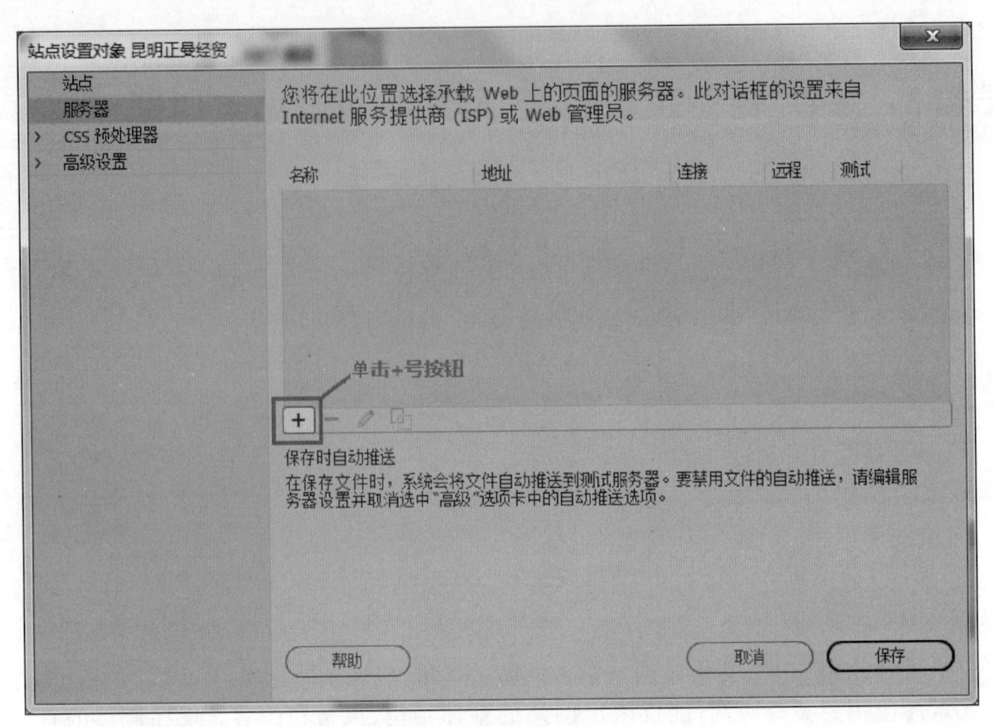

图 13-2　设置服务器

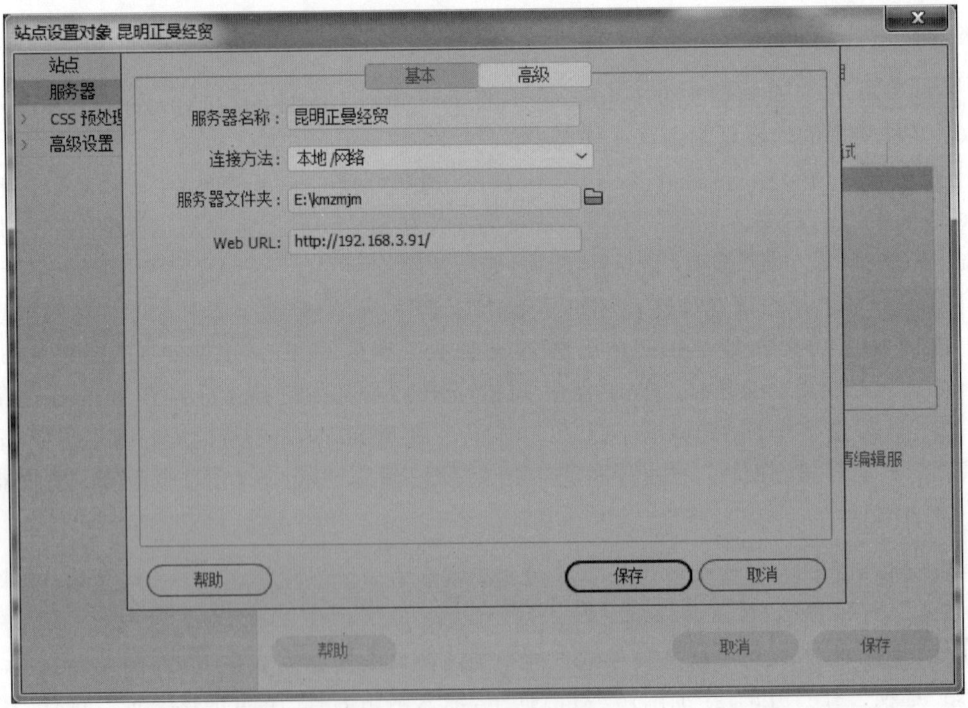

图 13-3　设置服务器参数

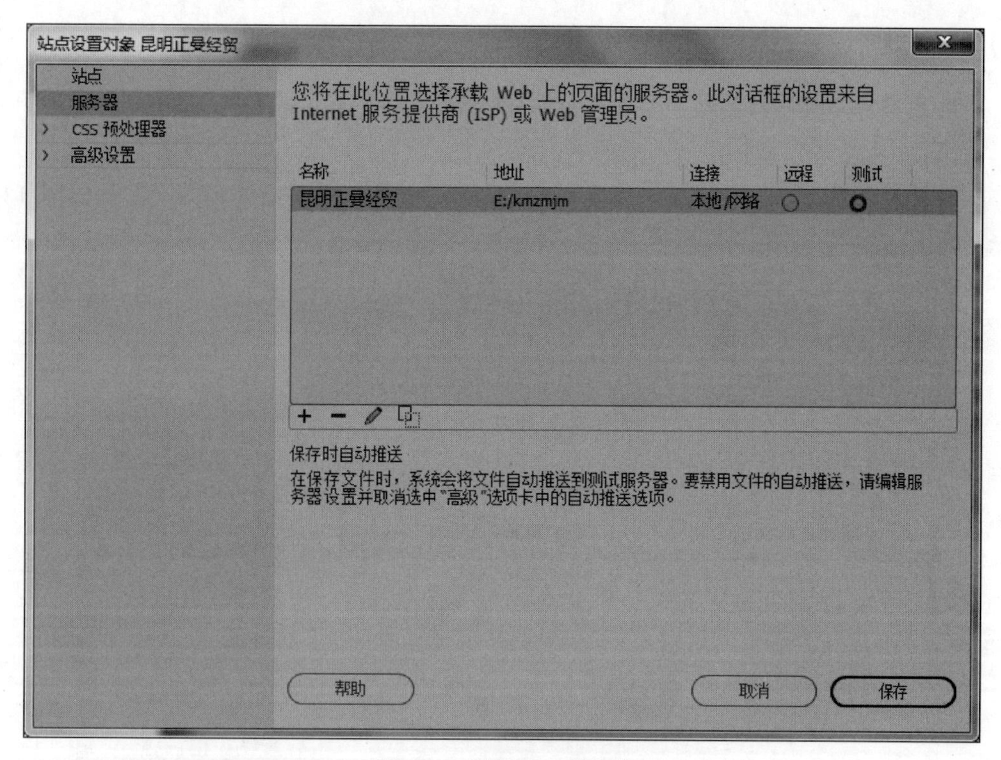

图 13-4　设置服务器参数

添加网站
网站名称(S):
昆明正曼经贸
应用程序池(L):
昆明正曼经贸
选择(E)...
内容目录
物理路径(P):
E:\kmzmjm
传递身份验证
连接为(C)...
测试设置(G)...
绑定
类型(T):
http
IP 地址(I):
192.168.3.91
端口(O):
80
主机名(H):
示例: www.contoso.com 或 marketing.contoso.com
立即启动网站(M)
确定
取消

图 13-5　添加网站

小提示

添加网站前应把现有的网站删除或停止，如“DefaultWebSite”应被删除或停止，否则会出现冲突。

步骤 6： 单击“浏览 192. 168. 3. 91：80(http)”选项，如图 13-6 所示，效果如图 13-7 所示。

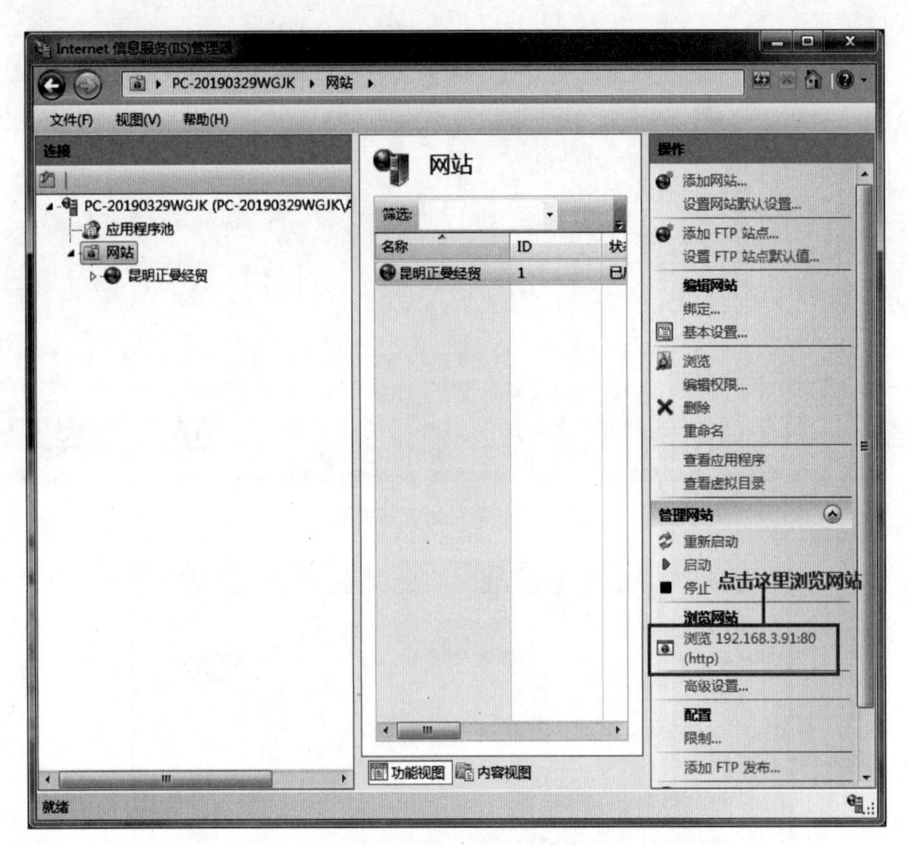

图 13-6 “Internet 信息服务(IIS)管理器”窗口

步骤 7： 在 Dreamweaver CC 2019 软件中打开网页文件 index. html，选中图像 images/lyx. png，在属性面板上的“链接”框内输入“pages/lyt. html”，如图 13-8 所示，创建链接。

步骤 8： 用同样的方法，为图像 images/qprx. png、images/msx. png、images/pasx . png、images/hzx. png 创建链接 pages/qpr. html、pages/msz. html、pages/pas. html、pages/hzl. html，完成主页与各子页的链接。

小提示

子页将在任务 4 里完成，这里先做好链接。

图 13-7　浏览网站

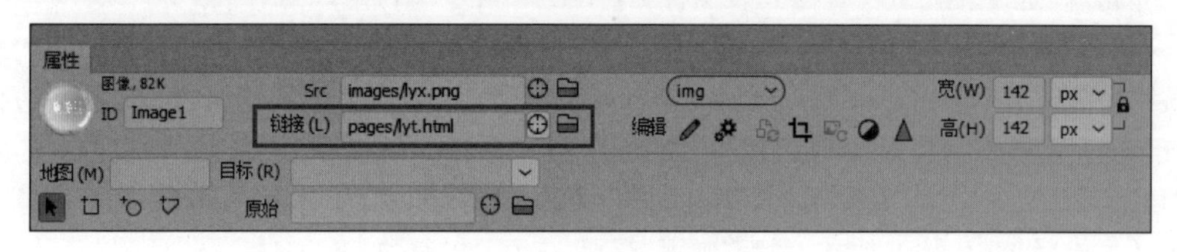

图 13-8　创建链接

任务 3：创建"昆明正曼经贸"网站子页模板

视频讲解

任务描述

本任务创建了网站的子页模板。设置层 header、层 main 为可编辑区，制作子页时可根据各自的效果更换图像及文字；设置层 footer 里的"备案号"部分文字为库；完成导航栏各图像对子页的链接。

设计要点

- 模板头部制作；
- 模板底部制作；
- 创建可编辑区。

知识链接

子页模板的设计如下：使用模板可以批量生成多个布局类似、内容不同的网页，使用模板制作子页更简便快捷，并能减少重复性操作。

任务实施

步骤1： 打开 Dreamweaver CC 2019 软件，选择“站点”→“管理站点”，在“管理站点”对话框中选择 kmzmjm，单击“完成”按钮。

小提示

计算机中有还原卡的请新建站点。

步骤2： 选择“文件”→“新建”，新建空白网页，另存到 pages 文件夹，命名为 muban. html。

步骤3： 选择“插入”→Div，在“插入 Div”的对话框中设置“ID”为 header，单击“新建 CSS 规则”选项，在“新建 CSS 规则”对话框中选择“选择定义规则的位置”为“新建样式表文件”，单击“确定”按钮。在“将样式表文件另存为”对话框中，选择“保存在”文件夹 CSS，设置“文件名”为 style，单击“保存”按钮。

步骤4： 在“#header 的 CSS 规则定义”对话框中，选择“方框”选项，设置外边距 Margin 的“Right(右)”为“auto(自动)”，“Left(左)”为“auto(自动)”；选择“定位”选项，设置“Position(定位)”为“relative(相对定位)”，“Width(宽度)”为 80%，“Height(高度)”为“auto(自动)”，如图 13-9 所示，双击“确定”按钮。

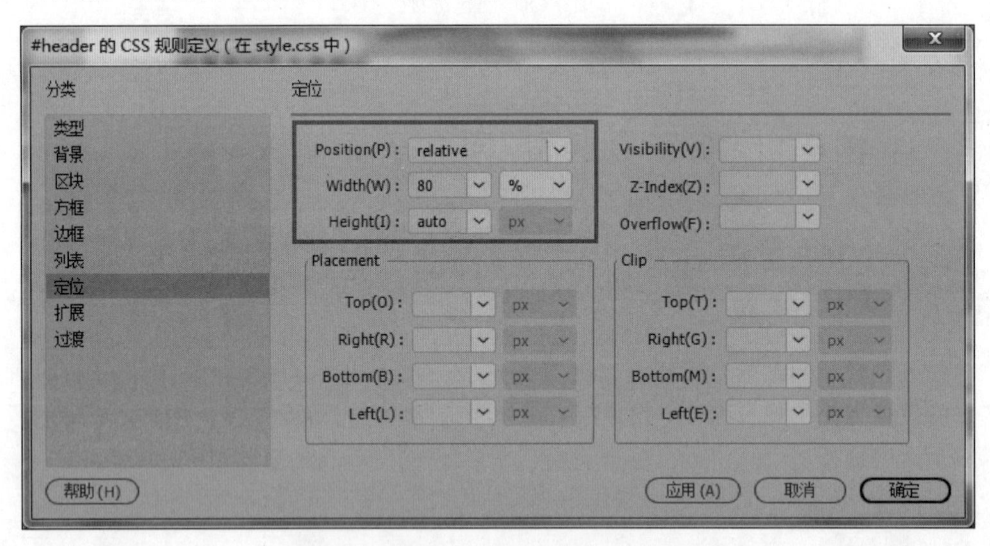

图 13-9　设置“header”的“定位”选项参数

步骤5： 将光标置入层 #header 中，选择菜单栏的“插入”→Image，插入图像文件 images/bannerbj. jpg，删除文字“此处显示 id"header"的内容”。

步骤6： 右击刚插入的图像，选择“CSS 样式”→“新建”，在“新建 CSS 规则”对话框中，

设置“选择器类型”为“类(可应用于任何 HTML 元素)”,“选择器名称”为“. himg1”,“规则定义”为 style. css,单击“确定”按钮;在“himg1 的 CSS 样式规则”对话框中选择“方框”选项,设置“Width(宽度)”为 100%,设置“Height(高度)”为“auto(自动)”,单击“确定”按钮。

步骤 7: 选中刚插入的图像,在属性面板为其应用样式“. himg1”,效果及属性面板设置如图 13-10 所示。

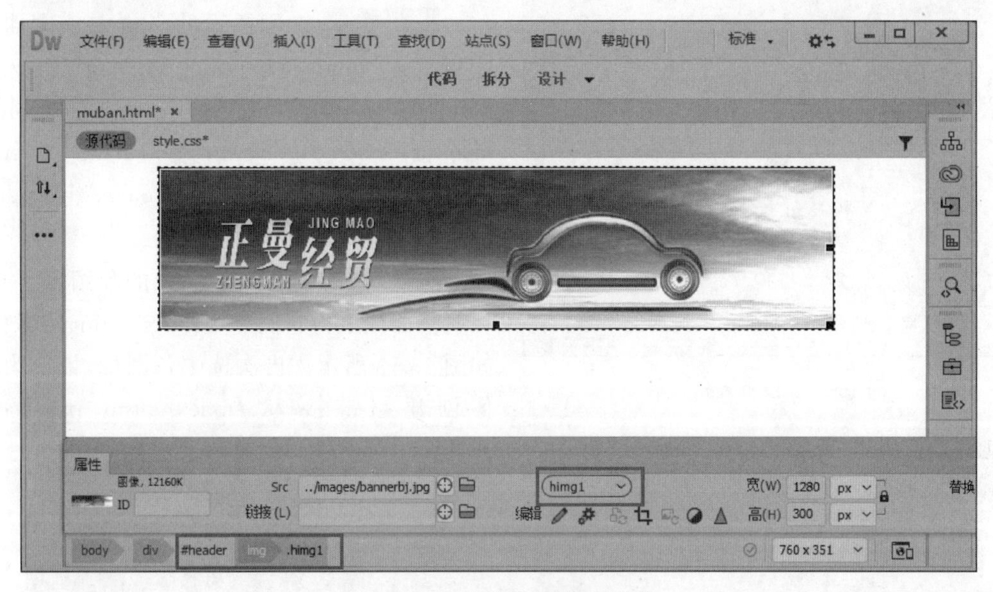

图 13-10　效果及属性面板图

步骤 8: 先选中刚插入的图像,然后按下向右方向键“→”,选择“插入”→Div,在弹出来的对话框中设置“ID”为 header-1,单击“新建 CSS 规则”,设置“规则定义”为 style. css,单击“确定”按钮,在“header-1 的 CSS 规则定义”对话框中,设置“定位”选项参数,如图 13-11 所示,单击“确定”按钮。

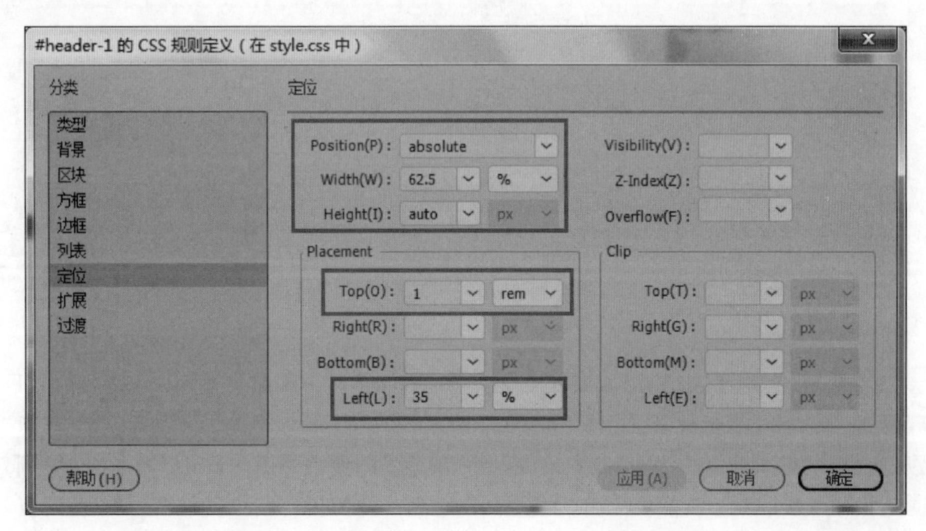

图 13-11　设置“header-1”的“定位”选项参数

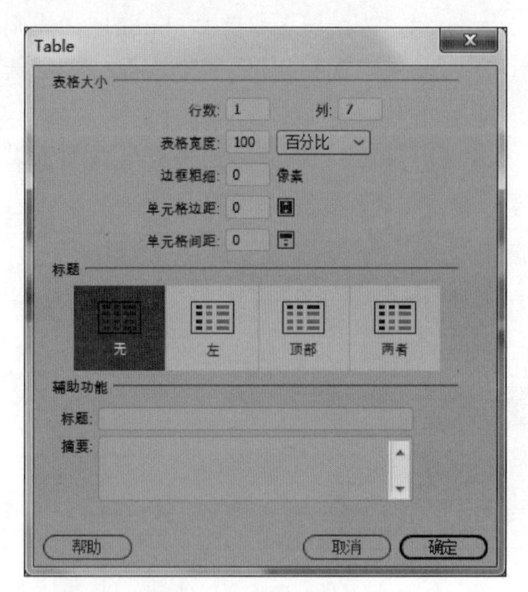

图 13-12　设置表格参数

步骤 9: 将光标置于层 header-1 中，选择“插入”→Table，设置参数如图 13-12 所示。单击“确定”按钮，插入嵌套于层 header-1 中的表格 Table，删除文字“此处显示 id "header-1" 的内容”。

步骤 10: 在刚插入的表格中依次插入图像文件 images/banner_01. png、images/banner_02. png、images/banner_03. png、images/banner_04. png、images/banner_05. png、images/banner_06. png、images/banner_07. png。

步骤 11: 选中刚才插入的各图像，依次在属性面板上为它们应用样式“. himg1”，效果如图 13 13 所示。再次选中各图像，依次为图像创建超链接为../index. html、pages/qpr. html、pages/pas. html、pages/msz. html、pages/hzl. html、pages/lyt. html、pages/lxwm. html。

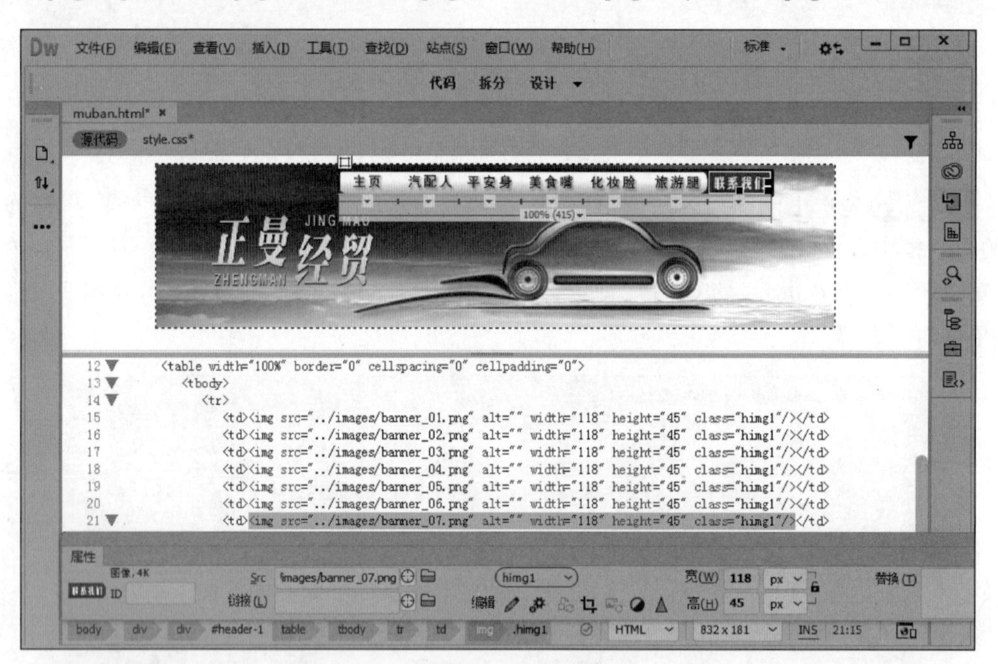

图 13-13　效果图

步骤 12: 将光标置于层 header 的后面，选择“插入”→Div，在弹出来的“插入 Div”对话框中，设置“插入”为“在标签后”和“< div id = "header">”，设置 ID 为 main，单击“新建 CSS 规则”，设置“规则定义”为 style. css，单击“确定”按钮。在“＃main 的 CSS 规则定义”对话框中，设置“方框”选项的“Width(宽度)”为 80%，“Height(高度)”为“auto(自动)”，Margin(外边距)的“Right(右)”为“auto(自动)”，“Left(左)”为“auto(自动)”；设置“定位”

选项的“Position(定位类型)”为“relative(相对定位)”,单击“确定”按钮。

步骤 13: 将光标置入层 main 中,删除层中文字,输入“这里是网页主体部分”。

步骤 14: 将光标置于层 main 的后面,参照步骤 12 的方法在 main 标签后插入层 footer,设置规则的参数亦相同。

步骤 15: 将光标置入层 footer 中,删除层中文字,插入 1 个 3 行 1 列,宽为 100%,边框、边距、间距都为“0”的表格。

步骤 16: 在第一行输入文字“Copyright © 2019 昆明正曼经贸有限公司 All rights reserved. 滇 ICP 备 * * * * * 号”。

步骤 17: 在第二行插入列表项“汽配人:0871-6736 **** ,平安身:138 **** 8779,化妆脸:133 **** 1097,旅游腿:133 **** 6138,美食嘴:180 **** 6875”,如图 13-14 所示。

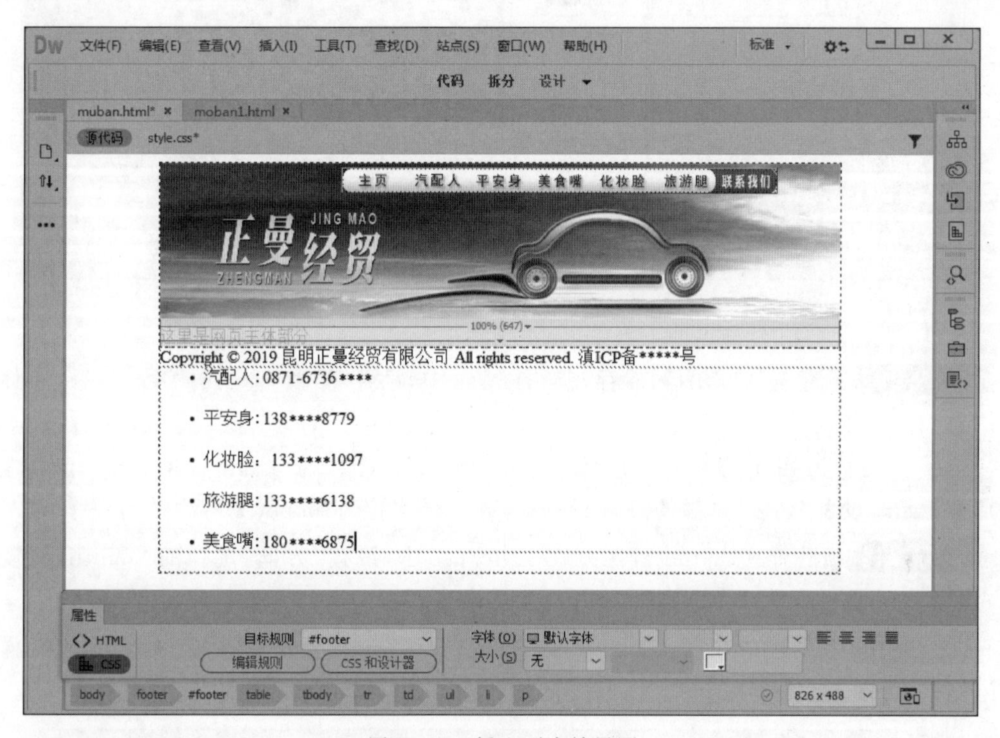

图 13-14 插入列表效果图

步骤 18: 在第三行插入 1 个 1 行 4 列,宽为 100%,边框、边距、间距都为 0 的表格。在属性面板中的“单元格”区域设置第 1 列宽为 22%,第 2 列宽为 36%,第 3 列宽为 20%,第 4 列宽为 22%。在第 2 列插入图像文件 images/weidian1. png,在第 3 列插入图像文件 images/gserm. jpg,效果如图 13-15 所示。

步骤 19: 新建样式“. ftext1”,保存在 style. css 中,设置“类型”选项的“Font-size(字体大小)”为 1rem,“Line-height(行高)”为 1. 5multiple(倍),“Color(颜色)”为 #120892;设置“区块”选项的“Text-align(水平对齐)”为“center(居中)”,“Vertical-align(垂直对齐)”为“middle(居中)”,单击“确定”按钮。

图 13-15　效果图

步骤 20: 新建样式“.fli1”,保存在 style.css 中,设置“类型”选项的“Font-size(字体大小)”为 1rem,“Line-height(行高)”为 1.5 倍,“Color(颜色)”为＃120892；设置“方框”选项的“Float(浮动)”为“left(左对齐)”,“Margin-Right(右边距)”为“1rem”,“Margin-Left(左边距)”为 1rem,设置“列表”选项的“Llist-style-type(样式)”为“none(无)”。

步骤 21: 新建样式“.fimg”,保存在 style.css 中,设置“方框”选项的“Width(宽度)”为 60%,“Height(高度)”为 AUTO。

步骤 22: 将光标放在第 1 行的文字中,选中标签选择器中的标签 td,为其应用样式“.ftext1”,如图 13-16 所示。

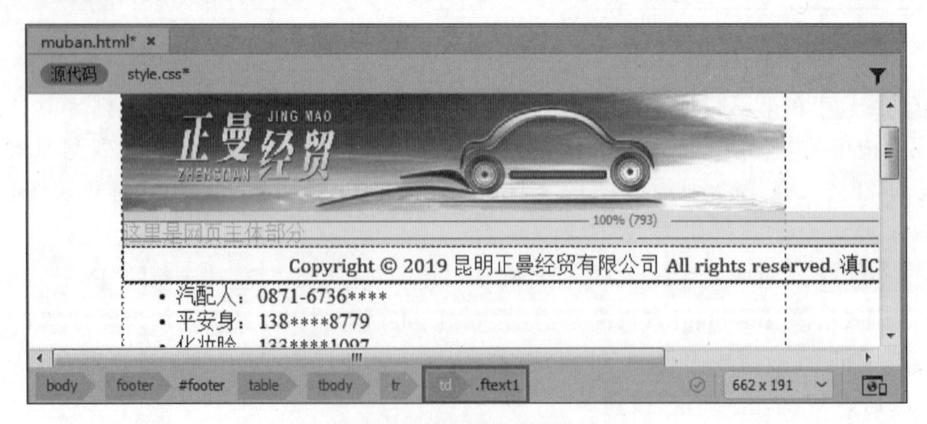

图 13-16　应用样式效果图

步骤 23： 将光标放在第 2 行的文字中，选中标签选择器中的标签 li，为其应用样式“. fli1”，效果如图 13-17 所示。

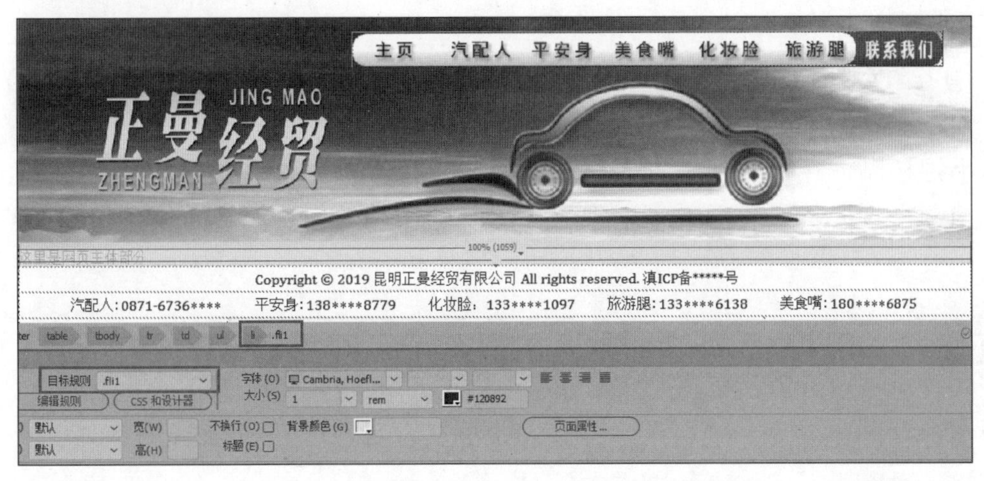

图 13-17　为列表项应用样式

步骤 24： 为图像文件 images/weidian1. png 应用样式“. himg1”，为图像文件 images/gserm. jpg 应用样式“. fimg”。

步骤 25： 选择“文件”→“另存为模板”，如图 13-18 所示，单击“保存”按钮，在选择“要更新链接吗”时选择“是”。

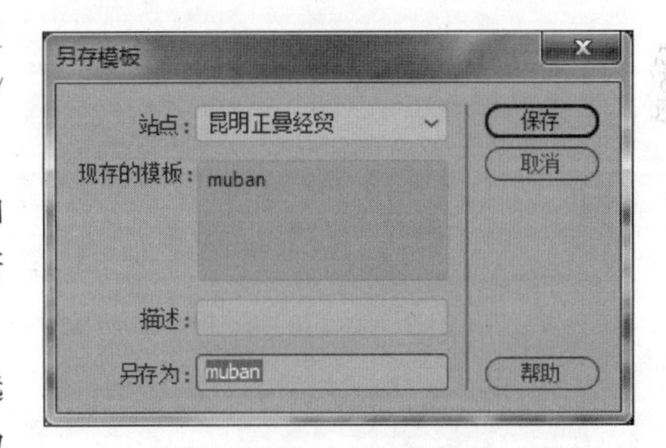

图 13-18　另存模板

步骤 26： 选中状态栏的标签 # header，选择“插入”→“模板”→“可编辑区域”，命名为 EditRegion1；选中标签 # main，选择“插入”→“模板”→“可编辑区域”，命名为 EditRegion2，效果如图 13-19 所示。

图 13-19　效果图

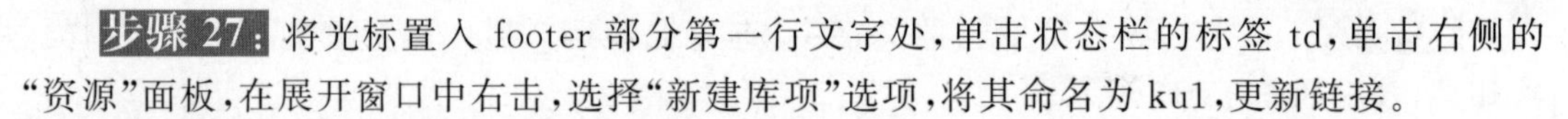

步骤 27: 将光标置入 footer 部分第一行文字处,单击状态栏的标签 td,单击右侧的“资源”面板,在展开窗口中右击,选择“新建库项”选项,将其命名为 ku1,更新链接。

小提示

当备案号改变,更改库的内容时,可批量更改应用此模板子页的相关内容。

步骤 28: 选择“文件”→“保存全部”。

小提示

当网页链接了样式和脚本文件时,单击“保存全部”是最好的方法。

视频讲解

任务 4:用模板创建“昆明正曼经贸”网站子页

任务描述

本任务用任务 3 制作的子页模板,完成“汽配人”“美食嘴”“化妆脸”“旅游腿”“联系我们”子页的制作。

设计要点

- 头部图像的替换;
- 添加各子页的主体内容。

任务实施

1. “汽配人”页面制作

步骤 1: 打开 Dreamweaver CC 2019 软件,选择“站点”→“管理站点”,在“管理站点”对话框中选择 kmzmjm,单击“完成”按钮。

步骤 2: 选择“文件”→“打开”,打开 Templates 文件夹的 muban. dwt。

步骤 3: 选择“文件”→“另存为”,另存到 pages 文件夹并更名为 qpr. html,在选择“要更新链接吗”时选择“是”。

步骤 4: 在 EditRegion1 可编辑区域内修改相应的图像文件。选中图像文件 images/bannerbj. jpg,单击“属性”栏里源文件的“浏览文件”选项,选中 images 文件夹下的 qprbanner. jpg 文件,如图 13-20 所示。

步骤 5: 参照步骤 4 的方法把图像 banner_01. png、banner_02. png、banner_03. png、banner_04. png、banner_05. png、banner_06. png、banner_07. png,依次更改为 images 文件夹下的图像 qprbanner1_01. png、qprbanner1_02. png、qprbanner1_03. png、qprbanner1_04. png、qprbanner1_05. png、qprbanner1_06. png、qprbanner1_07. png,效果如图 13-21 所示。

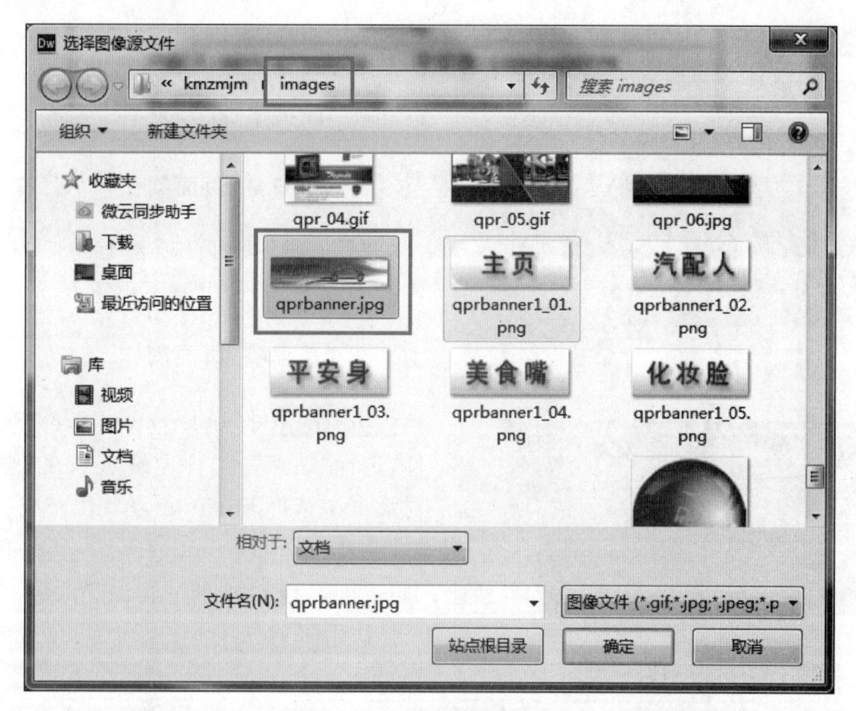

图 13-20　选择图像对话框

图 13-21　效果图

步骤 6: 将光标置入 EditRegion2 的层 # main 中,删除里面的文字,插入 1 个 5 行 1 列,宽度为 100%,边框、边距、间距为 0 的表格。

步骤 7: 在第 1 行中插入 images 文件夹下的图像 qpr_01. gif,在第 2 行中插入 qpr_02. gif,在第 3 行中插入 qpr_03. gif,在第 4 行中插入 qpr_04. gif,在第 5 行中插入 qpr_05. gif。

步骤 8: 为每个插入的图像应用样式". himg1"。

步骤 9: 为每个插入的图像插入链接为 pages 文件夹下的文件 qprsc. html。

步骤 10： 选择“文件”菜单下的“页面属性”选项，在“外观(CSS)”分类中设置“背景颜色”为＃F8C5C6，“页边界”全部为 0px，完成后的“汽配人”页面如图 13-22 所示。

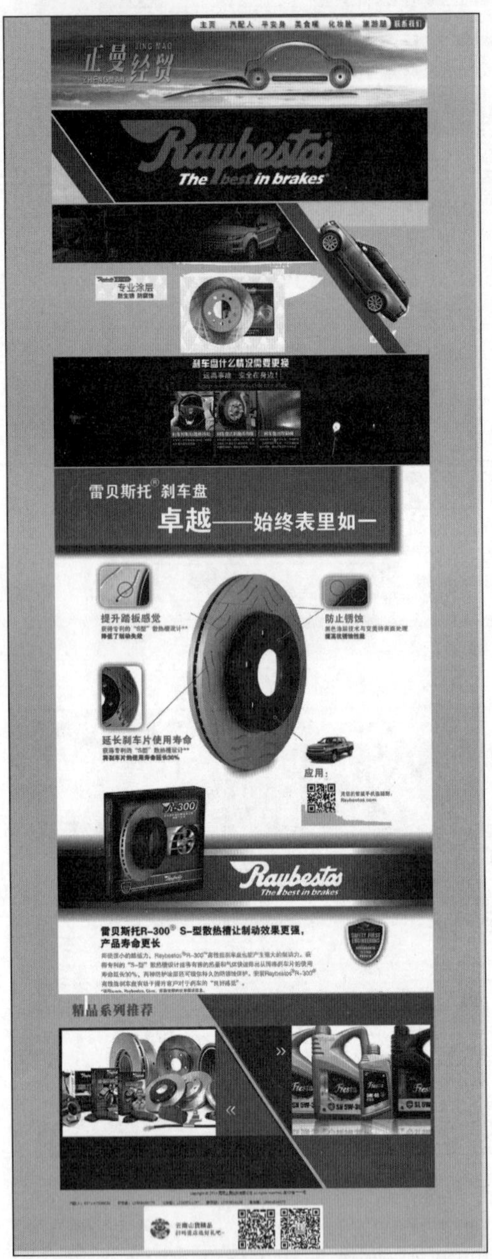

图 13-22 “汽配人”页面

2. “平安身”页面制作

“平安身”页面在项目七的任务 2 里有完整的制作方法，这里就不再重复。

3. “美食嘴”页面制作

步骤 1： 打开 Dreamweaver CC 2019 软件，选择“站点”→“管理站点”，在“管理站点”对话框中选择 kmzmjm，单击“完成”按钮。

步骤 2： 选择“文件”→“打开”，打开 Templates 文件夹的 muban.dwt。

步骤 3： 选择“文件”→“另存为”命令，另存到 pages 文件夹并更名为 msz.html，在选择“要更新链接吗”时选择“是”。

步骤 4： 将光标置入 EditRegion2 的层＃main 中，删除里面的文字，插入 1 个 7 行 1 列，宽度为 100%，边框、边距、间距为“0”的表格。

步骤 5： 在第 1 行中插入 1 个 1 行 2 列，宽度为 100%，边框、边距、间距为“0”的表格。在属性面板中的“单元格”区域设置每列的列宽为 50%，“水平”为“居中对齐”。在第 1 列中插入图像 images/msz_01.jpg，在第 2 列中插入图像 images/msz_02.jpg。

步骤 6： 新建样式“.img2”，保存在 style.css 中，设置“方框”选项的 Width 为 80%，Height 为 auto。为刚才插入的两个图像应用样式“.img2”。

步骤 7： 在第 2 行中插入 1 个 1 行 2 列，宽度为 100%，边框、边距、间距为“0”的表格。在属性面板中的“单元格”区域设置第 1 列宽为 30%，“水平”为“居中对齐”，第 2 列宽为 70%。在第 1 列中插入图像 images/msz_03.jpg，在第 2 列中插入图像 images/msz_04.jpg。

步骤 8： 新建样式“.img3”，保存在 style.css 中，设置“方框”选项的 Width 为 28%，Height 为 auto。为图像 images/msz_03.jpg 应用样式“.img3”，为图像 images/msz_04.jpg

应用样式“. img2”。

步骤 9: 在第 3 行中插入图像 images/msz_05. jpg,为其应用样式“. himg1”。

步骤 10: 在第 4 行中插入图像 images/msz_06. jpg,在属性面板上“单元格”区域设置“水平”为“居中对齐”。新建样式“. img4”,保存在 style. css 中,设置“方框”选项的 Width 为 60%,Height 为 auto。为图像 images/msz_06. jpg 应用样式“. img4”。

步骤 11: 在第 5 行中插入 1 个 1 行 5 列,宽度为 100%,边框、边距、间距为“0”的表格。在属性面板中的“单元格”区域设置每列的列宽为 20%,“水平”为“居中对齐”。在每个单元格中依次插入图像 images/msz_07. jpg、images/msz_08. jpg、images/msz_09. jpg、images/msz_10. jpg、images/msz_11. jpg,并为插入的图像应用样式“. img2”。

步骤 12: 在第 6 行中插入 1 个 1 行 2 列,宽度为 100%,边框、边距、间距为 0 的表格。在属性面板中的“单元格”区域设置每列的列宽为 50%,“水平”为“居中对齐”。在第 1 列中插入图像 images/msz_12. jpg,在第 2 列中插入图像 images/msz_13. jpg。并为插入的图像应用样式“. img2”。

步骤 13: 在第 7 行中插入图像 images/msz_14. jpg,为其应用样式“. himg1”。

步骤 14: 设置页面属性的“背景图像”为“../images/msbj. png”,“重复”为 repeat,“页边界”全部为 0px。完成后的“美食嘴”页面如图 13-23 所示。

4. “化妆脸”页面制作

步骤 1: 打开 Dreamweaver CC 2019 软件,选择“站点”→“管理站点”,在“管理站点”对话框中选择 kmzmjm,单击“完成”按钮。

步骤 2: 选择“文件”→“打开”,打开 Templates 文件夹的 muban. dwt。

步骤 3: 选择“文件”→“另存为”,另存到 pages 文件夹并更名为 hzl. html,在选择“要更新链接吗”时选择“是”。

步骤 4: 在 EditRegion1 可编辑区域内修改相应的图像文件。选中图像文件 images/bannerbj. jpg,改为 images 文件夹下的 hzlbanner. jpg 文件,把图像 banner_01. png、banner_02. png、banner_03. png、banner_04. png、banner_05. png、banner_06. png、banner_07. png,依次更改为 images 文件夹下的图像 hzlbanner1_01. png、hzlbanner1_02. png、hzlbanner1_03. png、hzlbanner1_04. png、hzlbanner1_05. png、hzlbanner1_06. png、hzlbanner1_07. png。

步骤 5: 将光标置入 EditRegion2 的层 # main 中,删除里面的文字,插入 1 个 9 行 1 列,宽度为 100%,边框、边距、间距为 0 的表格。

步骤 6: 在第 1 行中插入图像 images/hzl01. jpg,并为其应用样式“. himg1”。

步骤 7: 将光标置入层 main 中,插入层 main-1,为其新建样式规则,设置“选择器名称”为 # main-1,“规则定义”为 style. css,单击“确定”按钮,设置“方框”选项的 Width 为 10%,Height 为 12%,“定位”选项的设置如图 13-24 所示。

主页
汽配人
平安身
美食嘴
化妆脸
旅游腿
联系我们
正曼经贸
JING MAO
玫瑰鲜花饼
The rose flower cake
打造纯天然的玫瑰饼
云南传统美食
雲南
特色美食
野生菌
过桥米线
了解更多
了解更多
甜角
乳扇
干巴菌
青头菌
竹虫
火腿
云南山货精品

图 13-23 “美食嘴”页面

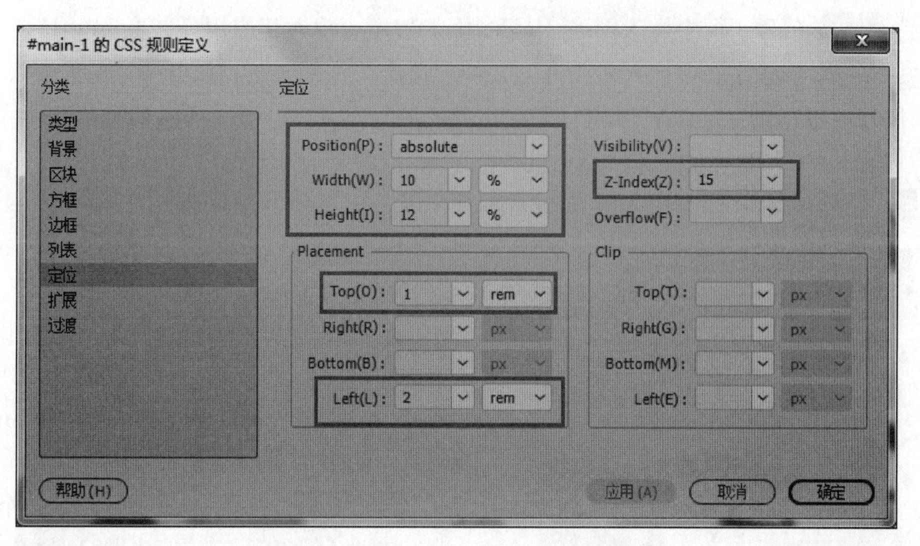

图 13-24　“#main-1”“定位”选项设置

步骤 8: 在层 main-1 里插入 1 个 2 行 1 列，宽度为 100%，边框、边距、间距为 0 的表格，并在每行里分别输入文字“进口化妆保健品”和“经络调理”。

步骤 9: 新建样式“. td-1”，保存在 style. css 文件中，设置“类型”选项中的 Font-family 为“微软雅黑”，Font-size 为 1rem；设置“背景”选项的 Background-image 为“../images/an1. png”，Background-repeat 为 no-repeat；设置“区块”选项的 Text-align 为 center，Vertical-align 为 middle；设置“方框”选项的 Height 为 2rem。为“进口化妆保健品”所在单元格应用样式“. td-1”。

步骤 10: 在右侧“CSS 设计器”窗口中找到选择器中的“. td-1”，右击“直接复制”，重命名为“. td-2”，将 background-image 的 url 修改为“. . /images/an2. png”。为“经络调理”所在单元格应用样式“. td-2”，效果如图 13-25 所示。

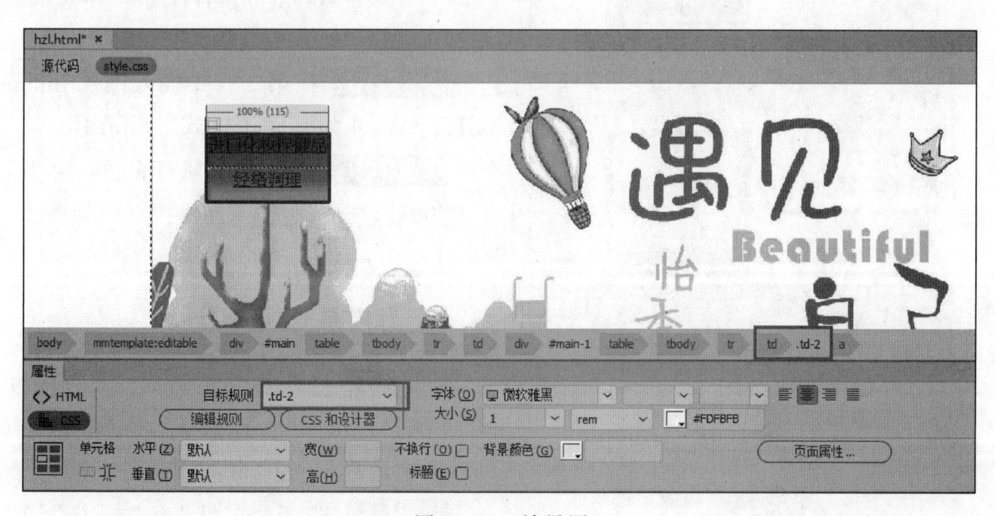

图 13-25　效果图

步骤 11: 在第 2 行中插入图像 images/hzl02. jpg,并为其应用样式“. himg1”。

步骤 12: 在第 3 行中插入 1 个 1 行 2 列,宽度为 100%,边框、边距、间距为“0”的表格。在属性面板中的“单元格”区域设置第 1 列的列宽为 37%,第 2 列的列宽为 63%。分别插入图像 images/hzl03. jpg 和 images/hzl04. png,并为其应用样式“. himg1”。

步骤 13: 在第 4 行中插入图像 images/hzl05. jpg,并为其应用样式“. himg1”。

图 13-26 “化妆脸”页面效果图

步骤 14: 在第 5 行中插入 1 个 1 行 2 列,宽度为 100%,边框、边距、间距为“0”的表格。在属性面板中的“单元格”区域设置第 1 列的列宽为 65%,第 2 列的列宽为 35%。分别插入图像 images/hzl06. png 和 images/hzl07. jpg,并为其应用样式“. himg1”。

步骤 15: 在第 6 行中插入 1 个 1 行 2 列,宽度为 100%,边框、边距、间距为“0”的表格。在属性面板中的“单元格”区域设置每列的列宽为 50%,“水平”为“居中对齐”。分别插入图像 images/hzl08. jpg 和 images/hzl09. jpg,并为其应用样式“. img2”。

步骤 16: 在第 7 行中插入图像 images/hzl10. png,并为其应用样式“. himg1”。

步骤 17: 在第 8 行中插入 1 个 1 行 2 列,宽度为 100%,边框、边距、间距为“0”的表格。在属性面板中的“单元格”区域设置每列的列宽为 50%,“水平”为“居中对齐”。分别插入图像 images/hzl11. jpg 和 images/hzl12. jpg,并为其应用样式“. img2”。

步骤 18: 在第 9 行中插入图像 images/hzl13. png,并为其应用样式“. himg1”。

步骤 19: 设置页面属性的“页边界”全部为“0px”,完成后的“化妆脸”页面如图 13-26 所示。

5. “旅游腿”页面制作

步骤 1: 打开 Dreamweaver CC 2019 软件,选择“站点”→“管理站点”,在“管理站点”对话框中选择 kmzmjm,单击“完成”按钮。

步骤 2: 选择“文件”→“打开”,打开

Templates 文件夹的 muban. dwt。

步骤 3: 选择“文件”→“另存为”,另存到 pages 文件夹并更名为 lyt. html,在选择“要更新链接吗”时选择“是”。

步骤 4: 在 EditRegion1 可编辑区域内修改相应的图像文件。选中图像文件 images/bannerbj. jpg,改为 images 文件夹下的 lybanner. jpg 文件,把图像 banner_01. png、banner_02. png、banner_03. png、banner_04. png、banner_05. png、banner_06. png、banner_07. png,依次更改为 images 文件夹下的图像 lytbanner1_01. png、lytbanner1_02. png、lytbanner1_03. png、lytbanner1_04. png、lytbanner1_05. png、lytbanner1_06. png、lytbanner1_07. png。

步骤 5: 将光标置入 EditRegion2 的层 # main 中,删除里面的文字,插入 1 个 3 行 1 列,宽度为 85%,边框、边距、间距为 0,Align 为“居中对齐”的表格。

步骤 6: 在第 1 行中插入 1 个 3 行 2 列,宽度为 100%,边框、边距、间距为 0 的表格。在属性面板中的“单元格”区域设置每列的列宽为 50%,“水平”为“右对齐”。在嵌入的第 1 行的第 1 个单元格中插入图像 images/ly01. gif,在第 2 行的单元格中分别插入图像 images/ly02. gif、images/ly03. gif,在第 3 行的单元格中分别插入图像 images/ly04. gif、images/ly05. gif。

步骤 7: 新建样式“. img5”,保存在 style. css 中,设置“方框”选项的 Width 为 90%,Height 为 auto,Margin-Top 为 2px,为刚才插入的图像应用样式“. img5”。

步骤 8: 在第 2 行插入列表项“高端定制！美食！美景！住宿！旅拍!”“真正的旅行！一日游！两日游！多日游!”“云南省内各种单项代订业务!”“24 小时管家服务!”“私人订制只为尊贵出游的您服务!”“预约热线：133 **** 6138”“期待您的来电!”。

步骤 9: 右击列表项→“CSS 样式”→“新建”,在“新建 CSS 规则”对话框中设置“选择器类型”为“复合内容(基本选择的内容)”,“选择器名称”为“# main table tbody tr td . full li”,“规则定义”为 style. css,单击“确定”按钮,设置“类型”选项的 Font-size(字体大小)为 1rem,“Line-height(行高)”为 1. 5 倍,“color(颜色)”为 # 0A1EF4,“Font-weight(粗细)”为“bolder(粗体)”;设置“方框”选项的“Width(宽度)”为 50%,“Float(浮动)”为“left(左对齐)”;设置“列表”选项的“Llist-style-type(样式)”为“none(无)”。

步骤 10: 在第 3 行中插入 1 个 1 行 3 列,宽度为 100%,边框、边距、间距为 0 的表格。在属性面板中的“单元格”区域设置第 1、2 列的列宽为 33%,“水平”为“右对齐”。在单元格中分别插入图像 images/ly06. gif、images/ly07. gif、images/ly08. gif,为其应用样式“. img5”。

步骤 11: 新建样式“. lytbg”,保存在 style. css 中,设置如图 13-27 所示。选中状态栏的标签 # main,为其应用样式“. lytbg”。完成后的“旅游腿”页面效果如图 13-28 所示。

6. “联系我们”页面制作

步骤 1: 打开 Dreamweaver CC 2019 软件,选择“站点”→“管理站点”,在“管理站点”对话框中选择 kmzmjm,单击“完成”按钮。

步骤 2: 选择“文件”→“打开”,打开 Templates 文件夹的 muban. dwt。

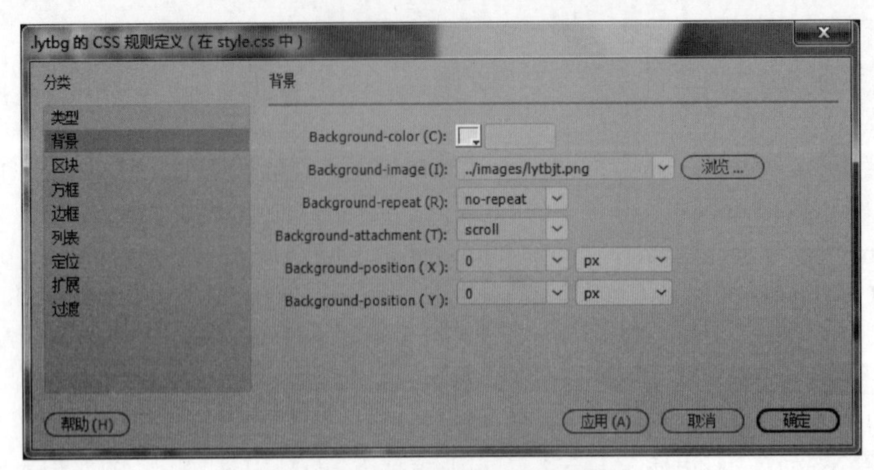

图 13-27 “.lytbg”“背景”选项设置

图 13-28 “旅游腿”页面效果图

步骤 3: 选择“文件”→“另存为”，另存到 pages 文件夹并更名为 lxwm. html，在选择“要更新链接吗”时选择“是”。

步骤 4: 将光标置入 EditRegion2 的层 # main 中，删除里面的文字，插入 1 个 5 行 1 列，宽度为 100%，边框、边距、间距为“0”的表格。

步骤 5: 新建样式“. text1”，保存在 style. css 中，设置“类型”选项的 Font-size 为 1rem，Line-height 为 2 倍，Color 为 # 760FAB；设置“方框”选项 Margin 的 Left 为 2rem，Right 为 2%。

步骤 6: 打开 pages 下面的 lxwm. txt 文件，复制其中相关文字到第 1 行至第 4 行内，如图 13-29 所示，并选中所在行的标签 td 为其应用样式“. text1”。设置页面属性的“背景颜色”为 # B4DFF7，“页边界”全部为 0px，完成后的“联系我们”页面效果如图 13-29 所示。

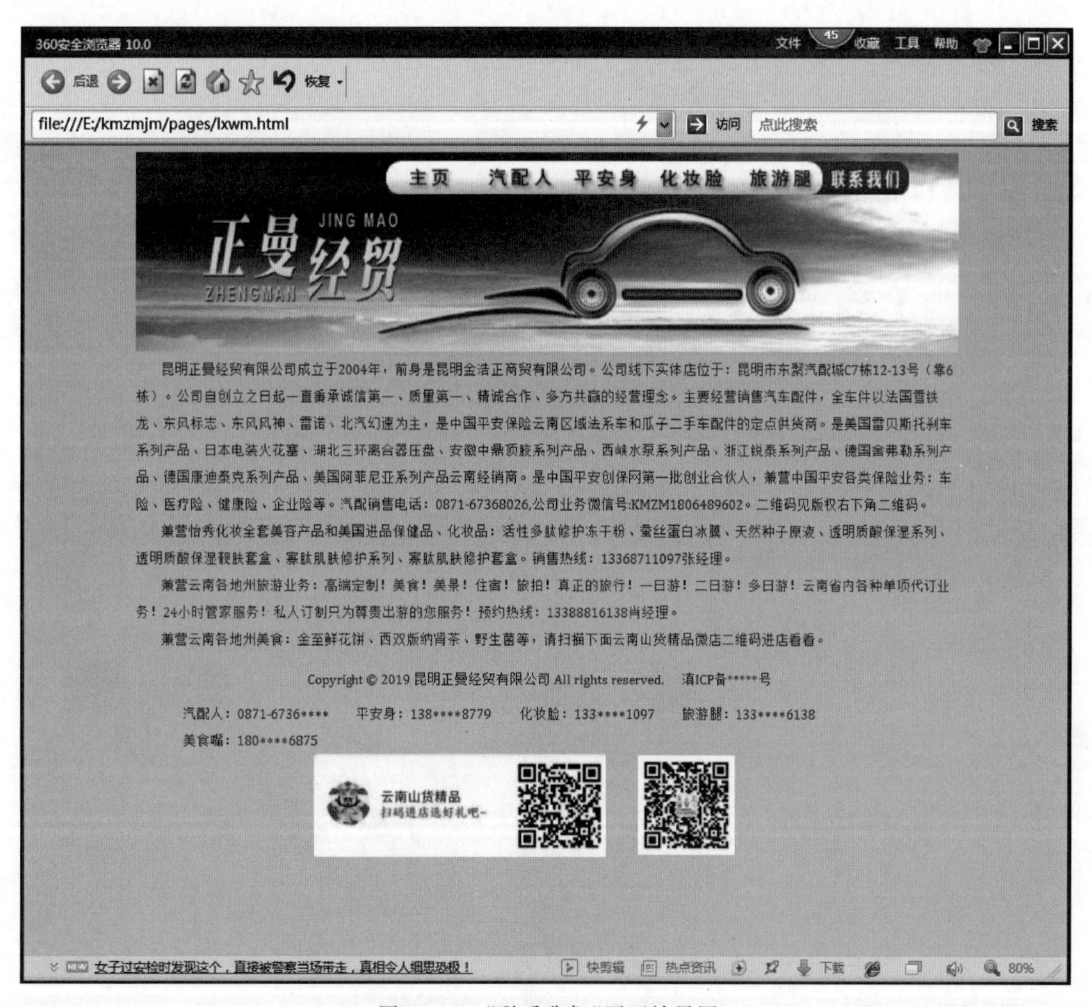

图 13-29　“联系我们”页面效果图

项目小结

本项目从策划“昆明正曼经贸”的网站及建站流程，完善主页，创建网站子页模板到制作各个子页，完成了一个网站的完整的制作过程。

思考题

1. 网站的开发流程是什么？
2. 如何设计一个个人网站？

项目十四

域名注册备案、虚拟主机申请及网站调试上传

学习要点

- 域名的注册；
- 虚拟主机的申请；
- 网站备案；
- 上传网站；
- 网站域名解析；
- 使用西部数码快速模板完成建站。

任务1：域名注册

任务描述

本任务通过使用西部数码网站，了解什么是域名并进行注册。

知识链接

网域名称(Domain Name)，简称域名、网域，是由一串用点分隔的字符组成的 Internet 上某一台计算机或计算机组的名称，在数据传输时用于标识计算机的电子方位。我们常见的域名有.com、.cn、.net 等。.cn 是 Internet 域名，国家顶级域名，表示中国国家域名。它由中国互联网络信息中心(CNNIC)正式注册并运行。一般来说.com 注册用户为商业机构，.org 为组织机构，.edu 为教育机构，.gov 为政府机构。

任务实施

步骤 1： 在浏览器中输入西部数码网址 http://www.west.cn，打开网站主页，如图 14-1 所示。单击网站右上角的“免费注册”按钮，打开注册页面，根据需求选择用户类型，填入相应资料，用户注册有两种类型，分别是企业用户和个人用户，填入对应资料，带 * 的文本框必须填写，完成注册，如图 14-2 所示。

图 14-1　西部数码网站主页

图 14-2　注册用户账户

步骤 2： 注册成功后登录网站首页，单击右上角的“管理中心”→“账号认证”，如图 14-3 所示。按提示填写资料完成认证，如图 14-4 所示。

图 14-3　用户管理中心

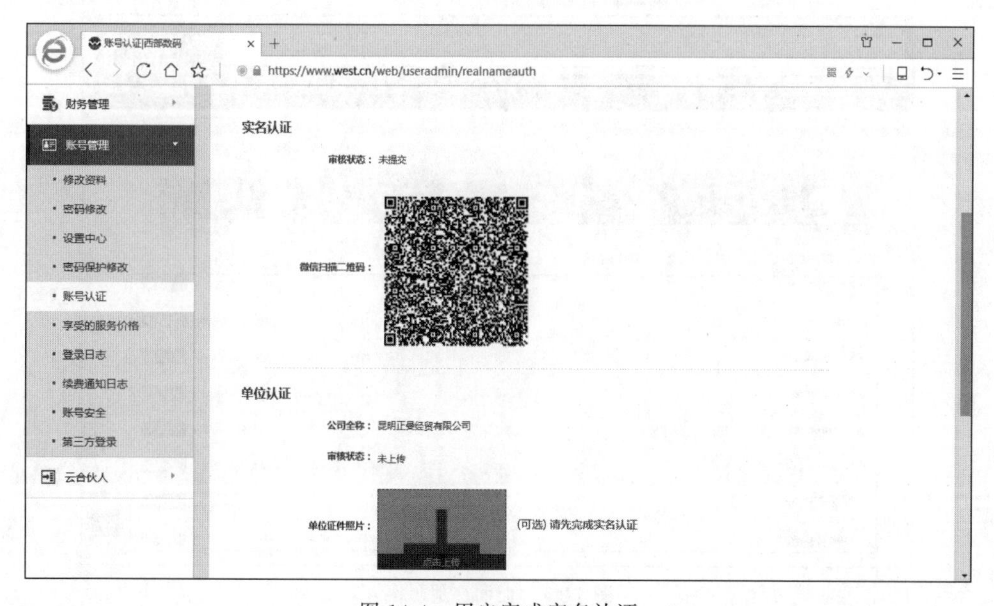

图 14-4　用户完成实名认证

小提示

若主页上没有出现“管理中心”这个按钮，请先登录。

步骤 3: 单击导航栏中的“域名注册”,进入域名注册入口,如图 14-5 所示。在查询框中输入需要注册的域名进行查询,查看是否可以注册,如图 14-6 所示。

图 14-5 域名注册入口

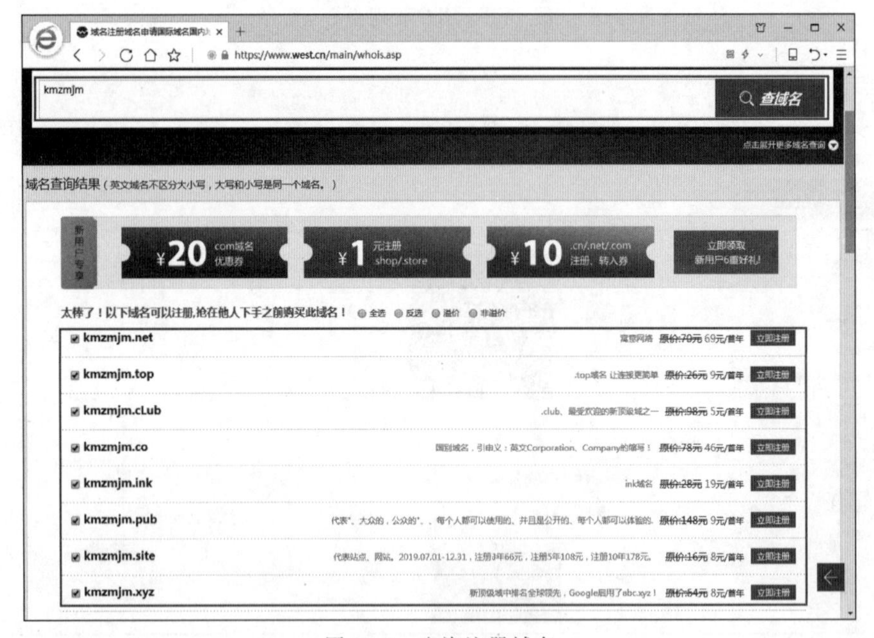

图 14-6 查询注册域名

小提示

gov.cn 域名是我国政府机关网站的专属域名,只有政府机关单位才可以注册。英文域名不区分大小写,大写和小写是同一个域名。

步骤 4: 找到需要注册的域名,单击“立即注册”按钮进行域名的注册,选择注册年限,如图 14-7 所示。完成所有资料填写,如图 14-8 所示,单击“进入下一步”按钮。

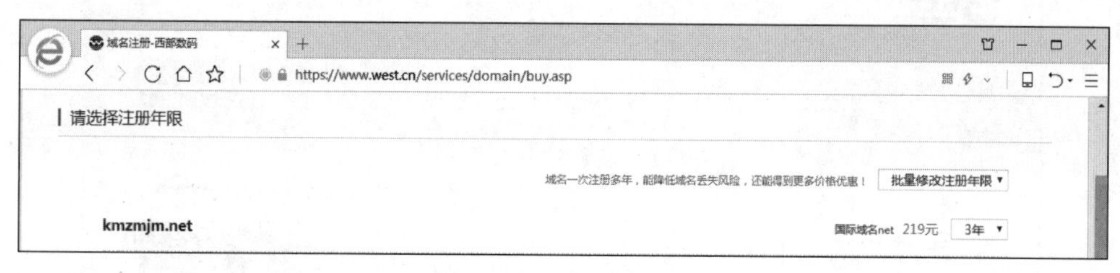

图 14-7　选择注册年限

图 14-8　域名资料填写

步骤 5: 进入域名结算页,选中需要结算的域名,单击“去结算”按钮,进行支付结算,如图 14-9 所示。

步骤 6: 选择结算方式,可以选择银行卡结算、微信结算、支付宝结算多种方式,以微信为例,如图 14-10 所示。使用“微信扫一扫”完成支付,如图 14-11 所示。

步骤 7: 完成支付,域名申请成功,单击右上角“管理中心”里的“域名管理”,如图 14-12 所示,找到注册成功的域名,单击“未传图片/未实名”进行实名认证,如图 14-13 所示。上传相关材料绑定微信,完成域名实名认证,如图 14-14 所示。至此,域名注册完成。

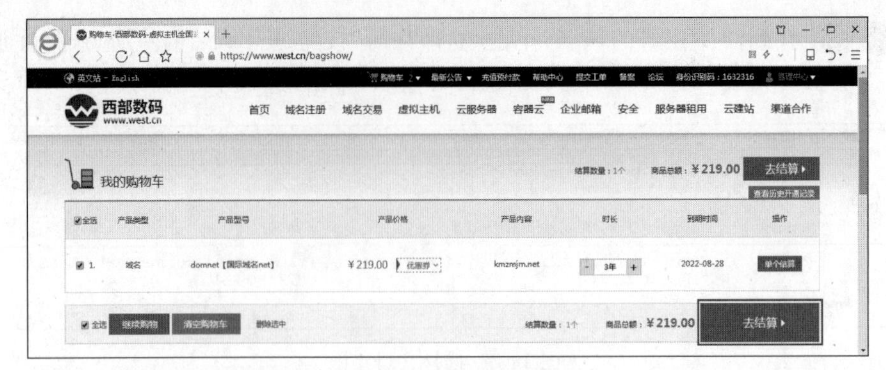

图 14-9　域名结算

图 14-10　域名结算方式

图 14-11　微信扫码支付

图 14-12　域名管理

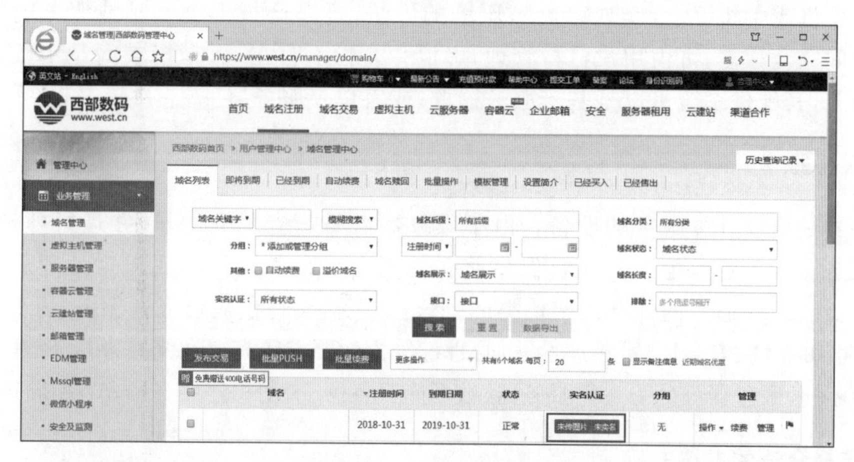

图 14-13　域名实名认证

图 14-14　提交域名实名认证

任务2：申请虚拟主机

任务描述

本任务了解什么是虚拟主机，并在西部数码网站购买虚拟主机。

知识链接

1. 虚拟主机

虚拟主机(virtual hosting)或称共享主机(shared Web hosting)，又称虚拟服务器，是一种在单一主机或主机群上，实现多网域服务的方法，可以运行多个网站或服务的技术。虚拟主机之间完全独立，可由用户自行管理，虚拟并非指不存在，而是指空间是由实体的服务器延伸而来，其硬件系统可以是基于服务器群，或者单个服务器。

2. 服务器

服务器是提供计算服务的设备。由于服务器需要响应服务请求，并进行处理，因此一般来说服务器应具备承担服务并且保障服务的能力。服务器的构成包括处理器、硬盘、内存、系统总线等，和通用的计算机架构类似，但是由于需要提供高可靠的服务，因此在处理能力、稳定性、可靠性、安全性、可扩展性、可管理性等方面要求较高。在网络环境下，根据提供的服务类型不同，服务器可分为文件服务器、数据库服务器、应用程序服务器、Web服务器等。

3. 选择合适的虚拟主机

每个网站的情况不同，因此所需要的虚拟主机也不同。要选择适合自己的虚拟主机，在购买前应该搞清楚以下几个问题。

- 网站程序使用的语言是什么？网站的开发语言有很多，常见的有ASP、ASP.NET、PHP、JSP等，不同语言所需要的系统和运行环境并不一样，所以在购买主机前需要知道自己网站使用的是什么语言，需要什么样的运行环境，以便选择合适的配置，各型号虚拟主机支持的程序可以在主机配置页面中看到。一般来说，Windows对ASP、ASP.NET支持较好，也支持PHP，而Linux对PHP、JSP支持较好。目前常见的开源程序，如DedeCMS(织梦系统)、帝国系统、WordPress、Discuz!、ShopEx、ECShop都是用PHP语言开发的。
- 打算使用什么类型的数据库？除了网站使用的语言以外，还要知道自己的网站打算使用什么类型的数据库，一些开源程序对数据库的要求也不一样。目前不同型号的虚拟主机支持的数据库类型有所不同，具体类型可以在虚拟主机参数页面看到。

- 网站需要多大的空间和流量？虚拟主机的空间和流量大小是重要的参数，可以根据网站需求进行选择，后期如果空间、流量不够，可以在原有空间进行升级。
- 电信、双线、多线等线路的差别是什么？如何选择？我们都知道，国内线路主要分为电信和联通，北方以联通为主，南方以电信为主。在线路访问上，线路内访问速度都比较快，而电信和联通互访则速度会稍慢。单线是指仅支持联通或电信线路；双线是指同时支持联通和电信线路；多线支持的线路更多，还包括原来的铁通、移动等。各线路的价格有所不同，网站的用户以什么线路为主就选择什么线路，如果用户覆盖面较广，则建议选择多线或 BGP 机房。

任务实施

步骤 1： 打开西部数码网站，单击导航栏中的“虚拟主机”→“全能型主机”→“多线主机”，如图 14-15 所示。向下滚动查看所需主机支持的语言，如图 14-16 所示。

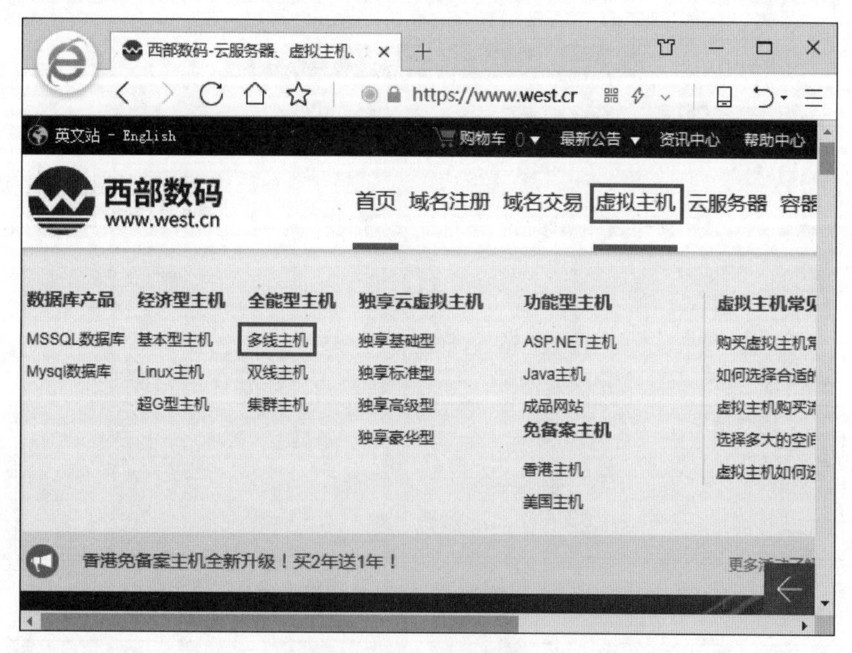

图 14-15　多线主机

步骤 2： 查看虚拟主机支持的数据库类型，如图 14-17 所示。

步骤 3： 查看虚拟主机网页空间的大小和单月流量，如图 14-18 所示。

步骤 4： 确定需要购买的虚拟主机后，直接单击页面中的“立即购买”按钮即可，如图 14-19 所示。

步骤 5： 进入信息填写界面，在此页面中，要先选择数据机房，也就是单线、双线、多线主机的选择，如图 14-20 所示。

步骤 6： 选择数据机房后，需要填写 FTP 账号、FTP 密码，选择主机操作系统、主机数据库版本、IP 地址和购买年限，勾选虚拟主机购买协议，如图 14-21 所示。

图 14-16　虚拟主机语言

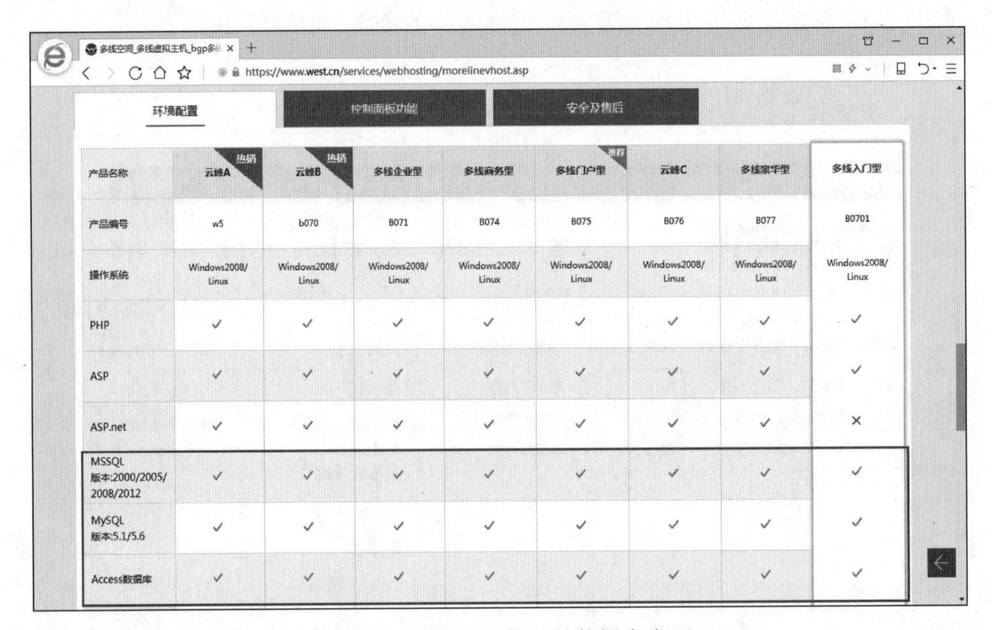

图 14-17　虚拟主机使用的数据库类型

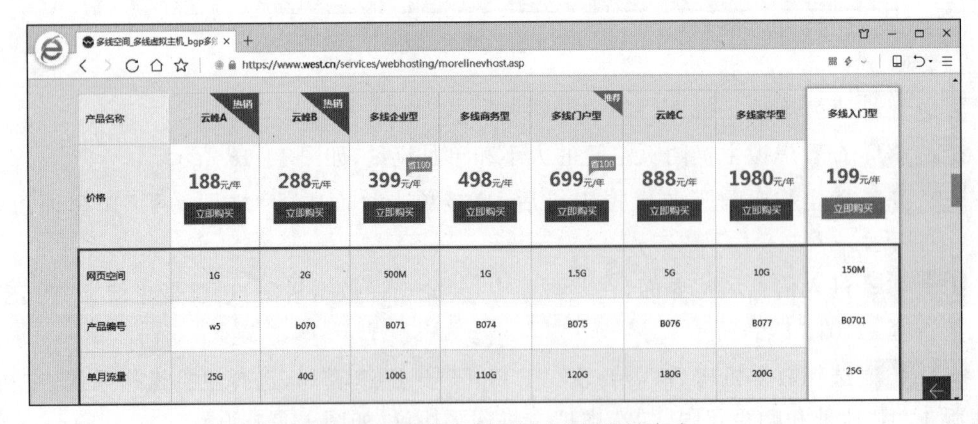

图 14-18　虚拟主机网页空间、流量大小

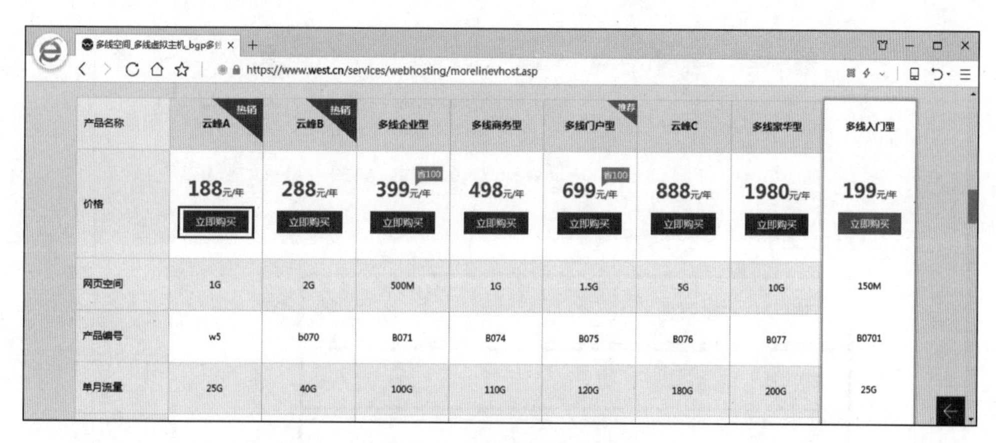

图 14-19　购买虚拟主机

图 14-20　选择数据机房

步骤 7: 单击“继续下一步”按钮，登录后会跳转到购物车页面，勾选需要结算的主机，核对购买年限，单击“去结算”按钮，如图 14-22 所示。

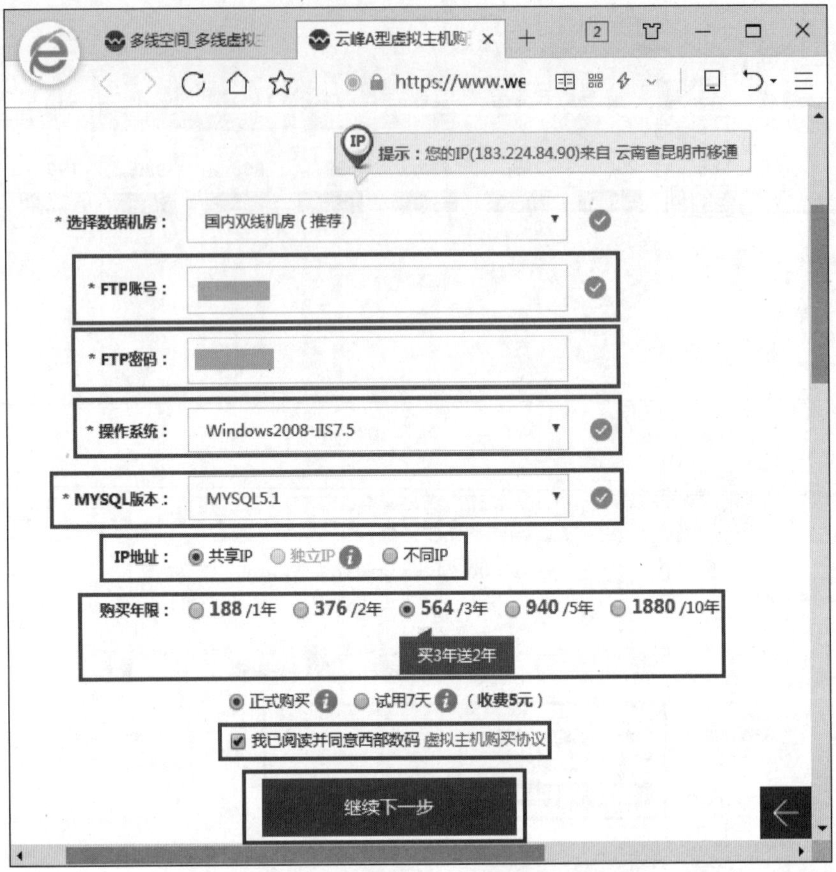

图 14-21　虚拟主机资料填写

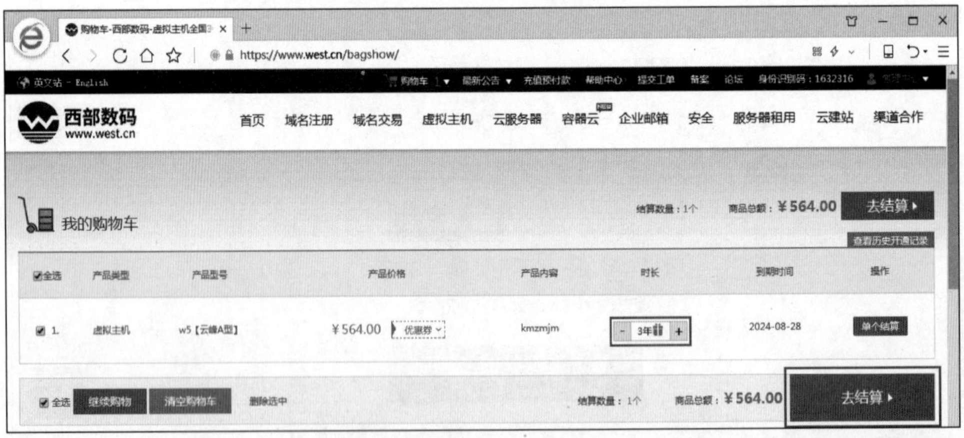

图 14-22　虚拟主机购买结算

步骤 8: 如果账户中有充足的预付款，可以直接支付。如果账户中没有余额，则需要通过支付宝、微信、网银、银行转账等方式进行充值，充值并支付后才正式完成虚拟主机购买。在这里我们选择微信支付，如图 14-23 所示。用微信扫一扫功能扫描二维码完成支付，

如图 14-24 所示。

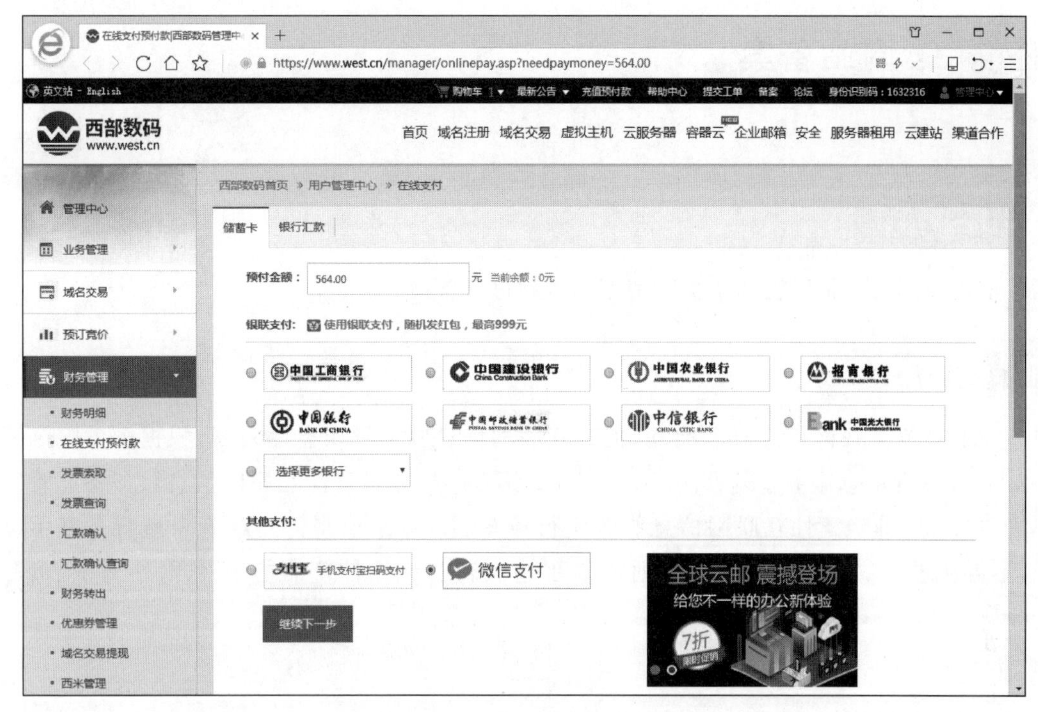

图 14-23　选择支付方式

图 14-24　扫码支付

任务3：网站备案

任务描述

使用西部数码备案管理系统对使用的网站进行备案。

知识链接

为了规范互联网信息服务活动，促进互联网信息服务健康有序发展，根据国务院令第292号《互联网信息服务管理办法》和工信部令第33号《非经营性互联网信息服务备案管理办法》规定，对非经营性互联网信息服务实行备案制度。未取得许可或者未履行备案手续的，不得从事互联网信息服务，否则就属于违法行为。工信部官方备案网站为 http://beian.miit.gov.cn。

小提示

只有购买西部数码的虚拟主机、VPS、云主机或者独立主机后才能委托西部数码备案，其他网站购买的主机请联系购买方进行备案。本例在西部数码中备案。

任务实施

步骤1： 打开西部数码网站备案系统 http://beian.west.cn 或 http://beian.vhostgo.com，如图14-25所示。单击右侧的“注册”按钮，填入相应信息注册一个账户，登录到备案系统，如图14-26所示。

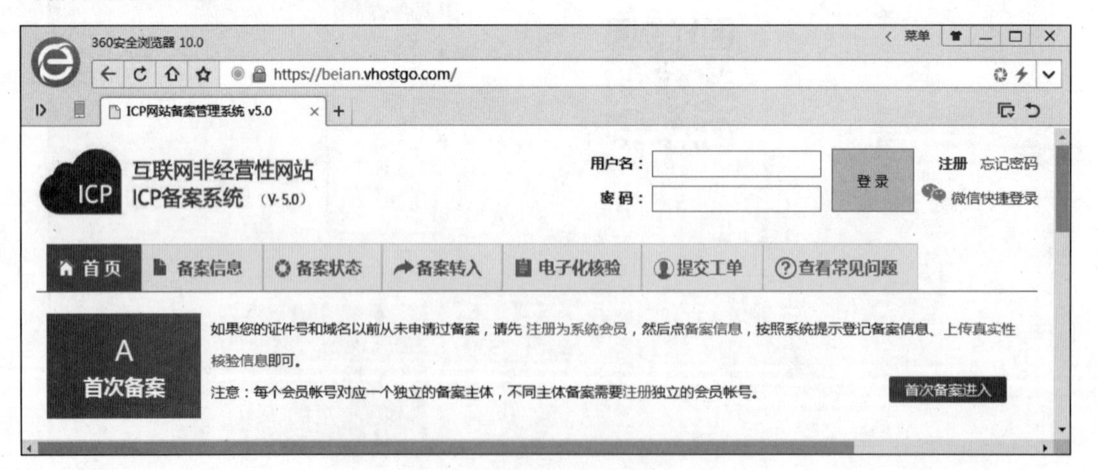

图14-25 打开网站备案系统

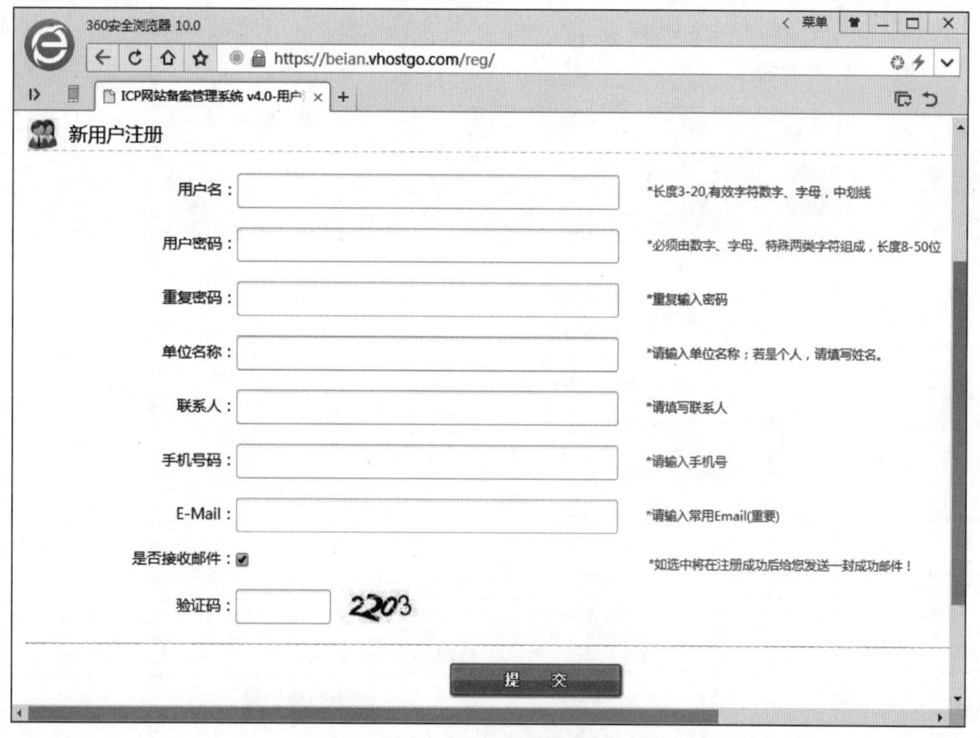

图 14-26　注册备案用户

步骤 2： 登录系统后，网站会提示进行微信绑定，绑定后可以了解网站备案进度、通知等信息，微信扫描二维码进行绑定，如图 14-27 所示。

图 14-27　微信绑定

步骤 3: 填写备案信息,如图 14-28 所示。系统将根据填写的域名和证件,自动验证备案类型,如图 14-29 所示。

图 14-28　填写备案信息

图 14-29　验证备案类型

步骤 4： 填写主办单位信息和单位负责人信息，如图 14-30 所示。

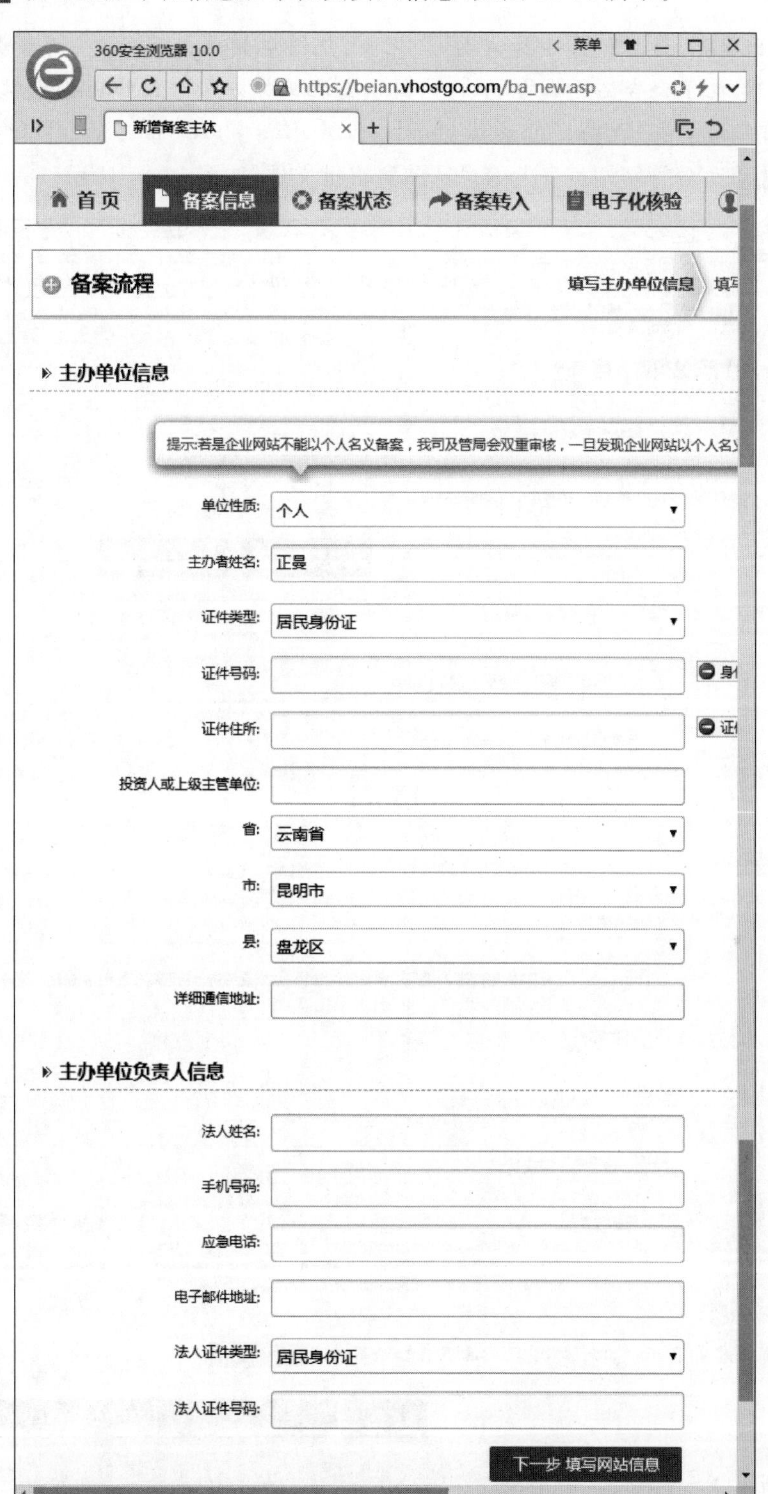

图 14-30　填写主办单位和负责人信息

小提示

新闻类、出版类、药品和医疗器械类、文化类、广播电影电视节目类、教育类、医疗保健类、网络预约车、电子公告类行业的网站，需联系当地机关办理对应的前置审批手续。网站备案码获取方法请参看“https://beian.vhostgo.com/faq/show.asp?c3lzaWQ9NA==”。

步骤 5: 填写分管网站负责人信息和前置审批文件，如图 14-31 所示。

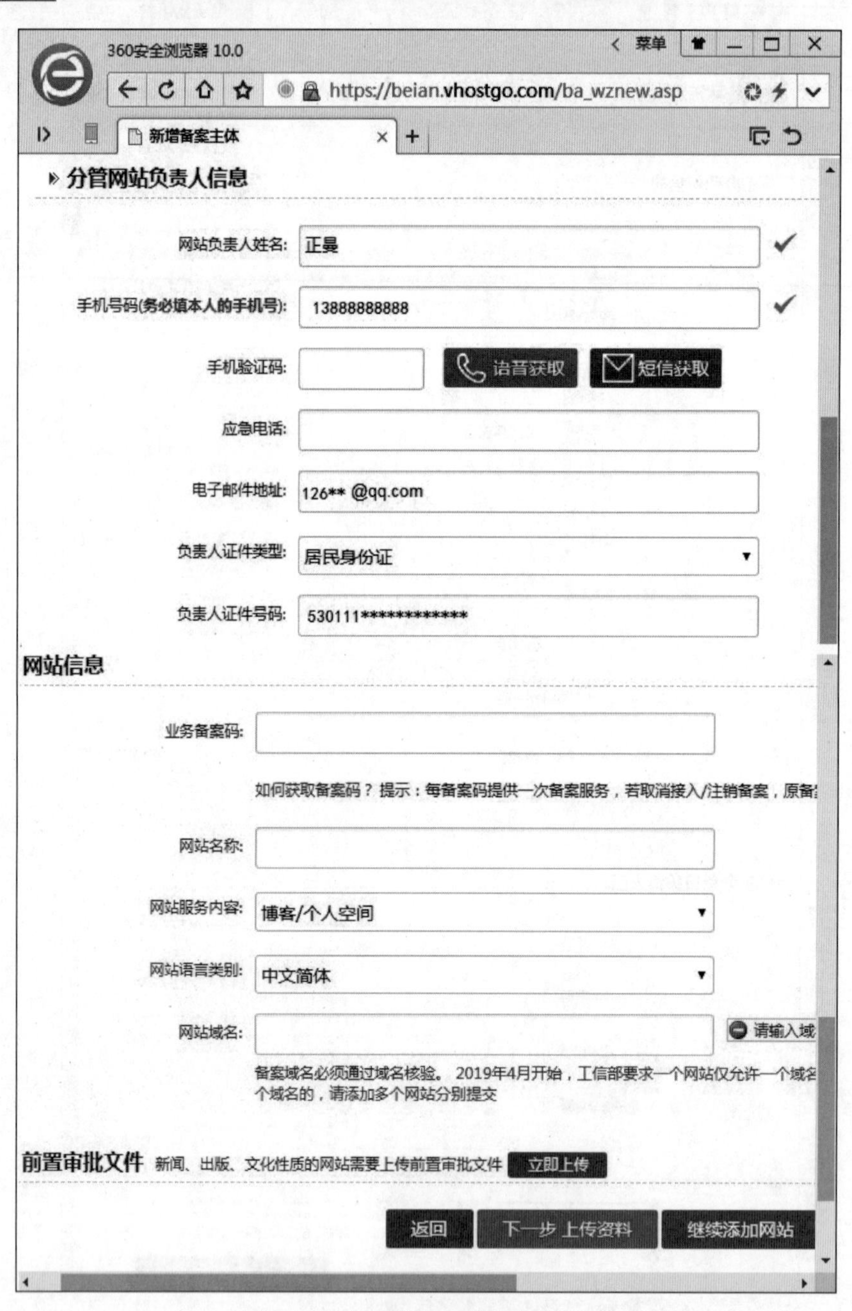

图 14-31　填写分管网站负责人信息

步骤 6: 使用微信扫描二维码进入核验小程序,如图 14-32 所示。

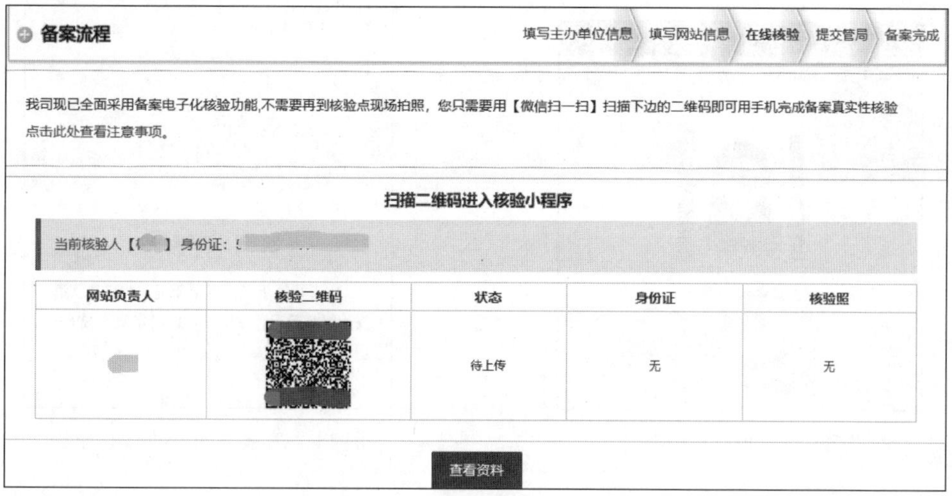

备案流程　填写主办单位信息　填写网站信息　在线核验　提交管局　备案完成

我司现已全面采用备案电子化核验功能,不需要再到核验点现场拍照,您只需要用【微信扫一扫】扫描下边的二维码即可用手机完成备案真实性核验
点击此处查看注意事项。

扫描二维码进入核验小程序

当前核验人【 】 身份证:

网站负责人	核验二维码	状态	身份证	核验照
		待上传	无	无

查看资料

图 14-32　使用微信核验小程序

步骤 7: 使用手机小程序拍摄网站负责人身份证正反面照片上传,如图 14-33 所示。

小提示

企业备案还须使用微信小程序扫描上传企业营业执照、法人身份证,完成法人证件权威核验。

步骤 8: 使用手机小程序完成网站负责人人像检测,并生成新备案核验照,将人脸置于视频框中单击“开始拍摄”,并大声读出随机数字,如图 14-34 所示。根据提示选择合适的核验照进行提交,如图 14-35 所示。

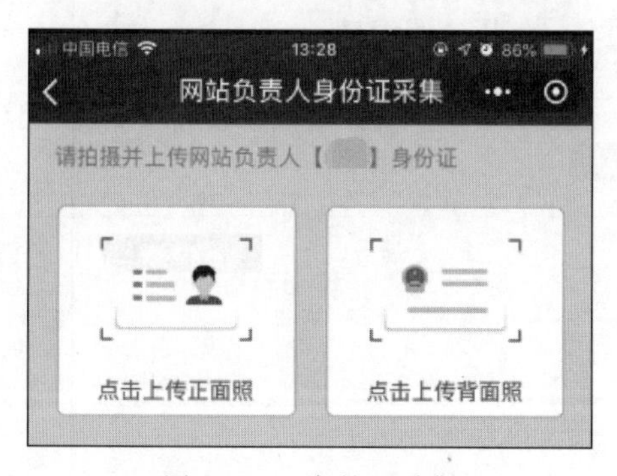

图 14-33　身份证采集

图 14-34　朗读数字

小提示

备案人像在线检测需保持网络通畅,建议在 4G 网络或 Wi-Fi 环境下使用,人像检测时,需要使用手机麦克风,在弹出提示时,请务必选择同意,否则会造成核验失败。

步骤 9： 在手机小程序上完成资料真实性承诺，如图 14-36 所示。

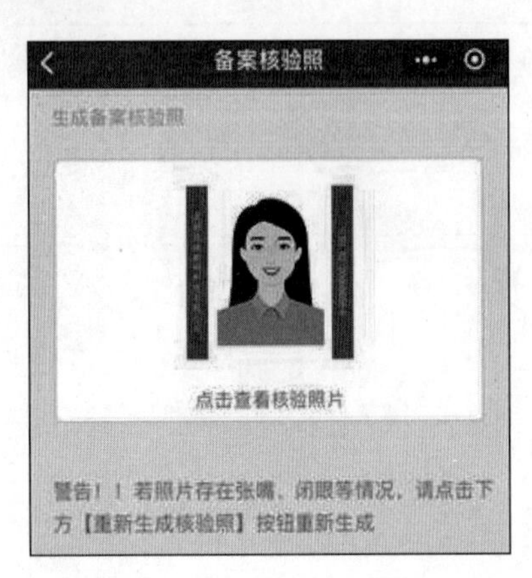

图 14-35　拍摄核验照片

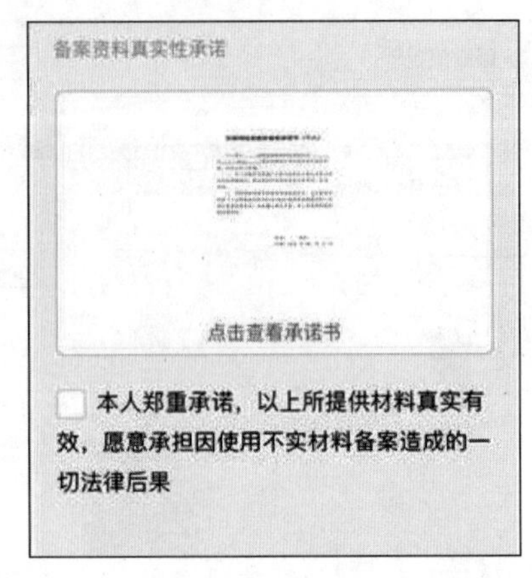

图 14-36　备案材料真实性承诺

步骤 10： 完成在线电子核验，如图 14-37 所示。

步骤 11： 返回备案网站，完成最终资料提交，如图 14-38 所示。

步骤 12： 核验完成后，用户须注意查看备案平台-备案状态处提示“已在管局审核中”，若状态不正确请及时与接入商联系，备案提交成功后，等待工作人员审核，如图 14-39 所示。审核成功后预留手机会收到工信部备案成功信息，即完成网站备案。

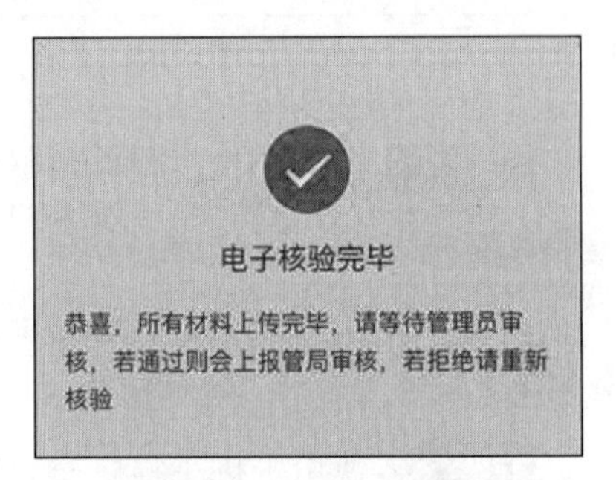

图 14-37　完成电子核验

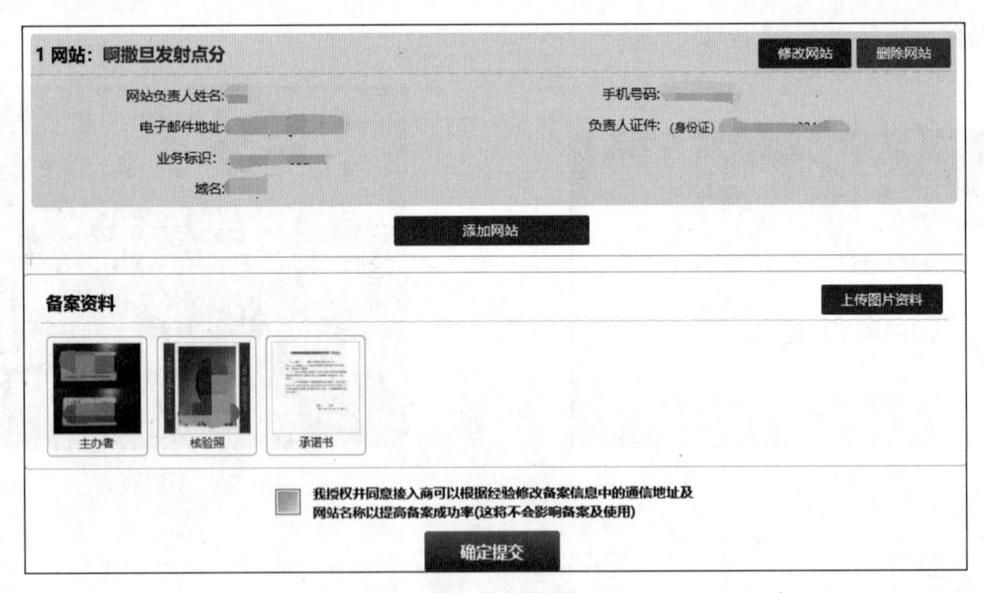

图 14-38　完成资料提交

图 14-39　管理审核中

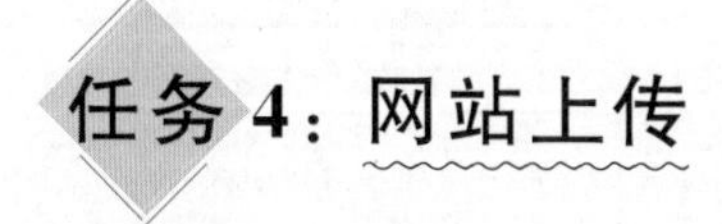

任务4：网站上传

任务描述

本任务上传网站到虚拟主机。上传后，打开公司网址 http://www.kmzmjm.cn 预览网页。

知识链接

网站调试正常后，要将网站上传到虚拟主机。网站上传有多种方式，较大的网站可以通过上传压缩文件包的方式上传至虚拟主机中，然后解压完成上传；较小的网站可以使用FTP上传工具进行上传。本例就以FTP上传工具8UFtp为例进行操作。

任务实施

步骤1： 安装上传工具8UFtp，打开软件，界面如图14-40所示，选择“文件”→“站点管理器"→"新站点"新建一个站点，如图 14-41 所示。

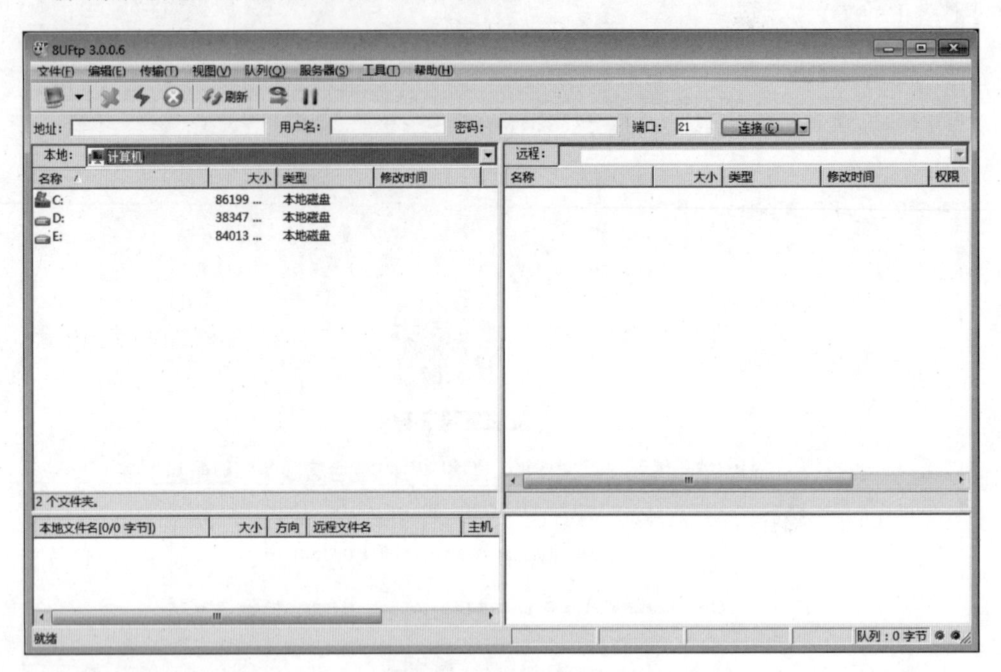

图 14-40　8UFtp 工具界面

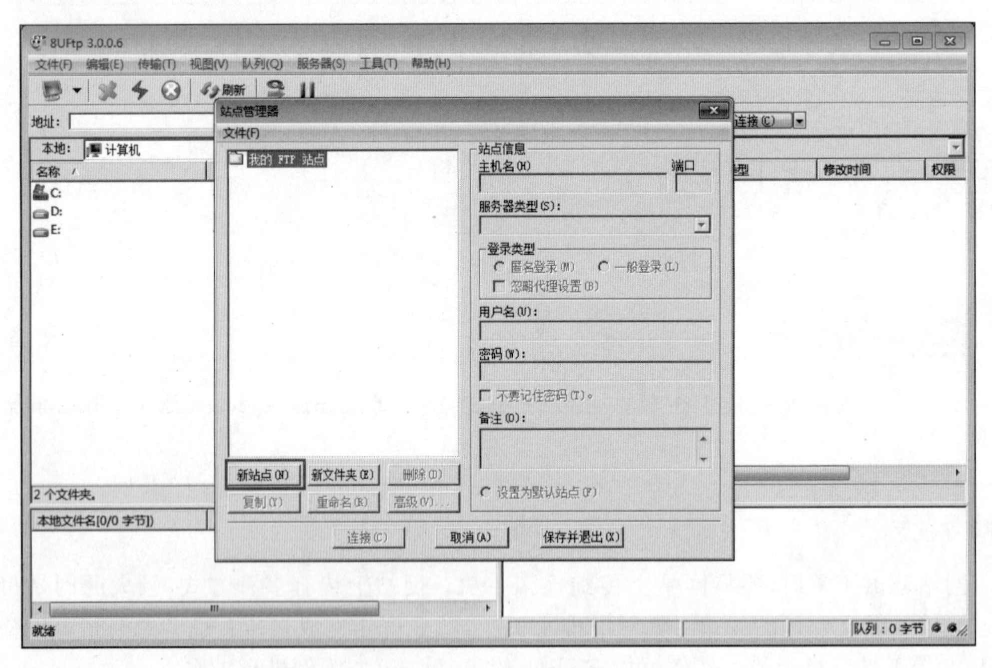

图 14-41　站点管理器

步骤 2: 登录西部数码，选择"管理中心"→"虚拟主机管理"，找到已购买的主机列表，如图 14-42 所示。选择已购主机，单击"管理"，进入主机管理界面，如图 14-43 所示。

图 14-42　购买主机列表

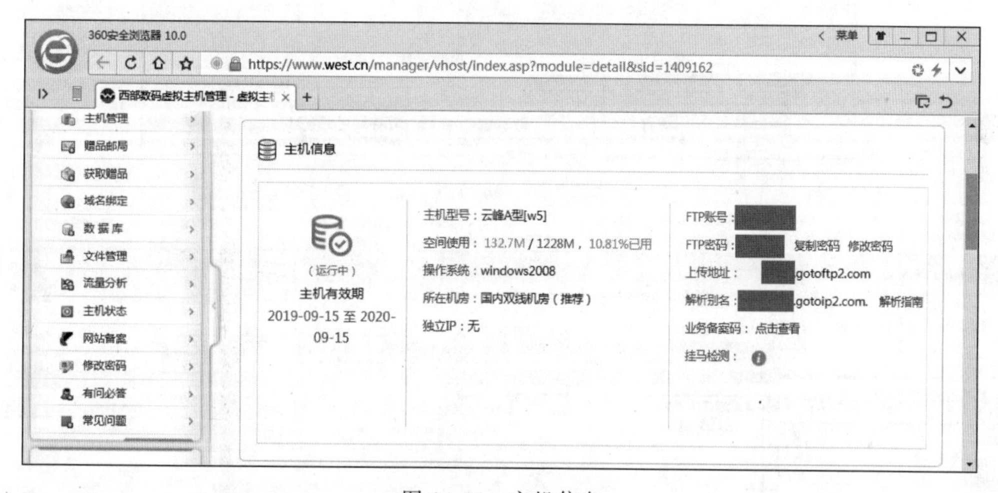

图 14-43　主机信息

步骤 3: 复制网页中的上传地址，填入“主机名”处；复制网页中的 FTP 账号，填入“用户名”处，复制网页中的 FTP 密码，填入“密码”处，单击“保存并退出”按钮，如图 14-44 所示。单击“文件”→“站点管理”，选择新建站点 kmzmjm，单击“连接”即可连接到虚拟主机上，如图 14-45 所示。

步骤 4: 软件状态为“成功取得目录列表”，在右侧看到远程文件夹，表示已经连接到虚拟主机，如图 14-46 所示。上传前删除 wwwroot 中的 index. html 文件，如图 14-47 所示。

步骤 5: 本地选择需要上传的网站根目录，远程选择 wwwroot 根目录，如图 14-48 所示。为了避免以后网站程序出错，在上传时要先对软件进行设置，选择菜单“传输”→“传输类型”→“二进制”命令，如图 14-49 所示。

步骤 6: 设置完成后，在 8UFtp 中选择要上传的网站，全选网站目录下的全部网页，右击，选择“上传”命令，如图 14-50 所示。

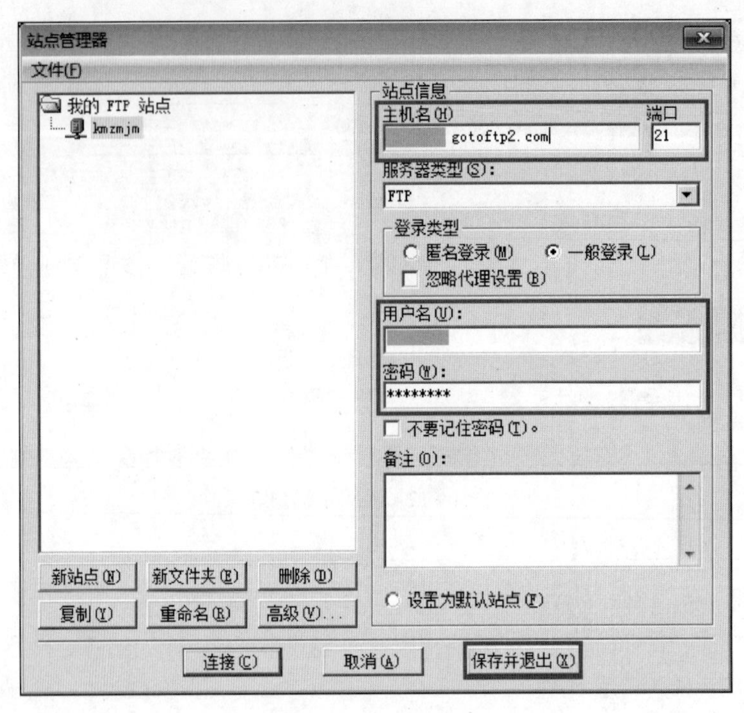

图 14-44　新站点信息

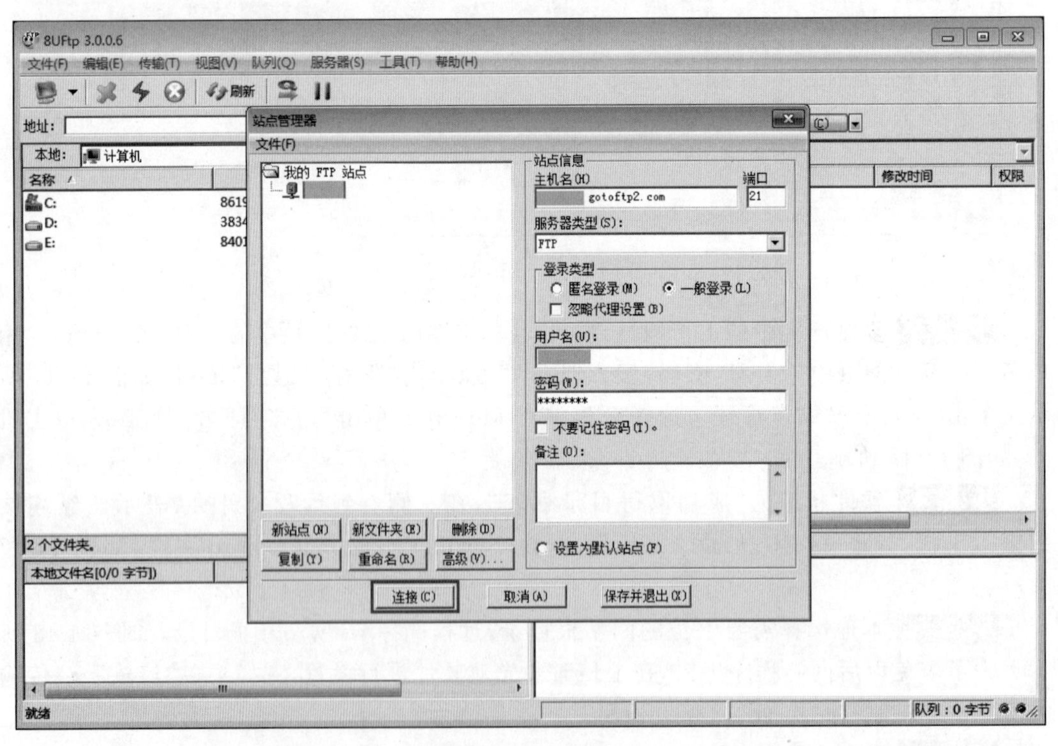

图 14-45　站点连接

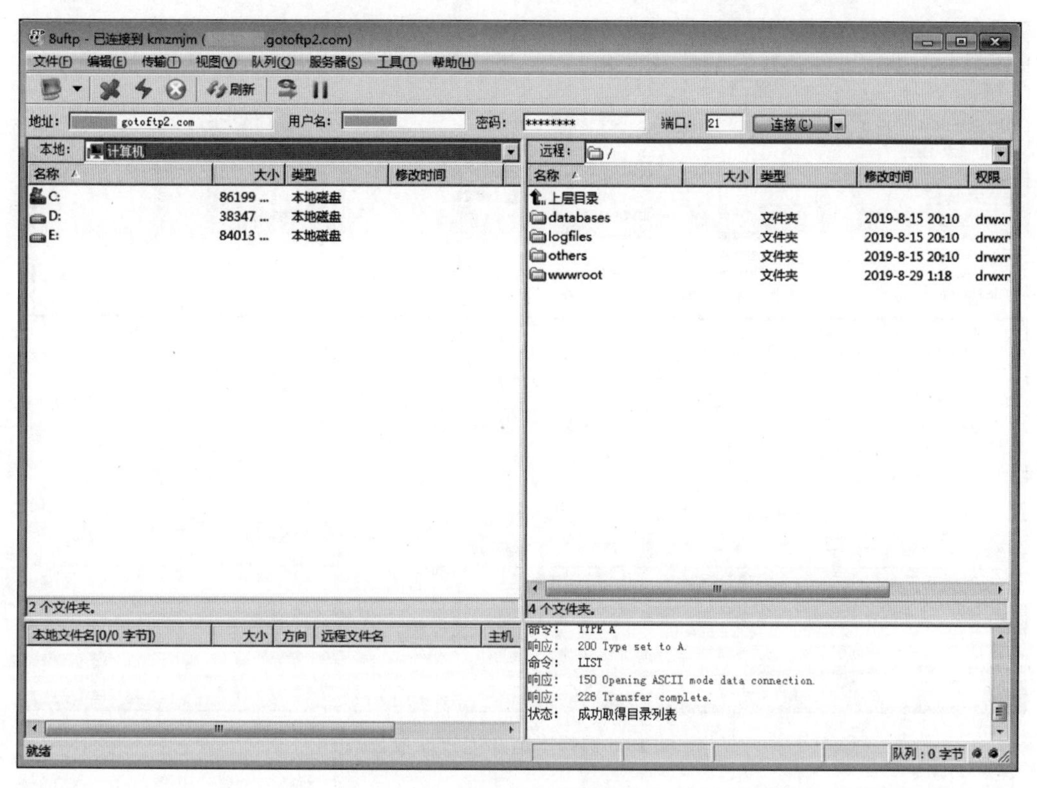

图 14-46　站点连接成功

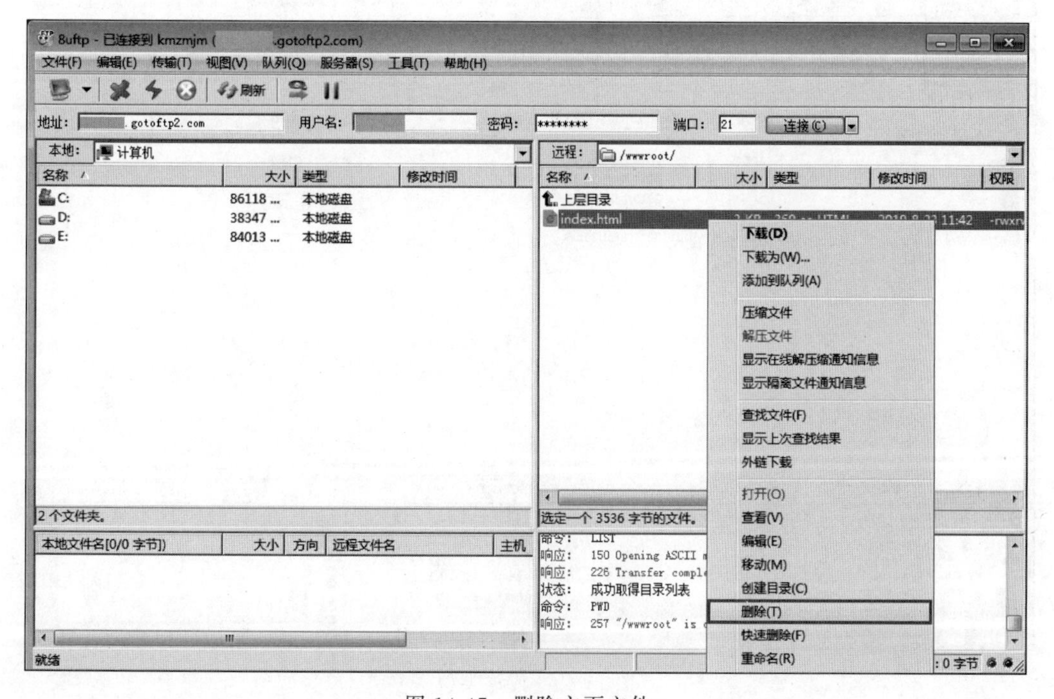

图 14-47　删除主页文件

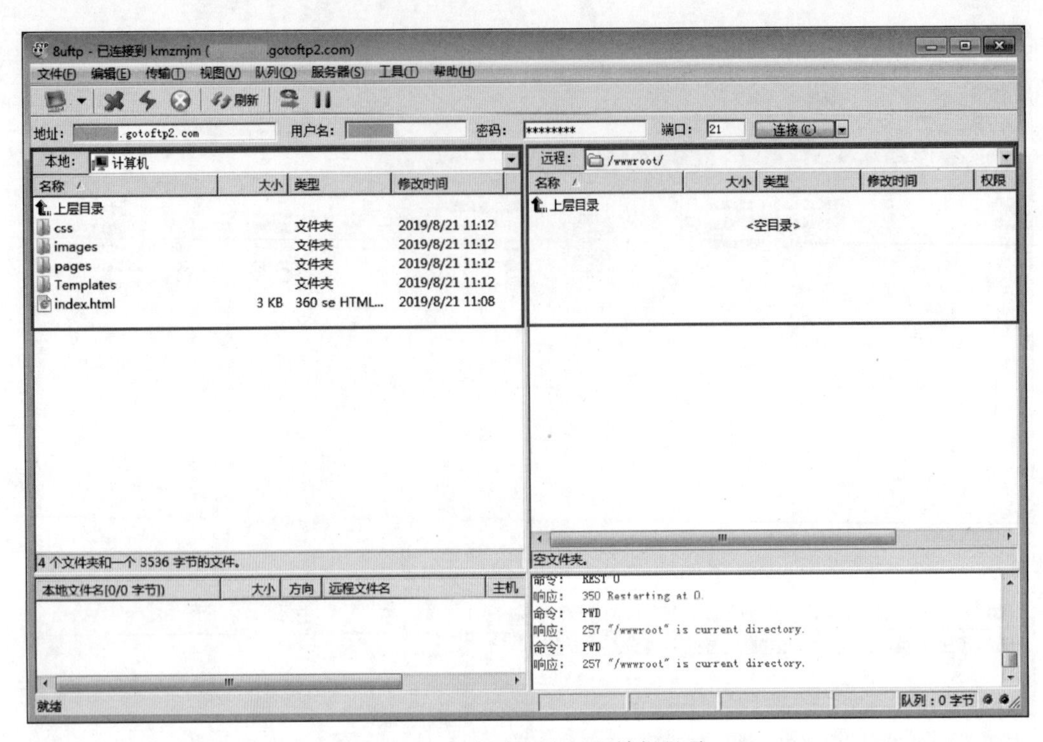

图 14-48 选择本地和远程端根目录

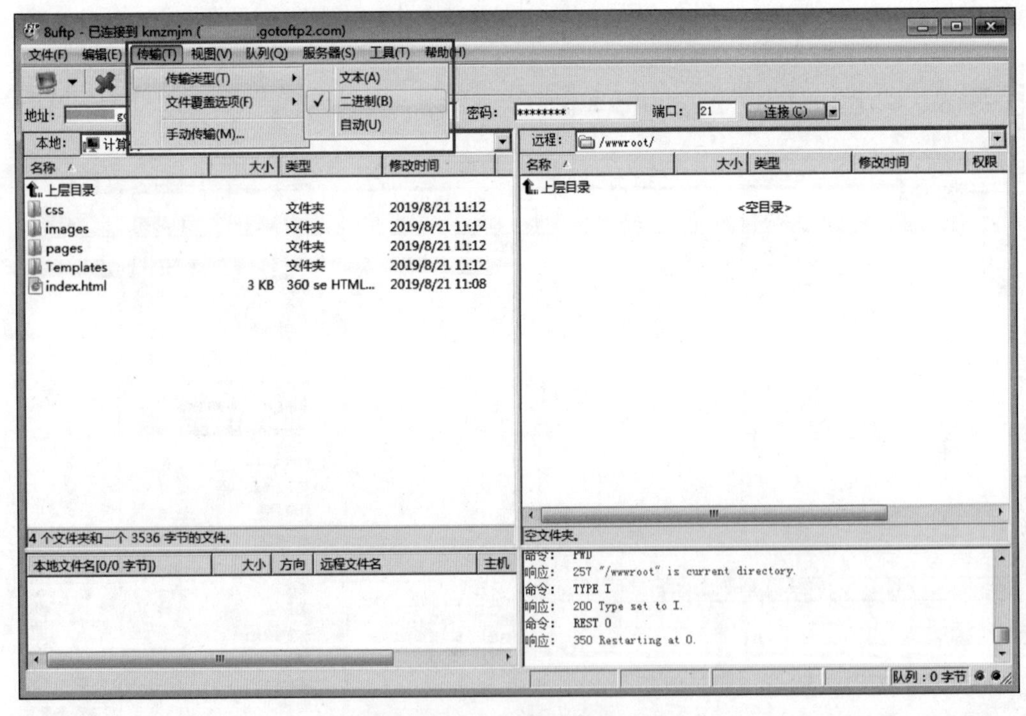

图 14-49 传输类型

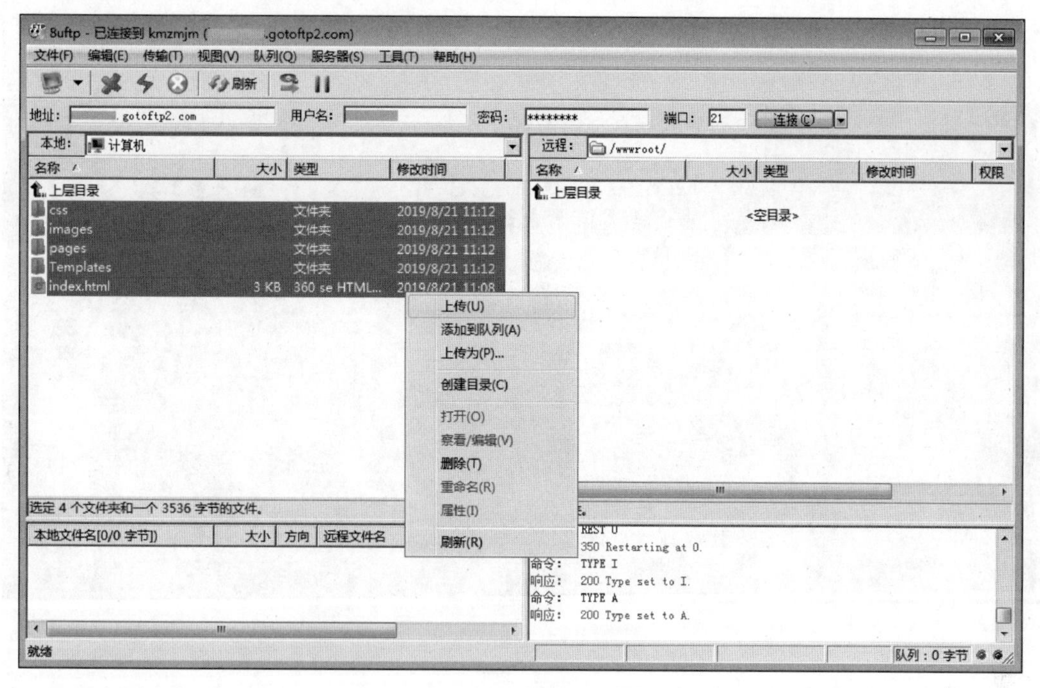

图 14-50　网站上传

步骤 7：等待左侧任务完成，即上传完毕，如图 14-51 所示。网站上传完成后，复制虚拟主机管理后台的解析别名进行网站预览，如图 14-52 所示。

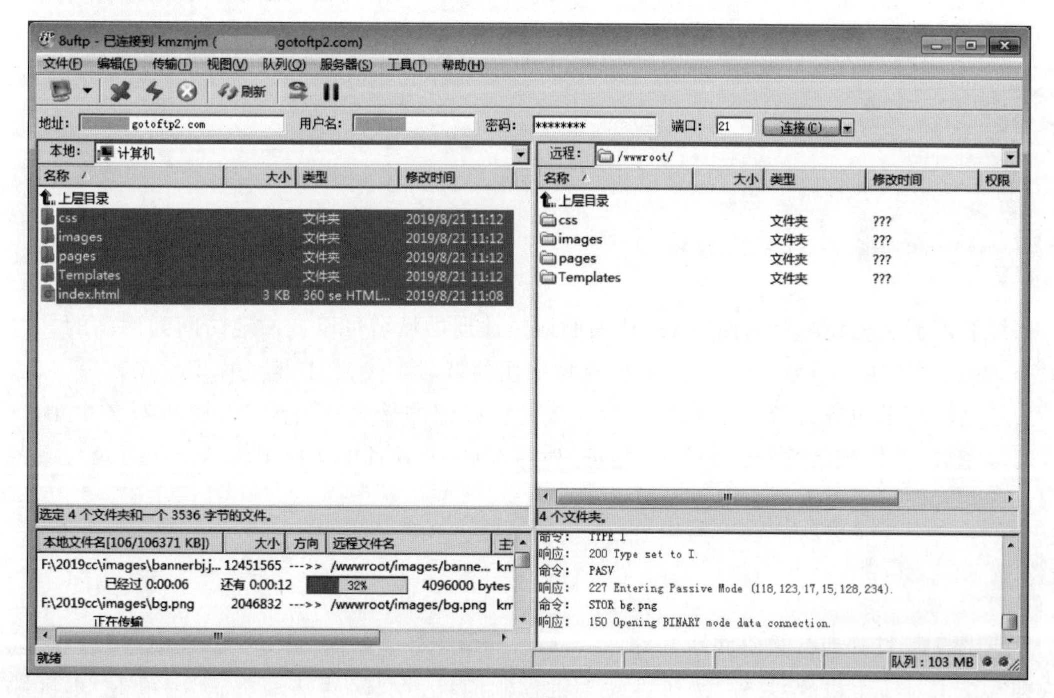

图 14-51　网站上传中

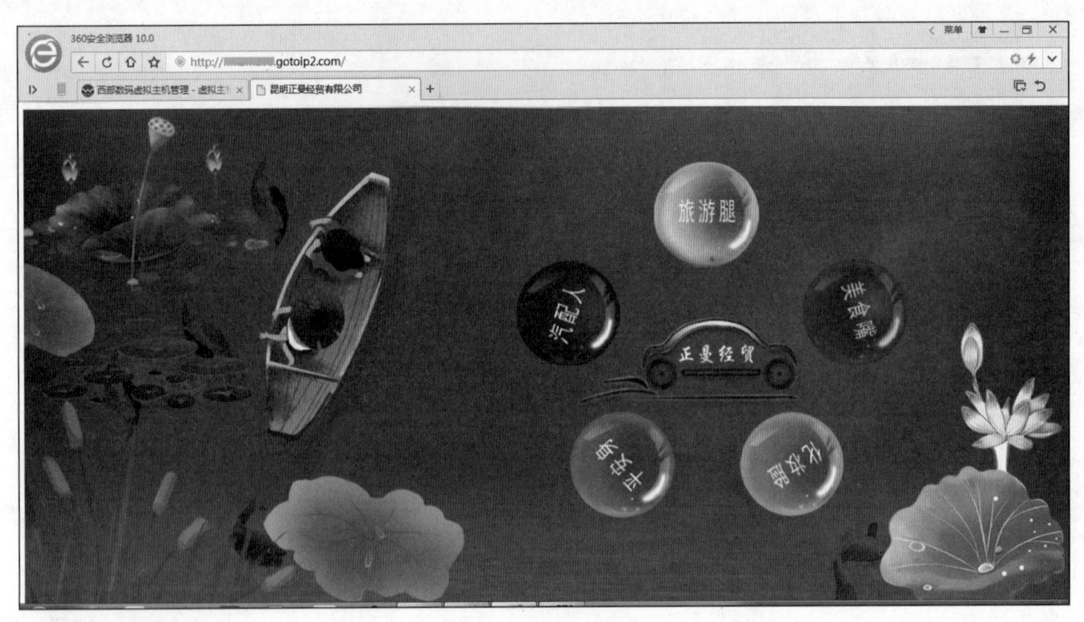

图 14-52　网站预览

任务 5：网站域名的解析

本任务在西部数码中进行域名解析。

知识链接

域名解析是把域名指向网站 IP，让人们通过注册的域名可以方便地访问到网站的一种服务。由于 IP 地址不容易记，于是采用容易记住的域名来代替 IP 地址标识站点。

域名解析也叫域名指向。说得简单点就是将好记的域名解析成 IP，解析服务由 DNS 服务器完成，是把域名解析到一个 IP 地址，然后在此 IP 地址的主机上将一个子目录与域名绑定。它的作用主要就是为了便于记忆。

任务实施

步骤 1： 打开西部数码网站 http://www.west.cn，单击“登录”→“管理中心”→“虚机管理”，单击对应主机的“管理”按钮进入主机控制面板，在“网站基本功能”区单击“主机域名绑定”按钮，如图 14-53 所示。

图 14-53　主机域名绑定

小提示

国内主机需要域名备案才可以绑定，备案注册登录地址为 beian. vhostgo. com；国外主机可直接绑定。

步骤 2： 输入要用于访问的域名(不带 http)，绑定时一般需要绑定一个带 www 和一个不带 www 的域名，有多个域名需要绑定的可同时操作，如图 14-54 所示完成主机域名的绑定。

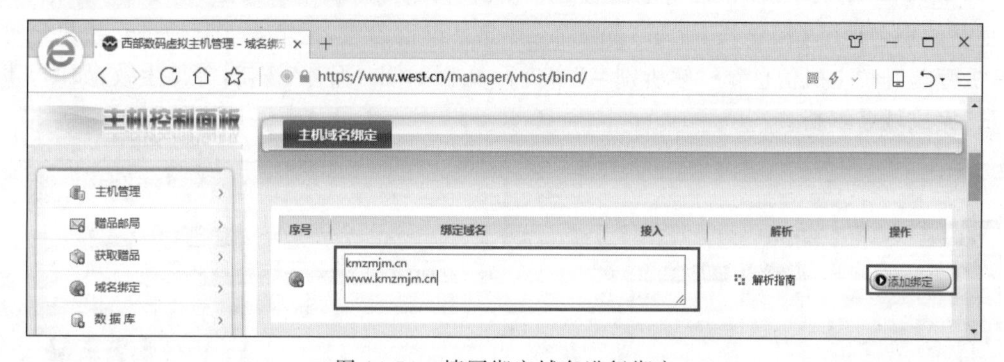

图 14-54　填写绑定域名进行绑定

步骤 3： 登录西部数码网站，单击“管理中心”→“虚机管理”，单击对应主机的“管理”按钮进入主机控制面板，复制主机的解析别名，如图 14-55 所示。

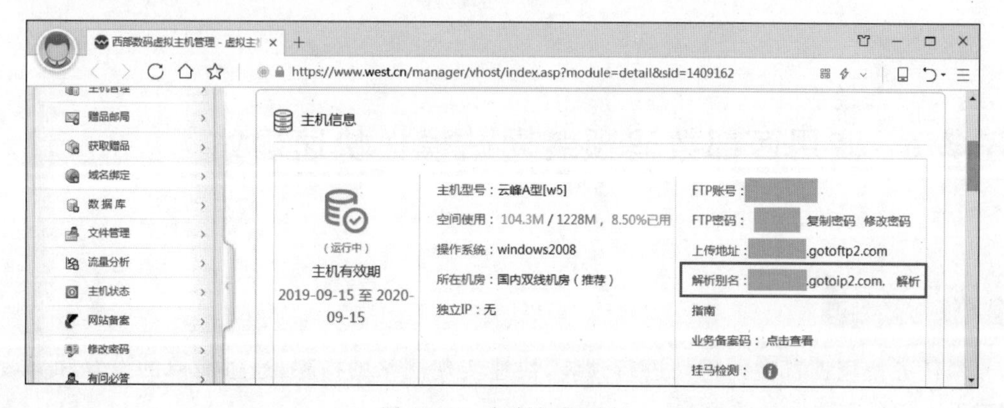

图 14-55　复制解析别名

步骤 4: 接下来做域名解析,登录西部数码网站,单击“管理中心”→“域名管理”按钮,找到需要解析的域名,单击“管理”按钮,选择“域名解析”,如图 14-56 所示。

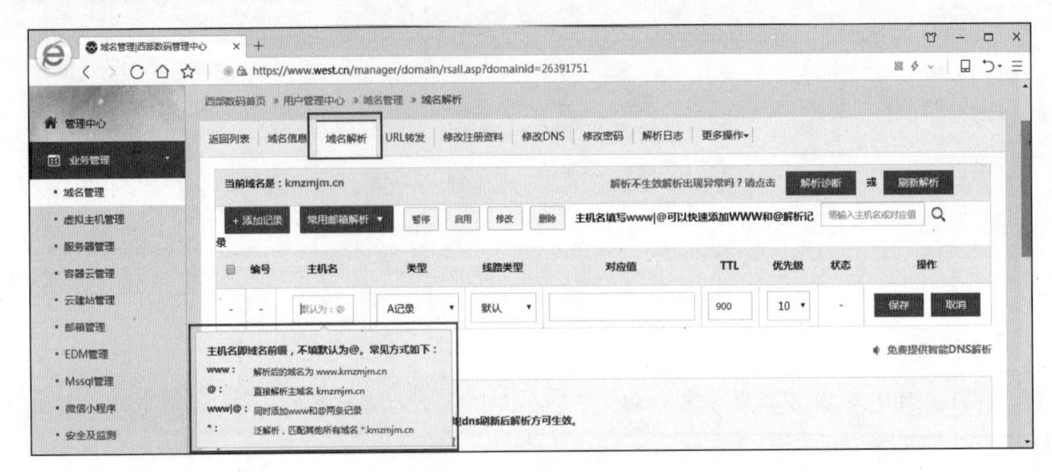

图 14-56 域名解析页面

步骤 5: 输入主机名,常用主机名有 www、@,选择解析记录类型为 CNAME 记录,粘贴复制的别名地址如 kmzmjm. gotoip2. com(此处仅供参考,请填写实际地址),主机地址在“虚机管理”→“主机信息”→“解析别名”中进行复制,单击“保存”按钮,等待生效,如图 14-57 所示,完成域名解析。

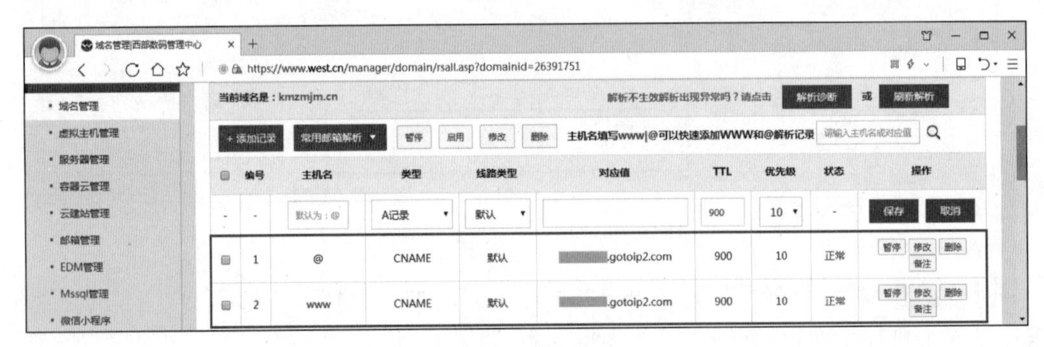

图 14-57 绑定解析

任务 6:使用西部数码预装网站模板快速建站

任务描述

本任务使用西部数码网站进行预装,快速实现网站的搭建,通过简单的设置和修改达到建设我们所需要网站的目的。

预装软件就是西部数码和其他网站商进行合作，将做好的各种模板网站放到平台上供客户选择使用，以实现网站的快速建站。

任务实施

步骤 1： 打开西部数码网站，登录，进入“管理中心”，单击“虚机管理”，如图 14-58 所示。向下滚动找到网站文件管理中的“预装软件”，单击“预装软件”，如图 14-59 所示。

图 14-58 虚拟主机管理

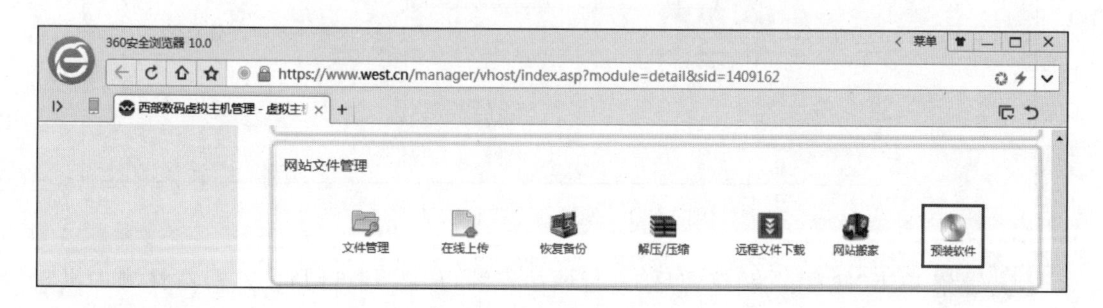

图 14-59 预装软件

步骤 2： 根据自己的要求选择对应的网站或是论坛模板，以 10 号米拓企业建站模板为例进行安装，如图 14-60 所示。

步骤 3： 选择对应的网站模板后单击“确认安装”按钮，网页会弹出提示窗口，安装命

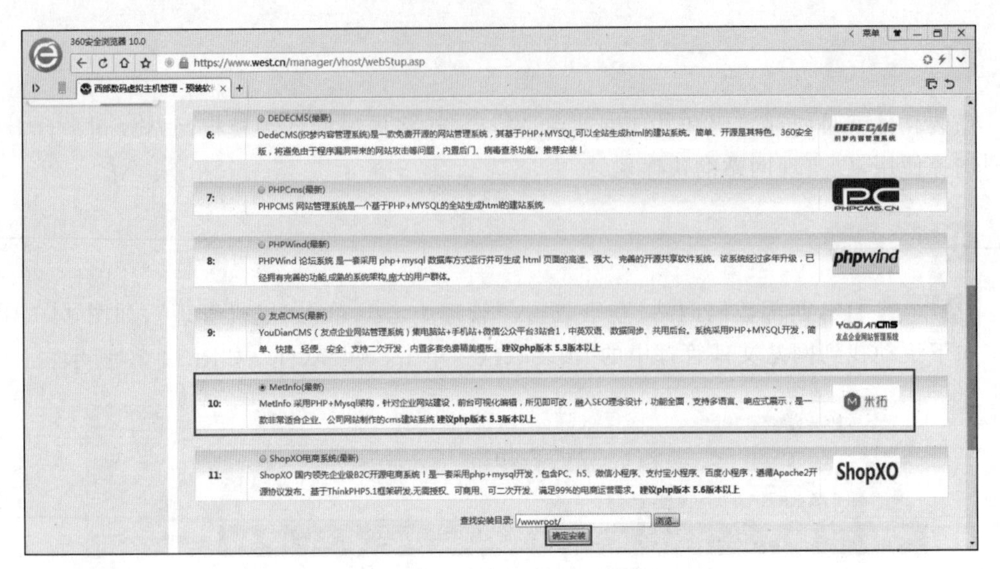

图 14-60　选择模板安装

令发送成功,请一分钟后访问,如图 14-61 所示。等待一分钟后,选择“虚拟主机管理”,找到主机信息中的解析别名地址或使用我们的域名进行访问,如图 14-62 所示。

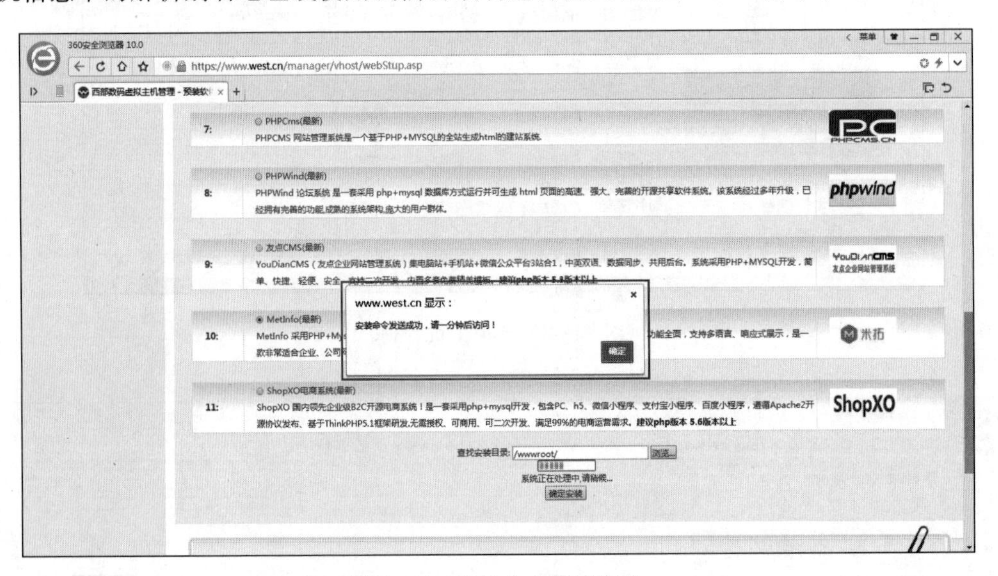

图 14-61　发送命令等待安装

步骤 4: 单击“同意安装”按钮后,进行网站安装,如图 14-63 所示。网站检测主机权限,是否达到安装要求,全部通过后单击下一步继续,如图 14-64 所示。

步骤 5: 选择虚机管理,左侧找到数据库,如图 14-65 所示。因为网站模板为动态网站需要数据库的支持,需要在购买的主机中申请一个免费的数据库进行安装。

步骤 6: 选择网站对应的数据库,进行安装,选择 MY SQL 数据库,单击“立即开通免费赠送的 mysql 数据”按钮,如图 14-66 所示。

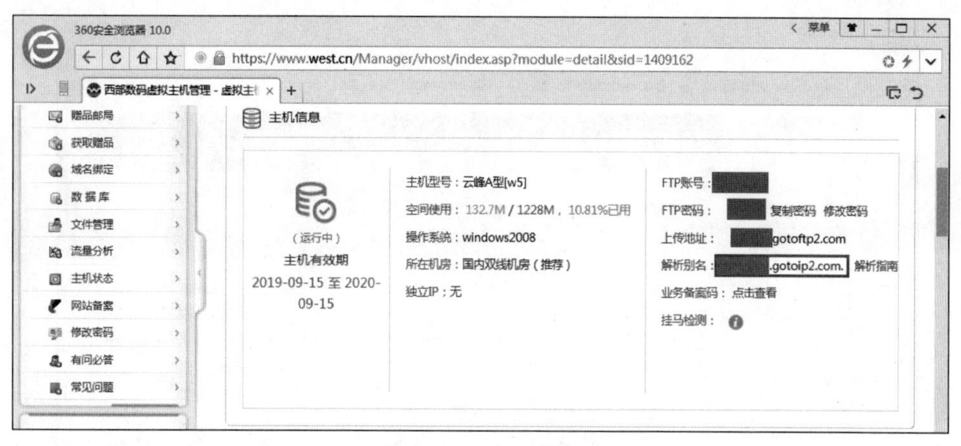

图 14-62　主机信息

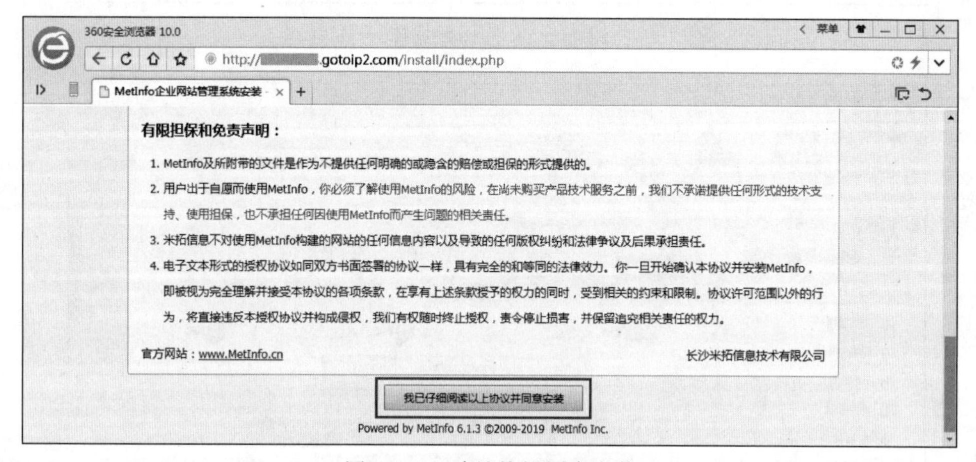

图 14-63　确认协议同意安装

图 14-64　检测主机权限

图 14-65　选择数据库

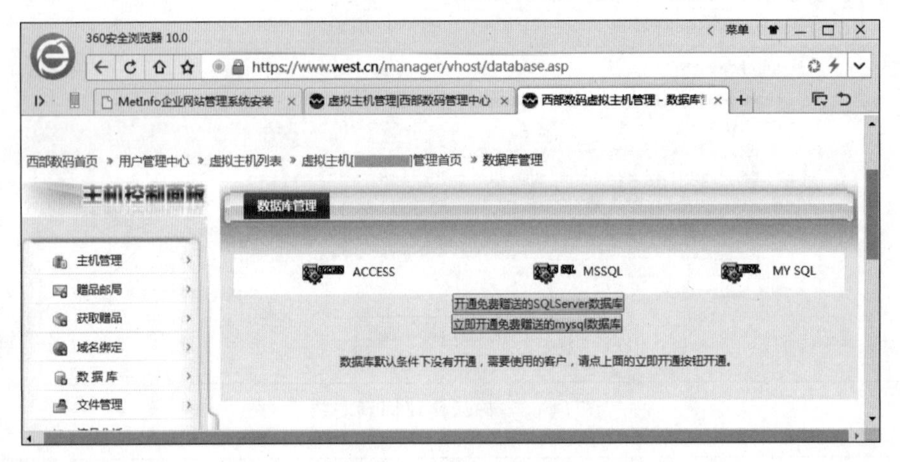

图 14-66　数据库版本

步骤 7： 系统会提示“恭喜，您的 mysql 数据库自动开通成功”，如图 14-67 所示。

图 14-67　开通数据库

步骤 8: 将数据库名、用户名和密码进行记录,如图 14-68 所示。

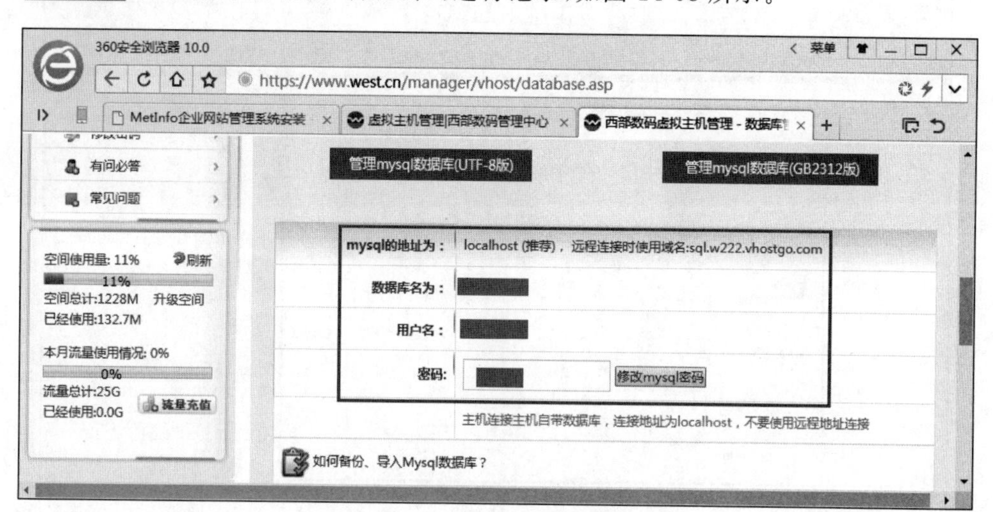

图 14-68　数据库账户信息

步骤 9: 将数据库中的数据库名的内容复制填入到网站模板的"数据库名"中,将数据库中用户名的内容复制填入到数据库"用户名"中,再将数据库中的密码内容复制填入到网站模板的数据库"密码"中,如图 14-69 所示。单击"保存数据设置并继续"按钮。

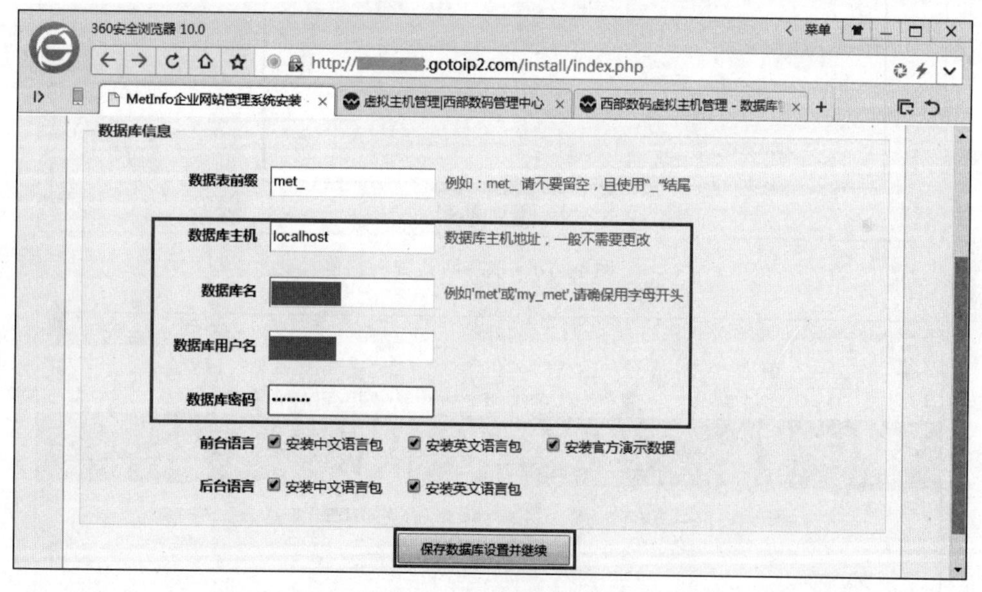

图 14-69　安装模板数据库

步骤 10: 管理员设置,输入自己想要的管理员用户名、管理员密码、手机号码、电子邮件、填写中英文网站名称和关键词,单击"保存管理设置"按钮,如图 14-70 所示。

步骤 11: 完成网站模板的安装,初次使用可以选择指导手册进行查阅学习,如图 14-71 所示。

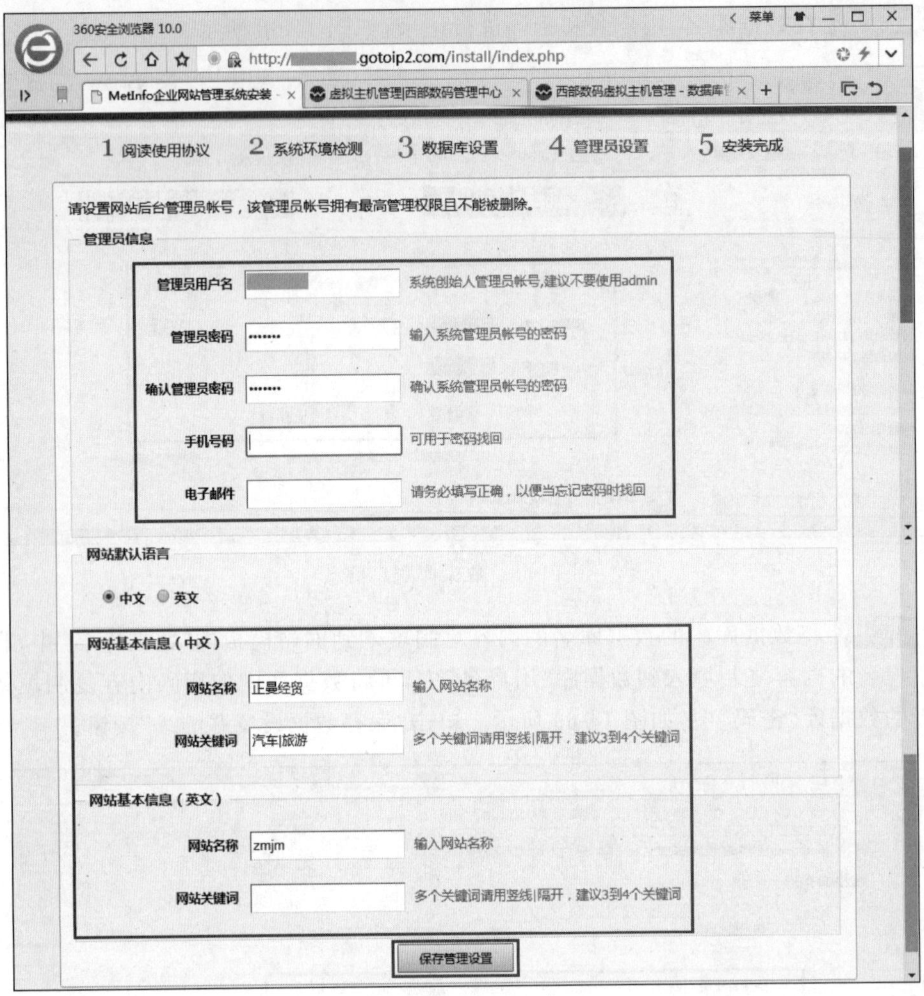

360安全浏览器 10.0
http://▇▇▇▇▇.gotoip2.com/install/index.php
MetInfo企业网站管理系统安装 虚拟主机管理|西部数码管理中心 西部数码虚拟主机管理 - 数据库
1 阅读使用协议 2 系统环境检测 3 数据库设置 4 管理员设置 5 安装完成
请设置网站后台管理员帐号，该管理员帐号拥有最高管理权限且不能被删除。
管理员信息
管理员用户名 系统创始人管理员帐号,建议不要使用admin
管理员密码 ••••••• 输入系统管理员帐号的密码
确认管理员密码 ••••••• 确认系统管理员帐号的密码
手机号码 可用于密码找回
电子邮件 请务必填写正确，以便当忘记密码时找回
网站默认语言
中文 英文
网站基本信息（中文）
网站名称 正昊经贸 输入网站名称
网站关键词 汽车|旅游 多个关键词请用竖线|隔开，建议3到4个关键词
网站基本信息（英文）
网站名称 zmjm 输入网站名称
网站关键词 多个关键词请用竖线|隔开，建议3到4个关键词
保存管理设置

图 14-70 填写网站资料

图 14-71 网站安装完成

步骤 12: 单击管理网站可以进入网站后台,如图 14-72 所示。

图 14-72　网站后台

步骤 13: 单击进入网站,可以对网站进行预览,如图 14-73 所示。

图 14-73　网站预览

项目小结

本项目详细讲解了域名注册、申请虚拟主机、网站备案、网站上传、网站域名解析和使用西部数码预装网站模板快速建站的全过程。

思考题

1. 常见的顶级域名有哪些?
2. 什么是域名解析?

附录A

CSS样式属性介绍

在“新建 CSS 规则”时会打开“CSS 规则定义”对话框，在对话框的“分类”列表中显示了可以设置的 CSS 样式属性，如类型、背景、区块、方框、边框、扩展、过渡等。

1. 类型

如图 A-1 所示，面板中各项含义如下。

.css1 的 CSS 规则定义

分类
类型
背景
区块
方框
边框
列表
定位
扩展
过渡

类型

Font-family(F): Cambria, Hoefler Text, Liberation Serif, Times, Times New R
Font-size(S): px
Font-weight(W):
Font-style(T):
Font-variant(V):
Line-height(I): px
Text-transform(R):
Text-decoration(D): underline(U) overline(O) line-through(L) blink(B) none(N)
Color(C):

帮助(H) 应用(A) 取消 确定

图 A-1 “类型”面板

Font-family(字体)：设置字体。

Font-size(大小)：设置字体大小。

Font-style(样式)：设置字形，默认设置为 Normal(正常)。

Line-height(行高)：设置文本所在行的高度。选择“正常”时自动计算字体大小的行高，也可输入一个确切的值并选择一种度量单位。

Text-decoration(修饰)：向文本中添加下画线、上画线或删除线，或使文本闪烁。常规文本的默认设置是“无”。链接的默认设置是“下画线”。

Font-weight(粗细)：使字体变粗。

Font-variant(变体)：设置文本的小型大写字母变量。Dreamweaver 不在“文档”窗口中显示该属性。Internet Explorer 支持变体属性，但 Navigator 不支持。

Text-transform(大小写)：将所选内容中的每个单词的首字母大写或将文本设置为全部大写或小写。

Color(颜色)：设置颜色。

2. 背景

如图 A-2 所示，面板中各项含义如下。

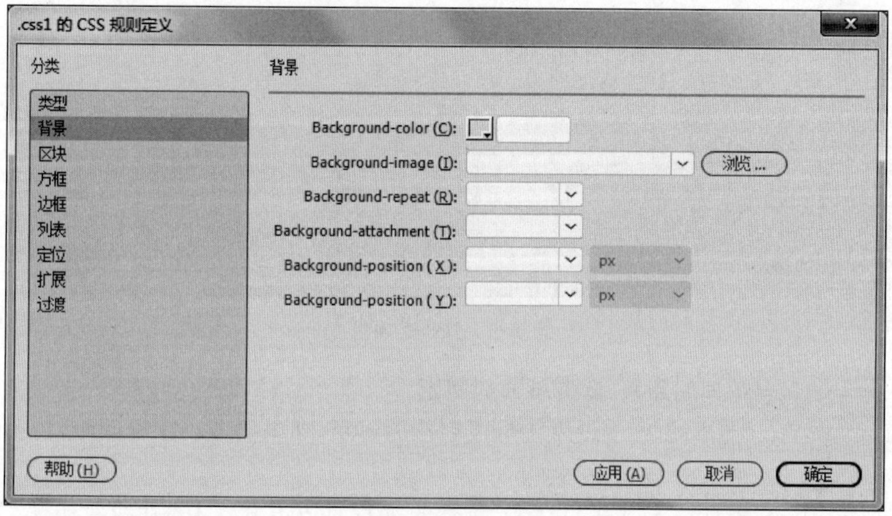

图 A-2　“背景”面板

Background-color(背景颜色)：设置元素的背景颜色。

Background-image(背景图像)：设置元素的背景图像。

Background-repeat(重复)：确定背景是否重复以及如何重复。

- no-repeat(不重复)：在被应用样式元素的左上角显示一次图像。
- repeat(重复)：背景图像在元素的后面水平和垂直方向平铺图像。
- repeat-x(横向重复)：图像在水平方向重复。
- repeat-y(纵向重复)：图像在垂直方向重复。

Background-attachment(附件)：确定背景图像是固定在它的原始位置还是随内容一起滚动，其属性有固定和滚动两个选项。

小提示

某些浏览器可能将“固定”选项视为“滚动”。Internet Explorer 支持该选项，但 Netscape Navigator 不支持。

Background-position X/Y(水平位置和垂直位置)：指定背景图像相对于元素的初始位置。这可以用于将背景图像与元素中心垂直和水平对齐。如果附件属性为“固定”，则位置相对于“文档”窗口而不是元素(Internet Explorer 支持该属性，但 Netscape Navigator 不支持)。

3. 区块

如图 A-3 所示，面板中各项含义如下。

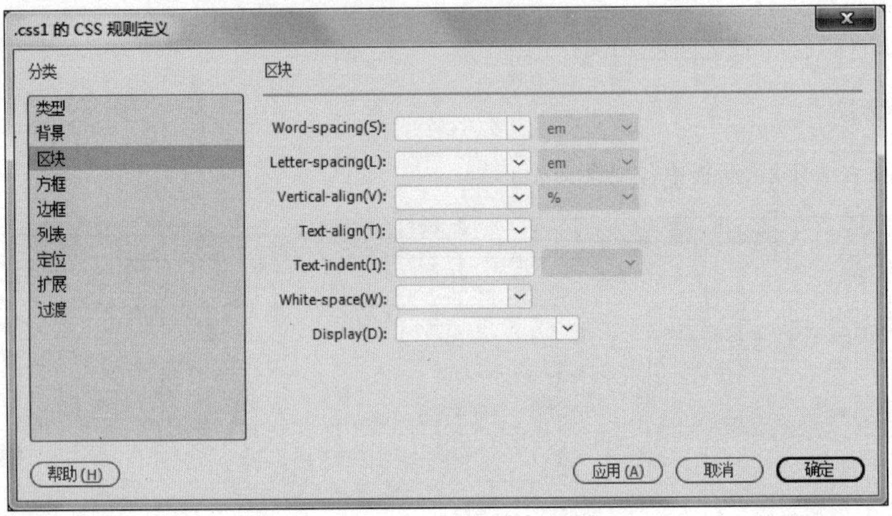

图 A-3 “区块”面板

Word-spacing(单词间距)：设置单词的间距。

Letter-spacing(字母间距)：设置字母或字符的间距，如果要减小字符间距，需要输入一个负值。

Vertical-align(垂直对齐方式)：指定元素的垂直对齐方式。有“基线”“下标”“上标”“顶部”“文本顶对齐”“中线对齐”“底部”“文本底对齐”8 个选项，也可输入一个百分比值。

Text-align(水平对齐)：设置元素中的文本对齐方式。有“左对齐”“居中”“两端对齐”“右对齐”4 个选项。

Text-indent(文字缩进)：指定第一行文本缩进的距离。有“像素”“点数”“英寸”“厘米”“百分比”等多种单位。

White-space(空格)：设置元素中空白的处理方式。

Display(显示)：设置对象是否显示以及如何显示元素。选择“无”则关闭应用此属性的元素显示。

4. 方框

如图 A-4 所示，面板中各项含义如下。

Width\Height(宽和高)：设置元素的宽度和高度。

Float(浮动)：在左侧或者右侧页边上放置元素。在遇到该方框时其他元素(如文本、层、表格等)将环绕在它周围。

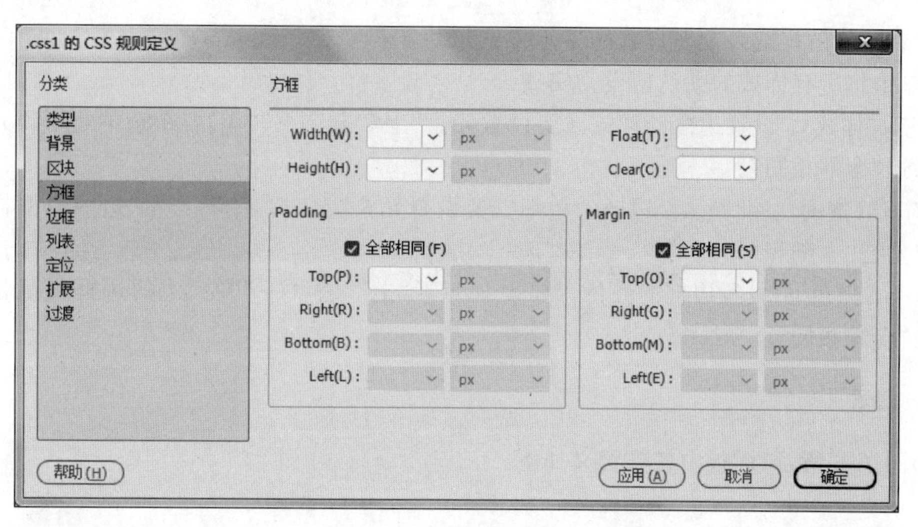

图 A-4　“方框”面板

Clear(清除)：设置元素旁边不允许显示层的那一侧。如果遇到某个层，带有“清除”属性的元素会将自己放置在该层之下。

Padding(内边距)：指定元素内容与元素边框之间的间距。要设置元素“上”“右”“下”“左”侧的填充值相同时应勾选“全部相同”。Padding 属性接受长度值或百分比值，但不允许使用负值。

Margin(外边距)：围绕在元素边框的空白区域是外边距。要设置元素“上”“右”“下”“左”侧的边距值相同时应勾选“全部相同”。Margin 属性接受任何长度值、百分比值甚至负值。

5. 边框

如图 A-5 所示，面板中各项含义如下。

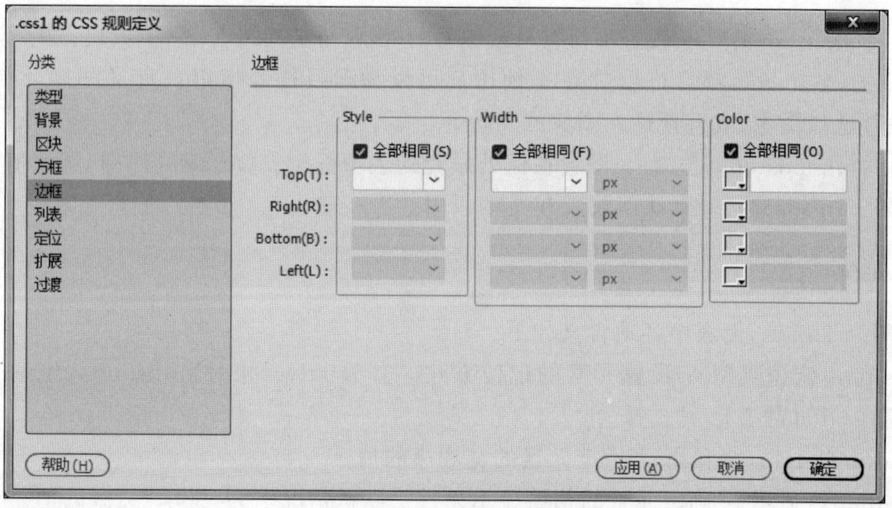

图 A-5　“边框”面板

设置边框的样式外观。样式的显示方式取决于浏览器。Dreamweaver CC 2019 在“文档”窗口中将所有样式的默认值设为实线。

Style(样式)：设置边框的样式。要设置元素“上”“右”“下”“左”各个边的边框样式相同时应勾选“全部相同”。

Width(宽度)：设置元素边框的粗细。要设置元素“上”“右”“下”“左”边的边框样式相同时应勾选“全部相同”。

Color(颜色)：设置边框的颜色。要设置元素“上”“右”“下”“左”边的边框颜色相同时应勾选“全部相同”。

6. 列表

如图 A-6 所示，面板中各项含义如下。

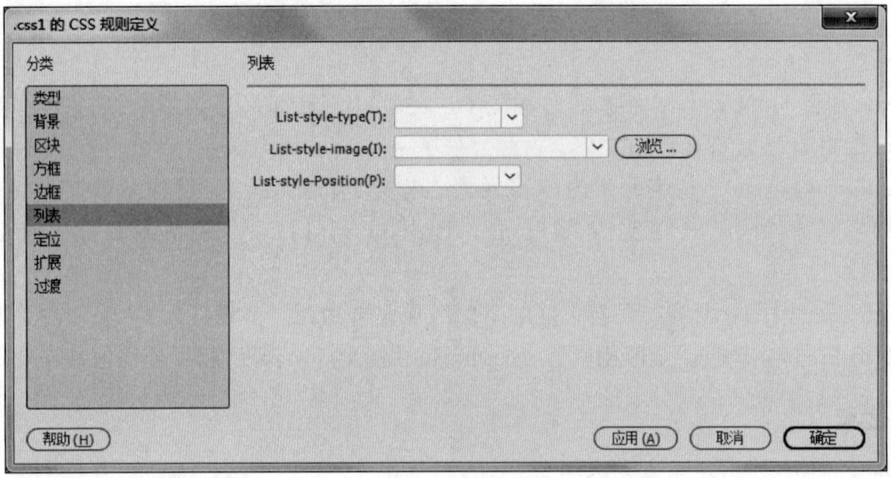

图 A-6 “列表”面板

List-style-type(类型)：设置项目符号或编号的外观，可选择圆点、圆圈、方块、数字等选项。

List-style-image(项目符号图像)：使用户可以为项目符号指定自定义图像。单击“浏览”选项并选择图像，或直接输入图像的路径。

List-style-position(位置)：设置在何处放置列表项标记。Outside(外部)默认值放置在文本以外。Inside(内部)默认值放置在文本以内。

7. 定位

如图 A-7 所示，面板中各项含义如下。

Position(定位类型)：设置元素的定位方式。有 relative(相对)、absolute(绝对)、fixed(固定)和 static(静态)4 种选择。

Width/Height(宽和高)：指定元素的宽和高的值。

Visibility(显示)：确定元素的初始显示条件。默认情况下为“继承”父级的值。

- 继承：继承元素的父级的可见性属性。如果元素没有父级，则为可见的。

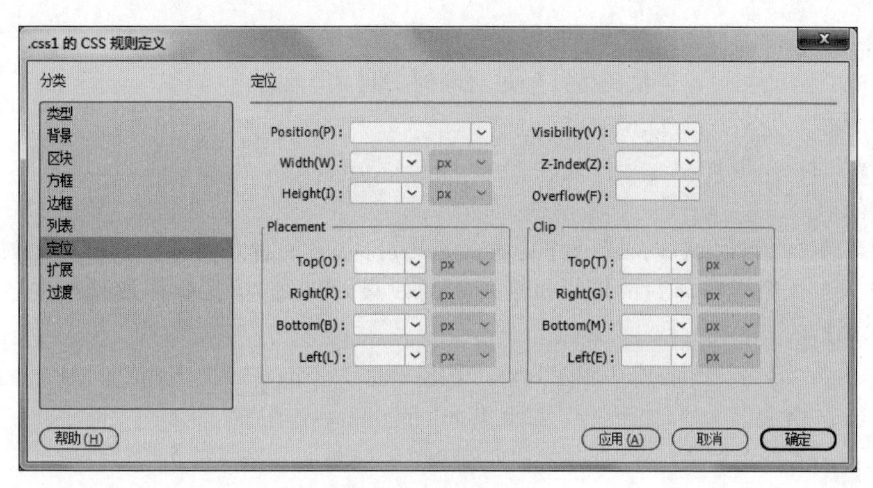

图 A-7　“定位”面板

- 可见：显示元素的内容，而不管父级的值是什么。
- 隐藏：隐藏元素的内容，而不管父级的值是什么。

Z-index(Z 轴)：确定元素的堆叠顺序，值越大，元素的排放顺序越靠上。

Overflow(溢出)：确定当元素的内容超出元素的大小时的显示方式。

- visible(可见)：增加元素的大小，以使所有内容都可见。元素向右下方扩展。
- hidden(隐藏)：保持元素的大小而不显示超出内容。不提供任何滚动条。
- scroll(滚动)：始终在元素中添加滚动条。
- auto(自动)：只有当元素中内容超出元素的大小时才会自动添加滚动条。

Placement(定位)：设置元素的位置和大小。

Clip(剪辑)：定义元素的可见部分。

8. 扩展

如图 A-8 所示，面板中各项含义如下。

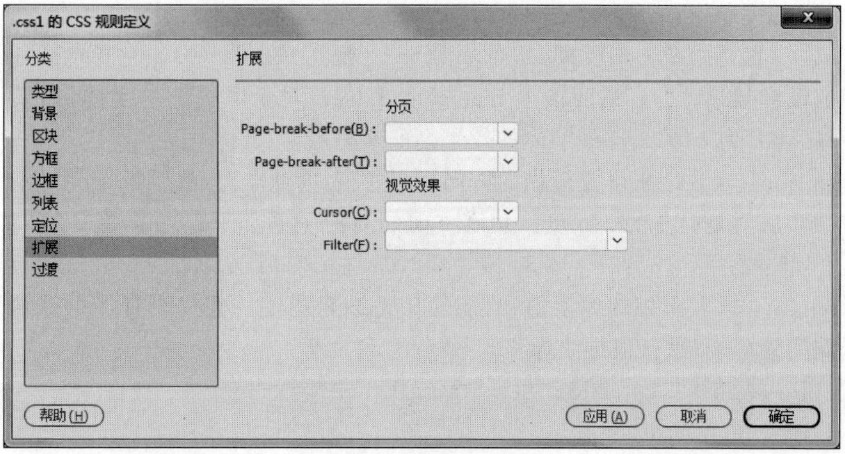

图 A-8　“扩展”面板

分页：用于设置打印时控制强迫换页的方式。

Cursor(光标)：设置当鼠标指针经过对象时的样式。

Filter(过滤器)：设置滤镜效果。

“扩展”面板详解：

1) 光标

默认的鼠标指针只有两种，一种是最普通的箭头，另一种是当移动到链接上时出现的小手。如果想让鼠标移动到链接时出现不同的效果，可以选择光标下拉列中的各项试一试。鼠标的形状有：

Crosshair：十字　hand：手形　text：文本光标　wait：沙漏　help：问号

e-resize：向右箭头　ne-resize：右上箭头　n-resize：向上箭头

nw-resize：左上箭头　w-resize：向左箭头　sw-resize：左下箭头

s-resize：向下箭头　se-resize：右下箭头

2) 滤镜

CSS滤镜的特效，CSS可以对页面中的对象实现类似Photoshop滤镜的效果。新建样式表时在“分类”中选择“扩展”单击“滤镜(F)”的下拉菜单，选择并设置各个滤镜。

(1) Alpha(透明滤镜)。

Alpha设置对象的透明度各参数如下：

Alpha(Opacity=?,FinishOpacity=?,Style=?,StartX=?,StartY=?,FinishX=?,FinishY=?)

- Opacity：透明度范围0～100,0代表完全透明，100不透明。
- FinishOpacity：设置渐变的透明效果时，用来指定结束时的透明度，范围是1～100。
- Style：设置渐变透明的样式。0代表统一形状，1代表线形，2代表放射状，3代表长方形。
- StartX、StartY、FinishX和FinishY：代表渐变透明效果开始和结束的坐标值。设置如：Alpha(Opacity=100,FinishOpacity=0,Style=2)把后面不需要的参数删除。完成设置后单击“确定”按钮。选择一幅图片应用该样式，预览效果如何。

(2) Blur(模糊滤镜)。

模糊滤镜的完整格式：Blur(Add=?,Direction=?,Strength=?)

- Add：设置是否单方向模糊，是布尔值true(非0)或false(0)。它指定图片是否被改变成模糊效果。“=”后面输入true或者false。对于网页上的字体，如果设置它的模糊“add”为1，那么这些字体的效果会非常好看。
- Direction：参数用来设置模糊的方向，0度代表垂直向上，然后每45度为一个单位，它的默认值是向左的270度。角度方向的对应关系如下：0：向上；45：右上；90：右；135：右下；180：下；225：左下；270：左；315：左上。
- Strength：代表模糊的像素值，只能使用整数来指定。它代表有多少像素的宽度将受到模糊影响，默认值是5像素。

例如：Blur(Add=1,Direction=45,Strength=5)

(3) Chroma(色度滤镜)。

设置对象的颜色为透明色色度完整格式：Chroma(Color=?)

这个属性只有一个参数 color，颜色的表示方法为 16 进制 #RRGGBB。

例如：一幅图片的背景色为 #0000FF 使用 CSS 让图片的背景透明，可设置为 Chroma (Color=#0000FF)。应用于图片后，预览可见背景已经透明。

(4) DropShadow(阴影滤镜)。

DropShadow 就是添加对象的阴影效果。它的效果就像使原来的对象离开页面，然后在页面上显示出该对象的投影。其实它的工作方法就是建立一个偏移量，加上较深的颜色。

阴影滤镜的完整格式：DropShadow(Color=?,OffX=?,OffY=?,Positive=?)

- Color：代表投射阴影的颜色，如 #663399。
- OffX：指定阴影相对于元素在水平方向的偏移量，其值为整数。
- OffY：指定阴影相对于元素在垂直方向的偏移量，其值为整数。
- Positive：布尔值，true(非 0)表示建立外阴影，那么就为任何的非透明像素建立可见的投影；false(0)表示建立内阴影，那么就为透明的像素部分建立可见的投影。此时透明对象会在整个透明区域以外的地方出现投影效果，而不是在透明区域内。

例如：DropShadow(Color=#cccccc,OffX=10,OffY=10,Positive=1)

(5) 水平及垂直翻转滤镜“FlipH”/“FlipV”。

- FlipH：让对象水平翻转，无参数设置。
- FlipV：让对象垂直翻转，无参数设置。

(6) Glow(发光滤镜)。

发光滤镜可以建立外发光的效果。当对一个对象使用 Glow 后，这个对象的边缘就会产生类似发光的效果。

完整格式：Glow(Color=?,Strength=?)

- Color：发光的颜色。如 #RRGGBB。
- Strength：发光的强度，取值范围 1～255，数字越大，发光的范围越大。

例如：Glow(Color=#FFCC00,Strength=5)

使用 CSS 滤镜时，必须应用在有区域范围的元素上，比如表格、图片等，而对于文本、段落无区域的元素直接使用 CSS 滤镜不会出现任何效果。所以对文本可以先为其设置“方框”选项的“高”和“宽”的属性，为了不影响原来对象的高度，设置的高度不能超过字体本身的高度。

(7) Gray(灰度滤镜)。

去掉图像的色彩，显示为灰度图像。无参数设置。

(8) Invert(反转滤镜)。

Invert：可以反转图像的颜色，产生类似底片的效果。无参数设置。

(9) Shadow(阴影滤镜)。

完整格式：Shadow(Color=?,Direction=?)

- Color：投影颜色
- Direction：投影方向，0 度代表垂直向上。

(10) Wave(波浪滤镜)：产生波纹效果。

完整格式：Wave(Add=?,Freq=?,LightStrength=?,Phase=?,Strength=?)

- Add：表示是否显示原对象，0 表示不显示，非 0 显示原对象。
- Freq：设置波动的个数。
- LightStrength：波浪的光照效果，取值范围 0~100，0 为最弱，100 为最强。
- Phase：设置波浪的起始相角，取值范围 0～100 的百分数。（例：25 相当于 90 度，50 相当于 180 度）
- Strength：设置波浪摇摆的幅度。

例如：Wave(Add=0,Freq=6,LightStrength=20,Phase=15,Strength=8)

(11) Xray(X 光滤镜)。

Xray：产生类似 X 光的效果，无参数设置。

(12) Mask(遮罩)。

完整格式：Mask(Color=?)

Mask 属性可以为对象建立一个覆盖于表面的膜。Color 的值可以使用＃RRGGBB 的形式。

(13) RevealTrans(切换)。

完整格式：RevealTrans(Duration=?,Transition=?)

- Duration：持续时间，单位为秒。
- Transition：是切换方式，它有 24 种方式。

(14) BlendTrans(转换)。

完整格式：BlendTrans(Duration=?)

Duration 转换时间，单位是秒。

9. 过渡

如图 A-9 所示，面板中各项参数可根据过渡动画效果进行设置。

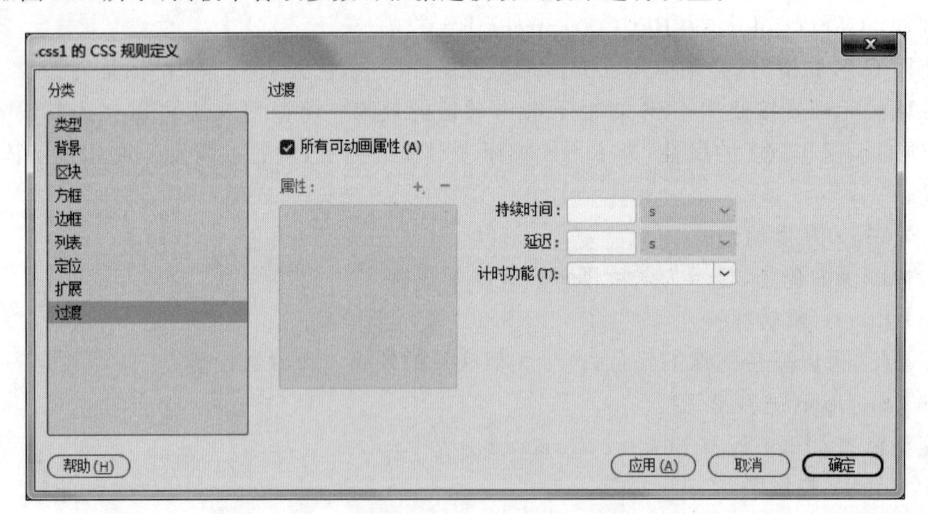

图 A-9 “过渡”面板

参考文献

[1] 王石健，肖丽，马用. Dreamweaver 8 网页制作基础与实训[M]. 北京：北京师范大学出版社，2008.

[2] 梁翰松，肖丽. Dreamweaver CS3 网页制作实用教程[M]. 北京：清华大学出版社，2010.

[3] 刘红梅. 网页设计与制作 Dreamweaver CS3[M]. 南京：江苏凤凰出版社，2010.

[4] 聚慕课教育研发中心. HTML5 从入门到项目实践[M]. 北京：清华大学出版社，2019.

[5] Jonathan Chaffer，Karl Swedberg. jQuery 基础教程[M]. 4 版. 北京：人民邮电出版社，2013.

[6] 陶国荣. jQuery Mobile 权威指南[M]. 北京：机械工业出版社，2012.

[7] David Flanagan. JavaScript 权威指南[M]. 6 版. 北京：机械工业出版社，2012.

图书资源支持

感谢您一直以来对清华版图书的支持和爱护。为了配合本书的使用，本书提供配套的资源，有需求的读者请扫描下方的“书圈”微信公众号二维码，在图书专区下载，也可以拨打电话或发送电子邮件咨询。

如果您在使用本书的过程中遇到了什么问题，或者有相关图书出版计划，也请您发邮件告诉我们，以便我们更好地为您服务。

我们的联系方式：

地　　址：北京市海淀区双清路学研大厦 A 座 714

邮　　编：100084

电　　话：010-83470236　010-83470237

客服邮箱：2301891038@qq.com

QQ：2301891038（请写明您的单位和姓名）

资源下载：关注公众号“书圈”下载配套资源。

资源下载、样书申请

书圈

获取最新书目

观看课程直播